ISBN 978-0-266-90950-7
PIBN 10973913

1 MONTH OF
FREE
READING

at

www.ForgottenBooks.com

By purchasing this book you are eligible for one month membership to ForgottenBooks.com, giving you unlimited access to our entire collection of over 1,000,000 titles via our web site and mobile apps.

To claim your free month visit:

www.forgottenbooks.com/free973913

English
Français
Deutsche
Italiano
Español
Português

www.forgottenbooks.com

Mythology Photography **Fiction** Fishing Christianity **Art** Cooking Essays Buddhism Freemasonry Medicine **Biology** Music **Ancient Egypt** Evolution Carpentry Physics Dance Geology **Mathematics** Fitness Shakespeare **Folklore** Yoga Marketing **Confidence** Immortality Biographies Poetry **Psychology** Witchcraft Electronics Chemistry History **Law** Accounting **Philosophy** Anthropology Alchemy Drama Quantum Mechanics Atheism Sexual Health **Ancient History** **Entrepreneurship** Languages Sport Paleontology Needlework Islam **Metaphysics** Investment Archaeology Parenting Statistics Criminology **Motivational**

L'ANNÉE

SCIENTIFIQUE

ET INDUSTRIELLE

FONDÉE PAR LOUIS FIGUIER

QUARANTE-ET-UNIÈME ANNÉE (1897)

PAR

ÉMILE GAUTIER

---

68 figures

PARIS

LIBRAIRIE HACHETTE ET Cie

79, BOULEVARD SAINT-GERMAIN, 79

1898

L'ANNÉE

SCIENTIFIQUE

ET INDUSTRIELLE

DU MÊME AUTEUR

36552. — Imprimerie LAHORE, rue de Fleurus, 9, à Paris.

FONDATION PAR COMPRESSION MÉCANIQUE, SYSTÈME DULAC.
D'après une photographie de M. A. Van den Hove.)

L'ANNÉE
SCIENTIFIQUE
ET INDUSTRIELLE

FONDÉE PAR LOUIS FIGUIER

QUARANTE-ET-UNIÈME ANNÉE (1897)

PAR

ÉMILE GAUTIER

---

68 figures

PARIS
LIBRAIRIE HACHETTE ET Cie
79, BOULEVARD SAINT-GERMAIN, 79

—

1898

PRÉFACE

Pas plus dans le domaine de la science pure que sur le terrain de la science appliquée, l'année 1897 n'aura vu éclore un de ces grands événements destinés, comme la théorie de Darwin ou l'éclairage à l'acétylène, le vaccin du croup ou la radiographie, l'invention du téléphone ou la découverte de l'argon, à faire époque dans l'histoire du génie humain, soit parce qu'ils modifient l'orientation de notre philosophie, soit parce qu'ils révolutionnent les traditions industrielles.

Elle ne compte guère à son actif, en fait de nouveautés véritablement inédites, que la télégraphie sans fils, la liquéfaction du fluor et l'irichromatine.

Rien de comparable, on le voit, à ces mystérieux rayons Rœntgen, dont la révélation inattendue avait mis, l'année précédente, aussi bien dans le monde des initiés que dans le monde des profanes, les cervelles à l'envers.

Ce n'est pourtant pas une petite affaire que d'avoir réussi, comme ce prodigieux Moissan dont chaque effort est un triomphe, et qui promet (tel un sorcier) de transfigurer de fond en comble la métallurgie, sinon même la chimie tout entière, à liquéfier — pour un peu je dirais : mettre en bouteilles — ce corps indiscipliné, redoutable, presque fabuleux, baptisé fluor, qui n'avait encore, il y a quelques années, qu'une existence purement théorique et subjective. Il y a même là, pour qui sait voir au delà de l'écorce des choses, de quoi donner singulièrement à réfléchir et singulièrement à espérer.

Ce n'est pas non plus une mince affaire que de pouvoir, ainsi que l'enseigne et l'exécute ce magicien de Charles Henry, peindre sans couleurs, capter les feux de lumière des lames minces qui flottent, en moires polychromes et subtiles, à la surface d'un liquide, appréhender l'arc-en-ciel, en quelque sorte, et en fixer d'une manière solide et durable les fugitives irisations.

Plus suggestive encore peut-être, plus fantastique, plus féconde en conséquences immédiates et lointaines, est l'œuvre de ce jeune Italien, Marconi, qui mérite apparemment de donner son nom à l'année 1897, pour avoir fait des communications télégraphiques le thème et l'objet d'actions à distance. Plus n'est besoin, pour transmettre au loin la pensée, d'un support matériel, d'un fil conducteur, reliant, sans solution de continuité, les deux correspondants. C'est à travers l'espace vide, sur les ailes vibrantes de l'impondérable éther, que volent invisiblement les ordres et les nouvelles.... N'y a-t-il pas là de quoi émouvoir les plus impassibles, de quoi confondre les imaginations les plus imperturbables ou les plus blasées?

Je sais bien que cette sorte de télépathie n'est pas encore définitivement industrialisée, et que la découverte de Marconi, dont les enthousiastes avaient un peu trop exagéré, dans l'emballement de la première heure, les résultats positifs, n'a guère, en réalité, dépassé les frontières des laboratoires. Je sais bien que les étonnantes épreuves qu'elle a dû subir l'ont montrée plutôt comme une curiosité quasiment miraculeuse que comme un bon instrument de pratique courante. Mais elle ne nous ouvre pas moins,

à travers les fuyantes perspectives de l'avenir, de pres-
tigieux horizons, que les plus hardis n'auraient pas
soupçonnés. Songez, d'ailleurs, qu'elle date d'hier à peine,
et qu'il a fallu de longues années pour mettre au point
d'autres innovations d'une originalité moindre et d'une
moindre portée. Qui donc oserait répondre que, dans
deux ans, lors de l'inauguration de l'Exposition de 1900,
elle ne sera pas suffisamment mûre et parfaite pour s'imposer à l'admiration unanime et entrer tout à trac dans
les mœurs postales des peuples assemblés?

Le meilleur de la gloire en sera pour l'Italie, qui a déjà
eu l'honneur de donner le jour à Galvani et à Volta. Il ne
faut pas oublier cependant que les voies avaient été
ouvertes à Marconi par les Anglais Faraday, Maxwell et
Preece, par l'Allemand Herz, par l'Américain Nicholas
Tesla, et que, s'il a pu donner un corps à sa conception
géniale, ce fut à la condition d'emprunter le précieux
concours du Français Branly.

Pour avoir moins de panache que telles de ses devan-
cières, l'année 1897 n'en tiendra donc pas moins une place
des plus honorables dans les annales de la science. Sans
doute, elle n'a définitivement résolu aucun des trois grands
problèmes dont j'escomptais timidement, et comme par
acquit de conscience, dans la préface du précédent volume, la solution prochaine : pas plus qu'il y a douze
mois, nous ne savons ni prévoir les cyclones, ni guérir
la tuberculose, et, malgré les tentatives, plus curieuses
que fructueuses, de M. Charles Richet, la navigation
aérienne n'a pas fait un seul pas décisif. Cependant M. le
professeur Pénières (de Toulouse) a su au moins doter
l'art de guérir d'un traitement par les injections d'euphorbe, dont l'efficacité contre les tuberculoses osseuses

semble désormais peu contestable. Appliquée au mal de Pott, cette méthode finira peut-être par donner, pour le redressement des bossus, qui est à l'ordre du jour, de plus sûrs résultats que les procédés, toujours un peu brutaux et précaires, de MM. Calot, Chipault, Bilhaut et Levassor. Grâce, d'autre part, aux ballons-sondes, dont le lancement tend à devenir le sport à la mode, la haute atmosphère, sans cesser d'être inaccessible, a commencé de nous livrer une partie de ses secrets.

Il n'est pas, du reste, une seule branche de l'activité scientifique et industrielle qui, à défaut d'une transfiguration radicale, n'ait vu s'élargir sa sphère d'influence, se multiplier et s'améliorer ses moyens d'action.

Ce n'est pas encore en 1897 que la science aura trahi les espérances, toujours inférieures aux faits accomplis, de ceux qui ont foi en elle, et qui savent la servir — comme elle veut être servie — avec sagesse, prudence, énergie, méthode, patience et pondération.

ÉMILE GAUTIER.

L'ANNÉE
SCIENTIFIQUE
ET INDUSTRIELLE

COSMOLOGIE

ASTRONOMIE

Le Soleil.

L'étude du Soleil est quelque peu délaissée ; mais, s'ils sont peu nombreux, ses observateurs sont remplis de zèle. Parmi eux, nous devons citer en première ligne M. l'abbé Th. Moreux, qui, tout en continuant ses savantes recherches sur la formation mécanique du monde, s'est attaché d'une manière toute spéciale à l'observation des taches solaires. Il a donné dans le *Bulletin de la Société Astronomique de France* plusieurs dessins des plus belles taches de l'année, notamment de celles du mois de janvier et du mois d'août. La première, qui apparut le 3 janvier, avait des proportions inusitées. Son plus grand diamètre ne mesurait pas moins de 95 secondes, soit environ 82 000 kilomètres, et le noyau de la tache couvrait, dans sa largeur maxima, une étendue de 54 500 kilomètres : c'est-à-dire que la surface tachée représentait près de 36 fois celle du globe terrestre. Il est à remarquer que cette tache affectait la forme générale de celle de février 1894, dont la longueur avait prés de 80 000 kilomètres. Le 7 février 1897, la tache de janvier réapparaissait, segmentée, mais mesurant encore plus de 52 000 kilomètres.

Malgré le temps presque continuellement couvert du mois d'août, on a pu observer à cette époque une autre grande tache, ayant environ 54 500 kilomètres dans sa plus grande longueur. On voit que, bien que nous approchions de l'époque du minimum des taches (1900), l'activité solaire se manifeste encore de temps en temps par des spectacles grandioses.

Il serait injuste de ne pas citer, parmi les fidèles observateurs des taches solaires, MM. Comas à Barcelone, Loiseau à La Flèche, Moye à Bordeaux, Cornillon à Arles, Libet au Havre, Bruguière à Marseille, etc.

Nous n'avons eu cette année que deux éclipses de Soleil, et pas d'éclipses de Lune. Il peut y avoir dans une année sept éclipses au plus et deux éclipses au moins : dans le premier cas, il y a cinq éclipses de Soleil; dans le second, il n'y a pas d'éclipse de Lune. On voit que nous n'avons guère été favorisés cette année, puisque nous n'avons eu que le minimum. Par surcroît, ces éclipses étaient toutes deux inobservables à Paris.

La première, qui avait lieu dans la soirée du 1er février, n'était visible que de l'océan Pacifique et de la partie septentrionale de l'Amérique du Sud. A Ciudad-Bolivar, l'éclipse a été observée par MM. Sengbuch, Vallès et Vicentini. Le disque solaire présentait vers l'équateur deux beaux groupes de taches et une tache ronde disposés en triangle équilatéral; au moment de la plus grande phase, la partie éclipsée était d'un noir verdâtre. A Paysandu (Uruguay), M. Lorenzo Kropp a noté également la présence des trois groupes de taches.

· La seconde éclipse solaire avait lieu le 29 juillet. Les phases partielles étaient visibles sur une vaste étendue de pays, depuis l'île de Vancouver au nord jusqu'à l'Uruguay au sud, et depuis San Francisco à l'ouest jusqu'au Sénégal à l'est. Le Soleil ayant été à l'apogée un mois auparavant, la différence entre son diamètre et celui de la Lune n'était que de 48 secondes, et la zone d'éclipse-annulaire était relativement peu large. Le phénomène a été observé par M. Perrenod à Saint-Pierre (Martinique), par

M. Francisco Figuera à Porto-Rico, et par M. Duprat à la Basse-Terre; ce dernier a envoyé à la *Société Astronomique de France* une relation détaillée et de très beaux dessins de cette éclipse.

M. Crova, professeur à l'Université de Montpellier, a continué cette année ses études sur la valeur de la constante solaire[1]. Si, avec lui, nous portons en abscisses les diverses heures de la journée, et en ordonnées des longueurs proportionnelles aux valeurs correspondantes de l'intensité calorifique, nous obtenons une courbe, dite courbe horaire des calories, qui s'élève jusque vers midi (heure à laquelle l'épaisseur atmosphérique traversée est minima, et l'intensité par conséquent maxima), pour redescendre ensuite. Malheureusement, la courbe devient irrégulière à partir de deux heures environ, par suite des vapeurs aqueuses plus ou moins abondantes qui vont se condenser à de grandes hauteurs, et cela par les plus beaux ciels, quand il n'y a ni nuage ni même le plus léger trouble apparent ; ces causes perturbatrices diminuent en hiver, en raison du refroidissement considérable du sol. M. Savélieff, à Kieff, a obtenu par cette méthode des courbes bien régulières. De son côté, M. Crova, aidé de M. Houdaille, en a eu également de très belles à Montpellier, par des temps exceptionnellement froids et secs. Pour éviter les lectures d'observation, M. Crova avait eu recours à l'enregistrement automatique, en prenant une petite pile thermo-électrique constamment dirigée vers le Soleil à l'aide d'un mouvement d'horlogerie, un galvanomètre à miroir dans lequel passe le courant produit, et un papier photographique se mouvant d'une manière uniforme. La courbure une fois obtenue, on calcule, pour chaque heure, la masse atmosphérique traversée par les rayons solaires, et on construit une nouvelle courbe en portant en abscisses les masses atmosphériques et en ordonnées les intensités correspondantes de la radiation. Prolongeant alors cette courbe jusqu'à l'abscisse ı ʾle, nous aurons l'intensité correspondant à une masse traᴠ ʸée nulle, c'est-à-dire la constante solaire. Telle est la méᴛ ʟe qu'a employée M. Crova, à Montpellier d'une part, au

On désigne sous ce nom la quantité de calories reçues normaleᴸ ᴛ en une minute par un centimètre carré de la surface idéale ᴸ ᴛant notre atmosphère.

sommet du mont Ventoux de l'autre; il obtint à la première de
ces stations des nombres variant entre 1,8 et 2,5, qui sont
vraisemblablement trop faibles; au Ventoux, la valeur obtenue
était de 3 calories, et il est à présumer qu'en opérant au
sommet du Mont-Blanc on aurait un nombre encore plus élevé.
Quand on prolonge la courbe « en se laissant guider par le
sentiment de la continuité », comme disait Regnault, on
suppose que la loi observée entre certaines limites est encore
vraie hors de cet intervalle : cette *extrapolation* introduit une
erreur, qui est d'autant plus petite que l'on se trouve plus près
d'une des limites de l'intervalle. On voit par là qu'on diminue
la chance d'erreur, et que la valeur cherchée sera d'autant
plus exacte qu'on se rapprochera davantage, en observant
à des altitudes élevées, de la limite de l'atmosphère.

La Lune.

Il y a aujourd'hui quarante ans qu'ont été faites les pre
mières photographies de la Lune, par un riche amateur anglais,
Warren de la Rue, bientôt suivi dans cette voie par un Américain également amateur, Rutherford. Mais on n'avait pas jusqu'en 1872 songé à tirer parti de cette application de la photographie à l'étude de la constitution de la Lune. A cette époque,
M. Faye fit ressortir toute l'utilité de ces photographies dans
une communication à l'Académie des Sciences. Depuis, plusieurs
astronomes se sont particulièrement occupés de la photographie
lunaire, notamment M. Weineck, directeur de l'Observatoire de
Prague, qui vient de commencer, en septembre dernier, la publication d'une carte de la Lune, au diamètre de 10 pieds, pa
agrandissement des clichés faits à l'Observatoire Lick, au
États-Unis. Mais c'est incontestablement à l'Observatoire de Par
qu'on a obtenu les plus belles épreuves, grâce au talent de
astronomes qui se sont consacrés à ce'te œuvre, MM. Lœw

directe de la Lune deux jours après le premier quartier, obtenue
au grand équatorial coudé de l'Observatoire de Paris,
par MM. Lœwy et Puiseux.

et Puiseux, grâce aussi au dispositif excellent adopté, et qui
consiste dans l'emploi de l'équatorial coudé imaginé par le savant
directeur de l'Observatoire. Les agrandissements mesurent 0ᵐ,58
de hauteur sur 0ᵐ,48 de largeur, et correspondent à un disque
lunaire de 2ᵐ,58 de diamètre; ils sont obtenus en agrandis-
sant quinze fois les clichés originaux. Sur ces photographies,
1 millimètre représente 1650 mètres; en mesurant les longueurs des ombres portées par les pics, on peut calculer
leurs hauteurs, en tenant compte de l'obliquité des rayons du
soleil qui l'éclairent, et se faire une idée du relief de notre
satellite.

En examinant ces photographies, il est naturel de se demander, surtout depuis qu'on entend parler de *la Lune à un mètre*, à
à quelle distance nous la rapprochent les perfectionnements de
l'optique. L'épreuve obtenue au foyer de la lunette est la reproduction de l'image focale, mais non pas de l'image vue dans
l'oculaire; il faut, pour qu'il soit équivalent à cette dernière,
que le cliché soit amplifié, et la supériorité de la photographie
sur la vision directe commence dès que le cliché supporte un
agrandissement plus grand que l'image réelle formée dans le
plan focal. Voyons ce qui se passe pour les clichés de l'Observatoire de Paris. A l'œil nu, nous voyons la Lune sous un angle
de 31'; d'autre part, si nous plaçons à 30 centimètres de notre
œil le disque de 17 centimètres de diamètre qu'offrent les clichés dont nous venons de parler, nous verrons cette image sous
un angle de 32° 54', c'est-à-dire 64 fois le diamètre apparent primitif. Nous avons donc un grossissement de 64 fois : ce qui revient
à dire que la distance est rendue 64 fois plus petite. La distance
qui nous sépare de la Lune — environ 384400 kilomètres — est
réduite à 6001 kilomètres. Si nous plaçons le cliché à 15 centimètres de notre œil, le grossissement sera de 128 fois, ce qui
mettra la Lune à 3000 kilomètres. D'un autre côté, on peut examiner l'image avec une loupe ou un appareil de projection
grossissant 5 fois; mais nous aurons alors, suivant que la vision
est distincte à 30 ou à 15 centimètres, un grossissement de 320
ou de 640 fois, et notre satellite ne sera plus qu'à 1200 ou 600
kilomètres.

M. Puiseux, consulté à ce sujet, est d'avis qu'on peut adopter,
comme normal, le grossissement de 500 fois : en augmentant ce

grossissement, on agrandit le grain de la couche sensible sans avantage pour les détails. Il résulte de ce qui précède que 500 doit être considéré comme le meilleur grossissement, et qu'il est inutile de vouloir rapprocher la Lune à moins de 768 kilomètres. Ça n'est pas *un* mètre, mais c'est déjà bien joli!

M. Wellmann a donné[1] de la formation des cratères lunaires une explication qui, sans être à l'abri de toute critique, n'en est pas moins intéressante. Se basant sur l'analogie des cratères lunaires avec les geysers d'Islande, anaogie qui, malheureusement, n'est pas adoptée universellement, il suppose des éruptions aqueuses pour expliquer l'orographie de notre satellite : les traînées qui divergent autour des cratères seraient les anciens canaux d'écoulement des sources, qui ont dû laisser des traces visibles par le dépôt de leurs eaux calcaires, après la cessation de l'activité volcanique; la hauteur et l'étendue des cratères, incomparablement plus grandes que celles des geysers, s'expliqueraient par l'inégalité d'intensité de la pesanteur sur la Terre et sur la Lune.

Au sujet de cette théorie, M. Puiseux formule d'expresses réserves, en rappelant qu'au contraire on voit sur la surface lunaire des cirques avec ou sans traînées, avec ou sans bourrelets concentriques, avec ou sans montagnes intérieures : il y a une différence capitale avec les geysers, qui rend bien difficile l'analogie que voudrait faire M. Wellmann. Il ne peut, d'autre part, être question d'assimiler à des cours d'eau les traînées divergentes, qu'on voit passer au-dessus des montagnes importantes sans s'infléchir ni diminuer de largeur, ou franchir transversalement des vallées sans en épouser la forme : une telle marche, qui ne saurait correspondre à un épanchement liquide même très puissant, peut convenir à un courant aérien déposant sur sa route les cendres d'un foyer volcanique. Sans aucun parti pris, il est certain que l'esprit est plus satisfait par l'explication de l'astronome français.

1. *Astronomische Nachrichten*, n° 340.

✹

Les planètes en 1897.

MERCURE. — C'est sans doute à la difficulté qu'ont les astronomes pour observer Mercure, qu'il faut attribuer l'abandon
où on laisse quelque peu cette belle planète. Tout au plus
peut-on citer cette année parmi ses fidèles M. Lucien Libert, qui
l'a observée au Havre du 25 avril au 7 mai, MM. Perrenod et
Arnoux, qui ont pu, à Saint-Pierre (Martinique), la suivre pendant
tout le mois d'août à l'œil nu jusqu'au 26. A l'Observatoire de
Juvisy, M. Antoniadi a pu voir, le 6 octobre, à 5ʰ,55 du matin,
dans des conditions très favorables, la conjonction de Mercure
et de Jupiter. Le premier, près de vingt fois plus lumineux que
le géant planétaire, présentait l'aspect d'un croissant roux,
tandis que Jupiter avait une couleur verdâtre. Les deux astres
étaient alors distants de 16 minutes, alors qu'au moment de la
conjonction, à 9 heures, cette distance n'était plus que de
12 minutes.

Outre cette conjonction, Mercure en a eu trois importantes
en 1897. Le 29 juin, à 5 heures du soir, il n'était qu'à 0° 13′ au
nord de Neptune; mais l'observation était doublement délicate,
en raison de la faible visibilité de Neptune et du fait que les
deux planètes étaient près de se coucher. Les deux autres conjonctions, du 13 août et du 12 novembre, étaient invisibles pour
notre horizon, les astres n'étant pas encore levés dans le premier cas et déjà couchés dans le second.

VÉNUS. — Nous espérions, l'année dernière [1], voir trancher la
question de la durée de rotation de Vénus : nous en sommes
malheureusement encore au même point, malgré l'activité des
astronomes pour résoudre ce problème. Une raison s'oppose au
succès des entreprises faites de ce côté la difficulté d'observation. Vénus tournant autour du Soleil le long d'une orbite intérieure à la nôtre, les époques de sa distance minima à la Terre
sont celles où elle passe devant le Soleil, c'est-à-dire où elle est
le moins éclairée. De plus, l'existence d'une atmosphère
environ deux fois plus dense et de beaucoup plus élevée que la

---

1. L'*Année scientifique* de 1896, p. 7.

nôtre autour de Vénus vient encore rendre plus difficile l'observation de cette planète. Les dessins qu'en donnent les astronomes sont loin d'être concordants, et il est certaine tache
grise, en particulier, sur l'existence de laquelle les observateurs ont des avis très différents. Si l'aspect seul de
Vénus soulève un débat, on conçoit que la durée de la rotation reçoive les valeurs les plus contradictoires. M. Schiaparelli[1],
discutant avec soin les observations de Schrœtter, a rejeté
la période de $23^h 21^m 19^s$ donnée par cet astronome, pour
adopter celle de 224 jours, qui est celle de la révolution de
Vénus autour du Soleil. M. Lowell s'est rangé à cette opinion.
Sur les dessins qu'il a donnés de ses observations, « on ne
voit aucun déplacement des taches pendant une période de
5 heures ; or, si la durée de rotation était de 24 heures, la
planète aurait en 5 heures tourné de 75 degrés, et les taches
centrales se seraient déplacées de $\frac{5}{9}$ de leur distance au bord
du disque. D'autre part, la comparaison de tous les dessins
montre que la position des taches ne varie pas relativement
au terminateur : donc la période de rotation coïncide avec la
période de révolution ».

Pour M. Flammarion, les affirmations de M. Schiaparelli et
celles de M. Percival Lowell sont trop absolues, et, sans donner
lui-même un nombre, il se refuse à prendre 224 jours comme
période. Il considère « comme nul et non avenu tout ce qu'on
a écrit jusqu'à ce jour sur la question ». Pour lui, les taches
grises aperçues de temps en temps sont des effets de contraste
dus à l'éclairement solaire et des ombres peu précises, de
nature atmosphérique, incapables de fournir de données sérieuses
sur la durée de rotation. Il est certain que les dessins des
derniers observateurs, MM. Terby, Perrotin, Denning, Stuyvaert,
Barnard, Léo Brenner, Fontséré, ainsi que ceux de MM. Schiaparelli, Percival Lowell et Flammarion, offrent entre eux peu de
points de ressemblance. En résumé, il nous faudra encore
attendre pour être fixés sur cette question.

Durant l'année, Vénus a eu avec Jupiter, Saturne et Mars
trois conjonctions, malheureusement invisibles à Paris.

MARS. — Si l'étude de Vénus n'a guère fait de progrès durant

1. *Considerazioni sul moto rotatorio del pianeta Venere*, 1890.

l'année 1897, en revanche Mars est de mieux en mieux connu.
Jusqu'au mois de juin, notre voisine a été fréquemment observée.
et nous n'avons déjà plus autant de différences dans les dessins
des astronomes. Parmi ces derniers, citons MM. Quénisset à
Paris, Patxot Jubert à San Feliz (Espagne), José Comas Sola à
Barcelone, Cerulli à Teramo (Italie), Wonaszer à Kis-Kartal, etc.,
et, en première ligne, MM. Flammarion et Antoniadi à Juvisy,
Schiaparelli à Milan, et Percival Lowell à Arizona. L'ensemble de
leurs observations permet de se faire aujourd'hui de Mars des
idées à peu près précises, que nous allons résumer. La rareté
des nuages montre que la circulation de l'eau est loin d'avoir
sur notre voisine la même activité que sur la terre. D'autre
part, l'absence de mer est confirmée par la rapide transformation des rivages : parfois des étendues verdâtres de plusieurs
centaines de mille kilomètres carrés disparaissent en un temps
très court, insuffisant pour que l'eau puisse se retirer. L'eau
ne circule par suite que dans un système de canaux profonds;
les taches sombres sont des plaines basses facilement irriguées,
les régions claires des plateaux plus élevés, irrigués seulement par les canaux qui les traversent. Ces derniers con-
vergent au voisinage des pôles martiens, autour desquels on
observe des calottes blanches, s'étendant parfois jusqu'à
45 degrés du pôle quand l'hémisphère correspondant est dans
l'hiver, pour disparaître ensuite quand il est en été. Il est
vraisemblable que ces calottes sont constituées par de la neige,
surtout depuis que le spectroscope a révélé la présence de la
vapeur d'eau dans l'atmosphère de Mars. D'autre part, au
moment de la fonte des neiges, les taches et les canaux prennent des teintes plus sombres, ce qui semble indiquer un redou-
blement d'activité dans la végétation. S'il y a des habitants sur
Mars, l'irrigation doit être leur principal souci : de là ce réseau
de canaux qui donne effectivement l'impression d'un gigantesque travail d'irrigation, dans le but d'amener jusqu'aux
régions équatoriales de la planète l'eau provenant de la fonte
des neiges polaires. Quant à la présence des canaux doubles,
on en donne moins aisément l'explication. M. Lowell imagine
un système de canaux parallèles deux à deux, qui seraient
remplis l'un après l'autre, de manière à fertiliser peu à peu une
bande de plus en plus large; la végétation, commençant vers

ıe milieu de, la bande, s'étendrait ensuite de part et d'autre des canaux.

Citons, pour terminer, la valeur $\frac{1}{47}$ donnée pour l'aplatissement polaire de Mars par M. Wilhem Schur, à la suite d'observations faites à l'Observatoire de Gœttingue.

JUPITER. — Les observations du géant planétaire faites durant cette année confirment la théorie que Jupiter en est encore à sa période initiale, à sa genèse. C'est une immense sphère de matières chaudes inconnues, liquides ou gazeuses, très denses, d'où émergent des solidifications partielles.

La vitesse de rotation est variable avec la latitude des zones considérées; elle est de 12 500 mètres à l'équateur, et la durée de rotation est de 9ʰ 50ᵐ 20ˢ. En comparant les raies du spectre jovien à son bord oriental et à son bord occidental, M. Deslandres à l'Observatoire de Paris, M. Belopolsky en Russie et M. Keeler aux États-Unis ont vérifié que la vitesse équatoriale était d'environ 12 kilomètres par seconde.

La grande tache rougeâtre qui touche le bord inférieur de la bande tropicale australe, et dont la vitesse de rotation diminue chaque année, s'est montrée plus faible en 1897, avec une teinte rose trouble. De même, les points grenat vus l'année dernière sur la zone tropicale n'ont pas été retrouvés cette année. Quant à la mince bande équatoriale, qui était réduite en 1896 à un filet à peine perceptible, elle a décuplé de largeur en six mois.

L'aplatissement de Jupiter a fait le sujet d'études approfondies de la part de M. Schur, qui vient de consigner dans les *Astronomische Nachrichten* le résultat de ses recherches. Nous donnons ici, d'après ce journal, la comparaison des nombres donnés par divers observateurs pour le diamètre équatorial (D), le diamètre polaire (Δ) et l'inverse de l'aplatissement (a) :

	D	Δ	a
Bessel (1835).	37″,66	35″,24	15,6
Johnson (1851).	37″,31	35″,11	16,9
Winneck (1837).	37″,59	35″,20	17,1
Main (1874).	37″,14	34″,94	16,9
Bellamy (1875)..	37″,19	35″,02	17,1
Schur (1897).	37″,42	35″,10	16,2

Enfin, M. A. L. Douglas, astronome à l'Observatoire Lowell, vient de découvrir les durées de rotation de Ganymède et

de Callisto, les III⁰ et IV⁰ satellites de Jupiter. Ces durées
de rotation étant respectivement égales à $7^j 5^h 1^m$ et $16^j 16^h 7^m$,
et leurs durées de révolution égales à $7^j 5^h 13^m$ et $16^j 16^h 32^m$,
on voit qu'il y a à peu près concordance entre la révolution
et la rotation de ces astres : ils tournent donc autour de
Jupiter en lui présentant toujours le même hémisphère, à la
façon de la Lune tournant autour de notre globe. D'après le
même astronome, Ganymède serait sillonné comme Mars d'un
réseau de lignes droites inférieures en largeur à $\frac{1}{10}$ de seconde, soit 300 kilomètres, et on les distinguerait bien avec un
grossissement de 750 fois.

SATURNE. — M. Brenner et Mme Manora, à l'Observatoire de
Lussinpiccolo, ont dirigé leurs investigations sur Saturne et sont
parvenus à découvrir de nouvelles divisions dans ses anneaux.
La division Manora, large de $0'',56$, paraît être récemment
formée. C'est une preuve de plus en faveur de la théorie de
M. Camille Flammarion sur la perpétuelle variabilité des anneaux,
due à l'attraction des huit satellites.

PETITES PLANÈTES. — M. Charlois, astronome à l'Observatoire de
Nice, a découvert cette année deux nouveaux astéroïdes entre
Mars et Jupiter. Le nombre de ces petites planètes s'élève
actuellement à 432, dont 93 ont été découvertes par M. Charlois;
l'Autrichien Palisa arrive second avec 83, puis l'Américain
Peters avec 48, l'Allemand Max Wolf avec 40, l'Allemand Luther
avec 24, l'Américain Watson avec 22, le Français Borelly
avec 18 — pour ne citer que les plus heureux de ces chercheurs.
Sur ces planètes, 158 ont été trouvées par des Français,
274 par des étrangers.

✳

Les Étoiles.

Les *étoiles doubles* étant vraisemblablement dues à la séparation en deux d'un astre primitif, on conçoit qu'un grand intérêt
s'attache à la détermination de la phase relative du progrès

dans lequel se trouve actuellement chaque étoile composante. On sait que les couleurs de ces étoiles sont réelles, quoique accentuées à la vue par un effet de contraste, et l'on trouve l'explication de cette coloration dans la composition des spectres, qui varie avec la nature et la condition des matières par lesquelle la lumière est émise ou absorbée. Les observations spectroscopiques avaient été faites jusqu'ici à la vision directe. Sir William Huggins vient de réussir à photographier nettement les spectres des composantes colorées de quelques systèmes doubles. En particulier, l'étoile double α des Chiens de Chasse (le « Cœur de Charles ») présente deux spectres trés peu avancés, de l'ordre de celui des étoiles blanches ; mais la plus petite des deux composantes est plus colorée que la principale ; on en peut conclure que la formation de ce couple est postérieure à celle de γ du Lion, dont les composantes donnent des spectres presque aussi avancés que celui du Soleil ; toutefois cette hypothèse n'est acceptable qu'autant qu'on suppose une même masse aux deux systèmes, car il est vraisemblable qu'une étoile de masse moindre subisse plus rapidement ses transformations successives.

Dans l'étoile double β du Cygne, les spectres des deux composantes sont très distincts, mais ici c'est l'étoile principale qui est dans la phase la plus avancée ; le spectre de l'autre est du type des étoiles blanches, qu'on s'accorde à considérer comme les plus jeunes. Il y a lieu de supposer que l'étoile qui nous paraît la moins brillante a une masse supérieure à celle de l'autre.

M. T.-J.-J. See vient de publier un volume[1] très intéressant sur la formation des systèmes multiples. L'observation de 40 étoiles doubles a montré que les plans orbitaux font des angles quelconques avec la Voie Lactée : ce résultat avait d'ailleurs été énoncé[2] antérieurement par Mlle Everett.

D'autre part, M. de Glasenapp vient de publier la quatrième série de ses « Mesures d'étoiles doubles ». Cet astronome, qui s'est tout particulièrement occupé des orbites binaires, a trouvé de grandes lacunes dans les observations des étoiles doubles ; il a exécuté une série de déterminations, en vue de rechercher

1. *Researches on the Evolution of the Stellar Systems*, vol. I, Lynn, Mass. (U. S.).

2. *Monthly Notices*, R. A. S., juin 1896.

si ces systèmes sont liés physiquement ou si leur proximité n'est qu'accidentelle. A Hourzouf, dans le sud de la Russie, M. de Glasenapp a mesuré 435 couples jusqu'à 35 degrés de déclinaison australe. La deuxième série de déterminations, faite à Abastouman, comprend 600 observations. La troisième et la quatrième en comprennent 614 et 270; elles ont été effectuées à Domkino.

L'étoile *Mira Ceti* continue à déjouer les calculs des astronomes sur l'époque de son maximum d'éclat. L'intervalle entre deux maxima consécutifs, qui était de 331 jours jusqu'en 1886, a depuis lors augmenté de durée progressivement. En 1887, le colonel Markwick, à Gibraltar, remarqua un retard de 21 jours sur la date annoncée par les éphémérides; en 1888, le retard fut de 24 jours, soit 3 jours seulement en tenant compte de celui de l'année précédente. En 1889, les observateurs constatèrent le maximum à la date précise, comme si le retard des deux années précédentes n'eût pas eu lieu.

Les quatre maxima qui suivirent ne purent être observés, la Baleine (où se trouve *Mira Ceti*) ne passant alors au-dessus de notre horizon que pendant le jour. Mais en 1894 le maximum, annoncé pour le 5 février, ne fut reconnu que le 19 mars, avec 30 jours de retard; en 1895, ce retard atteignit 58 jours, et, en 1896, 61 jours. Cette année, le maximum, annoncé pour le 2 novembre 1896, ne s'est produit que du 24 décembre au 24 janvier 1897, d'après le colonel Markwick. M. Duménil, à Yébleron, M. Bruguières, à Marseille, ont donné comme limites de l'époque du maximum des nombres très peu différents. M. Nyland, à Utrecht, a tiré de ses observations une courbe de l'éclat de *Mira Ceti* dans laquelle le maximum s'étend du 13 décembre au 2 février. On conçoit d'ailleurs que les appréciations puissent être différentes, en songeant que ce maximum a chaque fois une durée d'environ un mois, et que, suivant les climats, la plus ou moins grande quantité de vapeurs répandue sur le ciel peut modifier l'éclat aux yeux des observateurs.

D'autre part, l'éclat de *Mira Ceti*, qui variait jadis de la deuxième à la neuvième grandeur, et même parfois jusqu'à la douzième grandeur, semble diminuer, au moment du maximum, depuis ces dernières années. En 1896, l'étoile avait atteint la grandeur 3,2; cette année, elle ne paraît pas avoir dépassé 3,9.

En somme, il semble que la périodicité dans les variations d'éclat de *Mira Ceti* tende à se rapprocher d'une année, en même temps que l'éclat maximum diminue à chaque réapparition. Faut-il voir dans ce double phénomène la preuve d'un ralentissement dans l'activité de cette *Merveilleuse*, comme la nomma Hévélius, qui parfois est une des plus brillantes étoiles, malgré une distance telle, qu'on n'en a jamais pu calculer la parallaxe?

Les étoiles filantes de novembre, les *Léonides*, ont été observées dans les nuits du 13 au 14 et du 14 au 15; mais le résultat a été peu satisfaisant, les circonstances ayant été particulièrement défavorables. On sait que la masse la plus importante de cet essaim météorique rencontre la Terre tous les 33 ans environ. Malheureusement pour l'observation, d'énormes couches de nuages ont empêché d'une manière à peu près complète la visibilité de ces corpuscules; d'autre part, l'éclat de la lune les rendait difficiles à apercevoir, même au moment des rares éclaircies.

A l'Observatoire de Paris, MM. Bigourdan et Puiseux, Mlle Klumpke, MM. Boinot et Le Morvan ont pu toutefois, grâce à quelques embellies, signaler l'apparition d'une vingtaine de ces météores pendant la nuit du 13 au 14; celle du 14 au 15 a été très mauvaise, avec un temps pluvieux et un ciel presque constamment voilé. A l'Observatoire de Meudon, M. Hansky n'a pu observer, lui aussi, qu'un petit nombre des Léonides.

Les Comètes en 1897.

La première comète de 1897 a été observée dans l'hémisphère austral, par M. John Tebbutt, à son observatoire de Windsor (Nouvelle-Galles du Sud), du 23 février au 20 avril. Son parcours est effectué de $19^h,47$ à $10^h,23$ en ascension droite, et de 15 à 156 degrés en distance polaire. Elle est toujours restée télescopique, et son éclat a diminué progressivement, au lieu d'augmenter comme le calcul l'indiquait.

C'est avec beaucoup de difficulté, malgré la puissance de son grand équatorial, que M. Barnard a pu, à l'Observatoire Lick, observer la comète Swift (*e* 1894). M. S.-C. Chandler a utilisé ses observations pour calculer l'orbite de cette comète, dont M. Schulhof annonçait l'identité avec la comète de Vico (I, 1884); mais la difficulté d'observer un astre aussi faible empêche d'en calculer les éléments avec certitude, et l'identification des deux comètes n'a pu être faite.

Le 28 juin, M. Perrine, à l'Observatoire Lick, a retrouvé la comète d'Arrest à la place que lui assignaient les calculs de M. Leveau. M. Rossard l'a également retrouvée, à l'Observatoire de Toulouse, du 23 au 30 juillet.

Enfin, le 16 octobre dernier, M. Perrine a découvert une comète par 54° 2′ d'ascension droite et 23° 13′ de distance polaire. Son éclat était de 8ᵉ grandeur, sa queue de 8′; la nébulosité avait un diamètre de 2′, avec un noyau bien défini. La nouvelle comète s'approche du Soleil et s'éloigne de la Terre. Elle a passé au périhélie le 8 décembre. Le 25 octobre, on a pu prendre à l'Observatoire de Juvisy plusieurs photographies de cet astre.

En prenant pour base les déterminations, par M. Campbell, d'un grand nombre de raies du spectre de la comète *b* 1895, M. Kayser a formulé les conclusions suivantes, qui assimilent le spectre cométaire à celui du carbone en ignition, plutôt qu'à celui du carbone porté à l'incandescence dans l'arc électrique : « Le spectre des comètes renferme les bandes du carbone et du cyanogène, qui apparaissent quand la vapeur du carbone est illuminée par l'électricité en présence de l'azote, et, de plus, d'autres bandes d'origine inconnue, que l'on trouve dans la flamme des hydrocarbures ».

✻

La gravité et la densité moyenne de la Terre.

MM. Richard et Menzel ont, par la méthode de la double balance, déterminé la constante de la gravité, et, par suite, la densité·

moyenne de la Terre. En comparant leurs résultats à ceux des autres physiciens qui ont traité le même sujet, on a le tableau suivant :

Cavendish (balance de torsion)		5,45
Reich (balance de torsion)	5,49	5,58
Bailly (balance de torsion)		5,67
Cornu et Baille (balance de torsion)	5,56	5,50
Roys (balance de torsion)		5,52
Jolly (balance)		5,69
Poynting (balance)		5,49
Wilsing (pendule)		5,57
Richard et Menzel		5,50

Ces résultats tendent à indiquer pour la Terre une densité d'environ 5,5 : notre globe est donc la plus dense des planètes du système solaire — aprés Mercure toutefois, dont la densité est 6,45 par rapport à l'eau ; la planète la moins dense est Saturne, dont la densité est 0,70.

�

Les Bolides en 1897.

L'année 1897 a été fertile en bolides, et dès le 22 janvier M. Bruguière signalait le passage, à 6ʰ,8 du soir, d'un de ces météores au-dessus de Marseille. Parti de la Chèvre, il allait droit sur Vénus ; le noyau se brisa presque immédiatement pour en former trois nouveaux, qui disparurent aussitôt ; le phénomène avait duré 4 secondes, et aucun bruit ne fut perçu.

Le 50 janvier, à 7 heures du soir, M. Jules Balbi, de Vicence (Italie), vit à Monte di Malo un bolide très brillant, qui fut également aperçu à Mondovi à la même heure.

n bolide magnifique, signalé par Mme Weber à Lausanne, et p plusieurs observateurs des départements de l'Ain, de la H te-Saône, de la Haute-Marne et de l'Aube, est observé, allant d nord-ouest au sud-est, le 2 mai, à 10 heures du soir. Mal h reusement, s'il a été observé en maints endroits, personne n'a repéré sa trajectoire par rapport aux étoiles, et sa hauteur n'a pu être calculée. Il n'en est pas de même du bolide lent, ou *brodyte*, qui a été aperçu le 13 juillet d'un grand nombre de localités du Midi de la France. Les renseignements assez précis qu'ont fournis sur ses positions successives certains observateurs, parmi lesquels nous citerons MM. Tramblay à Orange, Cabanis à Frontignan, Hernandez à Montpellier, Lionneton et Dragon à Aix, Bruguière à Marseille, ont permis d'assigner à la hauteur approximative du météore le chiffre de 92 kilomètres; il a dû passer à plus de 25 lieues au-dessus de la Méditerranée, vers laquelle il se dirigeait. Son apparition s'est produite près d'Arcturus, sa disparition un peu au sud d'Antarès. Le phénomène avait duré 19 secondes.

Le 4 août, M. Ercole Labronia observa, à $2^h,35$ du matin, à Tunis, un bolide de forme sphérique, qui resta d'abord immobile dans l'espace, au nord de Vénus, et disparut sur place. Ce même bolide paraît être le même que celui qu'a observé le même jour M. A. Bloch à Vallorbe (Suisse).

M. C. Collez, à Patras (Grèce), vit le 27 août, à $7^h,50$ du soir, un magnifique bolide se dirigeant du nord-est au sud-ouest. Après avoir traversé le Scorpion, il s'éteignit sans détonation au nord de l'étoile β Balance.

M. E. Durand-Gréville a donné, dans le *Bulletin de la Société Astronomique*, une relation très détaillée du phénomène qu'il lui fut donné de voir le 30 août, à $8^h,31$ du soir, près d'Angers. Le météore, visible entre Altaïr et la Voie Lactée, traversa celle-ci du sud-sud-est au nord-nord-ouest, et passa entre δ du Cygne et Véga, pour disparaître au bout de 4 secondes. Presque au même instant, à $8^h,34$, M. L. Libert observait également un bolide, mais qui sans doute était différent du premier, entre ξ et φ du Sagittaire.

C'est encore dans cette constellation, près de γ du Sagittaire, que M. C. Gaillard observa à Orbe (Suisse), le 27 septembre, à $7^h,26$ du soir, un bolide d'un jaune éblouissant, de la grosseur apparente de Vénus; il s'avançait de l'ouest à l'est, et disparut à 12 degrés de l'horizon, après avoir parcouru environ 15 degrés en 10 secondes.

✳

La formation mécanique du monde.

On sait quel vif intérêt excite depuis plusieurs siècles l'étude de la formation du système du monde. La plus répandue des hypothèses cosmogoniques à l'aide desquelles on a cherché à expliquer cette formation par la seule action des forces naturelles est celle de Laplace, entrevue par Kant, mais magistralement exposée par le célèbre géomètre français. Dans cette théorie, le point de départ est une immense atmosphère d'un diamètre égal à celui de la sphère d'attraction du Soleil actuel : composée d'un gaz élastique très rare porté à une très haute température, et animée d'un mouvement progressif de rotation, cette nébuleuse se serait résolue, par l'effet de la force centrifuge, en anneaux, en soleil et en planètes.

Si séduisante qu'elle soit, et quelque vogue qu'elle ait eue pendant près d'un siècle, l'hypothèse de Laplace se heurte à des objections que rendent encore plus sensibles les progrès accomplis depuis l'époque où fut écrite la *Mécanique céleste*. Cette théorie ne saurait expliquer la rotation d'Uranus autour d'un axe perpendiculaire au plan général du système, ni la révolution rétrograde du satellite de Neptune, ni les révolutions du premier satellite de Mars et du cinquième de Jupiter, plus rapides que celles des planètes elles-mêmes. De plus, la nébuleuse primitive est, pour Laplace, une masse *gazeuse* et *chaude*, mais sa quantité de chaleur ne peut assurer à la Terre les cent millions d'années d'existence nécessaires — le fait est aujourd'hui démontré — à la formation des roches actuelles. Enfin il est difficile de concevoir l'existence d'une masse aussi raréfiée que devait l'être la nébuleuse de Laplace, masse relativement faible, dispersée dans une sphère de rayon égal à celui de l'orbite de Neptune : nous ne pouvons, avec nos idées actuelles sur la constitution de la matière, admettre que cette masse ait pu jouir des propriétés des gaz.

Il devenait donc nécessaire de reprendre toute la théorie sur e nouvelles bases : c'est ce que fit M. Faye[1], en substituant à l nébuleuse gazeuse une nébuleuse à l'intérieur de laquelle se

1. FAYE, *l'Origine du Monde.*

meuvent des *courants circulaires de matière*, qu'il nomme *gyrations*. Primitivement très lentes, les gyrations se régularisent et se transforment en anneaux à peu près circulaires, puis en planètes, tandis que les matériaux ne faisant partie d'aucune gyration se condensent pour former le Soleil central. En adoptant cette hypothèse, les planètes sont constituées avant le Soleil : nous avons alors une explication suffisante des rotations rétrogrades, mais nous n'en avons pas de l'inclinaison des axes de rotation. Si donc la théorie de M. Faye est en progrès sur celle de Laplace, elle n'est toutefois pas à l'abri de tout reproche.

Voici qu'un autre savant, le lieutenant-colonel d'artillerie du Ligondès, présente[1] à son tour une nouvelle théorie, constituant un progrès sensible sur celle de l'éminent astronome du Bureau des Longitudes. Le point de départ de M. du Ligondès est le même que celui qu'avait supposé Kant il y a plus d'un siècle : « A l'origine, l'Univers se réduisait à un chaos général extrêmement rare, formé d'éléments divers mus en tous sens et soumis à leurs attractions mutuelles. » La légère asymétrie que présente ce *lambeau chaotique* produit son évolution, qui s'accomplit sous l'action de la gravitation : il n'est plus nécessaire de supposer des gyrations préexistantes. Après avoir étudié la loi de variation de la pesanteur dans un milieu semblable, le savant officier conclut que la matière presque entière se rassemble, par l'effet des chocs qui s'y produisent, dans une zone à peu près plate, dont le plan de symétrie coïncide (ou presque) avec le plan du maximum des aires. Les seuls mouvements possibles dans cette masse tourbillonnante sont les mouvements circulaires, puisque tout autre amènerait des chocs qui lanceraient vers le centre les corps choqués, en détruisant leur vitesse. Les mouvements circulaires ont lieu dans les deux sens, avec prédominance d'un sens sur l'autre ; d'où de nouveaux chocs qui annihilent progressivement tout mouvement rétrograde. L'auteur montre qu'il se produit fatalement un ou plusieurs maximums de densité, suivant des zones circulaires qui s'accentuent peu à peu, de sorte que le disque prend une forme circulairement cannelée. Ces maximums de densité se sont répartis à des

1. Lieutenant-colonel DU LIGONDÈS : *Formation mécanique du système du monde*, avec un *Résumé de la nouvelle théorie*, par l'abbé TH. MOREUX, professeur de mathématiques.

distances proportionnelles à celles des grosses planètes. Les planètes auraient apparu dans l'ordre : Neptune, Jupiter, Uranus, Saturne, la Terre, Vénus et Mercure ; Mars et les petites planètes auraient été formées après la Terre, et le Soleil en dernier lieu. D'autre part, la pesanteur, qui est, à l'origine, proportionnelle à la distance au centre, se transforme peu à peu : à une certaine époque, elle est nulle au centre, croît jusqu'à un maximum, et décroît ensuite. Les planètes formées dans la région où la pesanteur croît se meuvent dans le sens direct, celles qui ont été formées dans l'autre région se meuvent en sens inverse. Mais, à mesure que s'accentue la condensation, la zone de pesanteur maxima se rapproche du centre, et il peut se faire qu'une planète passe, avant son complet achèvement, d'un sens à l'autre : d'où une modification dans la durée de la rotation et dans les positions des axes, et par suite l'explication des inclinaisons de ces axes.

Telles sont, sommairement indiquées, les grandes lignes de la théorie nouvelle de MM. du Ligondès et Moreux. Elle ne saurait être considérée comme définitive, et les auteurs reconnaissent qu'une analyse mathématique plus approfondie est nécessaire. Il est malheureusement certains points qui se prêtent mal au calcul rigoureux. Quoi qu'il en soit, la *Formation mécanique du système du monde* est de nature à apporter à l'étude de la Cosmogonie une contribution importante.

La décimalisation du temps et de la circonférence.

L'idée n'est pas nouvelle de vouloir substituer au mode actuel de division du temps et de la circonférence un autre basé sur le système métrique. Il y a près d'un siècle que le Service Géographique de l'Armée a adopté comme mesure d'angle et appelé *ade* la centième partie du quart de la circonférence. Cette *ieforme*, qui n'intéresse en somme que les géographes, les *ydrographes* et les géodésiens, n'a pas été partout adoptée, et *'est* pourtant la seule qui soit acceptable au point de vue de l'uniformité des documents, plans, cartes, etc., qu'établissent les travailleurs très spéciaux que nous venons de nommer. À part cette exception, qui n'est d'ailleurs pas indispensable, le mode de division actuel doit rester ce qu'il est — décimal. Sans proclamer catégoriquement, comme M. le contre-amiral P. Serre, que l'heure décimale est « une absurdité », nous pouvons dire qu'elle est aussi illogique qu'inutile.

Supposons, par exemple, adopté le projet de M. de Sarrauton, qui conserve la division du jour en 24 heures, mais qui divise chaque heure en 100 minutes centésimales, et chaque minute centésimale en 100 secondes centésimales ; il établit d'ailleurs la concordance entre les temps et l'angle en divisant la circonférence en 240 degrés, subdivisés à leur tour en minutes et secondes d'arc centésimales. Ce mot centésimal ajouté pour dénommer le nouveau système ne ferait certainement pas long feu, et bientôt l'usage redonnerait aux nouvelles unités les noms des anciennes : nous aurions ainsi un seul mot pour désigner quatre unités différentes, comme si ce n'était pas déjà trop que dans le langage courant le mot *seconde* s'applique à la seconde de temps et à la seconde d'arc ! De plus, l'heure correspondant à 10 degrés de la circonférence, la minute centésimale de temps correspondrait à 10 minutes centésimales d'arc, la seconde de temps à 10 secondes d'arc.

Un autre réformateur, M. Chancourtois, divise la circonférence en 400 grades, comme le Service Géographique de l'Armée, et le jour en 40 *chrones*. Le chrone vaut 36 minutes, et le centichrone $2'',16$. Mais, comme l'a fait observer M. Bouquet de la Grye, cette proposition ne saurait satisfaire les astronomes, dont l'unité fondamentale, le jour, serait ainsi divisée en 40 parties égales : pour prendre un système quasi décimal, autant vaut garder l'ancien.

M. de Rey-Pailhade, au contraire, serait approuvé des astronomes, car il conserve le jour pour unité fondamentale, et le divise en cent *cés* (valant chacun $14' 24''$), divisés eux-mêmes en cent *centicés*, valant $8'' 64$. La circonférence est de même divisée en cent *cirs*; le *cir* vaut $3° 36'$, et le *centicir* $2' 9'',6$.

Entre ces trois propositions, prises parmi celles qu'on nous offre cette année, la dernière est la plus satisfaisante. le *cé* étant une unité pratique commode, de l'ordre de grandeur de notre quart d'heure actuel. Néanmoins elle doit être, comme les deux autres, et comme toutes les autres, abandonnée. Est-il en effet bien utile, pour la simplification de quelques calculs, de modifier profondément, comme le ferait une pareille réforme, les habitudes acquises depuis cinquante siècles? La substitution du *chrone* à l'heure amènerait le plus grand trouble dans toutes les industries, en obligeant à changer tous les éléments dans lesquels le temps est facteur : horaires, prix de revient, etc. Il faudrait en particulier refaire le magnifique système d'unités C. G. S., aujourd'hui adopté par toutes les nations. Des trois unités, le centimètre, le gramme et la seconde, la troisième seule était, au moment de l'adoption du système, hors de contestation dans tous les pays du monde.... Et c'est elle qu'on voudrait changer!

Les électriciens, en particulier, se sont émus en présence de la résolution, adoptée par la *Commission* — officielle, s. v. p.! — *de décimalisation du temps et de la circonférence*, de diviser l'heure en 100 parties égales. La *Société de Physique* d'une part, la *Société internationale des Électriciens* de l'autre, ont soumis aux pouvoirs publics des rapports sur la question ; ils concluent, avons-nous besoin de le dire, au maintien du système actuel. La *Société des Ingénieurs civils*, plus tolérante, ne repousse que la décimalisation du temps ; quant à celle de la circonférence, elle a décidé qu'entre la division en 360 degrés ou la division en 400 grades il n'y avait pas lieu, pour les ingénieurs du moins, de préférer l'un des systèmes à l'autre.

En résumé, la seconde sexagésimale est trop étroitement liée avec les plus anciennes habitudes de la vie de société, en même temps qu'avec les besoins les plus modernes de la science, pour qu'il soit possible de la changer.

A côté de ce projet, une réforme certainement utile sera celle qui divise le jour en 24 heures consécutives. Nous ne pourrons prendre, pour la vie pratique, le système des astronomes, qui fait commencer le jour à midi ; mais nous trouverons de grands avantages à compter les heures de 1 à 24 à partir de minuit, ainsi que le faisaient jadis les Romains et comme le font aujourd'hui les compagnies de chemins de fer belges et italiennes. L'usage se généralise, et il n'est pas douteux que nous en viendrons là en France un jour ou l'autre.

La plus grande lunette du monde.

L'immense équatorial qui vient d'être installé à l'Observatoire de Grünewald, près de Berlin, après avoir figuré à l'Exposition de Berlin, où sa longueur démesurée — vingt mètres — attirait la curiosité des visiteurs, sera, une fois terminé, la plus grande lunette du monde. Actuellement, la monture seule est achevée; quant aux objectifs, leur exécution a été confiée à MM. Schot et Genossen, d'Iéna, et le polissage sera fait par MM. Steinheil, de Munich. Cette lunette gigantesque sera pourvue de deux objectifs : l'un, destiné aux observations spectroscopiques et photographiques, aura $1^m,10$ de diamètre et 7 mètres de distance focale. Ce sera également la plus grosse lentille connue, puisque celle de l'équatorial de M. Yerkes, de Chicago, qui jusqu'à ce jour détient le record, n'a que $1^m,05$ de diamètre. Le second objectif, destiné à l'observation directe, aura 70 centimètres d'ouverture, et la distance focale inusitée de $20^m,70$. Ce nombre donne en effet près de 30 comme valeur du rapport de la longueur focale à l'ouverture, alors que l'on considère 14 comme la valeur normale de ce rapport. Exceptionnellement, il atteint 18 à l'équatorial de l'Observatoire de Lick, aux États-Unis. Cette disposition nouvelle a l'avantage d'accroître les dimensions de l'image et de faciliter les observations planétaires. On pourra ainsi, à Grünewald, avoir une image du Soleil atteignant $0^m,19$ de diamètre, et qu'un agrandissement photographique permettra d'accroître à $0^m,60$ de diamètre! Mais — il y a un mais — ces objectifs, et surtout le premier, ne sont pas terminés, et leur fabrication est extrêmement difficile, en même temps qu'elle est très longue. La lentille de *crown* de $1^m,05$ destinée à Chicago a nécessité dix-sept mois de travail, et la lentille de *flint* qui lui est juxtaposée un peu plus du double. Ces deux lentilles pesant respectivement 132 et 160 kilogrammes, on voit que l'objectif allemand dépassera 300 kilogrammes : on ne manie pas aisément de pareilles masses, qui ont plus d'une chance de se briser pendant le travail!

L'équatorial de Grünewald est original, non seulement par ses dimensions colossales, mais aussi par la disposition de l'observateur, qui n'a plus ici de coupole à sa disposition : les frais d'installation eussent été extrêmement onéreux. Il est installé sur une plate-forme taillée dans une masse de fer en forme de fer à cheval suspendue en contrepoids au tube de la lunette, du côté de l'objectif. Le tube lui-même est encastré dans une masse de fer reposant par d'énormes tourillons sur des coussinets de bronze que supportent deux montants. Telle quelle, la lunette de Grünewald ressemble à une gigantesque bouche à feu — est-ce parce que nous sommes en Allemagne? — montée sur son affût.

Maintenant, ce nouvel instrument donnera-t-il tout ce qu'on attend de lui, et, en particulier, permettra-t-il d'atteindre le grossissement espéré de 2500? Il serait prématuré de l'affirmer. Mais il est à souhaiter que l'avenir confirme ces prévisions. L'émulation des constructeurs pourrait bien alors nous doter pour 1900 d'une lunette de 1m,50 d'ouverture.

Nous donnerons, pour terminer, le tableau des plus grandes lunettes du monde aux diverses époques depuis cinquante ans :

ANNÉES.	LIEUX.	Diamètres de l'objectif.	Longueurs de la lunette.	Grossissements.
1844	Observatoire de Poulkova. .	38	7	800
1861	— de Chicago. . .	47	8	900
1872	— de M. Newal. .	63	10	1200
1874	— de Washington.	66	11	1300
1885	— de Nice	76	18	1500
1888	— de Lick	91	15	2000
1896	— de Geneva . . .	105	19	2200

Si le progrès est lent, du moins il va graduellement, sans trève, et les résultats actuels nous permettent d'espérer que nous aurons mieux encore à l'aurore du siècle prochain.

MÉTÉOROLOGIE

L'année météorologique.

Les hautes pressions qui couvraient la France à la fin de 1896 ont persisté une semaine encore et nous ont valu pour le début de l'année 1897 quelques belles journées, sèches et froides. Le 5, une vaste zone de basses pressions envahit l'Europe occidentale, de Gibraltar à l'Écosse, amenant avec la pluie une élévation de température considérable. Des coups de vent sévissent en Espagne et en Portugal, accompagnés de pluies torrentielles qui provoquent la crue d'un grand nombre de cours d'eau ; à Séville notamment, le Guadalquivir s'élève, le 9, à 7 mètres au-dessus de son niveau normal ; le service des chemins de fer est interrompu par les inondations, en particulier sur la ligne de Madrid à Tolède.

La dépression gagne la France le 15, entraînant la zone des mauvais temps et des grandes pluies. Cette, Perpignan, Narbonne, Agen, Toulouse ont à souffrir cruellement de la bourrasque. L'Agly déborde à Rivesaltes, le Tech à Palau-del-Vidre, l'Aude à Cuxac. Le 23, un navire norvégien est jeté à la côte à l'île Pelée, près de Cherbourg.

Le 24, la situation se modifie, et c'est dans le nord de l'Europe que se trouvent les minima de pression. La neige fait son apparition en France, et le froid devient très vif. La circulation des trains est entravée sur nombre de points, particulièrement dans le Midi, à Toulouse et à Bayonne. Dans les journées du 30 et du 31, une tempête de neige s'abat sur le Plateau Central et sur la vallée de la Garonne ; la bourrasque est signalée à Clermont-Ferrand, à Auch, à Carcassonne, à Bergerac, à Saintes, etc.

Au début de février, la distribution des isobares à la surface de l'Europe est très irrégulière, et l'on compte, le 3, jusqu'à cinq dépressions secondaires. Du 1er au 6, le thermomètre s'élève rapidement, et la fonte des neiges de janvier s'accentue ; un régime pluvieux et doux s'établit, qui provoque des crues générales. Dans le bassin de la Seine, les cours d'eau éprouvent une nouvelle crue, plus forte que celle de novembre 1896, et due principalement à la haute Seine et à la Marne et ses affluents. Les pluies de février, qui sont toutes tombées durant la première quinzaine, ont eu pour effet de prolonger la durée et l'intensité de la crue : du 4 au 20, la Seine se tient, au pont de la Tournelle à Paris, au-dessus de 4 mètres ; le maximum 5 m. 40 est atteint le 15. La Loire, grossie surtout par les affluents de la rive gauche, éprouve également une forte crue, qui cause, le 10, la rupture de la digue de Saint-Florent, en amont d'Ancenis. A Châtellerault, la manufacture d'armes est inondée. A Chinon, deux maisons sont écrasées par un bloc de rochers de 200 mètres cubes, détaché du coteau dominant la ville, par suite de la persistance des pluies. En même temps, des avalanches se produisent dans les Alpes, notamment au Petit Saint-Bernard, où quatre soldats trouvent la mort ; jamais on n'avait vu autant d'avalanches que cette année sur la route de Bourg-Saint-Maurice à Val-d'Isère, où l'on en a compté près de cinq cents, grandes ou petites.

Du 16 au 19, quelques faibles gelées s'étaient produites le matin ; néanmoins la température moyenne de février a atteint à Paris 7°,5, chiffre surpassant de plus de 3 degrés la température normale.

Dès le 2 mars, les symptômes précurseurs d'un cyclone se manifestent au sud-ouest de l'Irlande ; une vaste dépression barométrique s'avance vers l'est avec rapidité ; son centre est, le 3, au matin, en Écosse, et son action s'étend sur la presque totalité de l'Europe ; le vent souffle en tempête, la mer est démontée sur toutes nos côtes de l'Océan et de la Manche, de Biarritz à Dunkerque. On signale plusieurs bateaux perdus, le *Raphaël* à Cherbourg, la *Marguerite* à Fécamp, le trois-mâts *Saint-Julien* à Dunkerque, le cotre *Pilote* 26 à Pauillac. A Brest, le *Bougainville* doit rentrer au port et le *Charles-Martel* ne peut franchir le goulet. La bourrasque persiste sur les côtes jusqu'au 8 mars, et des pressions élevées, quoique distribuées irrégulièrement, couvrent jusqu'au 11 la France et l'Espagne.

Le 12, un second mouvement cyclonique, venu par l'Océan, se dirige vers les Iles Britanniques, avec une orientation du nord-ouest au sud-est ; son passage en France, le 13, occasionne une série nouvelle de mauvais temps. La pluie, qui ne cesse de tomber depuis le commencement du mois, provoque une seconde crue de la Seine, moins forte toutefois que celle de novembre 1896 et de février 1897 ; la cote maxima, 3 mètres à l'échelle du pont de la Tournelle à Paris, est atteinte le 17 mars. Un régime chaud s'établit, avec pressions croissantes du nord au sud du continent européen ; la température s'élève progressivement jusqu'au 28, et atteint ce jour-là le chiffre exceptionnel de 23 degrés ; la moyenne mensuelle est de ce fait, comme en janvier et février, supérieure à la normale. Le 28, le baromètre baisse uniformément, et un orage — le premier de la saison — éclate à Paris dans l'après-midi du 31 mars ; une grêle serrée et compacte tombe sur les quartiers urbains et suburbains de l'est. A l'Observatoire du Parc Saint-Maur en particulier, les grêlons formaient une couche compacte dont le poids peut être évalué à 14 kilogrammes par mètre carré, et qui n'était pas encore complètement fondue le lendemain matin.

La situation est très troublée au début du mois d'avril, et deux dépressions très profondes sont accusées le 1er et le 3 ; la première est accompagnée d'une tempête limitée à la Manche et à l'Océan, où le vent souffle de l'ouest avec furie, causant plusieurs sinistres, aux Sables-d'Olonne et au Palais notamment. La deuxième dépression barométrique s'étend sur toute l'Europe, avec des isobares très tourmentées. Peu à peu l'équilibre se rétablit, avec même un maximum important du 15 au 17 sur le sud-ouest du continent. Mais, vers la fin du mois, de nouvelles bourrasques apparaissent, accompagnées de pluies continuelles. Ce régime pluvieux a pour conséquence de nouvelles crues : la Seine grossit du 7 au 11 ; on signale également des crues du Lot, de l'Aveyron, de la Vienne, de la Charente, et généralement de la plupart des cours d'eau du versant océanien. Le 3 avril, le torrent de Nant-Borrient, qui traverse la commune de Manigod au-dessus du village des Choseaux (Haute-Savoie), a charrié un énorme amas de boue qui a fait craindre l'obstruction du Fier ; la montagne dominant Manigod a glissé sur une longueur de 1 800 mètres et sur 1 500 mètres de large. Des maisons ont été détruites, un pont emporté, des forêts de sapins arrachées et une vaste étendue de terrains de culture rendue improductive. Dans le Tarn-et-Garonne, le village de Saint-Pierre-de-Livron a été en grande partie détruit par la désagrégation et l'effondrement de rochers ; l'église a été fermée par ordre, et on a dû évacuer les maisons groupées à sa base. Dans l'Aveyron, le mauvais temps a causé en deux endroits, sur deux lignes passant à Saint-Christophe, des affaissements de la voie ferrée, dont la conséquence a été l'interruption du service.

Si la température du mois est voisine de la moyenne, il n'en est pas de même de la quantité de pluie tombée ; à Paris, elle a dépassé 100 millimètres, alors que 41 est la moyenne normale.

La caractéristique du mois de mai a été la persistance d'un régime de faibles pressions sur l'Europe centrale et la Méditerranée ; dans ces conditions, les vents viennent du nord en France, et la température s'abaisse. D'autre part, l'abaissement périodique de température qui se produit vers le 13 mai (période des *saints de glace*) a eu lieu cette année du 12 au 15, très nettement.

Le rayonnement nocturne, favorisé par une atmosphère calme et un ciel serein, a été excessif ; on a constaté, en maints endroits, des gelées blanches et même de véritables gelées à glace, dont le résultat a été désastreux. Aux environs de Paris, la culture maraîchère a eu beaucoup à souffrir, mais les régions les plus atteintes ont été les pays vignobles, de la Gironde au Jura ; dans plus d'un village, les récoltes ont été totalement perdues. Les dégâts causés ont été si considérables, que M. Viger a déposé sur le bureau de la Chambre une demande de crédit pour venir en aide aux agriculteurs éprouvés.

Du 18 au 20 mai, des orages nombreux ont éclaté un peu partout, causant de graves dégâts pour les récoltes et même un certain nombre d'accidents de personnes, notamment à Amiens, à Laon et à Alençon.

En juin, on n'a signalé qu'une dépression barométrique de quelque importance, le 19 ; elle a causé quelques tempêtes sur la Manche et la mer du Nord. Par contre, il y a eu, à l'exception de la période de hautes pressions du 10 au 15, une série presque ininterrompue d'orages, dont quelques-uns ont eu des effets désastreux. Le 5 juin, la pression étant sensiblement normale et uniforme sur toute l'Europe, une trombe d'eau s'est abattue sur la vallée de la Morge, petit affluent de droite de l'Isère, qui naît près de la Grande-Chartreuse, à Miribel. En quelques minutes, la rivière a démesurément grossi, emportant ou inon-

dant les nombreuses usines de soieries, de papeteries, de tan-
neries, installées tout le long de son cours, sur un parcours de
plus de cinq lieues. Cette vallée si florissante a présenté en
moins d'une heure un aspect lamentable. A Voiron, centre
industriel de la région, les dégâts ont été évalués à 6 millions,
dont plus de la moitié pour les industriels et les négociants.
Dans cette catastrophe, plus terrible encore que celle de Saint-
Gervais, on n'a eu que peu de morts à déplorer, la trombe
s'étant abattue vers 10 heures du soir; si le sinistre s'était produit en plein jour, les ateliers de tissage étant occupés, on
aurait compté une centaine de victimes. Mais que reste-il de
ces usines, dont l'une avait sept étages, dont une autre datait
du XVI° siècle, et qui faisaient de la vallée de la Morge l'une des
plus industrielles de France? Le torrent a inondé 59 usines,
dont 12 papeteries, 10 tissages mécaniques, 23 minoteries, etc.
Onze ponts ont été emportés, et on a dû faire jeter sept passe-
relles par le génie, qui a rivalisé de zèle avec l'infanterie dans
ces douloureuses circonstances.

Quelques jours après, le 9 juin, une nouvelle trombe d'eau,
tombée sur la montagne des Mouilles, située sur les pentes du
Grand-Arc (Savoie), grossissait en peu d'instants les torrents de
Perry et de la Fabrique et envahissait les maisons de Randens
et de Montfort. Les dégâts, beaucoup moins graves qu'à Voiron,
ont atteint plusieurs centaines de mille francs, et à peu près
ruiné ces deux petites bourgades.

Le 18, vers 5 heures du soir, une troisième trombe, rappelant celle du 10 septembre 1896 à Paris même, s'est formée
dans la région nord-ouest de la banlieue et a exercé ses ravages
entre Saint-Denis et la Garenne-Colombes, par Saint-Ouen,
Asnières et Bois-Colombes. Ici encore les dégâts ont été très
importants : les chantiers de la Compagnie des chemins de fer
de l'Ouest ont été particulièrement éprouvés; à Asnières, les
nombreuses baraques foraines installées sur la place Voltaire
ont été emportées par la tourmente, et l'on a eu à déplorer de
nombreuses victimes : trois morts et une trentaine de blessés.
Cette trombe a été précédée et suivie de pluie, avec éclairs et
tonnerre; on a recueilli à Asnières de 5 à 6 millimètres d'eau
en douze minutes. La masse nuageuse, qui venait de l'ouest-
sud-ouest, s'est nettement scindée à partir du plateau de Saint-

Cyr : une branche s'est dirigée vers la vallée de la Seine et la banlieue nord de Paris, où elle a donné naissance à la trombe d'Asnières ; l'autre s'est étalée sur la vallée de la Bièvre, et de là s'est dirigée vers la presqu'ile de Saint-Maur ; sur le passage de cette seconde branche, il y a eu de très fortes averses, dont qnelques-unes mêlées de grêle.

Une période chaude, du 25 au 26, pendant laquelle la température s'élève à Paris à 52 degrés, est suivie d'une série d'orages d'une extrême violence, qui dure jusqu'au milieu du mois de juillet. La plupart sont accompagnés de pluies torrentielles, de grêle et de coups de foudre, dont l'effet sur les récoltes est désastreux. Au Creusot, on a ramassé des grêlons pesant jusqu'à 150 grammes. A Moulins, à Châtellerault, à Clermont-Ferrand, à Chalon-sur-Saone, etc., des quartiers ont été inondés par suite de l'abondance de la pluie. Un désastre, tel est le seul titre qui convienne au résultat des orages qui ont sévi, surtout du 50 juin au 4 juillet, sur toute l'étendue de la France, y causant des pertes qui se chiffrent par plusieurs millions.

Le 3 juillet au matin, une dépression s'était formée sur le golfe de Gênes. D'après la loi des mouvements généraux de l'atmosphère, les vents soufflaient du nord-ouest sur les Pyrénées : dans ce cas, les masses d'air, saturées d'humidité par l'Océan, viennent heurter la chaine des Pyrénées et s'élèvent sur les flancs de la montagne ; leur température décroissant à mesure que l'altitude augmente, il y a nécessairement condensation. C'est, en effet, par un régime de vents de nord-ouest, en d'autres termes quand il existe une dépression barométrique sur la Méditerranée, que se produisent les grandes crues de l'Adour et de la Garonne. Le matin du 3 juillet, le thermomètre marquait 19 degrés à Biarritz et zéro au Pic du Midi : il en est résulté une chute de pluies extraordinaires dans tout le bassin de la Garonne ; le pluviomètre de l'Observatoire du Pic a accusé 130 litres d'eau par mètre carré ! Toutes les rivières descendant des Pyrénées, depuis la Garonne jusqu'au Gave de Pau, ont subi une crue extrêmement rapide, plus forte encore que celle de 1875. Auch, Tarbes et tous les centres d'habitation situés au fond des vallées ont eu cruellement à souffrir. A Auch notamment, l'inondation a dépassé de 1 mètre 50 environ celle du 23 juin 1875 ; une centaine de maisons se sont écroulées, et il y a eu près de trente morts à déplorer. A Toulouse, il y avait, le 4 juillet au soir, soixante-dix maisons détruites et seize personnes disparues. A l'Isle-en-Dodon, le désastre a été plus terrible encore : presque toutes les habitations ont été emportées, et on a retiré treize cadavres du lit de la Save. A Ardiège, près de Saint-Gaudens, l'inondation a provoqué une explosion et causé la mort de trois personnes, un flacon de potassium ayant éclaté au contact de l'eau. Les lignes de chemins de fer ont naturellement été coupées en maints endroits. Le pont de la ligne Toulouse-Bayonne sur l'Adour a été complètement emporté. Un détachement du 5ᵉ régiment du génie est parti le 9 de Versailles pour jeter en cet endroit un pont Marcille de 75 mètres de long et 45 mètres de portée. Malheureusement, à l'épreuve réglementaire, ce pont s'est écroulé le 17 juillet, entraînant dans l'Adour officiers et soldats, qui tous ont été blessés.

Durant le mois d'août, la pression barométrique est restée constamment élevée, avec quelques minima relatifs le 8 et le 16 ; pendant la première semaine, le beau temps est général en Europe, et la température assez haute ; le thermomètre atteint 31 degrés à Paris le 5 août. A partir du 8 s'établit un régime de vents de sud-ouest, et de nombreux orages éclatent dans les différentes régions de la France ; la pluie tombe sur toute l'Europe. Pendant la journée du 8, on recueille 24 millimètres d'eau à Paris, 48 à Lorient, 56 à l'île d'Aix. Le 17 et le 18, des tempêtes éclatent sur les côtes de la mer du Nord et de la Baltique. La quantité de pluie tombée pendant le mois est en excès marqué sur la moyenne ; toutefois la température est à Paris encore inférieure à la normale.

Une vaste dépression traverse le 2 septembre la Grande-Bretagne en marchant vers la Suède ; une tempête de sud-ouest sévit le 2 sur la Manche, et une série d'orages d'une grande violence éclatent en France, notamment dans la région qui s'étend entre les Alpes et le Massif Central, où de véritables trombes d'eau s'abattent dans l'après-midi du 2. A Saint-Galmier, la gare a été inondée ; le Furens a débordé à Saint-Étienne et à Andrézieux. La ligne de Saint-Étienne à Roanne a été coupée, et un train a eu près de cette dernière ville ses feux éteints par l'eau ; les voyageurs, bloqués dans les wagons, ont dû attendre plusieurs heures avant de pouvoir descendre. A Lyon, la foudre a causé plusieurs incendies; à Chambéry, une pluie torrentielle, mêlée de gros grêlons, a transformé les rues en ruisseaux; à Grenoble, l'orage a duré 24 heures, causant d'énormes ravages.

A cette période orageuse succède un régime froid subit et anormal qui persiste jusqu'au 22. Le thermomètre tombe, le 21, à 2 degrés à Paris, et l'on signale l'apparition de la neige à de faibles altitudes sur les flancs des Vosges, des Alpes et des Pyrénées. Cette situation ne s'améliore qu'à partir du 23, et la température s'adoucit jusqu'à la fin du mois; la moyenne est cependant inférieure à la température normale.

Le régime de pluie persistante et de froid hâtif a empêché les récoltes dans beaucoup de départements, arrêté la maturation du raisin sauvé des gelées et des grêles; causé enfin d'incalculables pertes aux agriculteurs. Les pommes de terre elles-mêmes ont beaucoup souffert de cette situation atmosphérique, et leur récolte est presque partout aux deux tiers perdue.

Après les chaleurs de la fin de septembre, nous avons eu dans la région de Paris un mois d'octobre exceptionnel. Toute l'Europe occidentale a été couverte d'une aire de hautes pressions d'une persistance inaccoutumée. Du 2 au 3, des pluies abondantes tombent sur la Méditerranée, sous l'influence d'un léger minimum qui s'est formé dans le golfe de Gênes: on recueille 53 millimètres d'eau à Perpignan, 69 à Toulon, 87 à Marseille. Le sud-ouest de la France est également très mouillé, et les rivières ont de nouveau des crues subites, qui alarment les habitants des vallées des Pyrénées; fort heureusement, une période de beau temps vient rapidement dissiper leurs craintes. Jusqu'au 9, le thermomètre reste assez bas, et l'on note, le 8, une température de — 2°,1 au Parc Saint-Maur; à part quelques légères ondées qui tombent le 10 et le 13, le temps reste au beau et relativement chaud jusqu'à la fin d'octobre. Si la température moyenne n'excède pas sensiblement la normale, malgré la pureté du ciel, c'est que la chaleur diurne a été compensée la nuit par un froid considérable, dû au rayonnement nocturne. La moyenne barométrique dépasse de 5 millimètres la valeur normale. Mais le résultat le plus inattendu est celui qu'a fourni la hauteur d'eau tombée. On n'en a recueilli à Paris que 4 millimètres à peine, alors que le chiffre normal est 65;

et ce mois, qui est en général de beaucoup le plus mouillé, est cette année extraordinairement sec. Il faut remonter à 1752 pour avoir un mois d'octobre analogue. Duhamel et Maraldi rapportent qu'il n'est, cette année-là, pas tombé une seule goutte d'eau à Paris, et dans les séries d'observations assez régulières de la pluie que nous possédons depuis 1769, il n'est fait nulle part mention d'une aussi faible quantité d'eau en octobre que cette année.

Ce régime anticyclonique persiste encore en novembre sur la France et l'Europe centrale. Du 11 au 13, une aire de pressions faibles venue des Açores gagne les Pyrénées et la Méditerranée. Des pluies torrentielles tombent en Espagne et sur le midi de la France; on signale des inondations à Valence, à Madrid, à Malaga, à Port-Vendres, à Perpignan. A Cerbère, plusieurs ravins grossis par les pluies ont inondé les villages; les eaux enlèvent les voies ferrées de la gare internationale, empêchant la circulation des trains entre Cerbère et Port-Vendres. Le 16, le centre de dépression atteint le golfe de Bothnie, jetant l'inquiétude à Saint-Pétersbourg par suite d'une crue subite de la Néva. En même temps le baromètre s'élève sur l'ouest de l'Europe, et la situation ne se modifie que lentement, vers la fin du mois. Le 29, une tempête très violente sévit sur la Manche, la mer du Nord et la Baltique; les ports français de la Manche ont été très éprouvés par les coups de vent. La vitesse du vent a atteint 33 mètres au sommet de la Tour Eiffel.

Comme en octobre, la quantité d'eau tombée en novembre est inférieure à la moyenne; on n'a recueilli au pluviomètre que le cinquième de la hauteur normale. L'automne aura été par suite d'une sécheresse exceptionnelle.

Le 3 décembre, le mauvais temps change brusquement, et pendant trois jours la rotation des vents en France s'effectue autour d'un minimum barométrique qui a son centre sur la Méditerranée. Quelques pluies tombent sur la Provence, un plus grand nombre en Algérie et en Italie. A partir du 6, nouvelle transformation de la situation atmosphérique : au froid qui accompagnait la période de vents du nord, succèdent jusqu'au 17 une température douce et un temps pluvieux; la pluie est générale sur la Manche et l'Océan, surtout du 10 au 12 décembre; le 16, la température s'élève jusqu'à 14 degrés à Paris.

Un régime anticyclonique s'établit le 17 : il gèle presque toutes les nuits à Paris, et l'on note au thermomètre — 8°,2 dans la nuit du 25 au 26. Dès le lendemain, les vents reviennent au sud, la température se relève, et la pluie recommence à tomber. L'année finit sous l'averse à Paris et généralement en France.

Bien que le nombre des jours de gelée ait été de 16, et qu'un froid assez vif ait persisté pendant toute une semaine, du 21 au 26, la température du mois de décembre est à Paris de plus d'un degré supérieure à la normale. La neige n'y a pas fait encore son apparition.

La température moyenne de l'année 1897 est de 10°,6, en excès de 0°,7 sur la moyenne normale déduite de vingt années d'observations; cet excédent provient principalement des mois de février, mars et juin. Il y a eu peu de grands froids et pas de fortes chaleurs, et l'été a été médiocre. Au point de vue de l'humidité, la sécheresse inaccoutumée d'octobre et de novembre n'a pas empêché l'année d'être une *année mouillée*. Le total annuel de la pluie est assez élevé, en raison des fortes quantités tombées en mars, avril et août.

✳

L'exploration de la haute atmosphère.

Suivant le vœu émis par la Conférence internationale de Météorologie qui s'est réunie à Paris au mois d'octobre 1896, de nouvelles expériences ont été tentées cette année en vue d'explorer les hautes régions de l'atmosphère à l'aide des ballons-sondes. Nous avons parlé [1] ici même, en indiquant les résultats obtenus, de la première ascension multiple, qui eut [...] le 14 novembre de l'année dernière. Le 18 février 1897, la [...] tative a été renouvelée, et des ballons-sondes ont été lancés [...] ultanément. Le ballon français l'*Aérophile III* atteignit [...] 000 mètres et rencontra une température de — 64 degrés.

. Cf. L'*Année scientifique et industrielle*, 1896, p. 115-116.

Celui de Strasbourg rapporta une température de — 57 degrés d'une altitude de 12 000 mètres. Sur les enregistreurs du ballon militaire de Berlin, on relève une hauteur de 10 000 mètres avec une température de — 47 degrés. Quant aux ballons montés, ceux qui étaient partis de Berlin s'élevèrent à 4 000 et 3 700 mètres, et celui de Strasbourg à 3000 mètres.

Le départ de l'*Aérophile III* eut lieu à l'usine à gaz de la Villette, à $10^h,12$, par un brouillard qui ne permit de procéder ni aux observations optiques ni aux opérations photographiques. Le ballon, construit par les soins de MM. Hermite et Besançon, avait une force ascensionnelle nette de 248 kilogrammes. A la série des instruments enregistreurs habituels, thermomètres, baromètres, etc., on avait joint un appareil dû à M. Cailletet, et destiné à puiser de l'air au point culminant de l'ascension. D'après les enregistreurs, l'aérostat a atterri à $12^h,30$, mais il n'a été recueilli qu'à $1^h,50$, aux environs de Chaulnes, à 105 kilomètres N. $\frac{1}{4}$ N.-E. de Paris, après un traînage de 3 kilomètres dans les terres labourées; son pavillon s'était accroché à un fil télégraphique, le long d'une voie ferrée, et d'une façon si bizarre, que le mécanicien d'un train venant à passer crut d'abord avoir affaire à un signal d'arrêt; l'abri météorologique qui servait de nacelle alla buter contre un poteau télégraphique; heureusement les instruments n'eurent pas trop à souffrir.

A partir de 10 000 mètres, la courbe des altitudes est devenue très difficile à suivre sur l'enregistreur, à cause des nombreuses maculatures dont le diagramme était couvert. Toutefois on a pu constater que le ballon s'était élevé jusqu'à 15 000 mètres. En tenant compte de la pression barométrique (767 millim.) et de la température (+ 6° C.) au moment du départ, et en appliquant une formule connue, on trouvait 13 000 mètres pour la hauteur maxima atteinte. La surélévation de 2 000 mètres constatée serait produite par le pouvoir thermique du soleil. La température minima a été trouvée de — 66 degrés, soit un abaissement de 1 degré par 220 mètres environ.

L'appareil imaginé par M. Cailletet pour recueillir l'air de ces hautes régions se compose essentiellement d'un récipient de cuivre doré, de 6 litres de capacité, dans lequel on a fait préalablement le vide; il est fermé à la partie inférieure par un robinet spécial, qu'un mouvement d'horlogerie fait ouvrir pendant quelques instants, puis refermer, quand le ballon a atteint approximativement son altitude extrême ; les expériences antérieures ont en effet indiqué suffisamment la durée probable d'une ascension. Pour soustraire les pièces mobiles à l'action du froid, le mécanisme d'horlogerie et le robinet sont renfermés dans un récipient métallique contenant de l'acétate de soude hydraté et surfondu; en se cristallisant, ce sel dégage une

Départ du ballon l'*Aérophile III* emportant l'enregistreur photographique automatique. (Photographie de M. Gaumont.)

chaleur suffisante pour maintenir la température au-dessus de zéro, malgré le froid extérieur de — 60 degrés.

Dans l'ascension du 18 février, l'appareil a bien fonctionné : le robinet s'est ouvert à 15 000 mètres d'altitude, et le récipient s'est rempli d'air à la pression de $0^m,14$, comme l'indique l'enregistreur barométrique. L'analyse de cet air, faite par [. Muntz, a donné les résultats suivants :

Acide carbonique dans 100 volumes. 0,055
Oxygène dans 100 volumes privés d'acide carbonique. 20,79
Azote   —   —   . 78.27
Argon   ,   0,94

On trouve donc un peu plus d'anhydride carbonique (0,033 au lieu de 0,029) et un peu moins d'oxygène (20,79 au lieu de 20,96) qu'à la surface de la terre. Toutefois M. Muntz fait des réserves avant d'admettre comme exacts les chiffres trouvés, car il faut s'assurer que l'huile qui graisse le robinet n'absorbe pas l'oxygène et n'émet pas d'acide carbonique.

La troisième ascension internationale a eu lieu au mois de mai. Nous ne parlerons que des ballons-sondes partis de Saint-Pétersbourg et de Paris, les autres ascensions ayant été contrariées par divers accidents. M. le général Venukoff a communiqué à l'Académie des Sciences les résultats fournis par le ballon russe lancé à Saint-Pétersbourg dans la nuit du 11 au 12 mai, à 11 heures du soir. Il a été ramassé le 12, dans la matinée, par des paysans de Wonokça (Finlande), après s'être élevé à 11 000 mètres; le thermomètre rapportait une température de — 75° C.

En France, MM. Hermite et Besançon lâchèrent, le 13 mai, trois ballons-sondes, le premier seul remplissant les conditions arrêtées par la Commission internationale. Le départ eut lieu à l'usine à gaz de la Villette, à 3ʰ,33 du matin, par un ciel pur, avec une température de + 1°,5 et une pression très voisine de la pression normale de 760 millimètres. Le poids du matériel était de 52ᵏʳ,500, le nombre de mètres cubes de gaz introduits dans l'enveloppe égal à 458. La force ascensionnelle était de 312 kilogrammes, en négligeant le poids de la couche de glace, due à la radiation nocturne, qui recouvrait le tout. Dans ces conditions, le ballon-sonde pouvait s'élever à l'altitude correspondant à 95 millimètres de mercure de pression : l'enregistreur ayant donné une pression de 90 millimètres, il faut attribuer ce gain de 5 millimètres à l'évaporation, sous l'action des rayons solaires, de l'humidité de l'enveloppe. En supposant la formule de Laplace exacte à ces hauteurs, le ballon se serait élevé à une altitude de 17 000 mètres en chiffres ronds.

On a pu suivre l'aérostat à l'œil nu pendant une vingtaine de minutes; il se dirigea d'abord vers le sud-ouest, puis franchement vers le sud-est. Vers 3 heures de l'après-midi, il fut aperçu à une altitude d'environ 1500 mètres au-dessus de Crevacuore, au pied du mont Rose qu'il venait de franchir. A 3ʰ,45, temps moyen de Paris, il atterrissait à 600 kilomètres à vol d'oiseau de son point de départ, dans les environs de Novare, à Castelletto-Villa. Le syndic, qui connaissait parfaitement le français, a suivi ponctuellement les instructions jointes au ballon, et les instruments ont été sains et saufs.

Au bout d'une demi-heure de marche, le cylindre du baro-thermographe enfermé dans le panier parasoleil constituant la nacelle a subi un arrêt, dû vraisemblablement à la congélation de l'huile de l'enregistreur; la courbe thermométrique marquait alors — 44 degrés; mais cette température est sans doute de beaucoup supérieure à celle de l'air ambiant, à cause du rayonnement solaire : on avait bien pris la précaution d'entourer le panier d'une feuille de papier argenté, mais celle-ci avait été dès le départ déchirée par une corde pendant la manœuvre. L'arrêt du cylindre n'a pas empêché le thermographe et le barographe de fonctionner comme appareils à minima : ce dernier en particulier a ainsi donné le minimum de pression, 90 millimètres, signalé plus haut.

Un second barothermographe identique au premier avait été enfermé à l'intérieur de l'aérostat; il a fourni des courbes très nettes sans interruption. La courbe barométrique, analogue à celle qu'a fournie le barothermographe extérieur, indique que l'altitude extrême a été atteinte vers 8 heures du matin; un point d'arrêt, suivi d'une nouvelle marche ascendante très douce et de longue durée, montre l'action des rayons solaires à partir du moment où sa hauteur a été suffisante. Quant à la température intérieure, elle est au début plus basse que la température extérieure, par suite de la détente du gaz. Elle tombe à —60 degrés; puis, quand le ballon arrive à sa couche d'équilibre, la source de froid disparaît, et le gaz se réchauffant d'une manière prodigieuse se maintient à + 28 degrés jusqu'à l'atterrissage.

Les deux autres lancers effectués le 13 mai par MM. Hermite et Besançon ne faisaient point partie du programme de la Commission internationale. Nous devons toutefois en dire deux mots. ,n aérophile en baudruche de 180 mètres cubes, parti à 4 heures !u soir, a atterri à 6ʰ,40 à Égreuil (Nièvre), à 240 kilomètres .u sud-est de Paris. La vitesse moyenne a donc été de 90 kilonètres à l'heure; la température minima a été de — 50 degrés, t la pression s'est abaissée à 17 centimètres de mercure. Un econd aérophile cubant 40 mètres, lancé 35 minutes après le

premier, a parcouru 120 kilomètres en 1ʰ,25, et est tombé
dans l'Yonne, à Dicy. La température et la pression minima
ont été de — 28 degrés et de 521 millimètres.

Comme on le voit, on ne parle pas, dans les résultats, d'alti-
utde extrème, mais de *minimum de pression* : on ne peut en

Enregistreur photographique automatique de M. Cailletet,
construit par M. Gaumont. (Photographie de M. Gaumont.)

effet déterminer, à l'aide du second, le premier de ces éléments,
qu'autant que l'on suppose exacte la loi de Laplace relative aux
indications du baromètre à diverses altitudes. Cette loi, vraie
au voisinage de la terre, doit être soumise au contrôle quand il
s'agit de la haute atmosphère. Déjà on avait essayé de mesurer
la hauteur d'un aérostat au moyen de visées pratiquées à cha-

cune des extrémités d'une base de longueur connue; mais le déplacement du ballon rendait la méthode presque inapplicable.

Épreuve prise par l'enregistreur photographique automatique.
Ascension du 21 octobre 1897. (Épreuve de M. Gaumont.)

M. Cailletet a présenté à l'Académie des Sciences, au mois d'octobre dernier, un appareil destiné à vérifier la loi de Laplace en déterminant par une mesure photographique la hauteur atteinte par l'aérostat porteur du baromètre. L'appareil, construit par M. Gaumont, comprend une boîte prismatique en bois dont l'axe est rendu sensiblement vertical par le système de suspension. Sur la partie inférieure tournée vers le sol est disposé un objectif convenablement diaphragmé; sur la paroi opposée est un second objectif, destiné à photographier le baromètre anéroïde, placé à une distance convenable pour donner sur la plaque une image nette. A l'aide d'un mécanisme d'horlogerie, deux obturateurs permettent aux rayons lumineux de pénétrer dans l'appareil en s'ouvrant de deux en deux minutes. Une pellicule, sensibilisée sur ses deux faces, reçoit les rayons transmis, et se déroule devant les objectifs, en obéissant à un ressort contenu dans un barillet indépendant. Les épreuves donnent, en même temps que la vue du sol, l'image du cercle gradué et de l'aiguille du baromètre.

Connaissant la longueur focale de l'objectif photographique, la distance de deux points situés sur le sol, et la distance, sur l'épreuve, des images de ces deux points, on peut déterminer facilement par un calcul de proportion la hauteur de l'aérostat au moment où l'épreuve a été faite; comme on a, enregistrée photographiquement, la pression barométrique à ce moment, on peut déterminer la loi qui relie la pression barométrique de l'air en différents points aux altitudes de ces points au-dessus du niveau de la mer. L'erreur possible ne peut atteindre que la mesure de l'altitude; pour la réduire au minimum, il faut mesurer le foyer de l'objectif et les distances prises sur l'épreuve avec le plus d'exactitude possible; ces mesures pouvant être faites à 1/500 près, on voit que l'approximation est de 1/500 dans la détermination de l'altitude.

L'appareil de M. Cailletet, essayé d'abord au sommet de la Tour Eiffel, a été expérimenté le 21 octobre 1897 dans un ballon de 1 700 mètres cubes, monté par MM. Hermite et Besançon. L'aérostat, parti de l'usine à gaz de la Villette à midi 40, a atterri à 4^h,30 à Cossé-le-Vivien (Mayenne), après s'être élevé à 2 500 mètres. On a obtenu 26 épreuves photographiques donnant d'une manière très nette l'image du sol et celle du baromètre. M. Cailletet se propose d'adjoindre en 1898 son enregistreur photographique à des ballons-sondes, après avoir pris, pour éviter l'arrêt du mécanisme d'horlogerie et du baromètre, les précautions rendues nécessaires par l'abaissement de température qui se produit aux grandes altitudes.

Des diverses observations, directes ou automatiques, faites pendant les ascensions internationales, il semble résulter qu'aux régions élevées de l'atmosphère les températures sont très basses et sensiblement uniformes, et les directions des vents à peu près constantes. Plus bas, dans la région des nuages, entre 3 000 et 5 000 mètres, l'influence de la nature et de la configuration du sol produit des perturbations. Enfin, au-dessous de 3 000 mètres, les indications de l'enregistreur thermométrique sont inexactes, à cause de la vitesse de l'ascension dans cette région. Aussi M. Hermite a-t-il proposé d'adjoindre au grand ballon-sonde un ballonnet de 40 mètres cubes environ, qui s'élèverait lentement jusqu'à 5 000 mètres environ et donnerait ainsi des indications plus précises sur la température dans cette partie de l'atmosphère. Nous avons vu que MM. Hermite et Besançon avaient mis cette idée à exécution lors de l'ascension du 13 mai 1897. D'ailleurs, on pourrait obtenir sans doute des résultats satisfaisants avec les cerfs-volants, dont l'emploi est préconisé de l'autre côté de l'Atlantique.

L'idée d'utiliser les cerfs-volants comme explorateurs de l'atmosphère n'est pas nouvelle, et, sans remonter jusqu'à Franklin, on peut rappeler qu'en 1847 M. Birt détermina de cette manière la température et l'humidité de l'air, et la vitesse du vent. Mais c'est surtout depuis quelques années, grâce aux expériences multiples faites à ce sujet aux États-Unis, que sont à peu près élucidées les questions relatives à l'emploi de ces appareils. MM. Marvin et Rotch ont construit un engin capable d'élever des enregistreurs à près de 4 000 mètres d'altitude. Leur cerf-volant se compose de cinq ou six boîtes rectangulaires sans fond, attachées en tandem à un fil d'acier que déroule un treuil. L'expérience a montré que cet appareil était utilisable r tous les temps, pluie ou neige, et par des vents de vitesses hérieures à 15 mètres par seconde.

M. Teisserenc de Bort a appliqué cette méthode à l'Observare de météorologie dynamique à Trappes. Le cerf-volant ployé porte un enregistreur de précision en aluminium permettant d'obtenir la pression à une fraction de millimètre et la température à un tiers de degré environ. En déterminant la position de l'enregistreur par des visées faites de deux stations dont la distance est connue, on aura la différence entre la hauteur de l'enregistreur, déduite de la pression barométrique, et l'altitude absolue déterminée par la triangulation. On a, on le voit, dans le sondage par le cerf-volant, une méthode très satisfaisante pour étudier l'état de l'atmosphère quand elle est absolument libre dans ses mouvements.

✳

La température à la surface du sol.

Dans le but de déterminer la variation de la température de l'air libre immédiatement au-dessus de sols de différentes natures, M. J. Jaubert a fait établir à l'Observatoire de Montsouris, à Paris, dans une partie du parc découverte et convenablement exposée, une série de quatre sols analogues à ceux des chaussées principales de la ville :

1° Un sol dénudé, recouvert d'une couche de sable de rivière de 0^m,20 d'épaisseur ;

2° Un sol bitumé, l'enduit employé étant constitué par un mélange, en poids, de 12 parties de sable, 4 de bitume minéral et 17 de roche asphaltique pulvérisée ;

3° Un sol recouvert de pavé de bois, en pin des Landes non gommé ;

4° Un sol de grès, constitué par des pavés complètement siliceux, dits de l'Yvette.

A 3 centimètres au-dessus de ces sols, et à la même hauteur au-dessus d'un sol gazonné servant de terme de comparaison, on a placé 5 thermomètres à maxima et minima, lus chaque jour depuis le 15 avril 1896. M. Jaubert a présenté au mois de juin dernier à l'Académie des Sciences les résultats des observations faites du 1er mai 1896 au 30 avril 1897, que nous allons résumer.

1. *Comptes rendus*, t. CXXIV, n° 24.

Moyenne annuelle. — En moyenne annuelle, la température, qui est sensiblement égale sur les différents sols, présente un excès de 2 à 3 dixièmes de degré au-dessus du sol gazonné.

Moyennes saisonnières. — En été, la température est beaucoup plus élevée sur le pavé de bois que sur le gazon : l'écart moyen atteint 1º,4 pour les mois de juin, juillet et août. En hiver, au contraire, la différence est presque nulle. Le sol bitumé est, l'été, intermédiaire entre le pavé de bois et le gazon, sur lequel il présente un excès de 1º,2 de température ; en hiver, cet excès n'atteint qu'un dixième de degré. Le pavage en grès fournit en été une température supérieure de 0º,9 à celle du gazon ; il en est de même du sol dénudé ; mais, en hiver, le premier a la température du gazon, tandis que le sol dénudé se refroidit à 1 ou 2 dixièmes de degré plus bas. En automne, les différences sont très faibles ; au printemps, on observe au-dessus des différents sols une température inférieure de 5 à 6 dixièmes de degré à celle qu'on observe au-dessus du gazon.

Amplitude moyenne. — L'amplitude minima de la température est en toute saison fournie par le pavé de grès : 5º,3 en janvier et 18º,5 en juillet.

L'amplitude maxima s'observe sur le pavé de bois pendant les mois chauds (21º,1 en juillet), et sur le bitume pendant les mois froids (5º,7 en janvier).

Extrêmes absolues. — Les plus hautes températures de l'été 1896 et les plus basses de l'hiver 1896-1897 ont été :

	Juillet 1896	Janvier 1897
Sol gazonné.	+ 58º,6	— 8º,3
Sol dénudé.	+ 40º	— 7º
Sol bitumé.	+ 39º,3	— 10º,5
Pavé de bois.	+ 41º,4	— 7º,2
Pavé de grès.	+ 58º,8	— 7º,8

Jours de gelée. — Pendant la période du mois d'octobre 1896 au mois d'avril 1897, la température est descendue à zéro ou au-dessous 112 fois sur le sol gazonné, 77 sur le sol dénudé, 6 sur le pavé de bois, 75 sur le sol bitumé, et 62 fois seulement sur le pavé de grès.

On voit par ces quelques chiffres que, pour être le plus ancien, le pavage en grès est probablement encore le meilleur sol artificiel, étant par surcroît plus résistant que les autres,

Supposez qu'au siècle dernier quelqu'un fût venu dire, non pas même au premier venu de nos pères, mais à d'Alembert, à Diderot, ou à tel autre de ces encyclopédistes dont le prodigieux cerveau portait en germe la prescience divinatoire de toutes les possibilités futures, qu'un jour arriverait où, rien qu'avec une mince tige de métal tendue sur des poteaux, on pourrait correspondre instantanément de ville à ville et échanger à distance, en quelques minutes, avec précision et sûreté, des nouvelles ou des ordres : il y a tout lieu de croire que cet utopiste eût été pris pour un mystificateur ou pour un fou.

Cependant la prédiction s'est réalisée, l'utopie est devenue un service public, et nous trouvons tout simple aujourd'hui que non seulement les signaux télégraphiques, mais la voix téléphonée, c'est-à-dire la parole elle-même, avec ses nuances, ses inflexions, son timbre, tout ce qui lui donne la personnalité, circulent couramment sur fils à travers le monde.

Ce miracle, qui laisse si bas au-dessous de lui les plus audacieuses conceptions des thaumaturges et des magiciens, est si bien entré dans nos mœurs, que nous en usons, avec la sérénité de l'habitude, comme d'une chose due, comme d'un rouage normal et nécessaire de notre civilisation compliquée (laquelle, du reste, ne saurait plus s'en passer), et que, blasés sur son invraisemblance, nous cherchons sans cesse à lui trouver des perfectionnements plus invraisemblables encore.

Si scabreux cependant qu'il soit d'expliquer la façon dont cette chose indivisible et impondérable qu'est l'électricité peut être véhiculée avec la rapidité de l'éclair, sans se perdre ni s'égarer en route, le long d'un brin de fer, de cuivre ou de bronze, ce fil constituait encore, tout de même, un lien matériel où raccrocher notre compréhension désorientée — comme qui dirait le point d'appui dont Archimède prétendait avoir besoin pour soulever l'univers.

Mais voici qu'à présent un jeune ingénieur de vingt-deux ans,
ce Marconi dont le nom est sur toutes les lèvres, se fait fort de
transmettre électriquement n'importe quel message sans avoir
recours au vague et fragile intermédiaire de ce fil ténu qui semblait jusqu'ici l'itinéraire obligé de tous les télégrammes. Et les
retentissantes expériences instituées en Italie, en Angleterre, en
Allemagne, en Amérique, sont là pour attester que Marconi n'a
pas chanté plus haut que la lyre. C'est bel et bien à travers l'espace vide et nu, sans guide ni relais d'aucune sorte, comme qui
dirait par un sortilège télépathique, ou plutôt par l'opération
du Saint-Esprit, que les points et les traits de l'alphabet Morse
se peuvent désormais propager de l'appareil transmetteur à
l'appareil récepteur, en dépit des obstacles interposés, éveillant
ainsi la pensée à distance, en vertu d'une suggestion mystérieuse analogue à celle qui fait détoner — *par sympathie* — deux
cartouches de dynamite.

Nous sommes, à ce qu'il semble, en pleine sorcellerie. Ce
n'est cependant qu'une apparence, et, si inattendue, si extraordinaire qu'elle soit, la découverte de Marconi n'a rien de surnaturel. Elle est même — pour peu qu'on la dégage de la gangue
des complications secondaires qui en obnubilent le principe —
relativement assez facile à expliquer.

Au fond, ce nouveau système de télégraphie sans fils — infiniment supérieur aux tentatives plus ou moins ingénieuses de
Bourbouze, de Blake, de Rathenau, de Somzée, de Preece —
n'est qu'un avatar original de la télégraphie... optique.

Il n'y a pas là dedans l'ombre d'un paradoxe : c'est l'expression — indirecte peut-être, et un peu cherchée, mais exacte —
de la réalité.

Le rayon lumineux, qui est l'unique instrument de la télégraphie optique, n'a pas besoin, lui non plus, de fils conducteurs.
C'est tout seul, de par l'énergie *sui generis* qui lui est propre, et
conformément aux lois qui régissent la propagation des ondes
vibratoires, qu'il franchit l'espace et s'en va frapper au loin l'œil
guetteur, dans des conditions particulières et suivant des
;les préétablies dont on a tôt fait de déchiffrer le sens con-
ationnel. Pourquoi ne ferait-on pas aussi bien avec les radia-
ns électriques ce qu'on fait ainsi couramment avec les radia-
ns lumineuses?

En réalité, il n'y a pas entre la lumière et l'électricité de différences fondamentales. Toutes les formes de l'énergie — ceci est aujourd'hui de notoriété classique — sont d'ailleurs non seulement parentes et solidaires, mais convertibles et réciproquement transmuables. On peut les considérer comme des modalités diverses d'une seule et unique force : toujours *de l'éther qui vibre*, en fin de compte, sous les espèces et apparences d'ondulations ne se distinguant guère entre elles que par le rythme, l'amplitude, la fréquence ou la rapidité, et susceptibles de se substituer, le cas échéant, les unes aux autres.

Indiscutable en ce qui concerne les relations mutuelles de la chaleur, de la lumière, du magnétisme, de l'électricité, de l'affinité chimique, sinon même de la force vitale, cette doctrine est encore plus vraie, si l'on peut dire, au point de vue spécial de la comparaison des ondes électriques et des ondes lumineuses, dont le célèbre physicien allemand Herz a démontré naguère l'absolue identité, déjà pressentie par Maxwell et Faraday.

Non seulement les ondes électriques sont animées de la même vitesse — 186 400 milles (75 000 lieues) par seconde — que les ondes lumineuses, mais leur réflexion, leur réfraction, leur polarisation, leurs interférences, etc., relèvent des mêmes lois et se manifestent par d'identiques phénomènes. Tant et si bien qu'on peut, sinon les confondre, au moins les assimiler : c'est une seule fée en deux personnes.

Dès lors l'obscur problème s'élucide, et le paradoxe tourne au truisme.

La télégraphie électrique sans fils ne diffère de la télégraphie optique vulgaire que parce que les rayons lumineux — visibles — y sont remplacés par des rayons électriques — invisibles.

C'est simple comme bonjour... en théorie. En pratique, par exemple, il n'en va pas tout à fait de même, et ce n'est pas un mince mérite d'avoir su rendre la découverte industrielle.

Pour cela, en effet, il importait de découvrir et de combiner des dispositifs propres à mettre en lumière les signaux produits à l'aide de ces ondulations herziennes dont nous parlions tout à l'heure.

Deux appareils, un transmetteur et un récepteur, dont nous

allons donner un aperçu schématique, ont à cet effet été imaginés de la plus heureuse façon par M. Marconi.

Tout d'abord, le transmetteur. Ce n'est qu'un radiateur de Herz. Imaginez deux grosses sphères de cuivre fixées diamétralement dans une boîte étanche pleine d'huile, chacune étant respectivement en regard d'une autre boule de cuivre plus petite, à la distance de quelques millimètres. Le tout est relié d'une part à une batterie de piles, d'autre part à un manipulateur Morse, permettant d'ouvrir et de fermer tour à tour le circuit avec un simple mouvement du doigt.

Lorsque le circuit est fermé, de fortes étincelles jaillissent entre les grosses et les petites sphères de cuivre, autour desquelles se forme, *ipso facto*, ce qu'on appelle un « champ électrique », c'est-à-dire une série d'ondes concentriques qui s'étalent à perte de vue, tout à fait de la même façon que les vagues et vaguelettes provoquées par la chute d'une pierre à la surface d'un lac. Ces ondes suivent la fortune de la source d'énergie qui les déchaîne, et dont elles subissent les variations périodiques. C'est-à-dire que, si les étincelles cessent de jaillir, il n'y aura plus de « champ électrique », et les ondes cesseront de se produire, pour reparaître aussitôt que, le circuit étant refermé, le radiateur va recommencer à manifester son influence.

On aura ainsi une succession d'intermittences, faciles à métamorphoser, sous forme de traits ou de points, de longues ou de brèves, en signaux conventionnels, et tout à fait semblables aux éclats et aux éclipses du foyer lumineux de la télégraphie optique.

Malheureusement, ces signaux ne sont pas, comme les signaux lumineux, perceptibles à l'œil — et pas plus à l'œil armé d'une lunette qu'à l'œil nu. Il a fallu, pour les recueillir, créer artificiellement un nouveau sens, dont Marconi a dû emprunter l'organe au physicien français Branly.

C'est le récepteur — qu'on appelle aussi *cohéreur* : on saura tout à l'heure pourquoi.

consiste essentiellement en un petit tube de verre où l'on a fait le vide, et qui renferme en son milieu, entre deux plaques métalliques, une pincée de limaille de nickel et d'argent, avec traces de mercure. A l'état normal, cette poussière, dont les particules sont en désordre, peut être considérée comme isolante, c'est-à-dire qu'elle laisse malaisément passer un courant électrique. Qu'elle vienne, par contre, à être impressionnée par l'une de ces radiations électriques dont je viens de parler, immédiatement les molécules s'ordonnent, se pressent, « cohèrent », et, devenues du coup conductrices, se laissent traverser par un faible courant.

Dès lors l'affaire est dans le sac. Le « cohéreur », en effet, est placé dans le circuit local d'une pile qui commande un relais télégraphique. Quand il est frappé par les ondulations intermittentes irradiées par les sphères de cuivre, le courant passe, le relais télégraphique est influencé et le signal recueilli. Et, comme en même temps un petit marteau heurte le tube de verre et « décohère » le métal pulvérulent, le récepteur — dont la sensibilité est calculée de façon à s'harmoniser, à *s'accorder*, avec la puissance du radiateur — est immédiatement paré pour recevoir une nouvelle onde électrique, partant un nouveau signal, et ainsi de suite.

Cela fait l'effet — pour en revenir à notre comparaison favorite avec la télégraphie optique — d'un œil dont la lumière commanderait à distance, et juste à point, le clignotement opportun.

Telle est l'essence intégrale du télégraphe sans fils de Marconi.

Cet appareil magique ne porte encore qu'à 15 kilomètres, mais il n'y a pas de raison raisonnable pour qu'on ne puisse pas espérer en allonger indéfiniment la portée. Et déjà l'Américain Nicholas Tesla — un autre « voyant » de géante envergure — parle d'essais réussis à 32 kilomètres. En tout cas, la télégraphie sans fils ne redoute ni la pluie, ni le vent, ni la neige, ni l'orage. Elle n'est arrêtée par aucun obstacle, les ondes électriques épousant au plus près, à ce qu'il paraît, les sinuosités du sol. Marconi va même jusqu'à affirmer qu'il peut faire passer ses impalpables dépêches à travers les portes les mieux closes : ce qui, somme toute, après les rayons Rœntgen, n'a plus rien d'inadmissible.

Tout arrive, en effet, au siècle où nous sommes, tout — et même mieux encore !

Un nouvel appareil enregistreur pour câbles sous-marins.

On sait qu'en matière de télégraphie transocéanique, les signaux sont transmis à travers les câbles sous forme de courants de très courte durée, qui, circulant dans un certain sens, figurent les points de l'alphabet Morse, et, dans un sens contraire, les traits.

Pour recevoir ces signaux, sauf de rares exceptions, on a recours à deux appareils imaginés l'un et l'autre par lord Kelvin : le récepteur à miroir et le siphon recorder.

Ces deux appareils, en dépit de leur perfection, et bien qu'ils aient constitué un immense progrès, ne laissent pas cependant de présenter certaines défectuosités, notamment en ce qui concerne la vitesse de transmission des signaux. Cette vitesse en effet, et pour diverses raisons, est très limitée et notablement inférieure à la capacité de transmission du câble.

Frappé de ces inconvénients, M. Ader s'est employé à les éliminer dans la plus grande mesure possible. Ses efforts ont été couronnés de succès, si bien qu'il a réussi à reculer les limites des vitesses obtenues jusqu'ici dans la transmission des signaux, grâce à la combinaison toute nouvelle d'un appareil enregistreur fondé sur le principe de l'action d'un champ magnétique sur un élément de courant. Laissons, au surplus, la parole à M. Ader lui-même.

« Le champ magnétique est fourni par un aimant permanent très puissant, entre les pôles duquel passe un fil conducteur parcouru par le courant du câble et tendu à l'une de ses extrémités par un minuscule dynamomètre réglable à volonté. Selon le sens du courant, le fil, d'après les lois connues, tend à se déplacer parallèlement à lui-même en avant ou en arrière. Comme il est maintenu aux deux bouts, il oscille, et ses oscillaons représentent en quelque sorte l'image des ondes élec-riques qui lui parviennent. Le fil que j'ai employé, grâce à on petit diamètre de 2 centièmes de millimètre, suit très ocilement les variations de la force qui lui est appliquée. our porter cette force à son maximum, j'ai adopté un entreer très court, ne dépassant pas $0^{mm},0005$. J'ai ainsi un circuit magnétique presque fermé; il y a peu de dispersion, le flux est bien concentré; j'utilise, en un mot, l'aimant dans les meilleures conditions. Les oscillations du fil sont enregistrées par la photographie : les rayons lumineux d'une lampe ordinaire traversent l'une des pièces polaires par une petite ouverture qui y est ménagée, tombent sur le fil, puis, aussitôt après, sur une paroi opaque appliquée contre l'autre pièce polaire et portant une fente longue et étroite, perpendiculaire à la direction du fil. Derrière cette fente se déroule une bande télégraphique, préparée au gélatino-bromure d'argent, que balaye donc un champ lumineux, interrompu à l'endroit où les rayons ont été interceptés par le fil. Celui-ci détermine là un point d'ombre, qui oscille avec lui, et trace sur le papier une courbe sinueuse semblable à celle que donne le siphon de lord Kelvin. En fait, le fil est trop mince pour que la diffraction ne fasse pas disparaître son image : aussi, dans la partie frappée par les rayons, l'ai-je entouré d'une petite gaine en moelle de plume, qui, sous un volume relativement grand, présente une très faible masse. La bande télégraphique, immédiatement après qu'elle a été impressionnée, passe dans des bains fixateurs et sort prête à être lue. »

Cette disposition présente une sensibilité remarquable, si bien que, combinée avec un mode de transmission bien compris, elle a permis, sur le câble transatlantique de Brest à Saint-Pierre et sur les câbles Marseille-Alger, où elle a été essayée, de fournir très facilement 600 signaux par minute pour le premier trajet, alors qu'on n'en avait jamais obtenu plus de 400 avec le siphon recorder, et 1 600 par minute sur le second trajet, au lieu de 600.

C'est une amélioration importante dans les conditions de fonctionnement de la télégraphie par câbles sous-marins.

✱

Les rayons X et leurs applications.

Aucune découverte de ces dernières années n'aura eu une fortune aussi rapide et aussi complète que celle des rayons X, fortune dépassant bientôt les plus grandes espérances que fondait sur elle son auteur.

Désormais, en effet, l'emploi des rayons X est entré dans la pratique courante et les applications que l'on fait de leurs admirables propriétés vont chaque jour se multipliant.

Ce sont les médecins surtout qui ont mis à profit la faculté dont jouissent les radiations de` Rœntgen de traverser plus ou moins facilement les corps opaques, et, grâce aux quotidiens perfectionnements apportés dans la technique et l'utilisation de ces rayons, ils vont désormais disposer d'un merveil-

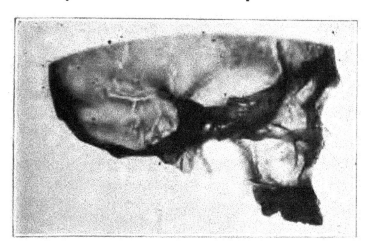

Radiographie de la moitié d'un crâne, d'après une épreuve
de MM. Remy et G. Contremoulin.

leux moyen d'investigation, leur permettant d'analyser et d'étudier avec précision les régions les moins accessibles de l'organisme humain.

Celles qui, par leur épaisseur, comme le bassin, comme le thorax, comme la tête, avaient dès l'abord paru devoir demeurer impénétrables, se laissent aujourd'hui radiographier ns peine, et n'exigent même pas une pose exagérément pro-ngée.

Aussi bien, les spécialistes sont-ils ingénieux en artifices ·opres à diminuer la durée indispensable aux opérations radio-·aphiques.

C'est ainsi que le Dr A. Combe a fait connaître un truc fort élégant et fort habile permettant d'appliquer en des conditions particulièrement favorables les rayons Rœntgen à la photographie des os de la face.

A cet effet, ce savant praticien prend une pellicule photographique très souple, qui a été enfermée avec soin au laboratoire dans un sac souple de caoutchouc noir pour ne laisser passer aucun rayon lumineux. Cette pellicule souple est fixée par lui sur un palais artificiel représentant une surface résistante. Ce palais en vulcanite a été modelé exactement sur la bouche du sujet.

Une plaque rigide très mince, sur laquelle est étalée la pellicule, est placée dans la bouche et maintenue en place par le rapprochement des dents du bas; les rayons de l'ampoule sont dirigés perpendiculairement sur la région qu'on veut photographier. La pose doit être de six à huit minutes, le tube employé étant une boule bi-anodique grand modèle, actionnée par une bobine Ruhmkorff de Radiguet donnant 45 centimètres d'étincelle, et la distance du tube au visage du patient étant de 45 centimètres, pour éviter tout accident sur la peau.

Les épreuves ainsi obtenues permettent de diagnostiquer dans l'épaisseur des os de la face les odontomes, les kystes folliculaires, les anomalies de structure ou de direction des dents encore incluses dans l'épaisseur des os du maxillaire, les tumeurs du périoste ou des racines dentaires, ainsi que l'état des canaux dentaires.

Pour les études anatomiques, l'application judicieuse des rayons X n'est pas moins favorable.

Dans un précédent volume[1], nous avons eu occasion de mentionner les très intéressantes recherches de MM. Remy et G. Contremoulin, qui réussirent à radiographier, après avoir injecté à leur intérieur des produits susceptibles d'arrêter les radiations de Rœntgen, les divers appareils vasculaires sillonnant les tissus. Depuis lors, ces habiles expérimentateurs ont étendu et perfectionné leur technique, si bien qu'ils sont arrivés, à l'aide de préparations chimiques, sur des cadavres d'homme et de grenouille, en précipitant à la surface et dans

1. Voir dans l'*Année scientifique et industrielle*, quarantième année (1896), le chapitre intitulé : « Les Rayons X et la photographie de l'invisible ».

l'épaisseur des tissus du chromate d'argent, à mettre les muscles, les ligaments et les tendons dans un état tel, qu'ils ont pu donner des images radiographiques distinctes.

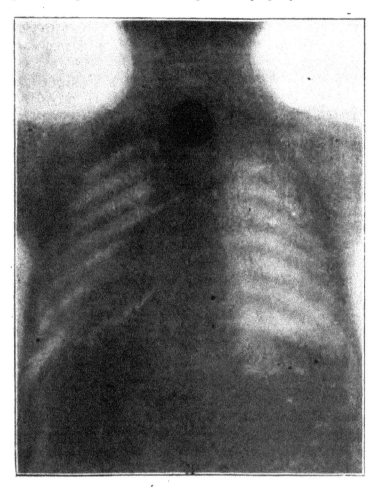

Enfant ayant avalé un sou. (Radiographie de M. Radiguet.)

Mais c'est surtout aux besoins médicaux proprement dits que les rayons X rendent chaque jour de signalés services.

Dès le début, on songea à les utiliser pour l'examen des fractures et des corps étrangers introduits accidentellement dans les tissus.

Le succès répondit aux espérances conçues de si parfaite façon, que l'on essaya de faire plus, en demandant au procédé un moyen de diagnostic pour certaines affections.

C'est à M. Serbanesco, élève de M. Potain, que revient le mérite d'une telle tentative. Ayant radiographié des extrémités de sujets atteints de goutte ou de rhumatisme chronique, il reconnut que les rhumatisants étaient moins facilement perméables que les goutteux. La raison de cette différence est que chez ces derniers les extrémités sont envahies par des dépôts d'urate de chaux, beaucoup plus faciles à traverser par les

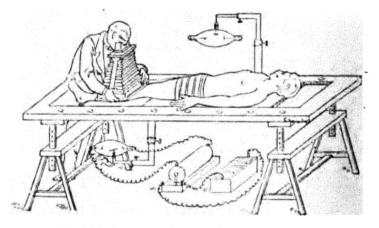

Emploi de la lorgnette humaine de M. Gaston Seguy.

rayons X que le phosphate et le carbonate de chaux qui entrent normalement dans la composition des os.

Ces premières recherches ne tardèrent pas à être suivies de beaucoup d'autres. M. Chipault utilise les rayons X pour les besoins de la chirurgie du système nerveux; M. Buguet et M. Debout d'Estrées montrent que ces rayons peuvent servir à l'analyse des calculs rencontrés à l'intérieur des organes, rein, foie, vessie, etc.; M. le Dr Eug. Doyen, en collaboration avec M. Hendin, établit une échelle de transparence de ces divers calculs comparés aux os; M. Ollier les utilise pour étudier sur le vivant les conditions de la régénération osseuse à la suite d'opérations chirurgicales; M. Péan, M. Monnier ont recours à leur office pour préciser, avant des interventions chirurgicales,

la place occupée dans l'œsophage par des objets solides malencontreusement avalés....

Cependant il y avait mieux encore à réaliser. Posséder des
épreuves radiographiques de lésions ou de particularités

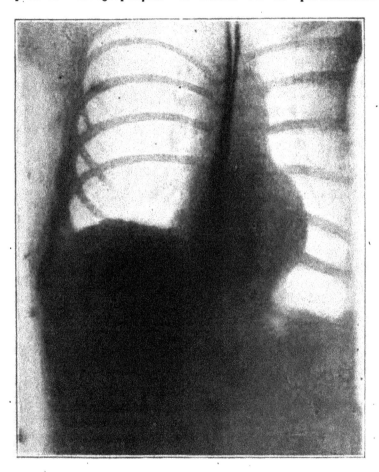

Radiographie montrant le procédé de M. le Dr Doyen pour l'exploration
de l'estomac au moyen de sondes en gomme remplies de mercure.
(Épreuve de M. Gaston Seguy.)

verses présentées par un malade, ne saurait constituer le
ve ultime du médecin, qui naturellement préférera toujours
ir directement et par ses yeux.

Les rayons X permettent encore un tel prodige et nous avons

eu occasion de mentionner l'invention, par le professeur Sal-
vioni, de Bologne, du cryptoscope, bientôt perfectionné et rendu
d'un emploi pratique sous le nom de *fluoroscope*, appareil
consistant essentiellement en un écran recouvert de platino-
cyanure de baryum, substance fluorescente excitable par les
radiations de Rœntgen, et devant lequel on place le sujet à
examiner à la lueur de l'ampoule de Crookes.

Dans ces conditions, on voit se projeter en sombre sur l'écran
toutes les parties opaques.

De tels examens à l'écran, mis à profit dès le premier jour par
M. le professeur Bouchard pour l'observation des sujets atteints
de maladies du thorax, ne laissent pas de présenter certaines
incommodités pratiques, et, pour la facilité des besoins médicaux de chaque instant, il importait de combiner un autre dispositif plus maniable.

C'est ce qu'a réussi à réaliser M. Gaston Seguy, avec sa « lorgnette humaine ».

Imaginez une sorte de boîte en forme de pyramide rectangulaire tronquée, rappelant par son aspect un stéréoscope,
mais de plus grande taille.

La grande base de cette boîte est figurée par un écran fluorescent ; quant à la base opposée, elle est munie d'une ouverture
disposée pour permettre le regard à l'intérieur.

Telle est, sans plus, en ses traits essentiels, la « lorgnette
humaine » de M. Gaston Seguy. Quant à l'emploi de cet appareil, il est des plus simples.

L'opérateur, ayant placé son sujet au devant d'une ampoule
de Crookes actionnée par une source électrique convenable,
approche ses yeux de l'oculaire de la lunette, et amène la base
de l'instrument munie d'une plaque fluorescente au-devant de
la partie du corps qu'il veut examiner.

Les rayons X, en traversant le corps, sont plus ou moins
arrêtés, suivant qu'ils rencontrent des régions plus ou moins
impénétrables, et l'observateur voit par suite se dessiner, sous
forme d'ombres plus ou moins foncées, sur le fond brillant de
la lunette, les détails de la structure du patient examiné.

Rien n'est moins compliqué, rien n'est plus pratique.

Aussi les médecins ont-ils multiplié leurs observations.

C'est ainsi que l'on doit à MM. Oudin et Barthélemy d'intéres-

santes recherches sur la caractérisation par la radiographie de
la pleurésie purulente ; que M. Bouchard a pu utiliser la fluo-
roscopie à diagnostiquer des épanchements pleuraux, la tuberculose pulmonaire dans sa période initiale, l'hypertrophie du
cœur, l'insuffisance aortique, certaines maladies de l'estomac, etc. ; que M. Kelsch a également démontré que l'on pouvait retirer les plus grands bénéfices de la radioscopie pour le
diagnostic précoce des affections tuberculeuses du thorax, et

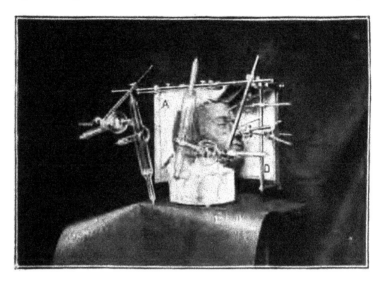

La recherche des projectiles dans le crâne. (Photographie de M. Contremoulin.)
A, Gabarits reliant le bâti au scellement plâtre. — Châssis radiographique
faisant corps avec le bâti. — CC, Branches articulées, reliées au bâti et
portant les tubes de Crookes. — D, Colonne portant le compas-repère qui
prend trois points de repérage sur la face. — E, Volet d'aluminium proté-
geant la glace radiographique contre la lumière actinique.

que M. le Dr Eug. Doyen a eu recours à la radiographie pour
établir le diagnostic de diverses lésions de l'œsophage.

A ce propos, il convient de signaler le procédé nouveau d'exploration de l'estomac, tant par la radiographie que par la
ıoroscopie, imaginé par l'habile et inventif chirurgien. Il s'est
isé de faire pénétrer dans l'estomac, par les voies naturelles,
s sondes en caoutchouc rendues opaques aux rayons X par
ıntroduction de mercure à leur intérieur. De la sorte, il devient
ıcile de suivre de l'œil sur l'écran le déplacement des sondes

au dedans de l'organe, et par suite de relever sans discussion possible son état réel.

Mais arrivons à une nouvelle et fort intéressante application des rayons X, application que nous allons, en raison de son importance, décrire tout au long. Son inventeur est M. G. Contre-moulin, préparateur à la Faculté de médecine; elle est d'ordre chirurgical, et a pour objet de permettre de déterminer la présence et la localisation précise d'un projectile à l'intérieur de la tête.

Jusqu'en ces derniers temps, de l'avis des chirurgiens les plus experts, il était contre-indiqué, dans la grande majorité des cas, de se livrer à la recherche des projectiles dans l'intérieur du cerveau. Ce faisant, en effet, on risquait de compromettre inutilement l'état du blessé, le diagnostic de la situation occupée par les projectiles étant absolument impossible pour diverses raisons, notamment par suite des causes d'erreur résultant de la réflexion des balles à la face interne du crâne et aussi à cause des lésions des centres moteurs.

M. G. Contremoulin imagina donc la méthode suivante, méthode qui est du reste toute simple en principe, sinon dans l'application, comme on en peut juger par la description suivante, empruntée à un travail de notre confrère M. Georges Vitoux.

Supposons un crâne à l'intérieur duquel se trouve un projectile quelconque.

Si nous venons à prendre de ce crâne deux radiographies successives, en ayant soin de déplacer l'ampoule servant à l'opération, nous obtiendrons sur la plaque sensible, pourvu que celle-ci, non plus que le crâne, n'ait changé de position au cours de l'opération, deux images différentes du projectile, images dont l'écartement dépendra essentiellement de l'écartement réalisé entre les deux situations successives occupées par l'ampoule. En d'autres termes, l'image de la balle radiographiée sur la plaque se trouvant fatalement sur le prolongement de la droite unissant ladite balle au centre d'émission des rayons X, il est manifeste, puisque le projectile est, à priori, supposé arrêté en une position fixe, que les deux droites menées de ses deux images inscrites sur la plaque sensible aux deux centres d'émission des ampoules de Crookes se coupent justement au point même qu'il occupe dans le crâne.

Cela étant, on voit que l'on se trouve en présence de deux triangles semblables dont on connait les bases et leurs angles adjacents, et dont il faut retrouver la hauteur.

En théorie, rien assurément n'est plus simple. En pratique, c'est tout une autre affaire.

De nombreuses difficultés vont, en effet, surgir. En premier lieu, on ne peut songer à recevoir sur la même plaque sensible les deux radiographies successives, et, de toute nécessité, il faut

La recherche des projectiles dans le crân (.Photographie de M. Contremoulin.)

Dans cette figure, le bâti et ses dispositifs accessoires ont été renversés à droite pour mieux faire voir la disposition des fils reproduisant la marche des rayons X. — F et F', foyers exacts des tubes. — I, J, K, I', J', K', projections sur la plaque photographique des projectiles P, P', P'', radiographies des foyers F et F'. — S, Compas-repère donnant la position du crâne par rapport aux centres des balles aux points E, V, V'.

les recueillir successivement : d'où une première complication résultant de la nécessité d'établir des repérages délicats, de façon à pouvoir rendre les images obtenues comparables e ' e elles.

ısuite, comment réunir ces images aux centres précis d ıission des radiations de Rœntgen, et comment aussi déterm er ces centres exactement? Autant d'empêchements graves, d t M. Contremoulin n'a dû de triompher que grâce à des n ıcles 'd'ingéniosité.

La conséquence de ces multiples particularités gênantes a été d'obliger l'inventeur de la méthode à faire construire un appareil assez compliqué et d'un maniement quelque peu délicat, mais qui donne, en revanche, des indications d'une complète précision.

L'appareil imaginé par M. G. Contremoulin se compose essentiellement d'un bâti A, portant, d'un côté, un châssis photographique spécial, et, de l'autre, au moyen de deux pièces mobiles C, C, articulées de façon à pouvoir prendre toutes les orientations nécessaires, deux tubes de Crookes. Comme il est absolument nécessaire que, pendant la durée des opérations, la tête du sujet demeure dans une immobilité absolue par rapport à l'appareil, l'on scelle le bâti sur le crâne à l'aide du plâtre, façon de faire qui a pour avantage de permettre au patient les mouvements du corps.

En avant du bâti auquel il est relié, se trouve disposé un compas-repère D servant à prendre trois points de contact sur la face du blessé, au moyen de petits disques métalliques comprimant les téguments sur les surfaces osseuses les plus sous-cutanées (points frontaux et sous-orbitaires), et, comme il est indispensable de pouvoir retrouver exactement ces points quand viendra le moment de l'intervention chirurgicale, on les marque d'une façon indélébile sur la peau au moyen d'un tatouage.

La reconnaissance facile de ces points est, en effet, de la plus haute importance, car ce sont eux qui permettront de préciser ultérieurement l'emplacement occupé par la tête au cours de l'opération radiographique, et qui permettront, par suite, d'établir les rapports de distance et de direction existant entre eux et le projectile, dont la position est donnée au lieu des croisements des rayons X.

Quoi qu'il en soit, l'appareil étant ainsi disposé, l'on introduit dans le châssis photographique une plaque sensible, en prenant soin qu'elle vienne buter par les bords contre des pièces métalliques percées d'œilletons qui serviront plus tard de points de repérage, et l'on obtient un premier cliché en actionnant l'un des tubes de Crookes. Cela fait, on recommence l'opération avec une seconde plaque et l'autre tube de Crookes; puis, ces deux clichés obtenus, on enlève le compas-repère, en veillant soigneusement à ne pas le dérégler, et l'on détache enfin le bâti de l'appareil des pièces qui font corps avec le scellement.

Par ces diverses opérations, l'on s'est procuré deux images radiographiques du projectile projetées de deux points différents sur un même plan, et l'on possède enfin, grâce au compas-repère, une trace de l'emplacement exact qu'occupait le crâne dans l'appareil.

Dès lors, pour se trouver en possession de tous les éléments

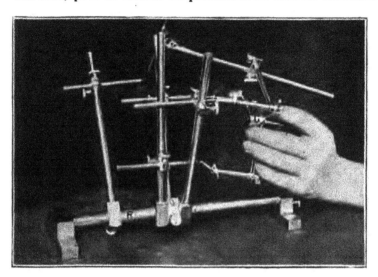

La recherche des projectiles dans le crâne. (Photographie de M. Contremoulin.)

R, Compas-schéma, et G, compas d'opération, que l'opérateur règle sur le compas-schéma avant de le reporter sur la face du sujet pour exécuter l'extraction. — V¹, V², V³, points de repère pris sur le visage. — T, Branche articulée portant l'aiguille indicatrice. — E, Aiguille indicatrice. — b, Butoir limitant la course de l'aiguille indicatrice. — P, Indication de l'emplacement du projectile par rapport aux trois points de la face.

permettant de fixer l'emplacement du projectile dans l'espace, il ne reste plus qu'à déterminer le point exact de l'émission des rayons X. Voici, d'après M. G. Contremoulin lui-même, comment on y arrive.

« Entre le châssis et les tubes, on visse sur le bâti une plaque de cuivre rigide (*plaque de contrôle*), percée vers le milieu de quatre trous espacés de 4 millimètres. Avec l'un des tubes d'abord, puis avec l'autre tube de Crookes, on radiographie deux fois cette *plaque contrôle* sur une même plaque sensible, de façon que deux fois le groupe de quatre trous de cette plaque forme des images nettes sur la plaque photographique. En raison de l'épaisseur de la *plaque contrôle*, la pose, dans ces deux radiographies successives, doit être assez prolongée pour que les pièces métalliques percées d'œilletons de châssis soient silhouettées sur la plaque photographique, en vue du repérage de l'image de la *plaque contrôle* avec les images des deux premiers clichés.

« Les trois clichés ainsi obtenus ayant été rapidement séchés à l'alcool (après développement), on écorche la gélatine sur les deux premiers, au centre de l'image à retrouver. Le même écorchage de la gélatine est ensuite pratiqué sur la radiographie de la *plaque contrôle*, au centre des pénombres des huit trous, formées par les deux opérations successives avec l'un, puis avec l'autre tube de Crookes.

« On tire alors une épreuve de chaque cliché sur du papier au citrate, de telle sorte que les œilletons de repère du châssis marqués sur chaque cliché soient nettement visibles, ainsi que les centres du projectile et les centres des pénombres de la *plaque contrôle*.

« Ces opérations donnent, en définitive, trois épreuves, qui portent quatre images distinctes, et ces trois épreuves sont exactement repérables entre elles, grâce aux traces des œilletons qu'elles portent. Il est facile de les reporter sur une plaque de zinc spéciale, que l'on perce de trous correspondant aux œilletons des châssis photographiques; cette plaque est faite pour être vissée sur ces œilletons au moyen de ces trous.

« A l'aide des images des œilletons reproduits sur les épreuves, celles-ci ayant été très exactement repérées avec les trous de la plaque de zinc, on pointe avec un pointeau à travers les épreuves les centres des pénombres et ceux du projectile sur la plaque de zinc. (Tous ces coups de pointeau sont numérotés sur la plaque de zinc, pour être aisément discernables les uns des autres.) La plaque de zinc est ensuite perforée, à la place de chaque coup de pointeau, d'un très petit trou conique, avec une fraise, de telle sorte qu'il soit possible de faire passer par ces trous des fils qu'on arrêtera derrière la plaque au moyen de nœuds; puis elle est vissée aux œilletons du châssis photographique.

« Ces opérations préalables étant faites pour déterminer exactement le point d'émission des rayons X de chaque tube, on commence par substituer à l'un de ceux-ci une pièce qui porte un œilleton dont on place l'ouverture à l'emplacement probable du foyer du tube enlevé.

« Avec des fils, on relie cet œilleton à la projection des trous

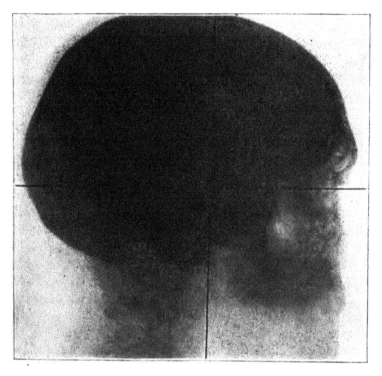

Recherche des projectiles par le procédé de M. Mergier.
(D'après une radiographie de M. Mergier.)

de la *plaque contrôle* sur la plaque de zinc où cette projection a été reportée, comme nous l'avons exposé déjà, en faisant passer ces fils par les trous correspondants de la *plaque contrôle*. Si le foyer théorique correspond bien au foyer exact d'émission des rayons X, les quatre fils passent rigoureusement par le centre des quatre trous de la *plaque contrôle*. S'il y a, au contraire, une légère différence, qui peut tenir à nombre de causes diverses, il suffit de déplacer l'œilleton et de chercher par tâtonne-

ments le véritable emplacement qu'il doit occuper jusqu'à ce
que les fils passent rigoureusement par le centre des trous de
la *plaque contrôle*. Le nouvel emplacement de l'œilleton trouvé
ainsi est celui du point exact d'émission des rayons X.

« La même opération se répète pour le second tube; quand
elle est faite, on peut supprimer les fils et enlever la *plaque
contrôle* désormais inutile.

« Il ne reste plus qu'à tendre de nouveaux fils allant de la
projection du projectile à l'œilleton représentant le foyer radiographique du tube qui l'a produite. Ces fils s'entre-croisent, et
leur intersection représente le centre du projectile dans
l'espace. »

Cependant la position que la balle occupe dans le crâne fixé
dans l'appareil ayant ainsi été relevée, il reste à la retrouver
lorsque la tête n'est plus disposée à l'intérieur du bâti.

Pour cette recherche, le compas-repère est précieux. Alors
que les fils sont tendus comme nous venons de l'indiquer,
d'après les indications mêmes de M. G. Contremoulin, l'on remet
le compas-repère à la place qu'il occupait lorsqu'on procéda
à son règlement. On obtient ainsi évidemment, par rapport
aux trois points de repère de la face, c'est-à-dire par trois
points déterminés à l'extérieur du crâne, l'emplacement exact
du projectile.

Pour relever celui-ci, à la colonne supportant le compas-
repère l'on adapte une quatrième branche articulée portant à
son extrémité une aiguille.

Dès lors, on le voit, le compas-repère donne, en quelque
sorte, une épreuve *négative*, une image *en creux* du crâne et
de l'emplacement de la balle, image sur laquelle on règle un
nouveau compas, dit *compas-schéma*, compas robuste, rigide,
fait en vue du transport, et qui donne, au contraire du compas-
repère, le *relief* ou le *positif* du crâne, avec l'emplacement du
projectile par rapport à ce relief.

C'est ce dernier *compas-schéma* que l'on transporte au lieu de
l'opération, où il sert à régler un dernier compas, dit *compas
d'opération*.

Pour effectuer ce dernier réglage, les trois premières branche
du *compas d'opération*, V^1, V^2, V^3, sont rapportées aux trois bran
ches du *compas-schéma* donnant les points de la face, et, quan

leur fixation a été réalisée solidement, la quatrième branche articulée **T** du *compas d'opération* est enfin amenée vers celle du *compas-schéma* donnant l'emplacement du projectile dans le crâne, de telle sorte que l'extrémité d'une aiguille mousse **E**, qui coulisse au bout de cette branche, vienne au contact de la pointe de la branche du *compas-schéma* **P**, représentant le centre du projectile, et ne dépasse plus ce point précis.

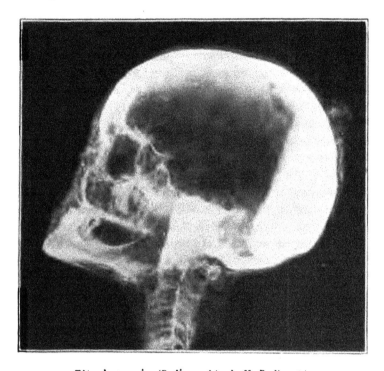

Tête de momie. (Radiographie de **M**. Radiguet.)

Dès lors, pour avoir l'indication exacte de la direction dans laquelle il convient de rechercher le projectile, il suffit, une fois l'aiguille mousse retirée de son coulisseau, d'appliquer les extré- n és des trois branches du compas d'opération sur les trois p nts de repère tatoués sur la peau du visage, et de faire e iite avancer l'aiguille mousse dans son coulisseau. L'endroit o cette aiguille viendra rencontrer le crâne est celui où il ! l ira essayer l'intervention.

Telle est, en son ensemble, la méthode imaginée par M. G.
Contremoulin, méthode vraiment élégante, et dont l'expérience
heureuse a été faite à diverses reprises par M. Remy, chef des
travaux pratiques d'histologie à la Faculté de Médecine, tant
sur des cadavres que sur des blessés, qui lui doivent d'avoir été
débarrassés de projectiles ayant pénétré dans leur cerveau.

Le procédé est du reste d'une extrême délicatesse, si bien
qu'il s'applique heureusement aux projectiles les plus minimes
— on a pu déceler des grains de plomb mesurant 3 millimètres
de diamètre et même un fragment de plomb mesurant moins
d'un millimètre — et jusqu'aux esquilles osseuses, ce qui, de
l'avis unanime des chirurgiens, constitue une qualité précieuse.

Quoi qu'il en soit cependant, en dépit de cette perfection, la
méthode présente divers inconvénients : elle nécessite un
appareil coûteux, compliqué, d'un maniement minutieux, et
de plus elle manque de rapidité.

Pour parer à ces défauts, M. Mergier a imaginé, dans le laboratoire de M. Péan, un procédé infiniment plus simple, moins
précis assurément que celui de M. Contremoulin, mais donnant
cependant dans la pratique des indications en général suffisantes.

« Le principe de la nouvelle méthode consiste à placer, entre
la région à radiographier et la plaque photographique, deux fils
métalliques se croisant à angle droit, et donnant deux lignes perpendiculaires se croisant au milieu de l'épreuve.

« Ces deux fils croisent la région à radiographier en des points
qu'on note exactement, si bien que, lorsqu'on examine ensuite
l'épreuve, en tenant compte des points notés auxquels leur
trajet correspond, on a, horizontalement et verticalement, une
série de points de repère qui seront, pendant l'opération, d'une
inappréciable utilité. »

Jusqu'ici nous ne nous sommes occupés des rayons X, au
point de vue médical, qu'en ce qui regarde leur utilisation
pratique.

Il nous faut voir à présent quelle est leur action physiologique et pathologique sur les organismes vivants.

Au point de vue pathologique, il faut en première ligne signaler
les accidents survenant à la surface du corps des personnes
exposées à l'action des rayons X.

Les troubles trophiques, allant de l'érythème simple à l'abcès en passant par les phlyctènes, l'ulcération de la peau, troubles signalés par maints auteurs, et, entre autres, par MM. Sorel, Lannelongue, Crookes, Paul Richer et Albert Londe, Apos-

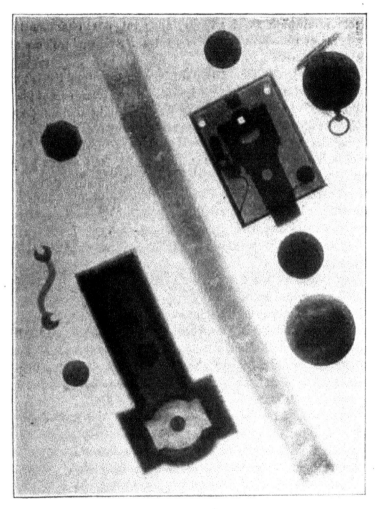

Radiographie montrant la transparence des métaux aux rayons X.
(Épreuve de M. Radiguet.)

toli, etc., etc., d'après M. Deslot, ne doivent point se rapporler, comme on le crut d'abord, à une action analogue à celle des coups de soleil, dont ils diffèrent, en réalité, aux divers points de vue suivants :

1° Les rayons ne sont pas perçus au moment de l'application.

2° Entre le moment de l'application et l'apparition des troubles, il s'écoule un laps de temps considérable, quelquefois de 48 heures à 20 jours, et il est difficile d'admettre une action directe immédiate sur les tissus, amenant des changements physiques et chimiques capables d'entraîner une nécrobiose au bout d'une pareille période.

3° La distance du tube à la peau joue un très grand rôle ; au delà d'une certaine limite, les troubles ne se manifestent plus.

4° On les empêche en interposant une feuille d'aluminium, reliée au sol, qui laisse cependant passer les rayons X.

5° Enfin, ces troubles n'apparaissent pas avec l'emploi de la machine statique comme source d'électricité. Dans ce cas pourtant, les rayons X possèdent les mêmes qualités physiques.

Il s'ensuit de ces faits, d'après M. Destot, que les troubles produits par les rayons X ont pour point de départ le système nerveux sensitif inconscient, réagissant sur la moelle, et amenant secondairement les troubles signalés par l'intermédiaire des vaisseaux.

Aussi bien ce n'est point seulement sur la peau que les rayons X peuvent agir.

En certains cas, ils exercent encore une action marquée sur le cœur, faisant, ainsi que l'ont constaté MM. Quénisset et Gaston Séguy, éprouver d'abord une grande oppression, puis des battements violents et irréguliers, pouvant devenir insupportables et dangereux quand les radiations de Rœntgen traversent la poitrine.

Cependant, si les rayons X jouent ainsi un rôle pathologique plutôt fâcheux, en revanche ils paraissent, en certaines occasions du moins, devoir exercer une utile action thérapeutique.

Les recherches de MM. les professeurs Bergonié et Mongour (de Bordeaux) sur l'action des rayons X sur la marche de la tuberculose pulmonaire de l'homme nous permettent, dans une certaine mesure, de l'espérer.

Ces praticiens ont étendu leurs sujets, vêtus légèrement, su un lit, et ont placé à 20 centimètres environ de la partie malad et pendant 10 minutes le foyer radiographique. Dans ces condi tions, ils n'ont jamais constaté ni brûlure à la surface de la pea ni accident d'aucune sorte.

Cinq malades se sont volontairement soumis à ces expériences. Voici le résultat des observations auxquelles ils ont donné lieu :

« 1° Dans deux cas de phtisie aiguë, où la déchéance était accrue par l'alcoolisme et les privations, l'action des rayons X a été absolument nulle, aussi bien sur l'état local que sur l'état général.

« 2° Trois cas de tuberculose pulmonaire chronique ont donné un résultat nul, une amélioration immédiate de l'état général sans modification de l'état local, une amélioration de l'état général et local pendant un mois et demi, puis une poussée nouvelle de la maladie.

« 3° Dans les trois cas où les rayons n'ont pas eu d'action favorable, la tuberculose pulmonaire a suivi son cours sans qu'il se soit produit de poussées nouvelles imputables au traitement.

« 4° Le bacille de Koch n'a pas paru modifié, ni comme nombre, ni comme forme, sous l'action des rayons X.

« 5° Il est probable qu'il se produit, sous l'influence de ces rayons, une organisation meilleure du parenchyme pulmonaire pour la lutte contre le bacille de Koch. »

A l'avenir de nous fixer sur les ressources que les radiations de Rœntgen sont susceptibles d'apporter à la thérapeutique.

Nul doute que l'on n'en découvre un jour ou l'autre ! Comment en serait-il autrement ? Leur action sur l'organisme est des plus manifestes. Non seulement, comme nous l'avons déjà noté, ils provoquent parfois des troubles cutanés graves, mais ils agissent encore sur les fonctions de la peau de diverses façons, modifiant, ainsi que l'a constaté M. Lecercle, les températures périphériques et rectales, qui sont d'abord abaissées, puis relevées au-dessus du degré initial, accroissant le rayonnement de la chaleur, et cela de telle sorte que cette augmentation de rayonnement se poursuit longtemps après que la peau a été oustraite à leur influence, diminuant enfin, et parfois même upprimant totalement, pour un temps prolongé au delà de leur ction, l'évaporation cutanée.

Comme on en peut juger par cette revision rapide, les applications des rayons X à la médecine sont nombreuses.

Elles ne sont point les seules qui aient été réalisées.

Ainsi, les naturalistes ont mis à profit les méthodes radiographiques pour étudier, comme nous l'avons signalé l'an passé, à l'exemple de M. le Dʳ Lemoine, les restes des êtres fossiles ; d'autres, comme M. Abel Buguet, les ont mises à profit pour étudier la structure anatomique de précieuses pièces de collection que l'on ne pouvait sacrifier ; deux botanistes, MM. Henri Coudon et Léon Bunard, ont déterminé radiographiquement les caractères des tubercules de la pomme de terre ; MM. Albert Londe et Ducrétet ont analysé d'antiques momies datant de plusieurs milliers d'années ; des joailliers, des lapidaires et des géologues ont repris les recherches premières sur les transparences particulières des pierres précieuses, et ont établi des échelles permettant de les caractériser et de les distinguer sûrement des pierres fausses ; MM. le Dʳ Labesse et A. Blennard ont utilisé les rayons X à démontrer que des farines étaient fraudées par des additions de poudres minérales, etc., etc.

Ce n'est pas tout.

Fort ingénieusement, l'ancien directeur des douanes, M. Pallain, a imaginé de faire mettre en usage dans les services de son ressort la lorgnette radioscopique de M. Gaston Seguy, à seule fin de procéder, avec son aide, et sans les ouvrir, à l'examen des colis.

Cette application, assurément fort curieuse, a soulevé certaines protestations de la part des amateurs de photographie, qui ont fait remarquer non sans raison que le fait de soumettre leurs bagages à l'examen radioscopique entraînerait la perte de leurs plaques sensibles.

Mais, laissant de côté cette utilisation plus amusante que réellement pratique de la radioscopie, nous devons signaler la curieuse démonstration faite par M. Radiguet de la possibilité de mettre à contribution les radiations de Rœntgen pour l'examen de la structure moléculaire des métaux.

En radiographiant des objets métalliques, en effet, M. Radiguet a constaté que la matière qui les compose est plus ou moins traversée par les rayons X suivant sa nature et son épaisseur — si bien qu'il a pu obtenir d'excellentes épreuves d'objets métalliques avec tous leurs détails intimes.

Une telle découverte est d'une grande importance pratique, car elle constitue un moyen simple et fidèle de vérifier les qualités d'homogénéité d'un métal quelconque et de déterminer par suite s'il peut sans inconvénient être utilisé pour tel ou tel usage industriel.

On le voit, les applications de la radiographie en ces derniers mois ont été des plus nombreuses et des plus remarquables.

Mais s'il en a été ainsi, par exemple, ce n'est guère que grâce aux perfectionnements apportés dans la technique de la production des radiations de Rœntgen.

Naguère encore, la moindre radiographie exigeait une pose prolongée : aujourd'hui elle s'obtient souvent presque instantanément, et, grâce à l'emploi d'écrans convenables indiqué par M. Abel Buguet, avec une netteté véritablement merveilleuse.

Même, à la faveur de ces écrans, l'on entrevoit le temps prochain où l'on obtiendra des *radiographies par retour des rayons X*, donnant des silhouettes utilisables, à la condition que les parties intéressées soient assez opaques par rapport à leurs voisines, ce qui permettra de recueillir des renseignements sur des objets considérés aujourd'hui comme inaccessibles.

Nul doute que l'avenir ne vienne avant peu apporter la solution de ce problème et de beaucoup d'autres non encore résolus.

Les merveilleux progrès accomplis depuis le jour où le savant professeur de Wurtzbourg fit son admirable découverte légitiment à cet égard les plus ambitieuses espérances.

✹

La protection des poudrières.

A deux reprises, le 21 janvier et le 4 mai 1897, l'Académie des Sciences fut conviée, sur la requête du Ministre de la Guerre, à faire connaître son avis sur les quatre points suivants :

1° Quelles modifications peut-on apporter aux dispositions de la circulaire du 28 décembre 1857 — circulaire enregistrant certaines règles transmises par le Ministère de la Guerre aux directeurs des établissements de l'artillerie en vue des précautions à prendre dans l'installation des lignes télégraphiques passant au voisinage des dépôts de poudre — pour simplifier, dans la mesure du possible, l'établissement des conducteurs télégraphiques et téléphoniques dans le voisinage des magasins à poudre ou à explosifs?

2° Quelles sont les dispositions à adopter, d'une façon générale, pour l'installation des conducteurs d'énergie électrique autres que les précédents, passant à proximité de ces magasins?

3° Peut-on, sans inconvénient, assurer, au moyen de lampes à incandescence, l'éclairage des locaux composant les mêmes magasins?

4° Dans quelles conditions pourrait-on installer des sonneries électriques permettant aux factionnaires qui gardent les magasins à poudre de donner l'alarme aux postes dont ils dépendent, lorsque ces postes sont à grande distance des magasins? On peut admettre que les guérites de ces factionnaires sont toujours à une distance d'au moins 4 mètres de l'endroit où est déposée la poudre.

Rien n'est plus justifié qu'une telle enquête.

En ces dernières années, en effet, les réseaux pour le transport des forces électriques ont été multipliés à l'infini, et chaque jour encore il s'en crée de nouveaux, qu'il est bien souvent impossible de ne pas laisser passer dans le voisinage des dépôts d'explosifs. Or qui pourrait affirmer que ces rapprochements seront toujours sans inconvénient?

La pratique industrielle courante nous indique, au contraire, que les soins les plus minutieux apportés aux installations de conducteurs ne garantissent pas toujours des pertes de fluide. Ainsi, l'on a constaté fréquemment que les canalisations d'eau subissent des détériorations graves du fait des installations de tramways électriques à retour de courant par les rails, et, de même, des explosions de conduites de gaz ont été provoquées par des étincelles malencontreusement échappées des câbles conducteurs les mieux isolés en apparence.

Qu'un accident de ce genre vienne à se produire dans un magasin d'explosifs, ce serait un irréparable désastre. En pareil cas, et puisque l'on ne peut songer à supprimer les fils pour le transport des forces électriques, ce qui reviendrait à supprimer le progrès, la sagesse commande donc de tenir compte des dangers possibles créés par l'état de choses actuel et de rechercher les voies et moyens propres à les éviter.

Aussi la commission nommée par l'Académie, après examen

approfondi des questions qui lui étaient soumises, a-t-elle rédigé le rapport suivant, dont tous les termes ont été unanimement approuvés :

1° et 2°. Il n'y a pas lieu de distinguer des conducteurs d'énergie électrique les conducteurs téléphoniques ou télégraphiques, qui, exposés à des coups de foudre, peuvent transmettre momentanément des quantités énormes d'énergie, et que l'on a vus aussi plus d'une fois amener par leur chute des enchevêtrements funestes. Les mêmes prescriptions doivent s'appliquer dans tous les cas.

Une ligne transportant de l'énergie électrique ne constitue par elle-même aucun danger pour les objets qui ne sont pas situés dans son voisinage immédiat : une distance de 10 mètres paraît suffisante pour écarter tout risque.

On ne laissera donc pas les lignes souterraines approcher à moins de 10 mètres des poudrières.

La même distance de 10 mètres sera également imposée aux conduites d'eau ou de gaz, à cause des défauts possibles de conductibilité qui les rendraient dangereuses.

Les lignes aériennes, exposées à être déplacées par diverses causes mécaniques ou météorologiques impossibles à éviter, devront être tenues à une distance plus grande, mais que l'on ne saurait définir simplement par un nombre. La véritable condition de sécurité sera, en effet, que la ligne ne puisse, en aucun cas, tomber dans le voisinage immédiat de la poudrière : ce qui dépendra pratiquement de la configuration du sol, de la hauteur et de la solidité des poteaux, de la fixité générale de la ligne. Cependant une distance minimum de 20 mètres paraît devoir être exigée dans tous les cas.

Mais le service des magasins à poudre réclame l'introduction de certaines lignes à côté ou dans l'intérieur même des locaux. Comment alors disposer les choses pour éviter autant que possible les accidents? C'est ce que nous devons maintenant examiner suivant les questions 3° et 4°.

3° S'il est nécessaire d'éclairer artificiellement un local contenant des matières explosibles, le luminaire de beaucoup le moins dangereux, parmi tous ceux qui sont actuellement connus, est certainement la lampe à incandescence électrique. Les dangers que pourrait présenter ce mode d'éclairage seront singulièrement atténués, si le courant est amené par un câble souterrain ; si, dans l'intérieur de la poudrière, les conducteurs sont constitués par des fils revêtus d'abord d'une couche isolante continue, d'épaisseur suffisante au point de vue électrique, protégés ensuite contre toute détérioration mécanique ou chimique par une enveloppe en métal étendue et résistante ; si, en outre, les clefs ou boutons d'allumage, ainsi que les interrupteurs ou plombs fusibles, sont placés à l'extérieur des locaux. On aura soin d'ailleurs de ne faire usage que de courants à basse tension, en s'astreignant à ne pas dépasser 110 volts dans toute la distribution intérieure. On renoncera aussi absolument aux lampes mobiles, et l'on ne fera usage que des lampes fixes, protégées par une seconde enveloppe en verre.

4° Pour les sonneries électriques, qui n'emploieront jamais que de faibles courants et des fils de petit diamètre, et qui d'ailleurs, d'après le programme qui nous est soumis, aboutiront à des guérites situées toujours à une distance d'au moins 4 mètres des poudrières, il n'y aura pas de précautions spéciales à prendre lorsque la ligne sera souterraine; cependant, en certains cas, un parafoudre dans la guérite pourrait ne pas être inutile. Si l'on emploie une ligne aérienne, dont on aura soin d'assurer la solidité, on la munira d'un parafoudre à chaque extrémité et de paratonnerres, analogues à ceux qu'emploie l'Administration des Télégraphes, placés tous les 100 mètres sur les poteaux supportant la ligne. Bien entendu, les parafoudres et les paratonnerres devront être établis suivant les règles en usage, dans de bonnes conditions de communication avec le sol.

D'après ce que nous venons de dire, la circulaire du 28 décembre 1858 devrait être modifiée comme il suit, quant aux trois prescriptions qu'elle édicte, relativement aux lignes téléphoniques ou télégraphiques (nous dirons relativement aux lignes quelconques de transmission d'énergie électrique) :

§ 1. — N'admettre dans le voisinage des magasins à poudre que des lignes en parfait état d'installation. Rejeter toute ligne étrangère à 20 mètres au moins si elle est aérienne, à 10 mètres au moins si elle est souterraine. Imposer la même limite de 10 mètres aux conduites métalliques souterraines (eau, gaz, etc.), s'astreindre, pour les lignes de service intérieur, aux précautions recommandées plus haut (3° et 4°).

§ 2. — Le paragraphe 2, d'ordre administratif, découle immédiatement de ce qui précède.

§ 3. — Le paragraphe 3 est inutile à maintenir.

Nous proposons à l'Académie d'approuver ces prescriptions, qui assureront la sécurité des poudrières et donneront toute la liberté possible à l'Administration des Télégraphes et à l'industrie privée.

Une anomalie magnétique extraordinaire.

L'examen de plusieurs déterminations magnétiques faites en Russie ces dernières années montrait une anomalie singulière dans la distribution du magnétisme terrestre ; la constitution géologique du sol, formé en général d'une couche superficielle crétacée relativement épaisse, ne suffisait pas à expliquer une telle perturbation. Aussi, l'an dernier, la Société impériale russe de Géographie chargeait-elle un de nos compatriotes, M. Moureaux, directeur de l'observatoire magnétique du Parc-Saint-Maur, de venir étudier le phénomène sur place, dans le gouvernement de Koursk. M. Moureaux venait, en effet, de faire paraître ses savantes études sur un fait analogue découvert par lui dans le bassin de Paris. Cette invitation fut acceptée avec empressement, et notre compatriote partit pour la Russie. Nous ne relaterons pas ici son voyage, très pénible au point de vue matériel, dans une contrée grande comme quatre ou cinq de nos départements, où les ressources locales faisaient le plus souvent défaut. Qu'il nous suffise de dire que la mission a été couronnée de succès au point de vue scientifique. La déclinaison, l'inclinaison et l'intensité magnétique ont été déterminées dans 149 stations. Les résultats de ces mesures sont extrêmement intéressants, et tels qu'aucun observateur n'en avait constaté jusqu'ici.

On sait que la direction de l'aiguille aimantée varie avec les lieux. Ainsi, en France, la déclinaison augmente d'environ 5 degrés de Belfort à Brest, qui ont une différence de longitude de 11°20' ; si nous comparons la déclinaison en deux points du département de la Seine, nous n'aurons qu'une différence de quelques minutes. Or, voici ce qu'ont été les résultats trouvés par M. Moureaux près du village de Kotchetovka, dans le district d'Obojanne. Une première détermination ayant accusé des écarts considérables entre les valeurs mesurées et les valeurs théoriques attendues, l'observateur, procédant méthodiquement, fit une reconnaissance complète autour de Kotchetovka, afin de déterminer le point précis correspondant au centre de l'anomalie. La superficie de la région

ainsi explorée n'atteignant pas 1 kilomètre carré, il est permis
d'admettre que, dans une étendue aussi restreinte, les différences de déclinaison sont de l'ordre des erreurs d'observation.
A son grand étonnement, M. Moureaux trouva, pour les valeurs
de la déclinaison, des nombres variant de + 96° à — 34°, soit
une différence de 130 degrés; l'inclinaison variait de son côté
de 48 à 79 degrés. Quant à l'intensité magnétique, le résultat
est encore plus surprenant. On sait que la composante horizontale de cette intensité, nulle au pôle, a pour valeur 0°,19 à
Paris (en unités C. G. S.), et atteint vers l'île de Bornéo un
maximum d'environ 0°,39. En répétant les mesures un assez
grand nombre de fois, M. Moureaux a trouvé pour la composante
horizontale de l'intensité, en des points très rapprochés, des
nombres variant depuis 0°,18 jusqu'à 0°,59. Près d'un autre
village du gouvernement de Koursk, à Pokroskojé, l'inclinaison
a été trouvée supérieure à 82 degrés. Peu de physiciens ont pu
observer un tel nombre, à cause des difficultés d'accès des
régions voisines des pôles magnétiques de la terre.

Faut-il chercher dans la constitution du sol la cause de cette
anomalie singulière dans la distribution normale du magnétisme à la surface de la terre? Une Société financière vient, en
tout cas, de se constituer dans le but de rechercher les conditions d'exploitation du minerai de fer, qui, selon toute proba-
bilité, existe dans le sol sous-jacent du gouvernement de Koursk.
Si cette entreprise est couronnée de succès, on voit qu'il n'y
aura pas eu qu'un intérêt purement théorique dans les importantes découvertes de notre compatriote.

Le magnétarium.

Cet instrument, que vient d'imaginer M. Wilde, est destiné à
reproduire les phénomènes du magnétisme terrestre et les
changements séculaires de la direction et de la force de l'intensité magnétique. Il comprend essentiellement deux sphères

concentriques, dont l'une tourne à l'intérieur de l'autre ; leurs axes étant inclinés de 23°1/2 l'un sur l'autre, l'équateur du globe intérieur tourne dans le plan de l'écliptique. Deux fils de cuivre isolés sont enroulés, l'un sur la surface externe de la sphère intérieure, l'autre sur la surface interne de la sphère extérieure ; les mers du globe terrestre sont recouvertes de fer en feuille, qui détermine une différence de magnétisme entre les régions terrestres et les régions maritimes. Les deux axes sont munis d'anneaux isolés contre lesquels frottent des balais de cuivre. Un train épicycloïdal de roues dentées sert à donner un mouvement différentiel au globe intérieur et à reproduire par suite les différents phénomènes du magnétisme terrestre. Citons en particulier :

1° L'inégalité des périodes de déclinaison sur les mêmes méridiens dans les hémisphères nord et sud, telles qu'elles ont été observées pendant la courte période d'élongation occidentale (160 ans) à Londres, et la longue période d'élongation occidentale (272 ans) au Cap et à Sainte-Hélène ;

2° Le simple déplacement dans un sens ou dans l'autre de l'aiguille d'inclinaison, pour la double marche de l'aiguille de déclinaison, tel qu'il a été observé dans la diminution continue de l'inclinaison pour l'Angleterre pendant la marche de l'aiguille de déclinaison vers l'ouest et son retour depuis 1723 ;

3° Les variations de l'inclinaison en sens opposés sur le même méridien dans les hémisphères nord et sud, telles qu'elles ont été observées pour l'inclinaison, qui diminue en Angleterre et qui croît au Cap et à Sainte-Hélène durant la période actuelle ;

4° L'augmentation rapide (17 minutes par an) de l'inclinaison autour du nœud atlantique de l'équateur magnétique, telle qu'elle a été observée par Sabine au golfe de Guinée et à Sainte-Hélène, ainsi que la progression occidentale de ce nœud lui-même.

Un très bel exemplaire de ce savant et ingénieux instrument a été généreusement offert par M. Wilde au Conservatoire des s et Métiers de Paris.

L'irichromatine.

Les causes qui produisent les diverses couleurs de la nature peuvent être soit l'*absorption*, soit les *interférences*.

C'est au premier phénomène que sont dues les vibrations de la plupart des objets ordinaires. La lumière blanche du soleil est composée de lumières simples ayant les couleurs de l'arc-en-ciel. Un corps quelconque éclairé par le soleil absorbe un certain nombre de couleurs du spectre et réfléchit les autres; le mélange de ces dernières est une couleur qui est précisément la couleur que nous attribuons au corps éclairé. Les couleurs d'absorption sont des couleurs réelles.

Quant aux couleurs d'interférence, ou couleurs apparentes, la nature nous en présente très peu; mais, par contre, elles sont toutes d'une pureté et d'une beauté qui n'existent pas dans les couleurs d'absorption. Telles sont les belles couleurs dont la nature pare les plumes et la gorge du paon, l'aile de l'oiseau-mouche, certaines nacres, les écailles d'huîtres, etc. Ces couleurs sont nettement différentes des couleurs d'absorption; elles ont une sorte d'éclat métallique qu'on n'avait jusqu'à présent pas pu imiter; leur teinte varie selon la direction dans laquelle on regarde l'objet qui en est paré.

Ces couleurs sont dues aux phénomènes d'interférence produits par des lames minces. Un faisceau de lumière rencontrant la surface d'une lame mince pénètre à l'intérieur, se réfléchit sur la seconde face de la lame, et, après une réfraction sur la première face, revient dans l'air où il rencontre le faisceau incident, mais ayant sur lui un *retard* dépendant de l'épaisseur de lame traversée. Les deux faisceaux *interfèrent*, et c'est à cette interférence que sont dues les colorations, colorations qui varient avec la nature de lumière incidente et l'épaisseur de lame traversée. Cette épaisseur doit être excessivement faible. De telles lames minces, et partant des couleurs d'interférence, se produisent sur les vieilles vitres; la pluie leur enlève l'élément alcalin et il reste une couche très mince de silice. La nuance blanche de certains aciers, donnée par une couche d'oxyde qui absorbe les rayons jaunes, les belles teintes fugitives qu'on obtient en versant une goutte d'éther dans une cuvette d'eau, sont encore dues aux interférences.

Il en est de même des vives nuances présentées par une bulle de savon, nuances qui varient au fur et à mesure qu'on la gonfle, les parois devenant de plus en plus minces. Les teintes vertes et roses, apparues les premières, sont successivement remplacées par des nuances bleues, orangées ou pourpres; si l'on continue à gonfler la bulle, ses parois deviennent d'un jaune fauve. A ce moment, leur minceur est extrême; elle est environ de 121 dix-millièmes de millimètre.

Cette excessive minceur, difficile à réaliser, explique que l'on n'ait pas encore songé à ces couleurs si fugitives en peinture; on sait que c'est avec de telles couleurs que M. G. Lippmann a pu reproduire directement les colorations d'un objet, par l'un des plus beaux procédés photographiques qui ait été découvert. Un chercheur infatigable, qui a exploré avec un égal succès toutes les sciences, M. Charles Henry, directeur du laboratoire de psychophysiologie à la Sorbonne, a eu l'ingénieuse idée de *colorer diverses substances sans l'emploi de couleurs*, en utilisant les interférences. Il suffit pour cela de déposer à la surface du corps que l'on veut colorier une couche excessivement mince d'une substance convenablement choisie.

Pour obtenir une couche très mince, M. Charles Henry utilise les propriétés capillaires des liquides. Le papier, le verre ou l'étoffe à décorer est placé au fond d'une cuve pleine d'eau. Au moyen d'une pipette, on projette à la surface du liquide quelques gouttes d'une solution de bitume de Judée ou de résine de Damar dans l'essence de térébenthine ou dans la benzine. La mixture, en vertu de la tension superficielle ou force capillaire, s'étend en couche très mince à la surface de l'eau; des robinets permettent de vider celle-ci lentement, et la pellicule vient s'appuyer contre la surface à recouvrir. Une exposition au soleil insolubilise la résine employée et la fixe d'une manière stable à ⌐⌐¬ support.

Des appareils qui fonctionneront mécaniquement et permetnt d'opérer beaucoup plus vite sont à l'étude. Telle est l'instrie de l'*irichromatine,* qui permet d'obtenir des couleurs aucoup plus pures et beaucoup plus vives que les couleurs ţmentaires. Le prix de revient des papiers irichromatinés est très faible. La lumière ne fait pas passer les teintes ainsi obtenues. Aussi le nouveau procédé ne manquera-t-il pas d'être utilisé dans la décoration des appartements; on nous promet sous peu des affiches imprimées sur des papiers de ce genre; lorsque l'application sur étoffes sera devenue courante, la mode sera sans doute aux toilettes en irichromatine.

✻

La coloration photochimique des métaux.

Voici tantôt une cinquantaine d'années, Léopold Nobili parvint, au moyen d'un courant électrique, à produire sur des plaques de différents métaux des dessins réguliers colorés des teintes les plus vives.

La plaque métallique était, au moyen d'un rebord en une substance convenable, transformée en une petite cuvette qu'on remplissait d'une solution saline; la plaque communiquant avec le pôle positif d'une pile, on plaçait à un millimètre au-dessus de son centre un conducteur terminé en pointe, isolé jusqu'à son extrémité, et en communication avec le pôle négatif de la pile. En particulier, en recouvrant une lame d'argent d'une solution d'acétate de cuivre mélangée d'acétate de potassium, on obtenait le résultat suivant : la petite surface de la plaque située en regard de la pointe conservait l'éclat métallique et était entourée d'une série de cercles concentriques. colorés dans l'ordre suivant : deux petits cercles d'un beau vert pâle, un blanc, un rouge, un verdâtre, une zone de cuivre d'un beau rouge de feu entourée d'un cercle azuré marqué de lignes rayonnantes; enfin, une seconde zone cuivrée plus large que la première, entourée d'un dernier cercle d'un beau vert.

Toutes ces couleurs étaient des plus jolies : aussi franches que celles d'un spectre solaire projeté sur un écran, elles étaient dues à un dépôt de lames minces de substances diverses sur le métal.

Ces expériences de Nobili furent reprises par Edmond Becquerel, qui essaya d'éviter les anneaux et d'obtenir une coloration uniforme de la surface métallique. A cet effet, il électrolysait une solution de potasse saturée de peroxyde de plomb, l'électrode négative étant une lame de platine, et l'électrode positive la pièce métallique à colorer, préalablement bien décapée et polie. Sous l'action du courant, elle se recouvrait d'une couche mince de peroxyde de plomb dont l'épaisseur allait en augmentant, en passant successivement par une série de teintes du plus vif éclat : ces couches, très adhérentes aux métaux, supportaient très bien le brunissoir.

Cependant, en dépit de ces, trouvailles intéressantes, les recherches sur la coloration des métaux avaient été délaissées.

Reprises dernièrement par un jeune chimiste, M. Joseph Girard, préparateur à la Faculté des sciences de Paris, elles viennent d'aboutir, par des voies nouvelles, à de très intéressants résultats.

M. Girard évite de recourir à l'intervention du courant électrique, et, pour obtenir les colorations des métaux, il met à profit une triple série de phénomènes :

1° Le pouvoir réducteur de l'hyposulfite de soude ;

2° L'attirance capillaire ;

3° Les actions chimiques produites par la lumière.

Quand on chauffe une dissolution d'un mélange d'hyposulfite de soude et d'un sulfate ou d'un acétate tels que ceux de cuivre ou de plomb, il se forme d'abord un hyposulfite double, qui, vers 70 à 80 degrés, se décompose en donnant naissance à un sulfure métallique. Ce dernier, insoluble, nage dans la liqueur, à l'état de précipité extrêmement ténu.

Si, à ce moment, on fait flotter à la surface du liquide une lame métallique (cuivre, laiton, zinc, fer-blanc ou nickel) préalablement décapée à la potasse, puis à l'acide azotique dilué, et très bien polie, la capillarité attire les particules de sulfure sur la lame métallique, qui se recouvre ainsi d'une couche de ᵐᵒⁱⁿˢlfure, d'autant plus épaisse que la durée d'immersion a été .us longue. Cette couche, étant très mince et uniforme, donne ᵃissance à des couleurs d'interférence ; c'est ainsi que l'on ᵖⁱt apparaître successivement toutes les couleurs du spectre, ᵃ rouge au violet. Si on laisse encore la lame, les couleurs du ᵢectre apparaissent une nouvelle fois. Les meilleurs résultats sont obtenus en mélangeant à l'hyposulfite du sulfate de cuivre additionné d'un peu d'acétate de plomb.

La lumière intervient dans la formation de ces couleurs : c'est ainsi qu'en éclairant la plaque dans le bain au moyen de lumières diversement colorées, M. J. Girard a obtenu, non plus une coloration uniforme, mais la reproduction vraiment photographique des couleurs des lumières incidentes.

L'intéressante découverte de M. Girard ne tardera sans doute pas à devenir la base d'une industrie nouvelle, analogue, si l'on veut, à celle de l'irichromatine, mais en différant cependant par ce fait que l'on obtient des colorations uniformes, tandis que l'irichromatine donne des couleurs très variées, et aussi par la différence des moyens employés, la chimie minérale intervenant seule dans les recherches de M. Girard.

Les couleurs ainsi obtenues semblent à priori dues aux interférences par leur éclat ; mais il est difficile de le démontrer rigoureusement, et il ne serait d'ailleurs pas étonnant qu'il y eût en réalité là un mélange de couleurs d'interférence et de couleurs d'absorption, celles-ci étant dues à la couche colorée qui recouvre la lame métallique. Il est probable que les recherches de M. Joseph Girard ne tarderont pas à nous renseigner sur ce point théorique. Il lui suffira d'employer les mêmes procédés qui ont servi à Otto Wiener à montrer qu'il en était de même dans le procédé de photographie directe des couleurs dû à Edmond Becquerel.

L'exquise sensibilité de la plaque photographique et les photographies dites « fluidiques ».

Lors de la découverte du procédé photographique au gélatino-bromure d'argent, aujourd'hui universellement employé, on se heurta au peu de sensibilité des plaques ainsi obtenues; mais on ne tarda pas à les rendre beaucoup plus sensibles par *la maturation*, opération qui consiste à abandonner, pendant quelques jours, à une douce température (30° à 35°), l'émulsion, avant de l'étendre sur son support définitif (verre, papier ou celluloïd). On es t arrivé ainsi à obtenir une sensibilité telle, que la moindre variation d'énergie extérieure est enregistrée par la plaque ainsi préparée; la moindre pression, de très faibles quantités de vapeurs métalliques, impressionnent la plaque photographique.

Cette exquise sensibilité a donné lieu récemment à des expériences dont on attribuait à tort les résultats à un fluide invisible que dégagerait le corps humain. Le commandant Tegrad, le Dr Luys, M. David et d'autres encore firent la constatation suivante : plaçant la main durant vingt minutes sur la gélatine d'une plaque plongée dans un révélateur convenable (hydroquinone ou pyrogallol), l'empreinte des doigts est entourée de dessins variés, sortes d'auréoles que ces expérimentateurs attribuèrent à des *effluves digitaux*.

On leur objecta immédiatement qu'un grand nombre de phénomènes pouvaient intervenir, notamment la pression exercée sur la gélatine, l'influence des corps gras qui imprègnent la surface du corps, celle de la sueur, etc. M. Brandt détruisit ces objections en renversant la plaque, la face gélatine reposant sur les arètes du fond de la cuvette, la main étant placée sur la face verre. Mais des recherches précises, dues notamment à MM. Guebhard, Niewenglowski, Colson, Clerc, etc., montrèrent qu'il restait encore deux facteurs à éliminer : l'action du révélateur et celle de la chaleur des doigts. Une plaque abandonnée longtemps dans un bain révélateur donne une image ayant la forme d'une sorte de *moutonnement*, de *zébrures*, si le révélateur reste immobile; ces figures disparaissent si on remue la cuvette pendant tout le temps que dure le développement. En remplaçant les doigts par des corps préalablement portés à une température voisine de celle du corps humain, on obtient des figures tout à fait analogues à celles que donnent les doigts; il est de même si l'on supprime l'influence du révélateur en .lant la plaque dans la cuvette par quatre boulettes de cire olle placées aux quatre coins, de manière que seule la face latine plonge dans le révélateur, la face verre étant complète- ent en dehors. En particulier, M. Guebhard a fait à ce sujet e étude des plus intéressantes sur l'action de la chaleur sur la plaque photographique, étude qui a fait l'objet d'une intéressante présentation à l'Académie des Sciences.

✻

L'œil des insectes employé comme objectif.

A maintes reprises, les physiciens et les physiologistes ont signalé l'analogie, voire même l'identité, de l'œil et de l'appareil photographique. Pourquoi dès lors ne pas chercher à obtenir une image photographique sur plaque sensible ordinaire, et non plus, comme on le fait d'habitude, sur la substance sensible qui tapisse le fond de l'œil, le pourpre rétinien? L'expérience ne pouvait manquer d'être particulièrement frappante dans le cas d'un œil d'insecte, dont chacune des milliers de facettes fonctionne isolément comme un objectif. Un naturaliste américain, M. Geo.-F. Allen, est arrivé, paraît-il, après maints tâtonnements, à réussir cette très délicate expérience, si bien qu'il présenterait maintenant dans son cours, non plus l'œil lui-même, mais l'image qu'il en a obtenue, montrant ainsi le fonctionnement indépendant de chacune des facettes. L'insecte qui convient le mieux serait, annonce-t-on, l'*Hydrophilus piceus*.

Dans un tel œil, pris à l'état normal, les images données par chacune des facettes vont, par suite de la disposition de celles-ci sur une certaine surface courbe, se superposer en un même point de la rétine; il faut, dans le cas qui nous occupe ici, supprimer cette convergence, de façon à disposer les unes à côté des autres chacune de ces images microscopiques.

Pour cela, l'œil, noyé dans le baume, est aplati entre deux minces lamelles de verre. Comme d'ailleurs les facettes extrêmes donneraient des images notablement déformées et tendant à se superposer à leurs voisines, il est bon de découper préalablement, au centre de l'œil, un petit disque embrassant environ 400 facettes, qui seront seules utilisées.

Il suffirait, à la rigueur, de disposer cet objectif microsco-

pique dans l'ouverture des parois d'une boîte elle-même microscopique, et dont la face opposée serait tapissée d'une couche
sensible sans grain. Comme, d'autre part, l'image ainsi obtenue
ne pourrait être examinée chaque fois qu'au microscope, mieux
vaut utiliser une fois pour toutes le microscope à l'agrandissement de l'image réelle fournie par l'œil.

On utilisera donc un appareil microphotographique ordinaire ; mais il est essentiel de remarquer que l'appareil optique
employé dans ce cas n'est nullement destiné à *former* l'image,
mais seulement à l'*amplifier*. Les lamelles entre lesquelles est
maintenu l'œil sont fixées au porte-objet du microscope.

On choisira comme sujet une silhouette découpée dans du
papier noir et collée sur un verre dépoli, vivement éclairé par
derrière au moyen, par exemple, d'un bec Auer ou d'un bec à
acétylène, dont les rayons seront tamisés et uniformément
répartis par l'interposition de deux autres verres dépolis.

Entre la silhouette et le microscope, on devra disposer un
diaphragme qui limite d'assez près le contour de la silhouette :
ce n'est qu'à cette condition que l'on pourra éviter l'empiète-
ment des champs optiques qui se traduisent par un voile.

Après quelques tâtonnements relatifs à la durée d'exposition,
on obtient sans trop de difficultés des images multiples d'un
très curieux effet.

※

Appareil photographique avec mise au point hors de la chambre noire.

L'appareil photographique spécialement combiné par M. le
Dr Eug. Doyen pour prendre des clichés à courte distance et avec
mise au point instantanée est, sans contredit, l'un des instru-
nents les plus parfaits et les plus complets que puisse désirer
in amateur ou un touriste.

Construit aux formats 9×12 ou 13×18, cet appareil est
éduit aux dimensions minimum qu'exigent les dimensions du
hâssis et le foyer de l'objectif.

Le Dr Doyen a trouvé la possibilité de réunir sous ces faibles dimensions :

1° Un appareil à pellicules pouvant se charger en plein jour;

2° Un obturateur de plaques permettant d'obtenir des instantanés à 1/1000 de seconde;

3° Un obturateur métallique disposé derrière l'objectif, pour les instantanés ordinaires et la pose.

4° Enfin, un appareil de mise au point absolument nouveau et de son invention, qui est situé hors de la chambre noire, si bien que, la pellicule ou la glace sensible découverte, la mise au point peut se faire en plein soleil et sans danger de voile, sur un verre dépoli légèrement incliné, où l'image, d'une netteté parfaite, est vue légèrement grossie à l'aide d'une loupe.

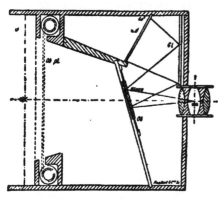

Appareil photographique du Dr Doyen.

Supposons une arrivée de bicyclettes à 8 ou 10 mètres : l'objectif étant de la série f 6,3 de Zeiss, la plus rapide qui existe, le temps de pose est presque réduit de moitié sur celui de la série f 8 des photojumelles, où la distance hyperfocale est de 14 mètres.

La mise au point est faite, la pellicule demeurant découverte dans la chambre noire; sur le verre dépoli vd, les rayons émanés de l'objectif sont renvoyés par deux miroirs, l'un porté par l'obturateur ob, l'autre adapté à la face postérieure du devant de la chambre. L'objectif est un objectif avec monture à hélice. La mise au point se fait sur le poteau d'arrivée.

La course est suivie à l'aide d'un viseur clair. Au moment voulu, l'obturateur est déclenché d'un coup de poire et la couche sensible se trouve impressionnée.

Veut-on employer l'obturateur de plaque, celui-ci est armé, puis, la mise au point effectuée, l'obturateur métallique est ouvert dans la position de la « pose ». L'obturateur de plaque est déclenché d'un coup de poire au moment opportun.

On adapte facultativement à cet appareil des châssis doubles, ou bien un châssis à 12 plaques et à remplacement automatique.

✻

Les jumelles à prismes.

Dans un précédent volume [1], l'*Année scientifique et industrielle* a eu l'occasion de signaler divers perfectionnements fort intéressants réalisés dans la construction optique et mécanique des jumelles, perfectionnements fort considérables dans l'espèce, répondant, en réalité, à une complète transformation dans l'aménagement de ces utiles instruments.

Jusqu'en ces derniers mois, à l'exception d'anciens essais remontant à plus de trente ans, essais qui furent du reste alors abandonnés, jamais les constructeurs de jumelles n'avaient songé à modifier la traditionnelle composition optique de ces appareils, et, sans exception, une jumelle se composait de l'accolement de deux lunettes de Galilée ou de deux lunettes longue-vue à oculaire terrestre.

Dans les deux cas, les combinaisons de lentilles qui donnent, comme l'on sait, le redressement de l'image indispensable pour tout instrument destiné à l'examen d'objets terrestres et ne pouvant, sans inconvénient, être regardés renversés, ont un défaut grave auquel jusqu'ici personne n'avait songé à remédier, à priori tout le monde considérant une telle entreprise comme impossible. Ce défaut est de diminuer en de notables proportions, surtout aux forts grossissements, la clarté des images, et cela pour l'excellente raison que, durant leur cheminement au travers des multiples lentilles constituant les systèmes optiques 'e la jumelle, un grand nombre de rayons lumineux sont)sorbés.

De plus, il convient encore de noter que de tels instruments oivent être fatalement de dimensions considérables, si l'on

1. Voir l'*Année scientifique et industrielle*, quarantième année 890), p. 128.

veut leur donner une puissance de grossissement quelque peu
importante.

Dans le but de remédier à ces diverses imperfections, l'un de
nos plus habiles constructeurs d'instruments d'optique, M. Clermont-Huet, imagina d'introduire dans le système optique des
jumelles des prismes au lieu et place de certaines lentilles.

Une combinaison analogue avait, voici plus de trente ans, été

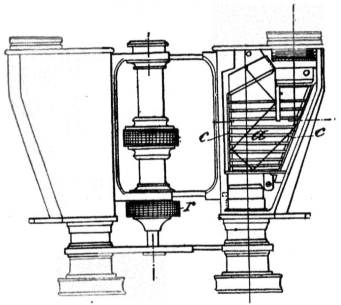

Jumelle stéréoscopique à prismes de MM. Clermont-Huet et Daubresse.

essayée sans grand succès par le constructeur Porro : l'imperfection de l'outillage dont on disposait alors n'avait pu permettre d'en tirer tous les avantages qu'elle comporte, et
l'avait fait abandonner.

Les premiers essais de M. Clermont-Huet furent, au contraire,
couronnés de succès, et c'est à eux que l'on doit cette intéressante *jumelle stéréoscopique stadia-télémètre* dont l'*Année
scientifique*, l'an passé, indiquait les essentielles dispositions.

Cependant, si remarquable que fût alors l'instrument réalisé, l'habile constructeur estimait qu'il y avait mieux encore à
faire.

M. le capitaine d'artillerie Daubresse, l'un de ses plus savants collaborateurs, se mit en devoir de rechercher des combinaisons meilleures, et ses travaux ont amené la disposition toute nouvelle d'un bloc optique formé de la réunion d'un système de prismes à réflexion totale et sans aucune perte de lumière, qui, tout en possédant les avantages du système Porro, permet de réduire considérablement la hauteur et l'épaisseur des instruments. Si bien que, grâce à lui, il est devenu possible

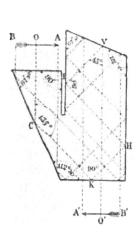

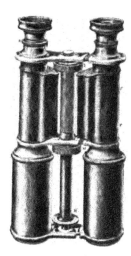

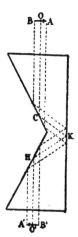

| Marche des rayons dans le bloc optique de la jumelle stéréoscopique. | La jumelle extra-lumineuse. | Marche des rayons dans le bloc optique de la jumelle extra-lumineuse. |

d'établir de puissantes jumelles stéréoscopiques d'assez faible dimension pour ne pas tenir plus de place dans la poche qu'un portefeuille ou un porte-cigare.

Le bloc optique imaginé par M. le capitaine Daubresse, entre autres propriétés, possède celle de renverser les images, et, par suite, permet de substituer, dans les lunettes terrestres, à l'oculaire ordinairement utilisé, oculaire qui est très long et absorbe beaucoup de lumière, l'oculaire astronomique court et lumineux.

Voici, au surplus, les conditions essentielles auxquelles il répond :

1° Imposer aux rayons lumineux un grand nombre de réflexions successives (un nombre impair), de façon à replier l'axe optique un grand nombre de fois, en diminuant ainsi notablement la longueur des instruments dans lequel le bloc est utilisé.

2° Employer exclusivement à l'intérieur du bloc des réflexions totales, afin d'éviter les pertes de lumière qu'occasionne l'emploi des surfaces argentées.

3° Employer pour l'une des réflexions l'une des faces d'entrée ou de sortie du bloc optique.

Ces prismes, suivant leur combinaison, déplacent latéralement les images, ce qui permet par leur emploi dans les jumelles d'obtenir des effets stéréoscopiques très accentués, ces effets dépendant de l'angle optique sous lequel sont vus les objets — ou, au contraire, ne donnent aucun déplacement, l'axe optique de l'oculaire restant alors le même que celui de l'objectif de la lunette.

Dans le premier cas, le rayon lumineux à l'intérieur du bloc subit cinq réflexions totales, allant de O en C, de C en K, de K en H, de H en I, de I en V et de V en N, d'où il émerge du bloc, ayant été redressé au cours de ces multiples réflexions accomplies successivement sous des angles de 135, 90, 90, 90 et 45 degrés.

Dans le second, les réflexions ne sont plus qu'au nombre de trois, et le rayon lumineux partant de O vient se réfléchir une première fois en C, puis en K, et enfin en H, pour sortir au point N, après avoir été redressé, de même que tous les autres rayons émis par l'objet AB considéré, au cours de ce cheminement.

Pratiquement, le redressement des images dans deux sens perpendiculaires s'obtient en remplaçant par un dièdre à 90 degrés l'un quelconque des cinq plans de réflexion, à l'exception, bien entendu, de celui qui se trouve servir en même temps de face d'entrée ou de sortie, et c'est communément le plan sur lequel le rayon se réfléchit à 45 degrés que l'on choisit. La raison de ce choix est que la réflexion qui ne serait pas totale sur le plan est alors remplacée par deux réflexions totales sur les faces du dièdre.

Une disposition fort intéressante a encore été réalisée par

l'inventeur du prisme, dans le but d'éviter qu'il se produise, autour du faisceau de rayons utilisé, des surfaces réfléchissantes qui voileraient l'image par de fausses lumières, et même qui amèneraient à l'occasion la production d'autres images venant se superposer à la première, seule utile.

Toutes les faces ou portions de face du bloc optique non utilisées pour la transmission du faisceau de rayons utiles reçoivent des traits de scie d'une profondeur convenable, et les sillons ainsi pratiqués sont remplis de vernis noir ou de toute autre matière propre à arrêter complètement la lumière. Grâce à ce procédé si simple, aucun trouble n'est apporté dans la marche des rayons lumineux à l'intérieur des blocs optiques, aucune réflexion secondaire ne se produit, et il devient inutile d'étamer ou d'argenter aucune des faces du bloc.

Les dispositions essentielles des blocs optiques combinés par M. le capitaine Daubresse étant désormais connues, il nous reste à voir comment M. Clermont-Huet les a utilisées pour la construction de sa nouvelle jumelle stéréoscopique et de ses longues-vues extra-lumineuses.

Pour la jumelle stéréoscopique, le bloc optique a est encastré dans un cadre retenu latéralement par les rebords c, et longitudinalement par de petites traverses qui s'engagent dans les sillons du bloc, sillons servant à le diaphragmer, ainsi que nous l'avons noté tout à l'heure.

A seule fin de permettre le nettoyage facile des prismes, M. Clermont-Huet a réalisé un dispositif particulièrement commode. Il suffit en effet d'enlever deux vis placées sur le côté extérieur de chaque corps pour enlever ce côté comme un couvercle et pouvoir alors retirer le prisme sans la moindre difficulté.

La seule précaution à prendre en accomplissant cette opération est de n'opérer que d'un seul côté à la fois, de façon à ne pas dérégler l'optique. Cette facilité donnée pour le nettoyage de l'instrument constitue un perfectionnement fort appréciable qui n'avait jamais été réalisé.

Pour opérer le nettoyage des autres systèmes de jumelles à ismes, on doit, en effet, sous peine de perdre son instru- ent, le retourner au constructeur, ce qui ne laisse pas de ésenter de multiples et graves inconvénients.

La mise au point de la jumelle stéréoscopique, qui est naturellement à écartement variable, de façon à permettre à l'observateur de ne laisser perdre aucun rayon lumineux, se fait, suivant l'usage, en tournant la molette *r*. Mais, pour la rendre plus parfaite, comme il arrive fréquemment que les deux yeux d'une même personne présentent une sensible différence de pouvoir visuel, qui rend désagréable l'emploi de la meilleure jumelle à fort grossissement exactement réglée, M. Clermont-Huet a songé à remédier à cet inconvénient, en rendant mobile l'un des oculaires au moyen d'une petite rondelle-molette placée sous l'une des œillères.

Avec les jumelles présentant cette disposition, la mise au point se fait de la façon suivante :

L'observateur règle l'instrument au moyen de la molette *r* pour l'œil qui se trouve du côté de l'œillère fixe ; cela fait, en tournant à droite ou à gauche la petite rondelle-molette disposée sous l'œillère mobile, il amène bien vite l'image à être aussi nette pour cet œil que pour le premier.

Quant aux longues-vues et jumelles — longues-vues extralumineuses — elles présentent exactement les mêmes avantages et les mêmes dispositions pour la mise au point que les jumelles stéréoscopiques, dont elles ne diffèrent en réalité que par la combinaison du bloc optique, qui, n'étant pas destiné à assurer un effet stéréoscopique aussi agrandi, ne déplace pas les images, et est par suite du modèle à trois réflexions que nous avons décrit.

Leurs qualités essentielles sont de présenter une puissance considérable sous un volume relativement très faible, et surtout de posséder une clarté exceptionnelle, que l'on ne peut rencontrer dans aucune longue-vue ou jumelle construite d'après les anciens errements, et ces qualités remarquables en font un instrument précieux pour tous les observateurs, voyageurs, soldats ou marins.

Le problème de l'aviation.

En ce qui concerne le gros problème de l'aviation en ces
derniers temps, des expériences du plus haut intérêt ont été
poursuivies en divers pays, notamment par MM. Stenzel, Tatin
et Richet.

Grâce aux efforts de ces savants, de curieux résultats ont
été atteints, résultats qui, pour n'être pas de l'ordre de la pratique, ne laissent pas cependant d'avoir une certaine importance en ce qui concerne l'avenir de la question, que l'on
peut du reste dès à présent considérer comme étant vir-
tuellement résolue, en ce sens que ces appareils, construits
tant par M. Stenzel que par MM. Richet et Tatin, ont satisfait
à peu près à cette obligation, essentielle dans l'espèce, de s'élever dans les airs par leurs propres moyens.

Mais, sans nous occuper autrement des résultats réalisés, nous
devons ici enregistrer quelques notions sommaires sur ces
divers appareils.

La machine de M. Stenzel tend à reproduire la forme d'un
oiseau. Les ailes ont environ 6^m,40 d'envergure, et leur surface
atteint 6^m,77. Elles peuvent, dans leur mouvement, décrire un
angle de 70 degrés; leur courbure est parabolique. La machine,
très légère, pèse 34 kilogrammes, et est mise en mouvement par
un moteur à acide carbonique comprimé. Avec une pression de
5 atmosphères, on obtient un cheval de force; on arrive à deux
chevaux avec 7 atmosphères, et avec trois à 9 atmosphères.

La vitesse de ce moteur est facilement réglable, le gaz carbonique faisant fonctionner le moteur comme la vapeur; pour
pouvoir guider cet oiseau volant, et lui éviter les chocs dangereux, on l'a muni d'un câble qui pend jusqu'à terre.

Lorsque le moteur donne un cheval de force, la machine
avance de 3 mètres à chaque battement d'aile. A un cheval et
demi, elle se soulève et vole librement, c'est-à-dire que cet appareil s'enlève suffisamment pour qu'aucune partie de son poids
ne soit plus supporté par le câble qui fait l'office de guide-rope.
Les ailes battent alors à 78 coups par minute et font avancer la
machine de 310 mètres également par minute. Elles sont très

élastiques ; chaque carcasse, formée de tubes d'acier sans soudure et de bambous, est revêtue d'une étoffe caoutchou'ée spéciale. La direction est donnée au moyen d'un gouvernail à quatre palettes.

M. Stenzel préconise beaucoup la disposition de son mécanisme et fait remarquer qu'il a une très grande stabilité, le centre de gravité se trouvant dans le plan médian au-dessous des ailes.

Voyons maintenant en quoi consiste l'aéronef ou mieux l'aéroplane de M. Richet, professeur à la Faculté de médecine de Paris, et de M. Tatin.

Cet appareil, qui est mû par la vapeur, est actionné par deux hélices, une à l'avant et une à l'arrière ; son poids total est de 32 kilogrammes. Le corps de la machine est en bois de sapin très léger, sur lequel sont montées les hélices et une queue servant de gouvernail.

Les essais ont été faits de la manière suivante :

L'aéroplane est placé sur un chariot roulant sur un plan incliné allant jusqu'au bord d'une falaise. Arrivé au bout du plan incliné, le chariot tombe au pied de la falaise, tandis que l'appareil volant continue sa course dans les airs. Au dernier essai, en juin 1897, sa course a été de 170 mètres, à une vitesse de 18 mètres à la seconde, soit de 64^{k},800 à l'heure. Malheureusement, une rupture dans l'équilibre vint arrêter son essor.

Les résultats obtenus, tant par M. Stenzel que par MM. Richet et Tatin, ne sont donc pas dénués d'intérêt. Assurément, il est incontestable qu'ils ne résolvent point le problème de l'aviation ; mais ils semblent indiquer que ce problème n'est point insoluble, et c'est là un fait d'assez haute importance pour valoir d'être enregistré.

※

Deux expériences de ballons dirigeables.

En matière d'aérostation, deux tentatives particulièrement intéressantes ont été poursuivies en ces derniers mois, l'une et l'autre en Allemagne, à Berlin, au parc aérostatique de Tempelhof. La première fut faite le 12 juin, par M. le Dr Wœlfert, avec un ballon dirigeable actionné par un moteur léger à pétrole.

Elle se termina par une catastrophe, dans laquelle le Dr Wœlfert et son aide trouvèrent la mort, le ballon ayant fait explosion à la hauteur de 800 mètres environ par suite de l'inflammation par l'allumeur du moteur du gaz fusant par l'appendice du ballon.

L'accident ne doit donc pas être attribué à un vice de construction de l'aérostat, mais bien à l'emploi d'un moteur d'un genre défectueux pour de telles expériences, ainsi qu'aux fâcheuses dispositions données à l'ensemble du système.

En effet, pour augmenter la puissance effective de l'hélice, l'inventeur avait énormément rapproché son moteur du ballon. La distance n'était, paraît-il, que de 3 mètres. Ce dispositif avait aussi été choisi par le docteur Wœlfert dans un but d'économie, car il était loin d'être riche. De plus, la nacelle était en osier, et par conséquent excessivement combustible.

Quoi qu'il en soit, en dépit de cette absence de précautions suffisantes, il est à peu près certain que l'expérience se serait heureusement terminée, si le docteur Wœlfert eût fait usage d'un moteur à allumage électrique au lieu du vieux système par aspiration de flamme, beaucoup moins bon, mais, il est vrai, moins coûteux aussi, qu'il avait choisi.

Quant à la seconde tentative faite à Tempelhof, elle fut poursuivie le 3 novembre dernier avec un aérostat d'un type fort curieux, en aluminium, dont l'invention est due à M. David Schwartz, d'Agram.

Une catastrophe, qui, fort heureusement, ne coûta la vie à personne, termina cette fois encore l'expérience, mais non pas assez vite cependant pour n'avoir pas permis de constater que les prévisions de l'inventeur, contrairement à l'opinion préconçue des officiers aérostiers, étaient justifiées, au moins dans e large mesure.

ᵤe ballon en aluminium se composait d'un corps cylindrique 13 mètres de diamètre, terminé à l'avant par une partie nique, le tout d'une longueur de 41 mètres, avec une capa-⟩ de 3250ᵐ,3. Rempli d'hydrogène, il disposait d'une force ascensionnelle de 3500 kilogrammes, réduite, par le poids du ballon et de ses accessoires, à 650 kilogrammes net. Le moteur à essence, entièrement en aluminium, était de la force de 16 chevaux, et actionnait quatre hélices, placées l'une à l'avant, une de chaque côté du ballon au-dessus de la nacelle, et une en dessous de la nacelle, les trois premières tournant dans des plans verticaux et la quatrième dans un plan horizontal.

Le tout constituait un ensemble rigide, la nacelle étant reliée au ballon par une légère charpente métallique.

Par malheur, la conviction, qu'avaient à priori les aérostiers prussiens qu'un ballon métallique ne pourrait jamais s'élever et emporter des voyageurs dans les airs, fit qu'ils s'efforcèrent de réduire à tout prix le poids de la machine, compromettant ainsi la solidité et le bon fonctionnement de certains de ses organes, au lieu de la construire exactement comme l'avait conçue M. D. Schwartz avant sa mort.

Ces négligences, sans aucun doute, furent la cause première de l'accident, qui paraît avoir été dû au glissement des courroies des hélices-motrices pendant la marche ; le ballon ne pouvait plus gouverner, et le jeune soldat qui le montait perdit littéralement la tête. Un aéronaute expérimenté, au lieu d'ouvrir complètement la soupape et de précipiter ainsi le ballon sur le sol, aurait continué à naviguer comme avec un ballon non dirigeable. Les appareils destinés à amortir le choc et à régler la descente — supprimés par les constructeurs pour alléger le système — faisant défaut, le ballon, en touchant terre, se brisa complétement.

Quoi qu'il en soit, l'expérience, si malheureuse qu'ait été son issue, a donné des résultats du plus haut intérêt.

Elle a montré, en particulier, que la force ascensionnelle était très suffisante pour permettre non seulement de renforcer les pièces qu'on a eu le tort de diminuer, mais encore pour transporter trois ou quatre personnes, avec un lest convenable. On a pu constater aussi que le remplissage du ballon se faisai? très bien. Enfin, avant que l'accident final se produisît, on a vu que la direction s'obtenait facilement ; le ballon a en effet marché contre un vent de 7m,50, le moteur ne donnant que moitié de sa force. Le ballon s'était élevé à plus de 250 mètres.

Cette expérience malheureuse, si intéressante cependant

n'est probablement point la dernière qui aura été tentée avec des aérostats construits suivant les idées de M. David Schwartz

Des expériences nouvelles doivent en effet être reprises dans un temps prochain avec un nouvel aérostat, construit cette fois avec plus de soin et plus conformément que le premier aux données de l'inventeur.

CHIMIE

La question de l'acétylène.

Après avoir eu des débuts retentissants et avoir passionné à peu près tout le monde, la question de l'éclairage par le gaz acétylène a changé de caractère. La foule, un instant fort alarmée par quelques accidents graves, dus pour la plupart à des imprudences, a cessé de s'inquiéter sans mesure au sujet de « l'éclairage de l'avenir »; mais, en revanche, les spécialistes s'en préoccupent plus que jamais.

La preuve en est dans le nombre toujours croissant de brevets que des inventeurs de toute condition prennent chaque jour pour des appareils, plus ou moins ingénieux, destinés à la préparation du gaz acétylène ou pour des procédés et instruments relatifs à son utilisation.

En ce qui concerne la fabrication du carbure de calcium, ou *carbite*, fabrication qui, en ces derniers temps, a fait peu de progrès, je ne vois guère à mentionner que le procédé Heibling, consistant à traiter au four électrique des minerais de fer et de chrome en présence d'un excès de chaux et de charbon. On obtient ainsi du ferrochrome, et, comme sous-produit, du carbure de calcium très impur, mais pouvant cependant être utilisé pour préparer économiquement de l'acétylène d'après certains procédés spéciaux.

Ce procédé Heibling, ainsi que le fait fort justement remarquer M. Georges Claude dans la *Science française*, ne marque donc qu'un pas bien timide dans la voie des perfectionnements possibles. C'est tout autre chose que l'on peut espérer, car il est vraisemblable que les procédés électriques céderont un jour la place à des procédés purement métallurgiques. Il faut remarquer en effet que, dans la fabrication du carbure, aucun phénomène électrolytique ne se produit, le courant électrique n'intervenant que pour fournir la température élevée nécessaire là réaction. Si nos sources industrielles de chaleur développaie cette température, le carbure de calcium s'y produirait au mêr titre que dans le four électrique. C'est donc à bon droit que M. G. Claude, se basant sur certains faits d'expérience, a émis l'idée qu'on pourra sans doute obtenir une température suffisante dans nos foyers industriels actuels en les alimentant à l'aide d'air légèrement enrichi en oxygène, économiquement obtenu tel grâce au traitement, par des moyens physiques appropriés, de l'air atmosphérique. Beaucoup de procédés, connus dès à présent, permettent d'arriver à des résultats approximatifs et il ne reste qu'à les perfectionner.

Quoi qu'il en soit, — et cette opinion est celle de l'illustre secrétaire perpétuel de l'Académie des Sciences, M. Berthelot, — la fabrication actuelle ne peut être que transitoire : un jour ou l'autre, on peut tenir pour certain que l'on arrivera à préparer le carbure dans des conditions infiniment plus économiques.

Si les procédés de fabrication du carbure ont, en résumé, peu varié, l'importance de la fabrication, elle, a considérablement augmenté. Pour ne citer que la France, des usines spéciales, mettant en œuvre un total de plus de vingt mille chevaux, sont en fonctionnement ou en cours d'installation à Froges, Puteaux, Notre-Dame de Briançon, Saint-Michel-de-Maurienne, Séchilienne, Saint-Béron, etc.; d'autres sont encore à l'état de projet. C'est donc évidemment que tout le monde escompte largement l'avenir industriel du « gaz de demain ».

Au reste, pour se faire une idée des débouchés sur lesquels on compte, il suffit d'observer que chaque cheval installé représente une possibilité de fabrication *journalière* de 4 à 5 kilogrammes de carbure. Aussi, d'ores et déjà, le prix du carbure s'est-il abaissé des valeurs récentes de 800 à 900 francs la tonne aux prix plus abordables, quoique trop élevés encore, de 400 à 450 francs. Ce n'est là qu'un heureux prélude, qui fera place à une situation encore meilleure, dès que l'importance du marché le permettra.

Il semble toutefois que les calculs qu'on avait produits au d⁴ᵇⁿt de la nouvelle industrie aient été quelque peu optimistes. O avait parlé d'un prix de fabrication inférieur à 100 francs p tonne. Or il semble à peu près établi maintenant qu'avec le procédés actuels et pour une fabrication annuelle de plu- s rs milliers de tonnes, il ne sera guère possible d'arriver a lessous de 200 francs comme prix de revient, frais géné-

raux et amortissement compris : ce sera suffisant toutefois pour
permettre un prix de vente tel, que l'éclairage à l'acétylène sera
de beaucoup le plus économique. Dès à présent, à ce point de
vue, ne détient-il pas déjà quasiment le record?

Cependant, si, au point de vue supérieur de la dépense, le
gaz acétylène peut être produit à bon compte, et si l'on peut par
surcroît prévoir le temps prochain où il sera possible, grâce
aux progrès réalisés dans la fabrication du carbite, de l'obtenir
à meilleur compte encore, il n'en reste pas moins vrai que,
pour son utilisation pratique, toutes les améliorations désirables n'ont point encore été réalisées.

Comme chacun sait, l'acétylène est un composé endothermique, c'est-à-dire un composé explosif, que l'on ne saurait
préparer et manier sans danger en l'absence de certaines précautions, des plus simples pour les initiés, mais qu'il est scabreux de demander aux profanes.

Il s'ensuit qu'en chargeant le consommateur *lui-même* de la
fabrication de son acétylène, comme le veulent faire les constructeurs d'appareils domestiques et de lampes portatives
plus ou moins « sans danger », on s'expose fatalement à le
voir combiner ses opérations d'une façon si malheureuse, que
les accidents deviendront inévitables.

L'expérience, au surplus, s'est déjà, à de multiples reprises,
chargée de prouver que telle est la vérité.

A cet égard, M. Raoul Pictet n'avait pas tout à fait tort de
préconiser l'emploi de l'acétylène liquide, nécessairement livré
tout fabriqué au consommateur.

Malheureusement, cette solution elle-même est loin d'être
la perfection, en raison des éléments de danger que valent à
l'acétylène liquide les hautes pressions employées, son coefficient de dilatation énorme et son pouvoir endothermique,
surexcité par la liquéfaction.

Cependant, si les générateurs, si parfaits qu'ils soient, ne peuvent être confiés, pour les raisons que nous venons d'indiquer,
sans inconvénient à des personnes inexpérimentées, comment
résoudre la difficulté et écarter le danger des lampes génératrices portatives, alors qu'il n'existe pas encore, comme pour
le gaz de houille, des usines productrices d'acétylène?

L'idéal, évidemment, serait l'appareil absolument inoffensif avec lequel le consommateur n'aurait jamais d'autre acte à accomplir que celui d'ouvrir ou de fermer un robinet.

Grâce à MM. Georges Claude et Albert Hess, ce desideratum paraît en passe de prendre corps.

MM. Claude et Hess, partant de ce point de vue que M. Pictet avait indiqué la véritable voie à suivre dans l'utilisation pratique de l'acétylène — à savoir : fabrication dans une usine spéciale et par un personnel exercé du gaz combustible, délivré ensuite au consommateur dans des appareils d'utilisation dont le maniement dangereux lui est épargné — songèrent à réaliser des solutions sous pression de gaz acétylène qui ne fussent point susceptibles de déflagrer à la façon de l'acétylène liquide.

A cet effet, ils utilisèrent la propriété que possède l'acétone, produit résultant de la calcination de l'acétate de chaux, de dissoudre de 25 à 30 fois son volume d'acétylène, sous la pression atmosphérique, et de dissoudre encore ce gaz proportionnellement à la pression, si bien que si 1 litre d'acétone, sous la pression atmosphérique, emmagasine 25 litres d'acétylène, ce même litre d'acétone, sous la pression de 10 atmosphères, emmagasinera 250 litres du gaz.

MM. Claude et Hess sont arrivés ainsi, sous la pression de 12 atmosphères, ne dépassant pas celle des siphons d'eau de Seltz, à faire absorber dans 1 litre d'acétone 300 litres d'acétylène, soit le produit de la décomposition de 1 kilogramme de carbure de calcium.

Mais, dans ces conditions, si l'on tourne progressivement un robinet placé à la partie supérieure du récipient ainsi chargé et communiquant avec un ou plusieurs becs, le gaz dissous se dégage tout naturellement de sa dissolution à la façon des bulles de gaz dans les siphons d'eau de Seltz, et vient alimenter le bec ou la canalisation. Et comme $7^{lit},5$ d'acétylène suffisent pour alimenter pendant une heure une flamme de dix bougies, il en résulte que l'on peut avoir, dans 1 litre d'acétone, emmagasiné de quoi entretenir cette flamme de dix bougies pendant *quarante heures* consécutives. On le voit, les pressions employées ne dépassent pas quelques atmosphères, et permettent par suite l'usage de récipients très légers, éminemment propres à constituer des lampes portatives, peu dangereux en cas de rupture ou d'incendie ; aussi l'emmagasinement par unité de poids *total* est-il au moins équivalent à celui que permet la liquéfaction.

On ne saurait donc le contester, le problème est résolu par ce procédé de la même façon que par la liquéfaction. Comme avec elle, le consommateur n'a plus rien à voir à la fabrication : il se borne à remplacer par des récipients neufs, chez l'épicier du coin, ses récipients épuisés, dont le liquide est de nouveau saturé sous pression à l'usine génératrice.

La dissolution de l'acétylène paraît toutefois présenter, à différents égards, des éléments de supériorité appréciables sur la liquéfaction.

D'abord, les pressions employées, d'ailleurs limitées à volonté, ne dépasseront jamais en pratique une douzaine d'atmosphères, au lieu d'atteindre, dès 37º,5, 70 atmosphères.

En outre, le coefficient de dilatation par la chaleur est infiniment moindre que celui de l'acétone, ce qui fait disparaître les craintes de rupture des récipients par suite d'un remplissage exagéré[1].

Tels sont, d'après MM. Claude et Hess, les avantages que présente l'emploi de l'acétylène dissous dans l'acétone.

Est-ce à dire cependant que l'acétylène ainsi dissous ne puisse offrir jamais aucun inconvénient ?

A cet égard, tout en reconnaissant que les inconvénients ne peuvent jamais, dans la pratique, être bien considérables, il est juste de reconnaître cependant qu'ils ne sont point totalement éliminés.

C'est du moins ce qui ressort du travail suivant, présenté à l'Académie des Sciences par MM. Berthelot et Vieille :

Aptitude à la détonation de l'acétylène dissous. — Une bouteille métallique de 700 centimètres cubes de capacité, renfermant 320 grammes d'acétone, a été chargée de 132 grammes d'acétylène — soit 41,25 pour 100 du poids d'acétone — le tout sous une pression initiale de 13 kilogrammes environ, et à la température de 15 degrés.

La bouteille était munie, à sa partie inférieure, d'une douille métallique à parois minces, pénétrant dans le liquide et pouvant recevoir une amorce au fulminate renforcée, de 1ᵉʳ,5. L'explosion de cette amorce n'a donné lieu qu'à un bruit sec, accompagné d'une fuite de gaz, sans explosion ni inflammation.

1. L'éclairage par l'acétylène dissous est à la veille d'être mis à l'essai sur la ligne du tramway de Saint-Philippe du Roule.

Le tube-amorce a été cependant pulvérisé par l'action du détona-
teur et la bouteille a été fêlée par la violence du choc transmis par
le liquide à la paroi. Rappelons qu'une expérience identique, effectuée
sur l'acétylène liquéfié, avait entraîné la rupture en menus fragments
de la bouteille de fer.

Le choc explosif de l'amorce de fulminate, exercé sur l'acétylène
dissous dans ces conditions, n'en a donc pas déterminé l'explosion. Il
s'est comporté, à cet égard, comme la nitroglycérine dissoute dans
l'alcool méthylique, lors des essais faits autrefois pour atténuer les
propriétés explosives de cette redoutable substance. Mais la stabilité
d'un semblable liquide n'est assurée que jusqu'à une certaine proportion relative du composé explosif. En effet, nous montrerons plus loin
qu'une dissolution renfermant un poids d'acétylène égal à 64 pour 100
du poids de l'acétone, sous une pression initiale de 20 kilogrammes à
13 degrés, fait explosion par simple inflammation.

*Aptitude à l'inflammation de l'atmosphère saturée, en contact avec
les dissolutions d'acétylène, et de la dissolution coexistante.* — Une
éprouvette en acier, munie de manomètres « crushers » enregistreurs,
éprouvette de 50 centimètres cubes de capacité, a été chargée avec des
poids d'acétone tels, qu'ils remplissaient 56 pour 100 de cette capacité
dans une première série d'expériences, et 33 pour 100 dans une
deuxième série. L'acétone a été saturée d'acétylène à la température
ordinaire, sous des pressions de 10 ou de 20 kilogrammes par centimètre carré.

L'inflammation interne a été provoquée par un *fil fin de platine ou
de fer porté à l'incandescence* et maintenu immergé, tantôt dans
l'acétone, tantôt dans l'atmosphère gazeuse superposée. Dans ces conditions, l'inflammation explosive de l'acétylène gazeux a toujours été
obtenue, et parfois celle de l'acétylène dissous, ainsi qu'il va être
spécifié.

Il y a lieu de distinguer divers cas, suivant la valeur de la pression
initiale et le mode d'inflammation :

1° Lorsque la pression initiale n'est pas supérieure à 10 kilogrammes et que l'inflammation est provoquée par un fil métallique rougi
au sein de l'atmosphère gazeuse, les pressions observées ne diffèrent
pas de celles qui correspondent à la combustion de l'acétylène pur,
sous la même pression. On peut en conclure que la portion d'acétylène
:oute dans l'acétone a été entièrement soustraite à la décompo-
)n : celle-ci ne s'est pas propagée au sein du liquide.

° Dans les mêmes conditions de pressions initiales de 10 kilo-
mmes, si l'inflammation est produite *au sein de l'acétone* — ce
exige l'incandescence énergique d'un fil de platine — une portion
l'acétylène dissous se dégage par l'échauffement de la dissolution

et les pressions produites s'élèvent sensiblement au-dessus des pressions normales, qui correspondraient à la décomposition explosive de l'acétylène gazeux, envisagé sous sa tension initiale avant cet échauffement. Mais la décomposition paraît limitée au gaz dégagé du sein de la dissolution : en effet, les pressions produites n'ont pas dépassé le double de la pression qui serait produite au sein du gaz, pris dans sa tension initiale.

D'après ces observations, l'acétylène dissous sous une pression initiale de 10 kilogrammes est presque entièrement soustrait à la combustion. Aussi les pressions maxima observées ont-elles été à peu près dix fois plus faibles que celles qui correspondraient à la décomposition explosive de la totalité de l'acétylène contenu, tant à l'état gazeux qu'à l'état dissous, dans la capacité intérieure de l'éprouvette.

3° Il en est autrement si le rapport entre le poids de l'acétylène dissous et le poids de l'acétone est accru par une saturation accomplie sous des pressions initiales notablement supérieures à 10 kilogrammes. Dans ces conditions, la dissolution participe à la décomposition de l'atmosphère gazeuse, et l'on retombe sur un fonctionnement explosif analogue à celui de l'acétylène pur liquide. Voici les résultats observés, lorsque nous avons opéré sous une pression initiale de 20 kilogrammes, à la température ordinaire :

L'éprouvette en acier, de 50 centimètres cubes de capacité, avait été remplie au tiers d'acétone pure, puis le liquide saturé d'acétylène.

Soit d'abord l'inflammation provoquée à l'aide d'un fil de platine incandescent, *au sein de l'atmosphère gazeuse.* Elle a donné lieu à des pressions dépassant parfois le double de la pression qui eût été développée par le gaz pur, se décomposant sous la même pression initiale ; au lieu de 212 kilogrammes obtenus avec le gaz pur, nous avons obtenu 303 et 358 kilogrammes dans deux expériences.

4° La pression initiale étant toujours de 21 kilogrammes, les choses se passent tout autrement lorsqu'on provoque l'inflammation, soit *au sein de l'acétone* (la bombe étant maintenue verticale), soit *à la surface du liquide* (la bombe étant tenue horizontale). Dans ces conditions, trois expériences nous ont fourni des pressions de plusieurs milliers d'atmosphères : c'est-à-dire que l'acétylène, même dans la portion dissoute, a fait explosion. Cette explosion est accompagnée de circonstances très remarquables. Examinons-en de plus près la marche ~~ les résultats.

Dans le dernier essai, l'enregistrement de la loi de combustion été recueilli au moyen du cylindre tournant. La pression maximum atteint 5100 kilogrammes par centimètre carré. Or cet enregistreme montre que la pression développée résulte d'une réaction relativ ment lente, sensiblement uniforme, et qui s'est effectuée en près de $\frac{4}{10}$ de seconde, soit 0,3871. Ce temps est relativement énorme pour une réaction explosive : il rappelle la durée de combustion d'une poudre qui fuse. Pour citer un exemple opposé, l'onde explosive, provoquée par la détonation du mélange tonnant d'acétylène et d'oxygène $(C^2H^2 + O^5)$, parcourrait la longueur de la même éprouvette en $\frac{1}{22\,500}$ de seconde, c'est-à-dire que sa vitesse est 9000 fois plus considérable. Dans la décomposition précédente de l'acétylène, le tracé s'étend sur plusieurs tours de cylindre et la pression s'élève avec une vitesse moyenne qui répondrait à un accroissement de 13 tonnes par seconde. A la vérité, la vitesse de développement de la pression a d'abord été plus rapide (répondant à 114 tonnes par seconde au début) ; mais l'accroissement est tombé à 22^t,5 après $\frac{1}{50}$ de seconde, pour se maintenir entre des vitesses répondant de 10 à 12 tonnes par seconde pendant le temps 20 fois plus considérable de la période principale de la combustion.

Les phénomènes chimiques sont particulièrement importants. En effet, non seulement l'acétylène est décomposé, mais l'acétone qui le tenait dissous se détruit simultanément. On n'en retrouve plus trace dans l'éprouvette après la décomposition explosive. Celle-ci donne naissance à une masse compacte de charbon, moulée dans la capacité intérieure de l'éprouvette.

Les gaz formés sont constitués par l'hydrogène et l'oxyde de carbone, mélangés d'acide carbonique. L'acétone a été, on le répète, totalement décomposée : résultat extrêmement intéressant pour la mécanique chimique, ainsi que nous le montrerons dans une note spéciale.

Le tableau ci-après renferme les résultats observés.

Il a paru utile de contrôler les résultats obtenus dans de petits récipients, par des essais portant sur des réservoirs de dimensions analogues à ceux qui pourraient être utilisés dans la pratique.

Une grande bouteille de fer, de 13^{lit},5 de capacité, tels que les récipients employés pour l'acide carbonique liquide, a reçu 7 litres d'acétone. Cette acétone a été saturée d'acétylène, sous des pressions qui ont atteint 6 kilogrammes environ dans un premier essai, et 8^{kg},2 dans une deuxième expérience (poids de l'acétylène dissous, 1170 grammes) : on s'est placé ainsi dans les limites où l'atmosphère gazeuse seule est susceptible de faire explosion, à l'exclusion de l'acétylène dissous.

Le feu était mis à la partie supérieure de la bouteille, maintenue verticale, par le moyen d'un fil métallique porté à l'incandescence.

L'inflammation n'a donné lieu, dans les deux expériences, à aucune fuite par la fermeture. La bouteille est devenue brûlante à la main sur la moitié supérieure de sa hauteur, c'est-à-dire dans la partie qui renfermait l'acétylène gazeux, tandis que la partie inférieure, dans laquelle se trouvait l'acétone saturée d'acétylène, est demeurée froide. La bouteille a pu servir ensuite à des essais d'éclairage exécutés avec l'acétylène non décomposé. En l'ouvrant postérieurement pour la vider, on y a trouvé un volumineux dépôt de charbon, en poudre impalpable, délayé dans l'acétone et occupant, après repos, un volume apparent de plusieurs litres.

BOMBE CYLINDRIQUE DE 35ᶜᶜ,22 DE DIAMÈTRE, 120 MILLIMÈTRES DE LONGUEUR

Rapport du volume de l'acétone à la capacité de l'éprouvette.	Pressions observées en kilogr. par centim. carré.	OBSERVATIONS
	Pression de saturation : 10 kilogrammes.	
0,56 ..	88,1 / 89,5	Bombe droite, inflammation dans le gaz.
	142,4 / 123,0	Bombe horizontale, inflammation à la surface de l'acétone.
	155,4 / 141,0	Bombe droite, inflammation inférieure dans l'acétone.
0,33 ..	95,0	Bombe droite, inflammation dans le gaz.
	117,4 / 106,9	Bombe horizontale, inflammation à la surface de l'acétone.
	115	Bombe droite, inflammation inférieure dans l'acétone.
	Pression de saturation : 24 kilogrammes.	
0,33 ..	303 / 558	Bombe droite, inflammation dans le gaz.
	>2000	Bombe droite, inflammation dans l'acétone.
	>2000	Bombe horizontale, inflammation à la surface de l'acétone.

Cette expérience montre que des récipients commerciaux de semblable nature (timbrés à 250 atmosphères) peuvent supporter sans rupture, aux températures ambiantes de 10 à 15 degrés, les pressions qui résulteraient d'une inflammation interne fortuite de l'atmosphère gazeuse surmontant des dissolutions d'acétone saturées d'acétylène sous des pressions initiales de 6 à 8 kilogrammes. Ce résultat s'explique, la pression développée n'ayant pas dépassé 155 kilogrammes dans les expériences précédentes exécutées sous une pression initiale inférieure à 10 kilogrammes, et la bouteille de fer employée ayant été essayée sous une pression presque double. Mais cette sécurité relative cesserait si la pression initiale surpassait notablement 10 kilogrammes. En effet, avec une pression de 20 kilogrammes, l'inflammation provoquée au sein de l'atmosphère gazeuse a été susceptible de développer une pression de 568 kilogrammes, double de celle sous laquelle la bouteille actuelle a été essayée. Enfin, quand l'inflammation a été provoquée dans le liquide même, la pression s'est élevée à 5100 kilogrammes. Il est évident que, dans ces conditions, aucun récipient industriel n'est capable de résister.

Ce n'est pas tout : au point de vue du risque d'explosion, même avec une pression initiale de 6 à 8 kilogrammes, il importe de tenir compte de l'influence qu'exerce la température sur les tensions d'acétylène correspondant à une dissolution donnée. En effet, nous avons montré plus haut qu'un récipient ayant été rempli d'acétone saturée d'acétylène, sous une pression initiale de $6^{kg},74$, à la température de 14 degrés, si ce récipient vient à être porté ensuite à $35^0.7$, il subit une pression de $10^{kg},5$; et cette pression s'élève à 14 kilogrammes vers 50 degrés, à 20 kilogrammes vers $74^0,5$. Un récipient, inexplosible par inflammation à la température de 14 degrés, peut donc le devenir, s'il vient à être porté à des températures supérieures à 35 degrés, par un échauffement dû soit à la chaleur solaire, soit au voisinage de sources de chaleur industrielles. Cette possibilité doit être signalée d'autant plus que toute élévation de température accroît, et même fort vite, l'aptitude à la décomposition des matières explosives; en général, la limite de 10 kilogrammes, qui suffit à 15 degrés, deviendrait certainement dangereuse à une température notablement plus élevée.

Ces réserves étant formulées, il convient d'insister sur le fait établi par nos observations, à savoir que l'acétylène, dissous dans un liquide tel que l'acétone, devient moins dangereux, attendu que le carbure dissous cesse d'être explosif par inflammation interne, non seulement ous une pression de 2 kilogrammes, mais jusqu'à une pression iniale de 10 kilogrammes au moins, toujours vers la température de 5 degrés.

Bref, l'acétylène gazeux est susceptible de faire explosion par flammation interne lorsqu'un récipient d'un litre contient $2^{gr},5$ ce composé, tandis que l'acétylène dissous dans l'acétone, étant soumis à la même cause d'inflammation interne, n'est exposé à faire explosion, vers 15 degrés, que si la pression initiale surpasse 10 atmosphères. Or un tel récipient pourrait contenir 100 à 120 grammes d'acétylène, c'est-à-dire 50 fois plus, avant que le risque commençât dans ces conditions.

Observons toutefois que, même dans ces conditions favorables, la portion gazeuse qui surmonte la dissolution conserve ses propriétés explosives et la faculté de développer par là des pressions voisines du décuple de la pression initiale. Pour y résister, il faudra employer des récipients suffisamment épais. de l'ordre de ceux où l'on a coutume de renfermer l'acide carbonique liquéfié.

Enfin, si la pression initiale de dissolution atteint 20 kilogrammes (et sans doute déjà au-dessous de cette limite), on est exposé à réaliser, en cas d'inflammation interne, les conditions d'une explosion totale de l'acétylène, avec développement d'une pression de plusieurs milliers d'atmosphères et rupture des récipients métalliques. Ce risque existe également si le récipient, même rempli sous une pression initiale inférieure à 10 kilogrammes à la température ordinaire, vient à subir l'influence d'une température notablement plus élevée. Il sera essentiel de tenir compte de ces diverses circonstances dans les applications industrielles des dissolutions d'acétylène au sein de l'acétone, ou d'autres liquides.

En dehors du procédé proposé par MM. Claude et Hess pour l'utilisation de l'acétylène aux besoins de l'éclairage, procédé qui, on le voit par l'étude que nous venons de reproduire, ne laisse pas de présenter un intérêt pratique considérable, aucune méthode vraiment originale n'a été indiquée en ces derniers temps.

La seule application ingénieuse et vraiment pratique qui ait été faite est celle de lanternes à acétylène pour bicyclettes et véhicules divers.

Les lanternes construites à cet effet — il en est de divers modèles, parmi lesquels certains sont excellents — produisent naturellement elles-mêmes le gaz qu'elles consomment. Au premier abord, on pourrait craindre qu'il n'y ait un danger. Il n'en est rien cependant, les doses étant là par trop minimes.

Aussi ces petits appareils, d'un emploi pratique et peu coûteux, vont-ils se généralisant de plus en plus.

Cependant, si pour les lanternes de vélocipèdes la préoccupation du danger n'existe pas, pour les installations destinées à l'éclairage domestique il n'en est plus de même.

L'administration s'en est préoccupée et le Conseil d'Hygiène et de Salubrité du département de la Seine, après une délibération, a adopté l'instruction suivante relative à l'éclairage par le gaz acétylène et aux précautions à prendre dans son emploi, instruction que nous reproduisons à titre documentaire :

1° Pour que l'emploi du gaz acétylène n'offre aucun inconvénient, il importe que les becs n'en laissent échapper aucune partie sans qu'elle soit brûlée.

Un robinet principal sera établi au départ de la canalisation et en dehors du local affecté à la fabrication du gaz acétylène.

Toute extrémité de canalisation sera arrêtée sur patère et fermée par un robinet.

A l'origine de la distribution, un régulateur de pression, ou tout autre dispositif permettant d'éviter les variations brusques de pression capables d'éteindre les becs, présenterait des avantages au point de vue de la sécurité.

2° Les locaux dans lesquels il est fait usage de l'acétylène, doivent être ventilés avec soin, même pendant l'interruption de la consommation, c'est-à-dire qu'il doit être pratiqué, dans chaque pièce, des ouvertures communiquant avec l'air extérieur, par lesquelles le gaz puisse s'échapper en cas de fuite ou de non-combustion.

Ces ouvertures, au nombre de deux, devront, autant que possible, être placées l'une en face de l'autre, la première immédiatement au-dessous du plafond et la seconde au niveau du plancher.

Les montres, vitrines, placards et autres espaces fermés, contenant des brûleurs ou traversés par des conduites, devront être ventilés par deux ouvertures d'un demi-décimètre carré au moins chacune.

Ces ouvertures seront placées, l'une dans la partie haute, l'autre dans la partie basse de l'espace à ventiler, et, dans le cas où la communication directe avec l'extérieur serait impraticable, la superficie de chacune de ces ouvertures devra être portée à un décimètre carré.

Sans ces précautions, le gaz pourrait s'accumuler dans ces espaces et occasionner de graves accidents.

3° Les tuyaux de conduite et les autres appareils servant à la distribution et à la consommation du gaz doivent rester apparents, sauf les exceptions relatives à la traversée des plafonds, planchers, murs, is de bois, cloisons, placards, espaces vides intérieurs quelconques. Toutes les fois que les tuyaux seront ainsi dissimulés, ils devront e placés dans un manchon continu, en fer, en laiton ou en cuivre. manchon sera ouvert à ses deux extrémités, et dépassera, d'un timètre au moins, les parements des murs, cloisons, planchers, etc., is lesquels il sera encastré. Le diamètre intérieur de ce man-

chon aura au moins 1 centimètre de plus que le tuyau qu'il envelop-
pera.

Si un tuyau est placé suivant son axe dans un mur, une cloison, un
plafond, un parquet ou un plancher, le manchon du tuyau devra être
terminé par un appareil à cuvette, assurant la ventilation de l'espace
libre entre le tuyau et son manchon.

Les tuyaux de conduite et de distribution devront être construits en
métal de bonne qualité, autre que le zinc, et parfaitement ajustés.

Si le gaz acétylène devait être canalisé et consommé sous une pression supérieure à 1^m,50 d'eau, l'emploi du cuivre et de ses alliages
devra être formellement exclu de toutes les parties de la canalisation.

4° Chaque brûleur devra être muni d'un robinet d'arrêt dont les
canillons seront disposés de manière à ne pouvoir être enlevés de
leurs boisseaux, même par un violent effort. Un taquet sera placé de
manière à arrêter le canillon lorsque le robinet sera fermé.

Les robinets doivent être graissés intérieurement de temps à autre,
afin d'en faciliter le service et d'en éviter l'oxydation.

Pour l'allumage, il est essentiel d'ouvrir d'abord le robinet principal
et de présenter la lumière successivement à l'orifice de chaque bec,
au moment même de l'ouverture de son robinet, afin d'éviter tout
écoulement de gaz non brûlé.

Pour l'extinction, il convient d'abord de fermer chacun des brûleurs
et ensuite le robinet principal, qu'il est indispensable d'avoir à l'entrée du gaz dans les locaux éclairés à l'acétylène. En tenant ce robinet
fermé dès qu'on ne fait plus usage du gaz, on est à l'abri de tout
accident.

5° Dès qu'une odeur de gaz donne lieu de penser qu'il existe une
fuite, il convient d'ouvrir les portes et les croisées, pour établir un
courant d'air, et de fermer les robinets intérieur et extérieur.

On doit bien se garder de rechercher les fuites par le flambage,
c'est-à-dire en approchant une flamme du lieu présumé de la fuite.

Dans le cas où, soit par imprudence, soit accidentellement, une
fuite de gaz aura été enflammée, il conviendra, pour l'éteindre, de
fermer le robinet établi au départ de la canalisation.

En cas d'accident, le commissaire de police devra être de suite avisé.

6° Il arrive parfois que, par suite de contre-pentes dans les tuyaux
de distribution, les liquides de condensation s'accumulant dans les
points bas peuvent intercepter momentanément le passage du gaz
provoquer l'extinction des becs ; le gaz s'échappe ensuite sans brûl
et peut devenir une cause d'explosion. Pour prévenir ce danger,
importe d'établir, à tous les points bas, des appareils d'écouleme
pour enlever l'eau condensée.

✹

Pour déceler l'oxyde de carbone dans l'air.

C'est un fait aujourd'hui bien connu de tout le monde que l'oxyde de carbone est, en raison de ses propriétés toxiques particulières, un gaz des plus dangereux, et dont la présence, même en fort minime quantité, dans l'atmosphère que nous respirons est toujours fâcheuse.

Dans ces conditions, on conçoit donc qu'il serait de première importance de posséder un moyen simple et pratique pour déceler son existence aussitôt qu'il vient à apparaître. Mais comment réaliser ce desideratum? Jusqu'ici toutes les tentatives essayées dans ce but étaient demeurées vaines, et le problème pour beaucoup paraissait à peu près insoluble.

Il n'empêche cependant qu'il vient d'être résolu de la façon la plus heureuse par un chimiste avisé, M. A. Mermet, qui, à la suite d'essais nombreux et variés, a enfin réussi à combiner un réactif fidèle et d'une exquise sensibilité, grâce auquel on peut déceler la présence dans l'air de $\frac{1}{500}$ et même de $\frac{2}{10\,000}$ d'oxyde de carbone.

La réaction mise à profit par M. Mermet est l'action décolorante qu'exerce l'oxyde de carbone sur une solution faible de permanganate de potasse acidulée par l'acide azotique et additionnée d'une petite quantité d'azotate d'argent.

Le nouveau réactif s'obtient en mélangeant, au moment de l'expérience, 20 centimètres cubes d'une liqueur d'argent, 1 centimètre cube d'une liqueur de permanganate de potasse, 1 centimètre cube d'acide azotique pur, et en complétant à 50 centimètres cubes avec de l'eau distillée privée de matières organiques.

Quant aux liqueurs composantes, elles sont préparées comme
 : celle d'argent, en dissolvant 2 à 3 grammes d'azotate
gent cristallisé dans un litre d'eau distillée, et celle de per-
ganate de potasse en faisant bouillir un litre d'eau dis-
e avec quelques gouttes d'acide azotique pur (bien exempt
ide chlorhydrique), auquel on ajoute goutte à goutte du

permanganate dissous jusqu'à coloration rose persistante. On détruit ainsi les matières organiques que contiennent les eaux distillées de préparation ancienne, et qui n'ont pas été conservées dans des fontaines fermées par un bouchon soutenant un tube à coton pour retenir les poussières de l'air. Après refroidissement, on fait dissoudre dans le liquide 1 gramme de permanganate cristallisé et l'on ajoute 50 centimètres cubes d'acide azotique pur. Cette liqueur doit être gardée à l'abri des poussières et de la lumière.

Une fois en possession du réactif obtenu, comme nous l'avons dit tout à l'heure, en mélangeant en proportions convenables et au moment d'en faire usage les liqueurs dont nous venons d'indiquer la préparation, rien n'est plus simple que de caractériser, quand il existe, la présence dans l'air de l'oxyde de carbone.

Pour cela, on prend deux flacons à l'émeri remplis d'eau pure. On vide le premier dans l'enceinte dont on veut examiner l'air suspect, et l'on vide le second, qui servira de *témoin* à l'air libre, pour le remplir d'air normal.

Cela fait, on place côte à côte les deux flacons sur une feuille de papier blanc et l'on verse dans chacun d'eux 25 centimètres cubes du réactif. On rebouche alors les flacons et on les abandonne à eux-mêmes, en ayant soin qu'ils ne soient pas exposés à une lumière trop vive.

En un temps assez court, variant de 1 à 24 heures, le flacon contenant de l'oxyde de carbone se décolore, et cette décoloration, naturellement, est d'autant plus prompte que le gaz dangereux est plus abondant; quant au flacon témoin, il est encore plus ou moins rosé.

La méthode instituée par M. A. Mermet est, comme l'on voit, des plus simples et par cela même réellement pratique.

Ne nécessitant aucun outillage compliqué, elle peut être partout mise en œuvre, ce qui n'est pas un mince mérite et ce qui lui vaudra sans le moindre doute de se voir vulgarisée rapidement.

Que de services, en effet, un procédé si commode n'est-il p s appelé à rendre en ce qui concerne l'hygiène des salles d'étud s ou de classes, des bureaux et autres locaux si souvent chauff s avec des appareils de mauvais fonctionnement et partant de -

gereux! Possédant un moyen sûr de reconnaître quand l'atmosphère est viciée, on saura toujours quand il conviendra de pratiquer une large ventilation. Un tel résultat est de haute importance et méritait bien d'être signalé.

❀

Comment l'ozone varie dans l'atmosphère avec l'altitude.

On s'accorde communément à attribuer à l'air des hauteurs des vertus spéciales des plus favorables. Et, de fait, nombre de malades se trouvent infiniment bien d'aller respirer dans la montagne.

La dépression exercée sur la surface du corps par suite de l'altitude n'est pas seule en cause dans ces effets heureux; il y a encore une question de composition de l'atmosphère, qui non seulement n'est pas souillée par les miasmes et les impuretés que l'on rencontre à l'intérieur des villes et aussi dans les plaines, mais qui renferme encore une proportion différente de certains des éléments qu'elle contient.

Des recherches récentes poursuivies par M. Maurice de Thierry à Chamonix et aux Grands-Mulets ont effectivement montré que dans ces stations la proportion d'ozone contenue dans l'air est différente de celle renfermée dans l'air de Paris.

Ainsi, alors qu'à Paris, d'après les analyses exécutées par MM. Albert Lévy et Marboutin à l'Observatoire de Montsouris, l'on trouvait 2 milligrammes 3 d'ozone par 100 mètres cubes d'air, le même jour à Chamonix, soit à 1 050 mètres d'altitude, la quantité mesurée était de 3 milligrammes 5, et au-dessus du niveau de la mer de 9 milligrammes 4, c'est-à-dire, pour cette dernière station, près de quatre fois plus grande qu'à Paris.

La quantité d'ozone contenue dans l'air croît donc avec l'altitude.

Cette circonstance spéciale, si l'on tient compte des énergiques propriétés oxydantes de l'ozone, ne doit pas apparemment être sans influence sur l'organisme; elle justifie donc pleinement la prescription des médecins qui envoient certains de leurs malades respirer l'air des montagnes.

❀

La transformation du diamant en graphite à l'intérieur des tubes de Crookes.

On savait, par les anciennes recherches de M. W. Crookes sur le phénomène baptisé par lui du nom pittoresque de *bombardement moléculaire*, que les diamants placés à l'intérieur de ses tubes ne tardaient pas à perdre leur éclat et à se recouvrir d'une couche noirâtre, évidemment due à un dépôt de carbone.

Quelle était la nature de ce dépôt de carbone?

Pour en avoir le cœur net, M. Moissan, à qui un diamant complètement noirci par ce bombardement électrique avait été remis par M. Crookes, a dû procéder à un traitement laborieux.

Le diamant fut chauffé à 60 degrés dans un mélange oxydant de chlorate de potasse et d'acide azotique fumant, préparé au moyen d'acide sulfurique monohydraté et d'azotate de potasse fondu et bien exempt d'humidité.

L'attaque de la croûte noire fut très lente, et c'est seulement après quatre traitements successifs que l'on put obtenir le détachement de quelques petits fragments, qui, examinés au microscope, se montrèrent jaunes, transparents, et sous forme cristalline.

La préparation, chauffée avec précaution, fut, bien avant le rouge sombre, le siège d'une déflagration, et la masse noircit, augmentant de volume.

M. Moissan, ayant alors ajouté une goutte d'acide nitrique, vit, en chauffant légèrement, le dépôt noir disparaître. Il avait donc affaire à de l'oxyde graphitique, lequel, sous l'influence de l'élévation de température, avait donné de l'acide pyrographitique, facilement détruit par l'acide nitrique.

Des réactions observées il appert clairement que le dépôt noir qui se forme à la surface des diamants soumis au bombardement moléculaire est du graphite. La constatation est particulièrement intéressante, car elle établit sans discussion possible combien élevée a dû être la température atteinte par le diamant. On sait, en effet, que la transformation du diamant en graphite ne se produit jamais à la pointe du dard bleu du chalumeau à oxygène, et qu'elle exige l'intervention de la haute température de l'arc électrique, température qui, dans l'espèce, n'a pas dû être inférieure à 3600 degrés.

Le diamant fabriqué à coup de canon.

Parmi tous les problèmes qui sollicitent depuis bel âge le génie inventif des chimistes, la cristallisation du carbone, c'est-à-dire, en d'autres termes, la synthèse du diamant, est assurément l'un des plus passionnants.

Aussi bien, une telle entreprise n'est-elle point vaine. La théorie et la pratique sont là pour démontrer qu'elle n'a rien d'utopique, au moins en théorie. Il existe même d'ores èt déjà des diamants artificiels. Malheureusement, leurs dimensions microscopiques leur interdisent de rivaliser avec les superbes pierres employées en joaillerie.

Quoi qu'il en soit, grâce à M. Moissan, qui sut démontrer naguère quelles étaient les conditions qui ont dû présider à la formation des diamants dans la nature, l'on peut entrevoir l'avenir, plus ou moins lointain, où il sera possible d'obtenir couramment et industriellement des gemmes utilisables.

En attendant, les savants qui s'acharnent à résoudre le problème proposent de temps à autre des procédés nouveaux et singuliers.

Tel, par exemple, le truc, original entre tous, que vient d'indiquer un chimiste italien, M. Majorana.

Sur un morceau de charbon placé au devant d'une enclume spéciale et soumis à l'action de l'arc électrique, de façon qu'il it porté à la plus haute température possible, M. Majorana re, à bout portant, au moyen d'un engin *sui generis*, un up de canon. Le choc du projectile a pour effet, conformément aux lois physiques qui veulent que la cessation brusque l mouvement engendre la chaleur, d'élever à la température volatilisation le morceau de charbon, dont les particules, violemment comprimées ensuite, se resserrent, s'agrègent, s'orientent d'une façon toute particulière, donnant finalement naissance à de minuscules particules cristallines, à de purs diamants, que l'on recueille finalement, après les avoir séparés, par un traitement chimique approprié, de la gangue métallique qui les empâte.

La recette de M. Majorana, il faut bien l'avouer, ne paraît pas destinée à entrer jamais dans la pratique courante; mais, si elle est impuissante à fabriquer des pierres capables de rivaliser avec le Ko-Hi-Noor ou le Régent, elle n'en a pas moins le mérite d'une véritable originalité.

On peut même affirmer que, de ce chef, elle détient un record.

La liquéfaction du fluor.

Le 28 juin 1886 est une date mémorable dans l'histoire de la chimie. Ce jour-là, en effet, fut mis au monde à Paris, dans l'amphithéâtre de chimie de la Faculté des sciences, par M. Moissan, le corps simple baptisé par Ampère, dès 1812, du nom de *fluor*, corps simple que l'on n'avait jamais depuis réussi à isoler.

Cependant, le fluor enfin connu, M. Moissan en poursuivait l'étude. Étude peu commode, en réalité si peu commode même, qu'en dépit de ses efforts les plus ingénieux jamais il n'avait pu réussir à le liquéfier, même en soumettant le corps gazeux à un froid de — 95 degrés centigrades.

Cependant, tandis qu'il poursuivait ainsi vainement ses essais, un Anglais, M. Dewar, parvenait à liquéfier l'air atmosphérique, qu'il obtenait facilement par quantités considérables.

Or, l'air liquide permettant, par son évaporation, de faire descendre la température jusqu'à — 210 degrés au-dessous de zéro, M. Moissan s'avisa qu'il pourrait, avec chance de succès cette fois, entreprendre la liquéfaction du fluor vainement tentée auparavant.

L'expérience fut faite et réussit à souhait : à —187 degrés,
le fluor se condense sous les espèces et apparences d'un
liquide jaune très mobile, et qui reste liquide si l'on continue
d'abaisser la température.

On a déterminé la densité du fluor liquide par un procédé
bien simple. Le tube à fluor contenait de petits fragments de
corps de densités comprises entre 0,96 et 1,31. On a vu que
l'ambre, de densité 1,14, flottait au milieu du liquide, les autres
corps flottant à la surface ou tombant au fond. Le fluor liquide
a donc une densité de 1,14, voisine de celle de l'oxygène liquide.

Le fluor liquéfié n'a pas de spectre d'absorption; il n'est pas
attirable à l'aimant comme l'est l'oxygène. On avait cependant
supposé jusqu'ici, avec Mendeléieff, que le fluor devait être
magnétique : l'expérience n'a pas justifié ces prévisions.

On sait que l'activité chimique des corps varie avec la température.

MM. Moissan et Dewar ont montré que le fluor liquéfié, et par
conséquent à une température au-dessous de —187 degrés, est
sans action sur le charbon, le soufre, le phosphore, le silicium,
le mercure, le verre, l'iodure de potassium, alors qu'à l'état
gazeux et à la température ordinaire il se combine énergiquement avec ces corps.

Avec l'oxygène liquide et bien sec, il y a simple dissolution,
et si on laisse évaporer cette dissolution, c'est l'oxygène, plus
volatil, qui s'en va le premier.

L'eau n'est pas attaquée, alors qu'à la température ordinaire
elle donne de l'oxygène et de l'acide fluorhydrique.

Mais ce qu'il y a de remarquable, et jusqu'ici de tout à fait
particulier au fluor, en montrant bien l'énergie de combinaison
de ce corps, c'est que, même à —200 degrés, l'hydrogène
s'unit au fluor avec chaleur et lumière. Il en est de même
des carbures d'hydrogène, comme l'essence de térébenthine,
qui, préalablement congelée à —120 degrés, est attaquée avec
xplosion.

Préparation directe du carbure de fer.

A l'aide de son four électrique, M. Moissan, dont on connaît les intéressants travaux sur les carbures métalliques, s'est occupé de rechercher quelle pouvait être l'action du carbone sur le fer à des températures de plus en plus élevées.

Voici les résultats les plus importants se dégageant de son étude, tels qu'il les a enregistrés lui-même dans un mémoire présenté à l'Académie des Sciences :

Lorsqu'on chauffe du fer pur et du charbon de sucre à la haute température du four électrique, puis qu'on laisse refroidir lentement le culot, on ne trouve dans le métal qu'une très petite quantité de carbone combiné. On obtient ainsi une fonte grise solidifiable vers 1 150 degrés. Si le métal, à une température de 1 300 à 1 400 degrés, est coulé dans une lingotière, il renferme, après refroidissement, du graphite et une quantité plus grande de carbone combiné : c'est la fonte blanche.

Enfin, si l'on refroidit brusquement dans l'eau le fer saturé de carbone à 3 000 degrés, il se produit dans le métal une abondante cristallisation, et l'on peut en séparer un carbure pur cristallisé et défini de formule CFe^3. Ce carbure est identique à celui de l'acier.

Tous ces faits peuvent s'expliquer simplement, en admettant que le carbure de fer, comme l'ozone et l'oxyde d'argent, peut se former à une température très élevée, puis se décomposer progressivement par une diminution de température. On en retrouve une notable quantité dans l'acier, dont le point de fusion est élevé, un peu moins dans la fonte blanche et très peu dans la fonte grise.

❀

Dosage et extraction de l'or des minerais aurifères.

Un nouveau procédé, simple et économique, paraît-il, pour le dosage et l'extraction de l'or contenu dans les minerais aurifères, a été récemment proposé par un chimiste habile, M. Em. Serrant.

En ce temps où la fièvre de l'or sévit sur le monde entier, du fait de la découverte de gisements nombreux et plus ou moins riches en minerais du précieux métal, il ne saurait être indifférent de signaler la recette nouvelle.

La voici donc, telle que la décrit son auteur.

On introduit dans la masse du minerai broyé, en proportions calculées d'après la richesse approximative du minerai, un mélange de chlorure de sodium, d'azotate de soude et d'acide sulfurique. Une fois la réaction terminée, on ajoute de l'eau pour dissoudre le chlorure d'or formé, et l'on précipite l'or soit par le sulfate ferreux, soit par l'acide oxalique ou l'hydrogène sulfuré.

✵

La fluidité du nickel fondu.

On sait, sans qu'aucune explication suffisante en ait jusqu'ici été donnée, que les aciers au nickel sont notablement plus résistants que les aciers ordinaires.

D'où peut bien provenir cette résistance exceptionnelle?

D'après M. Jules Garnier, celle-ci serait due vraisemblablement à l'extrême fluidité du nickel fondu, fluidité qui permet à ce métal de remplir, tout comme le pourrait faire un gaz, tous les vides intermoléculaires du fer, de telle sorte que ceux-ci ne forment plus alors qu'un tout compact.

A l'appui de cette façon de voir, M. Jules Garnier a fait, à de multiples reprises, une observation intéressante.

Dans un creuset contenant du nickel fondu et dans lequel, 1 moment de la coulée, pénétraient des fragments de charbon ə bois, il constata, l'opération terminée, que les charbons 'étaient point déformés, mais que tous les canaux du bois étaient comblés par du nickel métallique sous la forme de fils ussi minces que des cheveux, très flexibles et très malléables ».

i le nickel fondu pénètre ainsi les pores si déliés du bois, pourquoi ne pourrait-il, comme le suppose M. Garnier, remplir les vides intermoléculaires de l'acier?

L'hypothèse, pour n'être pas vérifiée définitivement, ne laisse pas d'être séduisante, et, par suite, mérite à bon droit d'attirer l'attention, en raison même de son ingéniosité.

✳

Les acides gras volatils produits au moyen des eaux de désuintage des laines.

Dans un travail déjà ancien, MM. A. et P. Buisine avaient fait connaître que dans les eaux provenant du désuintage des laines, à la suite d'une fermentation spéciale et complexe qui s'y déclare spontanément, il se développe en abondance, entre autres produits, des acides gras volatils, depuis l'acide acétique jusqu'à l'acide caprique.

Dans la pratique industrielle, en dépit de cette indication, on ne s'est jusqu'ici jamais préoccupé de retirer autre chose des eaux de désuintage que le carbonate de potasse, qui s'obtient facilement en exposant ces eaux à sec et en calcinant le résidu obtenu de la sorte.

Rien pourtant n'est plus facile que d'en retirer également les acides volatils produits, lesquels d'ailleurs paraissent appelés à recevoir aujourd'hui de nouvelles et importantes utilisations industrielles.

Il suffit de distiller, dans un courant de vapeur d'eau, l'eau de désuintage fermentée et acidulée par une proportion convenable d'acide sulfurique. Les acides volatils sont entraînés avec la vapeur d'eau et se condensent avec elle.

Voici, du reste, d'après le travail de MM. Buisine, la suite des opérations qui conduisent à ce résultat :

L'eau de désuintage, telle qu'elle arrive de l'atelier de lavage, marquant généralement 10 à 11 degrés Baumé, est abandonnée à elle-même pendant quelques jours dans des citernes spéciales. Une fermentation se déclare, durant laquelle prennent naissance, entre autres choses, des acides gras volatils, du carbonate d'ammoniaque, etc. Ces eaux fournissent le meilleur rendement en acides volatils après huit jours de fermentation.

Voici d'ailleurs la composition d'une eau de désuintage fermentée :

	Par litre.
Densité.	1079 »
Résidu sec.	153gr,4
Ammoniaque (à l'état de carbonate).	1,5
Azote total	4,5
Carbonate de potasse tout formé.	7,6
Acides volatils (évalués en $SO^4 H^2$).	16,0
Matière grasse.	15,5
Salin brut (matière minérale).	77,4
Carbonate de potasse total.	65,5

Le liquide fermenté est porté à l'ébullition pour chasser l'ammoniaque, puis acidulé par une quantité convenable d'acide sulfurique, de façon à mettre en liberté les acides volatils que l'on veut séparer. Il est ensuite chauffé dans un courant de vapeur d'eau, qui entraîne les acides volatils.

Nous avons étudié attentivement la marche de cette distillation et établi les conditions dans lesquelles elle doit être faite pour donner le meilleur résultat. Au début de la distillation, la quantité d'acide recueilli est importante, et ce sont les acides les plus élevés qui passent. On sait, en effet, que les acides gras volatils sont entraînés d'autant plus facilement par la vapeur d'eau que leur point d'ébullition à l'état anhydre est plus élevé. La proportion d'acide entraînée par la vapeur d'eau décroît rapidement, et plus on prolonge la distillation, plus le mélange est riche en acide acétique, qui passe le dernier. On arrive ainsi, en chauffant dans un courant de vapeur d'eau, et concentrant, à enlever la presque totalité des acides volatils.

Le liquide amené à un degré de concentration convenable laisse déposer tout le sulfate de potasse qu'on peut séparer. Il reste une eau mère qui est ramenée à sec et calcinée, et qui fournit ainsi un salin riche en carbonate de potasse.

Si l'on veut retrouver la totalité de l'alcali à l'état de carbonate, il suffit d'ajouter du carbonate de potasse. Pendant la calcination du mélange, le sulfate de potasse est transformé en carbonate.

Les matières azotées détruites pendant l'opération donnent de l'ammoniaque, qu'il est facile de recueillir.

Le liquide distillé renferme les acides volatils.

MM. Buisine, qui ont séparé ces acides et en ont fait le dosage à l'état d'éthers éthyliques, ont dressé le tableau suivant. dans lequel se trouve notée la proportion que chacun d'eux occupe dans le mélange, avec le rendement rapporté au litre d'eau de désuintage et à 100 parties du résidu sec de ces eaux.

	Pour 100 parties du mélange	Par litre d'eau de désuintage à 155 gr. de résidu sec.	Pour 100 parties du résidu sec de l'eau de désuintage.
Acide formique.	traces	»	»
— acétique	60	10,7	6.9
— propionique.	25	5,4	3,5
— butyrique.	5	1,3	0,8
— valérianique.	4	1,2	0,7
— caproïque.	3	1	0,6
— caprylique	traces	traces	traces
— benzoïque.	5	1	0,6
Phénol.	traces	traces	traces

Comme on le voit d'après les indications de ce tableau, les quantités d'acides volatils utilisables contenues dans les eaux de désuintage sont loin d'être négligeables : le traitement de ces eaux, suivant le procédé indiqué par MM. Buisine, peut en effet fournir environ 10 kilogrammes d'acide acétique pur, 5 à 6 kilogrammes d'acide propionique, 20 kilogrammes de sulfate d'ammoniaque par mètre cube, sans préjudice du salin de potasse, le seul produit que l'on recueille actuellement. Et comme les eaux de désuintage représentent des centaines de mètres cubes par jour, c'est donc en quantités énormes qu'on laissait jusqu'ici se perdre de précieux éléments utilisables.

La préparation de l'alcool absolu à l'aide du carbure de calcium.

La propriété que présente le carbure de calcium de décomposer l'eau en donnant naissance à de la chaux et à de l'acé tylène a été fort ingénieusement mise à profit par M. P. Yvon pour obtenir facilement de l'alcool absolu, en partant de l'alcool à 95 ou même à 90 degrés.

Le procédé consiste à additionner l'alcool d'une quantité convenable de carbure de calcium : celui-ci, en effet, est attaqué, et, tant que l'alcool n'est point devenu anhydre, il se dégage du gaz acétylène.

D'après M. Yvon, voici comment il convient d'appliquer la recette :

« Pour préparer de l'alcool absolu, dit-il, il suffit de placer dans un flacon de l'alcool à 90 degrés, ou mieux à 95 degrés, avec le quart de son poids de carbure de calcium réduit en poudre grossière. Le dégagement gazeux, d'abord assez vif, se ralentit bientôt. On agite alors fréquemment pendant 2 à 3 heures, puis on laisse en repos pendant 12 heures. On s'assure alors que l'agitation ne donne plus lieu à aucun dégagement de gaz ; dans le cas contraire, on prolonge encore l'agitation et le contact de l'alcool avec le carbure ; au besoin, on ajoute encore une petite quantité de ce dernier, puis on transvase le mélange dans un appareil distillatoire et l'on procède à la séparation de l'alcool, en mettant à part les premières portions recueillies ; elles renferment en dissolution une petite quantité d'acétylène. Il est prudent de conduire loin du foyer les premières vapeurs dégagées, qui sont constituées par un mélange d'alcool et d'acétylène. L'alcool condensé est anhydre si l'opération a été bien faite.

« Il est préférable de recueillir tout l'alcool dans le même récipient et de l'agiter ensuite avec une petite quantité de sulfate de cuivre desséché, qui s'empare de tout l'acétylène tenu en dissolution. On procède alors à une seconde distillation, pour séparer l'acétylure de cuivre qui s'est formé. »

Par ce procédé fort simple, on obtient sans peine, en une ou deux distillations au plus, de l'alcool absolu. Il est encore à remarquer que la recette indiquée par M. Yvon constitue un cellent moyen de vérifier si un alcool absolu est bien digne son nom. Au cas, en effet, où l'alcool contient encore quelles traces d'eau, lorsque l'on vient à l'additionner de carbure calcium en poudre, on voit se former dans sa masse de tites bulles gazeuses, et le liquide, par agitation, devient trouble et blanchâtre par suite de la formation d'hydrate de chaux; avec de l'alcool absolu, au contraire, rien de pareil ne survient, et le produit conserve toute sa transparence.

La vinification dans les pays chauds.

La fermentation alcoolique du moût de raisin se fait, comme on sait, avec un dégagement de chaleur qui peut être considérable au point que la température de la masse liquide s'élève parfois jusqu'à 40 et même 42 degrés, et cela dans l'espace d'un ou deux jours.

Le fait est déplorable, une température de 37°,5 à 38 degrés ralentissant fortement l'activité vitale de la cellule de levure, définitivement tuée entre 39 et 40 degrés. La conséquence immédiate de cette mort prématurée du ferment vinique est d'arrêter la fermentation et de donner des vins douceâtres, encore fortement chargés en sucre, moins riches en alcool qu'ils pourraient l'être et constituant un milieu des plus favorables au développement des bactéries qui en altèrent la nature et y engendrent des maladies. Les vignerons, ceux du midi de la France et ceux d'Algérie et de Tunisie notamment, dont les raisins arrivent à la cuve à une température qui atteint et dépasse souvent 30 degrés, savent tous à quelles pertes ils sont exposés de ce chef.

Mais comment, dans ce pays où la température naturelle est souvent excessive, éviter ces échauffements funestes de la masse liquide?

Longtemps la chose fut à peu près irréalisable et il fallait s'en rapporter à la Providence.

Depuis quelques années cependant, un progrès énorme dans la fabrication du vin a été réalisé par la pratique du refroidissement des moûts.

A cet effet, on oblige le liquide à circuler dans un appare'' tubulaire arrosé d'eau, appareil presque identique à celu qu'emploient les brasseurs pour refroidir la bière. On maintien ainsi sans peine la température du moût dans les limites optim où s'effectue la fermentation 'est-à-dire entre 33 et 34 degré:

D'après M. A. Müntz, qui a étudié très soigneusement le procédé, l'on tirerait de cette pratique peu coûteuse — l'opération,
conduite dans un appareil débitant 80 hectolitres à l'heure,
représente à peine 10 centimes par hectolitre — des résultats
excellents, qui se traduisent par une supériorité marquée du
produit définitif sur les vins de même provenance et de même
cuvée, mais n'ayant pas été réfrigérés.

Ainsi, alors que des vins refroidis avaient complètement
fermenté lors du premier soutirage, présentaient une plus
grande richesse alcoolique, ne renfermaient plus que des
traces de sucre, étaient parfaitement sains et se clarifiaient
rapidement, d'autres vins de même origine et de même qualité, mais n'ayant pas été réfrigérés, et dont la température
s'était élevée jusqu'à 39 et même 40 degrés, avaient moins
d'alcool, étaient encore très doux, demeuraient louches plusieurs mois durant et menaçaient de s'altérer.

Les résultats d'analyses sont du reste, à cet égard, des plus
typiques, comme l'attestent les chiffres suivants fournis par le
savant chimiste, et qui sont relatifs à des vins obtenus par lui
dans le Roussillon aux vendanges de 1896, vins dont l'examen
fut fait au moment du décuvage, exactement dix jours après
la récolte.

Échauffement maximum du moût		Alcool p. 100	Sucre restant par litre.
Réfrigéré.	35⁰	11⁰,7	0 grammes
—	36⁰	11⁰,45	3,9
—	37⁰,5	11⁰,5	6,5
Non réfrigéré.	39⁰	10⁰,2	26
—	39⁰ à 40⁰	10⁰,1	33

Mais ce n'est pas tout ; ainsi que nous l'avons noté tout à
l'heure, lorsque, durant le travail de la fermentation, la température du moût s'élève fortement, au point que les cellules de
levure sont altérées ou même détruites, des bactéries de diverses
espèces, et qui normalement sont peu abondantes dans les vins
fermentés à basse température, trouvent des conditions pro-
pices à leur multiplication, s'y développent par suite en abondance, et y laissent naturellement les divers produits qu'elles
élaborent.

Ainsi, M. Müntz a constaté que, d'une façon générale, les vins fermentés sans avoir été échauffés renferment peu d'ammoniaque (en moyenne de 4 à 5 milligrammes par litre), tandis que ceux qui ont été portés à une température plus haute en contiennent des proportions beaucoup plus considérables, sept fois, dix fois plus fortes, et même davantage.

Or l'ammoniaque ainsi formée persiste dans le vin après fermentation et on l'y retrouve après sept et huit ans de bouteille. Ce produit ne semble pas, il est vrai, exercer une influence néfaste sur la qualité du vin ; il n'empêche cependant qu'il ne le bonifie pas, et que comme il est l'indice d'une vinification défectueuse ou de maladies de début, on est fondé à s'alarmer de sa présence quand il s'agit de vins de garde.

La pratique, recommandée par M. Müntz, de refroidir les moûts en fermentation, au moins dans les pays où la température est naturellement élevée, tels que le midi de la France et surtout l'Algérie et la Tunisie, est donc bien réellement avantageuse.

Par son application judicieuse, en effet, le vigneron est assuré de tirer de sa récolte le meilleur parti possible et de fabriquer un vin de bonne qualité et de conservation facile.

✻

Pour extraire le parfum des fleurs.

Au point de vue du parfum qu'elles produisent, les fleurs doivent se classer en deux groupes : le premier comprend celles — telles que la rose ou la fleur d'oranger — qui renferment leur parfum tout formé, ou tout au moins une réserve notable de parfum ; quant au second, dans lequel figure l'immense majorité des fleurs, son trait distinctif est que le parfum ne s'y rencontre jamais qu'en quantité insignifiante, le végétal le produisant et l'émettant d'une manière continue.

Ces particularités sont d'une grande importance en ce qui concerne l'industrie des parfums. Pour extraire ceux-ci, l'on doit en effet recourir à des procédés différents, suivant que l'on a affaire à une plante appartenant à l'une ou à l'autre catégorie.

Dans le premier cas, celui où il y a dans la fleur une quantité quelconque de parfum à extraire, on a recours soit à la distillation, soit à l'épuisement des fleurs par les dissolvants volatils, éther, éther de pétrole, etc., soit plus ordinairement à la macération, qui consiste à plonger les fleurs dans la graisse fondue au bain-marie, puis à séparer mécaniquement le corps gras, une fois qu'il se trouve saturé de parfums, le tourteau de fleurs.

Mais ce procédé, quelque peu brutal, et qui a pour immédiat effet de détruire la fleur, ne saurait convenir aux plantes qui ne contiennent pas de réserves odorantes. Pour s'emparer de leurs senteurs subtiles, aussitôt dégagées que formées, il importe de recourir à une pratique délicate, et qui, avant tout, respecte la vie de la fleur, puisque, plus celle-ci sera longue, plus la récolte obtenue sera copieuse. On donne alors la préférence à l'« enfleurage », système très simple, qui consiste à étaler des fleurs sur des châssis couverts de graisse. Ces châssis forment par leur superposition des espaces clos dans lesquels la fleur diffuse son parfum, qui est absorbé et emmagasiné à l'intérieur du corps gras.

Cette méthode, qui donne d'excellents résultats dans la grande majorité des cas, ne convient cependant pas à tous, et, faute d'une autre mieux appropriée, il est certains parfums — tel celui du muguet, par exemple — qu'on n'avait pas pu jusqu'ici réussir à isoler.

Il eût fallu pour cela trouver un autre milieu que l'air, qui, tout en étant inoffensif pour la fleur, se prête mal à la diffusion et à la récolte du parfum.

Avec une grande ingéniosité, un habile spécialiste, M. Jacques Passy, a réussi à résoudre ce problème difficile d'une façon remarquablement simple. Son procédé consiste tout bonnement à immerger dans l'eau les fleurs dont il veut extraire le parfum.

Dans ces conditions, la fleur se garde en vie à peu près aussi longtemps que dans l'air, et les senteurs qu'elle exhale se dissolvent dans le liquide, d'où elles sont extraites au moyen d'un traitement convenable par l'éther.

La méthode nouvelle est, on le voit, aussi élégante que commode.

C'est là un mérite très réel, et qui ne manquera pas de concourir à son succès.

Pour déterminer la composition du gluten des farines de blé.

On sait — et l'*Année scientifique* n'a point manqué de l'enregistrer[1] — que la valeur boulangère des farines de blé dépend essentiellement de leur composition générale, et en particulier de la composition du gluten qu'elles renferment.

Ce dernier produit, formé de deux éléments constitutifs, la *gliadine* et la *gluténine*, est loin en effet d'être toujours le même, et, comme sa qualité dépend essentiellement des proportions de *gliadine* et de *gluténine* qu'il renferme, il est important d'être en mesure d'effectuer leur dosage d'une façon rapide et sûre.

Voici comment, d'après M. E. Fleurent, après avoir dosé, à la façon ordinaire, sur 33^{gr},33 de farine, le gluten total que celle-ci contient, il convient de procéder pour séparer du gluten extrait la *gliadine*. La proportion de *gluténine*, évidemment, s'obtient par différence.

Pour cela, le gluten, tel qu'il est obtenu par le malaxage de la pâte sous le filet d'eau, est placé dans un mortier en biscuit de porcelaine et recouvert d'une petite quantité de la solution préparée à l'aide d'alcool à 70 degrés, et contenant une quantité exactement connue de potasse caustique (3 grammes environ par litre). Cela fait, on triture doucement la masse à l'aide du pilon, de façon à en commencer la pénétration par la solution alcaline. Au bout de quelques instants, on décante le liquide en excès dans un flacon à large ouverture bouché à l'émeri, en ayant soin de laisser dans le mortier le gluten qui commence à se désagréger ; on le pilonne alors énergiquement, et, après quelques minutes, on le voit qui change d'aspect et tend à se fluidifier.

Lorsqu'on a ainsi obtenu un produit pâteux dont toutes les parties sont imprégnées du liquide nécessaire à la désagrégation, on verse la masse dans le flacon, et on lave le mortier avec de l'alcool potassé en s'arrangeant de façon à employer en tout, pour la trituration e le lavage, exactement 80 degrés de solution alcoolique caustique Finalement, on termine le nettoyage du mortier et du pilon avec u peu d'alcool à 80 degrés sans potasse.

1. Voir l'*Année scientifique et industrielle*, quarantième année (1896) p. 161.

Lorsque les liqueurs alcooliques ainsi employées ont rejoint la matière azotée dans le flacon, on ajoute quelques perles de verre, on place le bouchon et l'on agite énergiquement à des reprises fréquentes. Après une demi-heure, une heure au maximum, suivant que la trituration a été plus ou moins bien effectuée, le gluten est complètement désagrégé : la *gluténine* reste émulsionnée en partie, la *gliadine* est totalement dissoute.

On traite alors la solution obtenue, jusqu'à refus, par l'acide carbonique, puis on verse le liquide dans une fiole jaugée de 150 centimètres cubes ; on lave le flacon, et l'on complète jusqu'au trait de jauge avec de l'alcool à 70 degrés sans potasse.

On agite pour rendre la liqueur homogène, et, dans ces conditions, on voit la *gluténine* se séparer rapidement à l'état pulvérulent ; on prélève alors 50 centimètres cubes de la solution claire de *gliadine* obtenue par filtration, et l'on y dose l'extrait à 105-110 degrés, en tenant compte, par soustraction, de la quantité de carbonate de potasse déterminée à l'avance.

Par un calcul simple, on rapporte la quantité de *gliadine* ainsi trouvée à 100 degrés de gluten et l'on obtient la *gluténine* par différence. Il n'y a plus qu'à déterminer le rapport *gluténine-gliadine*, le numérateur étant pris égal à 25 degrés ; on sait, en effet, que cette balance est celle qui, lorsqu'elle correspond à 75 de *gliadine*, assigne aux glutens, et par conséquent aux farines, la qualité boulangère supérieure.

La « somatose ».

Il y a trois ou quatre ans, dans une éloquente envolée d'inspiration prophétique, M. Berthelot escomptait, devant un auditoire de commerçants et d'industriels, l'époque plus ou moins prochaine où, grâce aux progrès de la chimie, il deviendrait ssible de composer artificiellement de toutes pièces la plupart s substances alimentaires indispensables à l'entretien de la organique — tant et si bien qu'un repas complet pourrait iir dans l'épaisseur d'une pilule, d'une pastille, d'un biscuit d'une pincée de poudre.

Les esprits superficiels s'empressèrent d'en faire des gorges chaudes. Les plus polis se contentèrent de crier à l'utopie ; les autres n'y voulurent voir qu'une boutade à la Jules Verne, sinon même la fantaisie préméditée d'un savant désireux de mystifier les profanes.

L'idée n'avait pourtant rien d'irrationnel ni d'illogique : elle n'était même guère paradoxale qu'en apparence.

Il n'est plus, en effet, aujourd'hui permis à personne d'ignorer que tous les aliments quelconques, déduction faite des sels minéraux, se ramènent toujours à trois groupes irréductibles : 1° les matières azotées ; 2° les matières grasses ; 3° les hydrates de carbone (amidon, dextrine et sucre) — les matières azotées étant l'élément plastique par excellence, l'étoffe même, fondamentale et constitutive, de nos tissus, tandis que les deux autres groupes servent surtout à l'entretien de la chaleur et de l'énergie animales. On n'ignore pas davantage que dans toutes ces matières il n'entre jamais que trois ou quatre facteurs — le carbone, l'hydrogène, l'oxygène et l'azote — dont l'arrangement et le dosage distinguent seuls les nombreux et divers composés qui en dérivent. Rien de moins, mais rien — ou presque rien — de plus.

D'où cette conséquence qu'il n'y a pas d'impossibilité théorique à tenter la synthèse directe du « bol alimentaire », sauf à livrer ensuite à la consommation les combinaisons instituées selon la formule, sous les espèces de potions ou de boulettes intensives.

Il suffit pour cela, quand on a sous la main l'hydrogène, l'azote et le carbone, d'un peu de patience, de savoir-faire et d'ingéniosité.

Quoi qu'il en soit, nous n'étonnerons personne en ajoutant que, tout de même, cela ne va pas précisément tout seul. C'est qu'il ne saurait suffire de servir à l'organisme, à la dose voulue et sous le plus petit volume, les substances alimentaires de qualité requise : il faut encore, avant tout, qu'elles soient assimilées. Or, en dépit de leur apparente identité, les produits naturels de l'organisme et les produits de la synthèse chimiqu sont loin de réagir de la même façon. C'est que, comme l'a bien dit Claude Bernard, les choses ne se passent pas tout fait dans la cellule vivante comme au fond des creusets de n laboratoires.

On avait cru longtemps qu'en faisant passer les substances alimentaires, artificiellement et en dehors de l'organisme, par la série des transformations chimiques successives qu'elles ont à subir au cours de leur voyage le long du tube digestif, on rendrait leur assimilation plus rapide, plus sûre et plus aisée, en épargnant presque toute la besogne à l'estomac. C'est ainsi que les peptones, considérées comme le terme ultime de l'évolution digestive des aliments azotés, furent mises à la mode.

C'eût été parfait si les peptones avaient pu être absorbées et fixées par les tissus. Malheureusement, on s'aperçut qu'elles ne font que traverser l'organisme, sans coopérer à sa réparation, au prix de métamorphoses diverses qui les décomposent, les dépouillent de leurs prétendues qualités nutritives, parfois même les transforment en véritables poisons.

L'expérience a prouvé qu'à la plupart des aliments artificiels conçus et créés depuis une vingtaine d'années par la chimiâtrie, la même fortune — ou plutôt la même infortune — n'est que trop souvent réservée.

Force donc a été de renoncer à l'espoir (dont on s'était un instant bercé) de se passer presque totalement de l'estomac, et se contenter d'essayer de lui faciliter sa tâche. Le problème était ardu, mais il n'était pas insoluble, puisqu'il a été résolu grâce à l'emploi des *albumoses* — qui sont des matières azotées prises à un stade d'élaboration chimique moins avancé que les peptones — et, en particulier, d'une préparation d'*albumoses* spéciales, baptisée du nom de *somatose*.

On peut dire de la somatose — qui s'extrait de la viande fraîche — qu'elle est l'aliment artificiel idéal, en ce sens que non seulement elle est supérieurement nutritive, reconstituante et tonique, comme qui dirait de la quintessence de bifteck, mais encore et surtout qu'elle exerce ses incomparables vertus à l'insu du malade, à qui son assimilation n'impose aucun effort volontaire ou végétatif. Se présentant sous l'aspect une poudre jaunâtre, sans odeur ni saveur, d'une solubilité irfaite, elle peut être avalée, absorbée, digérée dans l'eau, le it, le bouillon, la tisane, etc., *sans même que le patient s'en erçoive*. Ce qui ne l'empêche pas d'opérer avec certitude et cision son œuvre de réparation, à laquelle se prêtent docilent les estomacs les plus délabrés, et de refaire aux ægro-

tants, comme elle fait aux enfants, du muscle, de l'os, du nerf
et des globules rouges. Elle refait même du lait, le cas échéant,
aux nourrices dont le sein est tari.

Il semble que la somatose entre tout droit, sans s'altérer
ni rien perdre en route, dans le torrent circulatoire, où elle
s'absorbe intégralement... et incognito. Aussi fait-elle merveille, au dire des praticiens qui en ont essayé, dans l'anémie,
la neurasthénie, le rachitisme, les pâles couleurs, la phtisie, le
diabète même et l'albuminurie, dans tous les cas, en un mot,
où la dénutrition et la misère physiologique exigent un gavage
auquel le caprice d'un estomac en détresse ne s'accommoderait
pas toujours, en présence d'un autre mode d'alimentation, avec
la docilité souhaitable. La somatose, dont l'usage n'est in-
compatible avec aucun traitement ni avec aucun régime, est
plus digestible que le lait lui-même, lequel n'est pas toujours
toléré, et, chose curieuse, il semble que, de par on ne sait
quelle mystérieuse affinité, elle se porte et se fixe de préférence
sur les organes et les tissus qui ont le plus besoin de réparations
substantielles.

Bref, si ce n'est pas tout à fait la réalisation intégrale du
rêve de M. Berthelot, c'est au moins une étape importante
sur la voie qui y achemine. C'est un remarquable exemple de
la possibilité d'accumuler l'énergie nutritive au même titre que
l'énergie mécanique. Ce n'est peut-être pas la révolution
escomptée dans l'hygiène alimentaire du genre humain, mais
c'est tout de même — ce qui n'est pas à dédaigner — l'amorce
d'une révolution dans l'art de guérir.

L'action du zinc sur les vins rouges.

On se préoccupe peu, en général, de la présence du zin
dans les conduits métalliques ou dans les robinets en conta(
avec le vin. C'est là une négligence grave, et qui peut être,
cas échéant, la source de sérieux ennuis, non seulement par

que le contact prolongé du zinc avec le vin altère ce liquide et lui donne une déplorable saveur d'encre, mais surtout parce qu'il l'altère en déposant à son intérieur des principes toxiques qui se révèlent à l'analyse chimique, et même à la simple dégustation.

Tel est, en effet, l'enseignement, important à connaître, qui se dégage de récentes expériences poursuivies sur du vin rouge par M. L.-A. Levat, au laboratoire de l'École nationale d'Arts et Métiers d'Aix.

Il convient donc, comme on le voit, de proscrire sévèrement la présence du zinc dans le métal des robinets pour tonneaux, foudres, cuves et bacs ordinaires.

La falsification des graines de colza.

On a constaté dernièrement que les graines de colza payent, elles aussi, un tribut à la fraude. Elles sont additionnées, en plus ou moins grande quantité, de semences inférieures de moutarde, telles que la *sanve* et l'espèce *Brassica juncea*, très abondante en Russie, et que l'on désigne dans le commerce sous le nom de « moutardelles » de Russie, d'Azof ou de la mer Noire. Ce mélange est des plus rémunérateurs pour le peu scrupuleux vendeur qui le pratique. On sait, en effet, que, suivant les marchés, les prix des graines de colza varient entre 22 et 25 francs les 100 kilos, tandis que les graines qui servent à la fraude ne valent pas plus, les « sanves » de 7 à 8 francs, les « moutardelles » 15 francs.

Il va sans dire que la valeur oléagineuse des graines de colza ainsi fraudées est de beaucoup diminuée. M. Pajot, professeur l'École de médecine d'Amiens, qui a eu l'occasion d'étudier tte nouvelle fraude, estime la diminution de 10 à 15 pour 100 ; s résidus de la fabrication de l'huile perdent en outre ute valeur alimentaire, car, pour opérer la fraude, on est ligé, comme nous allons le voir, de colorer les graines de outarde.

Les graines suspectes ont la même forme et la même grosseur que celles du colza; elles ne s'en différencient que par la couleur. Le fraudeur, pour les rendre absolument pareilles et éviter tout soupçon de la part de l'acheteur, n'a qu'à user d'un peu de teinture. La falsification est vite opérée, et à peu de frais.

Les recherches entreprises par M. Pajot ne lui ont pas encore permis de déterminer avec exactitude le principe colorant employé; mais la coloration artificielle est manifeste.

Pour s'en assurer, il suffit de mouiller avec environ le double de leur volume d'eau les graines que l'on suppose mélangées. S'il y a réellement fraude, on verra l'eau prendre une coloration plus ou moins bleue après un bain de dix, quinze, trente minutes au plus, suivant l'importance des échantillons.

En employant l'acide chlorhydrique, la coloration artificielle est plus rapidement découverte : l'eau prend immédiatement une teinte rose; si on l'additionne ensuite d'un alcali, avec de l'ammoniaque par exemple, la coloration rose disparaît : elle reparaîtra avec une nouvelle addition d'acide.

Ce dernier procédé est, paraît-il, d'une sensibilité telle, qu'il suffit, d'après M. Pajot, pour bien caractériser la fraude, de déposer quelques graines sur une feuille de papier à filtrer blanc, préalablement mouillée, pour voir bien vite apparaître au contact de la graine la coloration bleue ou la coloration rose — si le papier a été humecté d'acide chlorhydrique étendu.

Le tourteau provenant de la trituration des graines fraudées peut être soumis à semblable réaction.

M. Pajot fait remarquer que l'essai de macération bleuâtre à froid des graines décèle dans celles-ci la présence très nette des sels de fer et de sulfate, en même temps qu'une faible réaction alcaline, tandis que l'examen comparatif effectué avec des semences de colza pur accuse plutôt une réaction légèrement acide et l'absence totale de sels de fer ou de sulfate. Il estime que le principe colorant employé doit être attribué à un produit analogue au tournesol — probablement le produit appelé « pierres bleues » dans le commerce.

Ajoutons que la fraude peut être reconnue si l'on a soin de se rendre bien compte de la saveur des graines. Celles de colza ont un certain goût de navet, tandis que les autres ont une saveur sulfurée.

Pour empêcher le durcissement du cidre.

Dans les pays à cidre, on a coutume de ne point embouteiller cette boisson, qui est toujours tirée au tonneau. La conséquence de cette pratique est que très souvent le liquide, demeurant en vidange au contact de l'air durant un temps prolongé, contracte certaines maladies, dont la plus commune est l'acidification. Dans ce cas, on dit communément que le cidre devient « dur ».

D'après MM. Léon Dufour et Daniel, qui ont fait à ce propos de nombreuses expériences, ce fâcheux durcissement du cidre exposé à l'air peut être facilement combattu par l'addition dans le liquide d'une petite quantité de sous-nitrate de bismuth.

Sous l'action de ce sel, la fermentation lente qui se poursuit dans le cidre entièrement fait, et qui est due à la petite quantité de sucre demeurant dans le liquide, devient plus active et s'oppose au progrès de l'acidification.

Il s'ensuit que, chaque fois que l'on constate que du cidre commence à durcir, il y a grand intérêt à lui ajouter une quantité convenable de sous-nitrate de bismuth. D'après les recherches de MM. Léon Dufour et Daniel, dans la pratique une dose de 10 grammes par hectolitre produit un effet suffisant. Or, à cette faible dose, et c'est là un point important à noter, le sous-nitrate de bismuth ne saurait produire aucun effet sur l'organisme.

HISTOIRE NATURELLE

GÉOLOGIE ET PALÉONTOLOGIE

Les gravures sur roche de la grotte de la Mouthe.

De tous temps et en tous pays, l'homme a eu des préoccupations artistiques, recherchant et se fabriquant des parures, et s'efforçant encore de retracer, par des dessins plus ou moins naïfs, les scènes familières qu'il avait sous les yeux.

C'est ainsi que les paléontologistes connaissent tous l'existence de ces pierres gravées anciennes, plaques de schiste ou autres, que l'on rencontre dans certaines stations géologiques.

Cependant ces manifestations artistiques sont plutôt rares. Aussi n'est-il pas sans intérêt de mentionner la découverte, en France, d'un ensemble important de telles gravures préhistoriques, les premières relevées en notre pays.

C'est dans le département de la Dordogne, à la station de la grotte de la Mouthe, que M. E. Rivière, qui, depuis déjà plusieurs années, poursuit en cet endroit d'importantes recherches, a relevé ces gravures dessinées sur la paroi rocheuse elle-même.

Après un travail de déblayement long et pénible, travail qui a amené la découverte de nombreux débris de la faune quaternaire, *Tarandus rangifer*, *Hyæna spelæa*, *Ursus spelæus*, et des instruments divers, silex taillés, burins, instruments en os et os gravés de quelques traits, M. Rivière, dans les **parties** profondes de la grotte, explorée aujourd'hui jusqu'à une profondeur de 147 mètres, a rencontré, gravés sur la paroi, di· dessins qu'il a réussi à photographier, non sans peine, et gr· au concours dévoué de M. Charles Durand, conducteur Ponts et Chaussées, attaché à la Carte géologique de France

Les photographies obtenues, au nombre de 5, nécessitèren·

une intensité de lumière égale à 150 bougies environ et un minimum de six heures de pose; elles représentent, pour trois d'entre elles, des animaux, une quatrième une sorte de hutte, et la cinquième une vue de la grotte.

En raison de l'intérêt qui s'attache à cette découverte paléontologique, nous ne saurions du reste mieux faire que d'emprun-

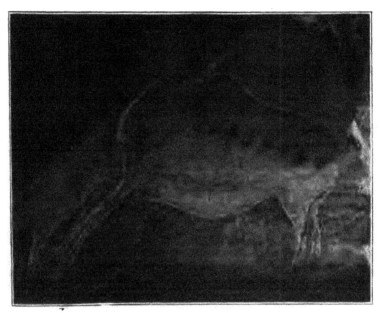

Bison gravé sur les parois de la grotte de la Mouthe.
(D'après une photographie de M. Charles Durand.)

ter leur description à la note adressée à leur sujet à l'Académie des Sciences par M. E. Rivière :

La *première* photographie paraît être celle d'un Bovidé, dont l'image, gravée sur la paroi gauche de la grotte, se trouve à 95 mètres de l'entrée. L'animal présente une tête mal faite, peu distincte, allongée, à la crinière courte et hérissée d'arrière en avant, qui semble bien celle d'un Équidé que d'un Bovidé. Un garrot court, un poitrail développé donnent à l'animal l'aspect trapu, d'autant plus que membres antérieurs sont courts, tandis que le reste du corps est ıgé. Enfin la queue mince, longue de $0^m,53$, dirigée obliquement ıaut en bas, se termine par une touffe de poils assez épaisse. Les ʃmensions totales de l'animal sont de $1^m,88$.

La *seconde* photographie représente, d'une façon absolument indiscutable, un Bison (*Bos priscus*). L'animal est gravé de profil à 102 mètres de l'entrée de la grotte et sur la paroi gauche également. Les dimensions du dessin sont loin d'être celles de l'animal (1 mètre à peine de longueur sur 50 et quelques centimètres seulement de hauteur).

La tête est petite, et cette fois assez bien dessinée, moins fruste en tout cas que sur les autres gravures; les cornes sont bien faites et se rejoignent presque par leurs pointes, formant un cercle presque complet; elles n'ont pas l'implantation ordinaire des cornes du Bison. Sous la mâchoire inférieure on aperçoit de nombreux poils. Quant à la bosse qui caractérise ce Bovidé, elle est énorme et hors de proportion avec les dimensions de l'animal: elle commence, pour ainsi dire, dès les premières vertèbres cervicales, et atteint en arrière presque l'origine de la queue. Celle-ci, large à son insertion, s'incurve d'une façon assez prononcée, de haut en bas, et se termine en pointe effilée. Les pattes, bien faites, de même que le train de derrière, sont relativement un peu grêles et longues. La ligne du ventre est légèrement concave.

La *troisième* photographie est encore celle d'un Ruminant, dont la gravure se trouve à 147 mètres de l'ouverture de la grotte. En ce point, la roche offre plusieurs dessins gravés représentant tous des animaux; mais un seul a pu être jusqu'à présent photographié, les travaux de déblayement n'étant pas suffisamment avancés et présentant, dans cette partie reculée, de grandes difficultés.

L'attitude de l'animal est celle du repos, les pattes antérieures projetées en avant, comme raidies. La tête, comme toujours très fruste et à peine visible, est renversée en arrière; elle paraît surmontée de bois assez longs reposant sur le dos. Le corps est gravé d'une façon remarquable, surtout la croupe et les membres postérieurs, lesquels sont non seulement gravés, mais encore coloriés avec soin en rouge brun, notamment au niveau des articulations et des sabots. La queue, très courte (0^m,06), est relevée, et formée par une touffe de poils. Le ventre est celui d'une femelle pleine, près de mettre bas. Enfin, ce qui appelle surtout l'attention, c'est une série de taches ocreuses, brun foncé, s'étendant au nombre de dix, sur une seule ligne et à des intervalles à peu près égaux, sur les flancs et le thorax.

S'agit-il d'un daim, malgré la coloration foncée des taches ocreuses au lieu d'être blanches, ou de quelque autre Cervidé, tel, par exemple, que le *Tarandus rangifer*, le Renne?

La *quatrième* photographie, enfin, paraît représenter une sorte de hutte dessinée de trois quarts, de façon à en laisser voir l'entrée, et dont les parois sont formées par une série de bandes à peu près parallèles, alternativement blanches et ocreuses, constituées par de nombreuses lignes extrêmement rapprochées, se confondant même entre elles, et en général très peu profondément gravées.

✳

Les mammifères fossiles quaternaires de l'Algérie.

Grâce aux patientes et savantes recherches de M. A. Pomel, recherches que l'*Année scientifique* a déjà eu occasion d'enregistrer[1], nos connaissances sur la faune algérienne à l'époque quaternaire sont aujourd'hui assez étendues en ce qui concerne les grands Vertébrés. Après avoir dressé les monographies des genres *Elephas*, *Rhinoceros* et *Hippopotamus*, qui peuplèrent jadis l'Algérie, M. Pomel vient de relever celle des Carnassiers et des Porcins fossiles.

D'après ce travail du savant paléontologiste, à l'époque quaternaire, dans le groupe des Carnassiers, le genre *Ursus*, aujourd'hui complètement étranger à la faune algérienne, était représenté par une seule espèce : l'*Ursus Libycus*.

Le genre Hyène comptait alors, en concurrence de l'*Hyæna vulgaris*, une *Hyæna spelæa*, qui paraît bien être la même que celle des cavernes d'Europe. Il est à noter que jamais, avant M. Pomel, on n'avait rencontré simultanément des débris de ces deux espèces.

A cette époque quaternaire, l'Algérie comptait encore parmi ses habitants divers chats, *Felis spelæa* et *Felis antiqua*, un *Herpectes*, dont la détermination spécifique est demeurée douteuse, une Antilope, l'*Antilope mapasii*, dont les restes se rencontrent aux environs d'Alger mêlés à ceux du *Canis ureus*, sorte de chacal qui ne paraît d'ailleurs pas différer du acal actuel.

infin, une dernière espèce intéressante, dont la présence en

1. Voir l'*Année scientifique et industrielle*, quarantième année 896), p. 193.

Algérie à l'époque quaternaire a été relevée par M. Pomel, est le chien domestique, *Canis familiaris*, qui était alors représenté par plusieurs races, dont la dénomination et la comparaison avec nos races actuelles n'ont pu être établies, faute de documents de comparaison.

Ces derniers animaux, d'après ce que l'on peut inférer des dessins rupestres qui montrent des chiens à queue redressée en trompette et aux oreilles droites, ce qui est un signe d'atavisme, ont été plus que des commensaux et de vrais domestiques.

Eu ce qui concerne les Porcins, d'après M. Pomel, on rencontrait dans les cavernes des environs d'Alger deux espèces du genre *Sus* et deux autres du genre *Phacochærus*.

De ces divers animaux, les premiers sont : *Sus algeriensis*, à front plutôt plat que convexe et de taille à peine supérieure à celle de notre sanglier, et *Sus barbarus*, sensiblement plus petit, et présentant cette particularité d'avoir le talon des arrière-molaires plus simple, moins étendu et à tubercules moins nombreux.

Quant aux espèces appartenant au genre *Phacochærus*, leur détermination, en raison du peu de débris recueillis de ces animaux disparus, demeure fatalement entourée de certaines incertitudes.

Cependant, en raison des différences dans le nombre et la disposition des cylindres accessoires des molaires, M. Pomel croit pouvoir les spécifier en *Phacochærus mauritaniensis* et *Phacochærus barbarus*, cette dernière espèce se caractérisant par les cylindres des molaires plus comprimés que chez les individus de la précédente.

✻

Exploration de l'aven Armand.

De tous les géologues français, aucun autant que M. E.-A. Martel n'aura contribué à mettre à la mode l'étude des grottes et des abîmes souterrains. Chaque saison, il entreprend des explorations nouvelles, dont chacune amène des découvertes intéressantes.

Au nombre des plus remarquables relevées au cours de sa dernière campagne, il convient de mentionner la reconnaissance complète faite par lui et par M. Armand Viré d'un abîme du Causse Méjean, dans la Lozère, l'*aven* Armand, qui est situé à 2^{km},500 au sud de la Parade, et qui, ayant une profondeur totale de 214 mètres, se trouve être le plus creux que l'on ait encore reconnu en France.

Voici, d'après une note de ses explorateurs, la description fidèle de cet *aven* qui, entre tous, mérite d'attirer l'attention.

« Son orifice (964 à 967 mètres d'altitude) est un entonnoir de 10 à 15 mètres de diamètre et de 4 à 7 mètres de creux, au fond duquel s'ouvre, à 960 mètres d'altitude, un puits perpendiculaire de 75 mètres ; les 40 premiers mètres de ce puits constituent une cheminée de 3 à 5 mètres de diamètre et les 35 derniers représentent la hauteur d'une immense grotte.

« Cette grotte ovale a 50 mètres de largeur sur près de 100 mètres de longueur ; son sol est incliné rapidement vers le nord-est, parallèlement au pendage très accentué des strates, et descend jusqu'à 840 mètres d'altitude.

« La première moitié de cette pente est un talus de débris tombés de la surface du sol. La seconde partie est occupée par une forêt d'environ deux cents colonnes stalagmitiques, hautes de 3 à 30 mètres. Sa fantastique beauté est indescriptible : ni l'homme, ni les cataclysmes naturels n'ont jusqu'à présent brisé un seul de ces clochetons de cathédrales. *Aucune grotte au monde, croyons-nous, ne possède rien de semblable.* La plus haute stalagmite connue, la Tour astronomique de la caverne d'Aggtelek (Hongrie), n'a que 20 mètres d'élévation ; la grande stalagmite de notre *aven* en a 30 et la voûte de la grotte a 6 et 10 mètres de plus.

« A l'extrémité nord-est de la grotte, un deuxième grand puits vertical, de 5 à 6 mètres de diamètre, descend 87 mètres us bas, mais se trouve bouché par un talus de pierres, à 53 mètres d'altitude. »

Quel a pu être le mode de formation de cet abîme si remarquable ? D'après MM. Martel et Viré, l'*aven* Armand serait un erveilleux type d'abîme d'érosion, et il est vraisemblable qu'il

a servi jadis d'exutoire à un ancien lac, ayant été formé, comme
tous les *avens* du reste, par l'action corrosive de l'eau agran-
dissant les fissures préexistantes du sol.

D'après les observations des explorateurs, la cheminée du
premier puits traverse les calcaires sublithographiques com-
pacts, en grandes dalles, assez fissurés du rauracien ; quant
à la grande grotte, elle est excavée dans des calcaires marneux
et très fissurés de l'étage oxfordien. Pour le deuxième puits,
il est formé par une grande diaclase survenue dans les dolomies
massives du bathonien supérieur, et surmonte les calcaires
sublithographiques excessivement fissurés du bathonien inférieur, calcaires qui devaient sans aucun doute offrir un écoulement facile aux eaux, en raison des innombrables crevasses
qu'ils présentent.

※

Les tremblements de terre en 1897.

Le retour trop fréquent des phénomènes sismiques a conduit
les physiciens à organiser un service d'avertissements, analogue
à celui qui est utilisé en météorologie, afin de prévoir les catastrophes, sinon de les prévenir complètement. Les magnéto-
mètres installés aujourd'hui sur plusieurs points de l'Europe
permettent d'enregistrer toute oscillation du sol se produisant
dans une zone, même assez étendue, autour des lieux où ils
sont placés. Malheureusement, la vitesse avec laquelle se propagent ces pulsations du sol rend bien délicat le moyen de
pallier préventivement les désastres ; dans les régions les plus
exposées, on commence à faire les constructions plus légères,
pour qu'elles puissent, le cas échéant, offrir moins de résistance
aux trépidations.

Toutefois, si l'on a eu en 1897 moins de catastrophes à enregistrer, ce n'est pas aux moyens de défense employés qu'il faut
l'attribuer. La liste des tremblements de terre qui se sont produits l'année dernière est encore trop longue, comme on va
le voir.

Janvier. — Une épouvantable catastrophe a lieu le 20 janvier à Kishm, île importante du détroit d'Ormuz, à l'extrémité méridionale du golfe Persique. Trois tremblements de terre successifs détruisent dans la même journée presque toutes les habitations; sur 5 000 habitants, des Arabes pour la plupart, plus de 2 000 ont péri.

Le 29, une légère secousse est ressentie en France à Saint-Jean-d'Angély, à 1ʰ,50 du matin. Des objets d'étagère chancellent sur leur base, et nombre de personnes sont remuées dans leur lit. La secousse, suivie d'un fort ronflement, a duré deux ou trois secondes et paraissait se diriger de l'est à l'ouest.

Février. — Dans la nuit du 1ᵉʳ au 2 février, violente secousse de plusieurs secondes à Laybach (Autriche); malheureusement, ce n'est pas la seule de l'année, comme nous le verrons plus loin.

Le 12, secousse de huit secondes, un peu après minuit, à Messine, la terre classique des tremblements de terre; le mouvement se propage à Catane, Minée, Oppido-Mammertina, Syracuse et Reggio-di-Calabria.

Mars. — Le 21, à 6ʰ,30 du matin, on a ressenti à Manosque (Basses-Alpes) une assez vive commotion de tremblement de terre. On entendit comme un coup de canon, et le bruit fut accompagné d'une trépidation qui ébranla les maisons durant deux ou trois secondes. L'oscillation fut si rapide, qu'il était tout d'abord difficile d'indiquer le sens dans lequel elle s'était produite; sauf quelques vitres cassées, il n'y eut pas de dégâts. Une deuxième oscillation eut lieu vers 8ʰ,45, aussi rapide, et dans les mêmes conditions. Le phénomène paraît avoir été localisé à Manosque et aux environs, principalement du côté du nord, dans la direction de Volx et du Bois-d'Asson. Il n'a été ressenti ni à l'est, sur l'autre rive de la Durance, ni à l'ouest, ni au sud, du côté de Sainte-Tulle. De plus, au lieu de se manifester par des oscillations prolongées et répétées dont on perçoit bien la direction, le phénomène a consisté en un énorme bruit souterrain et étouffé, à la suite duquel le sol a éprouvé une vive trépidation, presque aussitôt disparue. Le 22 mars, à 7 heures du matin, une troisième commotion eut lieu, mais beaucoup moins violente que les précédentes.

Avril. — Le 29, à 10ʰ,20 du matin, un tremblement de terre désastreux a eu lieu à la Guadeloupe. Le mouvement sismique, qui atteignit principalement la ville de la Basse-Terre, commença par une vive trépidation, suivie d'oscillations du nord-est au sud-ouest, et dura environ 6 secondes; un nouveau choc sec eut lieu à $10^h,50$, sans autre dommage qu'une légère panique. Le soir, vers $9^h,5$, une secousse vint encore mettre la population en émoi, sans le moindre dégât. Malheureusement, il n'en était pas de même à la Pointe-à-Pitre, où, au même moment, le sol trépida violemment, après un bruit souterrain semblable à un roulement de tonnerre; plus de cinquante maisons s'effondrèrent et l'on compta neuf morts et une centaine de blessés. Le phénomène fut ressenti à divers degrés dans toutes les Antilles le même jour, et le lendemain à Lima (Pérou), où de violentes secousses détruisirent un grand nombre d'habitations dans la nuit du 30 avril au 1er mai, vers 2 heures du matin.

Mai. — Le 11, deux secousses en Italie, à Arta : la première, insignifiante, à $7^h,30$ du matin; l'autre à 9 heures du soir, avec une durée de 30 secondes.

Le 15, à $2^h,44$ de l'après-midi, forte secousse à Palerme, d'une durée de 10 secondes; elle est également ressentie à Trapani.

Le 29, toujours en Italie, un violent mouvement sismique a lieu, à $11^h,40$ du soir, à Palascia, Bari, Tiriolo, Reggio-di-Calabria, Messine, Portici, Ischia, Rome et Sienne.

Juin. — Le 12, à 5 heures du soir, Calcutta et la région avoisinante sont fortement éprouvées par plusieurs secousses très violentes. A Howrab et à Burdwan notamment, des maisons ont été détruites, et l'on compte huit morts à Calcutta même.

Juillet. — Le 5, à $2^h,15$, faibles secousses à Trieste, dans la direction du sud-ouest au nord-est.

Le 12, nouvelle agitation du sol, à $9^h,53$ du matin, à Laybach. Nombreux dégâts, heureusement sans gravité.

Le 18, une violente secousse, suivie d'une très forte éruption, s'est produite dans l'île Stromboli, la plus septentrionale des îles Lipari. Cette île est formée par une sorte de rocher conique constituant un volcan, qui vomit continuellement flamme et fumées, mais ne donne pas de lave depuis plus de deux mille a s; le mouvement sismique a produit une recrudescence ns l'éruption des gaz et des flammes.

Août. — Le chef-lieu de la Carniole, Laybach, a été en re

éprouvé, le 3, par un très violent tremblement de terre, comparable à celui du 18 mai 1895; cette malheureuse ville, située sur un terrain miné par de vastes grottes, a été de tout temps exposée aux convulsions souterraines. Ce dernier tremblement a de nouveau jeté la terreur parmi les habitants; les dégâts s'élèvent à plusieurs millions.

Septembre. — Violente secousse le 6 septembre, à 4ʰ,11 de l'après-midi, à Florence.

Dans la nuit du 10 au 11, deux secousses légères, mais bien nettes, à Souk-el-Arba (Tunisie), à 1ʰ,30 et 4ʰ,7 du matin.

Le 18, fort tremblement de terre à Tachkent et à Samarkand, à 8 heures du soir.

Octobre. — Une violente secousse est ressentie à Grenade le 14, à 4 heures du soir; sa durée n'est que de 5 secondes, mais elle cause une grande panique. Aucune victime et peu de dégâts. Les oscillations se sont produites du nord au sud.

Le 30, on ressent des secousses de tremblement de terre presque continuelles, et accompagnées d'un grondement pareil à celui du tonnerre, à Graslitz, en Bohême.

Novembre. — Le 2, de fortes secousses sont ressenties à Constantinople; le même jour, d'autres se produisent en Grèce, à Patras, Zante, Missolonghi, et particulièrement à Leucade, où plusieurs maisons s'écroulent.

※

L'avalanche du Weisshorn-Grat.

Il ne se passe guère d'année qu'on n'ait, au col de la Fluela, dans l'Engadine, des morts à enregistrer, par suite d'avalanches, dont l'effet est d'autant plus terrible, qu'à cette altitude — 2400 mètres — aucune végétation n'est là pour enrayer leur marche dévastatrice. L'avalanche du 6 février 1897, qui tomba 100 mètres à peine de l'hospice de la Fluela, restera tristement célèbre. Deux voitures se croisaient sur la route, quand un bruit formidable, venant du Weisshorn-Grat, retentit tout à coup;

en un clin d'œil, hommes et chevaux furent balayés dans le tourbillon, asphyxiés par le brusque déplacement de l'air et jetés, sous l'avalanche, contre le Schwartzhorn, qui se dresse en face du Weisshorn-Grat de l'autre côté du col. En quelques secondes, la route avait été exhaussée de *trente mètres*, sur une largeur d'environ 400 mètres! Cinq hommes et huit chevaux avaient été engloutis.

On sait aujourd'hui que parmi les avalanches on peut distinguer deux catégories. Les unes, en raison de la configuration du terrain, tombent périodiquement au même endroit en suivant toujours un chemin qu'elles se sont frayé : elles sont peu dangereuses, puisqu'elles sont prévues, et leurs effets peuvent être atténués par des moyens de protection. C'est ainsi qu'au Davos-Platz, non loin du Weisshorn-Grat, on a prévenu l'action d'une avalanche annuelle par la construction de parapets sur le versant de la montagne, et par le percement d'un tunnel. Pour d'autres — et celle du 6 février est de celles-là — la manière inopinée dont elles tombent les rend très redoutables. Malheureusement, il semble difficile qu'on puisse parvenir à pénétrer leurs causes et à prévoir leur apparition assez à temps pour prendre des mesures efficaces de protection contre elles.

La catastrophe de Killarney.

On sait que les tourbières sont exposées à des transformations successives, dues à une série d'accidents naturels qu'on peut rattacher à deux sortes de phénomènes. Tantôt la tourbière flotte, détachée du fond auquel elle était primitivement adhérente, et glisse sur les eaux ou les pentes du sol; la sécheresse prolongée ou l'exploitation maladroite de la tourbière sont, en général, la cause de cet accident. Tantôt la tourbière est subitement bouleversée par une éruption de vase, dont on peut attribuer l'apparition soit à l'explosion d'une masse gazeuse interne, soit à l'affaissement de terrains sous-jacents, soit encore à l'accumulation de l'eau dans le marais. Les renseignements fournis par les journaux anglais sur la catastrophe de Killarney, et le rapport de la Commission chargée par la Société royale de Dublin d'en déterminer les causes, montrent qu'il y eut là simultanément *tourbière flottante* et *éruption vaseuse.*

Le 28 décembre 1896, vers 2ʰ,30 du matin, le Hog Haghanina (Tourbière de la Mule)[1] creva tout à coup, et le petit ruisseau qui le traversait devint tout à coup torrentueux. Avant qu'ils eussent eu le temps de s'échapper, huit personnes, composant la famille Donnelly, étaient englouties sous cette avalanche de boue. Une véritable rivière de vase recouvrait en quelques heures toute la campagne environnante sur plus de 50 hectares de superficie; la rivière Flesk charriait vers le lac de Killarney une pâte bourbeuse et nauséabonde, entraînant tout sur son passage. A côté de cette éruption de vase, et en même temps qu'elle, un mouvement de glissement se produisait sur une partie du *hog* d'une étendue de 80 hectares, qui se déplaçait ainsi de près de 14 kilomètres pendant les quelques jours qui suivirent. Une autre portion de la tourbière, d'environ 280 hectares de superficie, se crevassait et prenait également un mouvement — faible, il est vrai — de progression. Fort heureusement, les pluies de décembre cessèrent bientôt : sans quoi, on eût pu craindre une catastrophe plus terrible encore. Un grand nombre de maisons avaient même été abandonnées en prévision de nouveaux malheurs.

On peut, avec la Commission scientifique dont nous avons parlé plus haut, trouver plusieurs causes au mouvement de la tourbière de Killarney. C'est d'abord l'abondance des pluies de l'automne, qui avaient imbibé le *hog* à la façon d'une éponge. De plus, le ruisseau de Carraundulkeen avait été imprudemment prolongé en travers de la tourbière, comme fossé de drainage, et le point d'attache avait été coupé par un second fossé qui faisait du *hog* une île véritable. L'équilibre entre la pression du ʃide interne et la tension de la croûte enveloppante étant ɴpu par les pluies répétées, le *hog* se déchira aux endroits moindre épaisseur, c'est-à-dire aux points les plus exploités,

---

1. Ce *hog* est situé sur le territoire de Killarney, entre Kingroil-
nstoron et Rathmore, dans le comté de Kerry (Irlande sud-occi-
ɪtale).

et suivant les fossés. D'autre part, l'accumulation d'eau au sein de la tourbière peut être attribuée à la production, par un mouvement sismique, de plusieurs sources internes : il y avait eu effectivement, le 15 décembre 1896, une secousse de tremblement de terre ressentie dans plusieurs villes de l'Irlande.

Puisse cette catastrophe attirer l'attention des géologues sur l'étude des infiltrations souterraines ! Ils auront bien mérité de l'humanité s'ils peuvent arriver à prévenir le retour de pareils phénomènes, ou, tout au moins, à en conjurer les désastreux effets.

BOTANIQUE

Les Bactériacées des bogheads.

Sous les noms de *bogheads*, les géologues désignent une sorte de combustible fossile résultant de la houillification de végétaux spéciaux, des algues microscopiques, à l'exclusion presque complète d'autres plantes.

Formés dans des lacs de peu d'étendue, occupés par des eaux tranquilles, les bogheads, qui se différencient les uns des autres par l'espèce d'algue qui les constitue, se sont évidemment déposés dans des conditions permettant de présumer que l'on devait rencontrer dans leur masse des Bactériacées ayant procédé à leur destruction.

Cette prévision était justifiée, si bien que M. B. Renault, qui, dans le but de la vérifier, avait procédé à l'examen de divers bogheads appartenant aux terrains permiens de France et d'Australie, aux terrains moyens d'Écosse et d'Angleterre et au culm de Russie, découvrit de la façon la plus nette la présence dans ses préparations microscopiques de nombreuses Bactériacées à l'intérieur des algues.

D'après l'examen de M. Renault, les thalles qui composent la masse des bogheads se trouvent à des stades divers de décomposition : tantôt ce sont des corps d'aspect gélatineux ou floconneux, sans structure apparente, de couleur jaune clair; tantôt on y distingue plus ou moins nettement les cellules qui les composent.

Dans le premier cas, les Bactériacées, qui toutes affectent la forme coccoïde, sont disséminées sans ordre dans le milieu amorphe, et souvent fort difficiles à mettre en évidence, quand il ne s'est pas établi, grâce à quelque matières étrangères, une légère différence de coloration entre elles et la masse environnante.

Dans le second cas, au contraire, les Bactériacées sont rangées suivant les parois des cellules, dont elles marquent exactement la forme et la disposition.

Quel que soit le cas, du reste, les microcoques des bogheads, qui ont reçu le nom de *Micrococcus petrolei*, se présentent sous l'aspect de cellules sphériques, tantôt isolées et tantôt contiguës, réunies par deux ou en chaînette, mesurant de 0ᵐ,4 à 0ᵐ,5, à parois visibles sous un grossissement de 1000 à 1200 diamètres, incolores ou faiblement coloriées quand elles n'ont pas fixé quelques matières étrangères, apparaissant souvent comme de petites sphères brillantes plus réfringentes que le milieu environnant, ou bien par une mise au point différente, comme une cavité hémisphérique de même diamètre.

D'après les recherches de M. Renault, ces microcoques, qui se rapprochent beaucoup du *Micrococcus carbo* de la houille et doivent par suite rentrer, comme ce dernier, dans la section des *Hymenophagus*, envahissaient les thalles en allant de la périphérie au centre et en gagnant de proche en proche, simplement par leur multiplication dans l'épaisseur des membranes moyennes, où l'on peut encore maintenant les observer, en même temps que les résultats de leur intervention.

Influence du porte-greffe sur le greffon.

On savait depuis longtemps que les arbres fruitiers, notamment les nombreuses variétés de poiriers à fruits de table, étaient toujours influencés dans leurs caractères suivant la nature des porte-greffe sur lesquels ils étaient greffés.

On avait remarqué, en effet, que si les particularités essentielles de ces variétés n'étaient point changées, leur vigueur et leur hâtivité à fructifier, ainsi que le volume, la couleur et la saveur de leurs fruits, étaient cependant notablement modifiés selon qu'elles étaient greffées sur le *poirier franc* ou sur le *cognassier*.

Il était donc intéressant de déterminer avec précision quelle était l'influence exacte exercée par les porte-greffe.

A cet effet, MM. Gustave Rivière et G. Baillehache entreprirent, durant trois années consécutives, des expériences comparatives sur deux poiriers de la variété connue sous le nom de *Triomphe de Jodoigne*, et qui étaient élevés côte à côte, dans de mêmes conditions d'âge, de terrain et d'exposition, mais dont l'un avait pour porte-greffe un poirier franc et l'autre un cognassier.

L'analyse des fruits récoltés sur l'un et l'autre arbre donna des résultats fort nets et constants, d'où l'on peut déduire les faits suivants, dont la connaissance ne laisse pas d'avoir un réel intérêt pratique :

1° Le poids moyen des fruits récoltés sur le *Triomphe de Jodoigne* greffé sur le cognassier est bien supérieur à celui des fruits provenant de la même variété greffée sur le poirier franc.

2° La densité de ces mêmes fruits est plus élevée dans le premier cas que dans le second.

3° La proportion d'acide libre est plus grande dans le jus extrait des fruits récoltés sur la variété dont il s'agit greffée sur le cognassier que dans le jus des fruits récoltés sur cette même variété greffée sur le poirier franc.

4° Enfin, la quantité de sucre totale contenue dans le jus des fruits récoltés sur le *Triomphe de Jodoigne* greffé sur le cognassier est notablement plus élevée que dans le jus des fruits cueillis sur cette même variété quand celle-ci est soudée au poirier franc.

Dans les expériences de MM. Rivière et Baillehache, expériences qui, répétées avec la variété *Doyenné d'hiver*, ont donné d'analogues résultats, les quantités totales de sucre, suivant le porte-greffe, furent très différentes, atteignant seulement 7 kilogrammes pour la récolte avec le *Triomphe de Jodoigne* soudé au poirier franc, et dépassant 11 kilogrammes avec cette même variété greffée sur cognassier.

Il se dégage de ces recherches des conséquences pratiques de haute importance. Puisque, en effet, le porte-greffe exerce une influence aussi considérable sur le greffon, puisqu'il jouit la propriété d'exalter ou d'affaiblir la plupart des phénomes physiologiques dont celui-ci est le siège, il importe de le nisir avec grand soin et de ne pas déposer les greffons indifemment et au hasard sur les premiers porte-greffe venus.

La maladie des châtaignes.

C'est un fait depuis bien longtemps observé que, pour assurer
la conservation des châtaignes, il est indispensable de les
garder au sec, et surtout de les décortiquer préalablement et
de les sécher ensuite à la fumée. Grâce à ce traitement,
que recommandaient dès 1600 Olivier de Serres et un siècle et
demi plus tard Duhamel du Monceau, l'on est assuré de les conserver sans qu'elles aient à craindre la pourriture durant une
année entière.

Cependant, si l'on savait ainsi comment préserver la récolte
des châtaignes d'une destruction prématurée, on ignorait
encore la cause de la maladie qui les atteignait.

C'est à un cryptogamiste passé maître dans l'étude des champignons parasites des plantes de grande culture, à M. Roze, que
l'on doit enfin de connaître la nature réelle de l'affection qui
sévit si fréquemment sur les châtaignes, en particulier au cours
des années humides.

D'après les observations de M. Roze, c'est le *Pseudocommis
vitis* de Debray, le champignon parasite de la brunissure, qui est
la cause de tout le mal. Le châtaignier, en effet, est très sensible aux atteintes de ce cryptogame, si bien que les feuilles, les
jeunes rameaux, par suite de la contamination aérienne, résultant du transport par les vents, sur les arbres, des kystes ou
des plasmodes microscopiques de *Pseudocommis vitis*, sont souvent envahis. Il arrive même que les enveloppes involucrales
échinulées du fruit avant sa maturité sont semblablement attaquées; dans ce cas, les plasmodes traversent cet involucre,
ainsi que le tégument externe de la châtaigne, et s'arrêtent
d'abord dans la membrane interne, où ils forment d'ordinaire
une petite tache d'un brun noirâtre.

Sous l'action de l'humidité venant à pénétrer, après leur
arrachage, des châtaignes ainsi attaquées intérieurement,
parasite se développe et envahit peu à peu toute la pulpe d
fruit.

Cependant le *Pseudocommis vitis* n'est pas le seul agent
envahisseur des châtaignes. Lorsque celles-ci, en effet, on

absorbé trop d'humidité, leur tégument externe se ternit et se laisse pénétrer facilement par une moisissure bleuâtre, l'*Aspergillus glaucus*, dont les filaments mycéliens ne tardent pas à s'emparer de toutes les parties du fruit attaqué, amenant ainsi bientôt sa destruction complète.

Comme l'on voit, ainsi que le fait remarquer M. Roze, ce double envahissement étant favorisé par l'excès d'humidité et retardé, au contraire, par la sécheresse, il en résulte que, pour la bonne garde des châtaignes, leur conservation dans des endroits secs est de première nécessité. Toutefois, comme il est à peu prés impossible d'empêcher la maladie de suivre son cours, en raison de l'humidité ordinaire de la saison, si l'on veut conserver ces fruits au delà de l'hiver, il convient de recourir à l'emploi du vieux procédé indiqué par Olivier de Serres et Duhamel, mais à la condition d'en faire usage aussitôt après la récolte.

※

Un nouvel ennemi des pommes de terre.

M. Roze, dont l'*Année scientifique*[1] a déjà enregistré les intéressantes recherches sur les Bactériacées de la pomme de terre, a reconnu récemment qu'aux parasites déjà découverts il convenait encore d'ajouter le *Pseudocommis vitis*, étudié naguère par M. F. Debray, professeur à l'École supérieure des Sciences d'Alger, et qui est l'agent immédiat de la maladie de la « brunissure »[2]. On sait du reste que le *Pseudocommis vitis*, d'abord signalé sur la vigne, fut retrouvé sur un grand nombre d'autres végétaux : c'est ainsi que M. Debray le rencontra dans les feuilles jaunissantes des pommes de terre.

En examinant des tubercules de la variété *Quarantaine de la Halle*, dont la moitié des parenchymes prenait après la cuisson une teinte jaunâtre et brunâtre, M. Roze remarqua que les

1. L'*Année scientifique et industrielle*, 40e année (1896), p. 201.
2. Voir l'*Année scientifique et industrielle*, 39e année (1895), p. 129.

tubercules présentaient à leur surface de petites perforations subérifiées, autour desquelles existait, dans le tissu sous-jacent, une zone brune, dont les cellules étaient envahies par une masse plasmatique d'un brun jaunâtre, englobant parfois tous leurs grains de fécule, et constituée par les plasmodes et les kystes du *Pseudocommis vitis* décrit par M. Debray.

Sur d'autres tubercules non piqués, mais dans lesquels des taches d'un brun jaunâtre, peu profondes et correspondant à d'autres taches sombres, parfois assez étendues et déprimées, de la surface de la pomme de terre, apparaissaient sous l'épiderme lorsqu'il était coupé, M. Roze retrouva encore les plasmodes et les kystes du même champignon myxomycète.

Cette dernière découverte ne laisse pas d'être importante, car elle montre que le végétal parasite élit domicile aussi bien sur les tubercules sains que sur les tubercules déjà piqués; et, comme la présence du *Pseudocommis vitis* a, depuis les premières obser-vations de M. Roze, été relevée sur un grand nombre de pommes de terre, appartenant à une vingtaine de variétés différentes, de diverses provenances agricoles et horticoles, il est manifeste que la maladie qu'il détermine doit être assez fréquente. Il en résulte qu'il y a lieu de se préoccuper vivement de la multipli-cation de ce fâcheux myxomycète, dont l'action nocive peut être aussi bien à redouter pour la pomme de terre que pour les autres végétaux chez lesquels M. Debray l'a déjà signalée, en particulier pour la vigne, les pois, le tabac, la plupart des arbres fruitiers, etc.

✳

La culture de la vigne en Normandie.

Il y a belle lurette que chez nous, en France, la Normandie passe à juste titre, avec la Bretagne, pour le pays par excellence de production du cidre.

La vigne, en effet, ne mûrit guère au nord de la Loire, et le petit bleu d'Argenteuil, voire même l'acerbe « picolo » qu'on fabrique à Paris avec le raisin récolté sur les flancs de la butte Montmartre, ne méritent guère l'attention des œnophiles. Les ceps ' dont ils proviennent n'ont pas bu assez de soleil. C'est que la vigne est un végétal plutôt frileux,·et ne s'accommodant guère du climat déjà âpre de notre France septentrionale.

Cependant le temps n'est peut-être plus éloigné où l'on pourra trouver chez les marchands de vins du pur jus de vigne provenant des vignobles normands.

Depuis quelques années, en effet, un agronome distingué de Damigny, près Alençon, M. Caplat, a réussi à cultiver chez lui la vigne avec succès, si bien qu'il a pu déjà vendanger un petit nombre de ceps et qu'il a obtenu des vins très sortables.

Tout dépend de la nature des ceps cultivés.

Au lieu de planter les variétés de vigne couramment cultivées en France, M. Caplat eut l'idée de tenter la culture dans son domaine, situé notablement au delà de la limite extrême de la zone viticole, de certaines variétés provenant des régions froides, humides et montagneuses de la Chine et du Japon, variétés découvertes, voici déjà pas mal d'années, par le R. P. David, et dont les boutures furent importées en France par M. Henri Dagron.

C'est en 1882 que furent tentés les premiers semis. Ils réussirent à souhait, si bien qu'à l'heure présente M. Caplat a pu envoyer dans la plupart de nos départements viticoles quantité de plants provenant du vignoble créé par ses soins.

L'étude ampélographique des diverses variétés acclimatées de la sorte a été faite par deux spécialistes autorisés, MM. Carrière et V. Pulliat.

Leur examen minutieux a été très favorable à la nouvelle culture. « Les vignes japonaises et chinoises cultivées à Damigny, disent-ils, sont d'une végétation vigoureuse et puissante; les sarments en sont allongés; les pétioles, en général colorés en rouge vineux ou en violet, sont longs également, elquefois recouverts de poils d'une coloration variant du ige au jaune (*Vitis Romaneti*), quelquefois recouverts _pines (*Spinovitis Davidi*); les feuilles sont tantôt cordiformes *récoce Caplat*), tantôt bi, tri et pentalobées et quelquefois !me lasciniées (*Vitis Romaneti* et *Vitis Pagnucci*); les grappes,

longues de 20 à 30 centimètres, sont formées de grains
arrondis et espacés; ces grains sont recouverts, en général,
d'une peau fine, mais ferme, luisante, pruinée, au-dessous
de laquelle on trouve une pulpe presque toujours colorée
en rouge foncé, rarement en rose.

« Un des caractères les plus intéressants de certaines de ces
vignes est leur précocité; c'est ainsi qu'une vigne japonaise,
semis de *Vitis Coignetiæ* (*Précoce Caplat*), donne du 15 au
20 septembre des raisins mûrs à Damigny. Cette maturité ne
précède que de quelques jours celle d'autres vignes cultivées
dans cette localité (*Vitis Romaneti*, *Vitis Pagnucci*); les *Spino-*
vitis ne mûrissent que plus tard, du 1ᵉʳ au 15 octobre; les *Car-*
rieri sont des vignes encore plus tardives. »

A cette précocité particulière certaines de ces variétés
ajoutent encore cette qualité précieuse d'être très résistantes
aux maladies ordinaires de la vigne.

C'est là une qualité des plus heureuses, et dont les viticulteurs sauront sans nul doute tirer un excellent parti. Les
essais de plantation du *Précoce Caplat,* qui ont déjà été faits en
Bourgogne, dans le Cher, dans la Haute-Garonne et dans d'autres
départements, sont du reste des plus encourageants à cet
égard.

Quant aux vins fabriqués avec les raisins de ces diverses
sortes de vignes, sans posséder les caractères des produits de
grands crus, ils méritent cependant quelque attention et paraissent appelés à rendre d'utiles services.

D'après les analyses qui ont été faites par M. Lindet, ils sont
peu riches en alcool, titrant seulement de 5º,4 à 7 degrés; en
revanche, la quantité d'extrait sec, d'acides, de tartre, de tannin
et de cendres qu'ils renferment, est deux fois plus grande que
dans les vins ordinaires; leur couleur, enfin, est très franche,
d'un très bel éclat et d'une intensité quatre ou cinq fois plus
forte que celle admise en général par le commerce des vins.

On le voit, ces vins, qui se dépouillent peu par le vieillisse-
ment, paraissent devoir, à la faveur de leur composition, trouver
une utilisation facile pour la préparation des vins de coupage,
dits *de composition*, où ils semblent appelés, comme le fait observer M. Lindet, à remplacer les vins teinturiers de l'Espagne
ou du Midi. C'est du reste l'avis formel des spécialistes, dé-

gustateurs et négociants, qui ont eu occasion de faire de ces vins une étude attentive.

D'après ces juges autorisés entre tous, les vins préparés avec les raisins des vignes récemment acclimatées en Normandie par M. Caplat possèdent « des qualités supérieures à celles des vins similaires, des vins de *gros noir* du Centre par exemple, en ce sens qu'ils présentent une plus grande proportion de principes utilisables dans la préparation des vins de coupage, qu'ils sont plus frais à la bouche et ne laissent aucun arrière-goût ».

Il est à espérer que, cultivées dans des régions plus tempérées que la Normandie, surtout si ces régions sont toujours fraîches, les vignes japonaises et chinoises ne manqueront pas de donner des résultats meilleurs encore que ceux acquis jusqu'à présent.

Ceux-ci cependant ne laissent déjà pas d'être passablement remarquables. Ce n'est pas peu de chose, en effet, que de pouvoir produire du vin sous un climat relativement froid et où la vigne n'avait pu jusqu'ici réussir.

Mais que vont dire les fabricants de cidre de la vallée d'Auge de cette concurrence inattendue?

❉

Une plante textile à introduire en Algérie.

De temps à autre, dans les informations qu'il publie, le Ministère de l'Agriculture signale aux cultivateurs avisés certaines entreprises susceptibles de donner, dans certaines conditions spécifiées, de sérieux bénéfices, et propres notamment à mettre en valeur des terrains jusque-là délaissés auparavant ou tout au moins ne donnant qu'un rapport de faible importance.

Parmi les indications récentes provenant de cette source officielle, une mention spéciale est due à celles qui sont relatives à la culture de la plante textile connue dans l'industrie sous le nom de *henequen.*

Le henequen, ou coton du Yucatan, est une plante qui a la

forme d'un énorme artichaut et ressemble à l'aloès des régions chaudes de l'Europe.

Cette plante fournit une fibre de premier ordre, d'un blanc brillant, d'une grande force, imputrescible à l'humidité et ne gelant pas sous les plus grands froids.

Il existe plusieurs variétés cultivées du henequen :

Le sacci ou henequen blanc, qui est le plus communément cultivé au Yucatan, dont les fibres sont très abondantes ;

Le chucunequi, qui possède une fibre moins flexible et plus grossière ;

Le yaacxi ou henequen vert, à fibre plus courte, mais plus forte que les précédents ;

Le quitanqui, à feuilles courtes et minces, produit un filament peu apprécié ;

Le cahum, le plus rustique des agavés henequen, dont la fibre est la plus longue, mais manque de finesse ;

Le chelem ou henequen sauvage, à fibre courte, mais lustrée et solide ;

Le pitaqui, variété la plus rare, dont les feuilles ne sont pas bordées d'épines ;

Le babqui, semblable au sacci ; ses filaments sont de meilleure qualité, mais moins abondants.

Le henequen pourrait être cultivé avec succès dans les cantons pauvres de l'Algérie et de la Corse. Les essais tentés dans l'archipel de Bahama, dans la Floride et dans les terrains infertiles de Cuba ont donné des résultats satisfaisants.

Le henequen se contente d'un terrain très pauvre. Pourtant il ne faut pas croire qu'il puisse prospérer partout : une terre grasse et riche développera chez lui la partie charnue aux dépens de la fibre.

Pour tous soins, le henequen ne demande que l'élagage de ses feuilles, qui est le mode d'exploitation et le moyen de conservation de la plante.

La fibre du henequen n'est connue dans le commerce que depuis 1864-1865. Les Américains du Nord s'en servent pour fabriquer des agrès de navire, des cordages, des hamacs, des sacs, des câbles, des stores, des tapis ; en outre, en la mélangeant à une certaine quantité de coton, on tisse de grosses toiles assez appréciées.

Presque toute la production de filasse est exportée à New York.

De 1889 à 1896, l'exportation de la filasse de cette plante s'est élevée en moyenne et par an à plus de 7 millions de piastres mexicaines, représentant une moyenne de 56 029 385 kilogrammes.

Le henequen peut se reproduire par sa graine ; mais ce système est défectueux et très long ; il est préférable de le reproduire par les drageons qu'il jette autour de lui quand la plante est arrivée à sa pleine croissance. On coupe ces drageons quand ils atteignent à peu près 25 centimètres de longueur ; on les met alors en pépinière et on les laisse jusqu'à ce qu'ils aient atteint une longueur de 50 à 60 centimètres, ce qui demande environ deux ans et demi.

La transplantation se fait avant les pluies, vers la fin de mars et le courant d'avril. La plante se développe pendant six ou sept ans, époque à laquelle elle arrive à sa croissance complète. Son tronc s'est dégagé des feuilles inférieures, et, à 30 centimètres du sol, il a de 60 à 80 centimètres de circonférence. Il présente au sommet une masse pyriforme sur laquelle s'étagent en rosette 120 à 130 feuilles alternées, de forme triangulaire, terminées par un dard et bordées d'épines aiguës et fort dures.

Les feuilles charnues et épaisses ont, de la base du dard au tronc de la plante, de 1^m,80 à 2 mètres de longueur et de 12 à 15 centimètres de largeur dans leur partie moyenne.

Les fibres textiles sont intercalées symétriquement dans un parenchyme gras et blanc qu'imbibe un liquide alcalin. Une sorte de papyrus recouvre la feuille, dont il constitue l'épiderme.

Quand les feuilles sont mûres pour la coupe, elles se marbrent de teintes jaunâtres et rouges. Si alors on ne les coupe point, elles se dessèchent, et du henequen ne tarde pas à pousser une énorme hampe florale qui annonce sa mort prochaine. Il faut donc avoir soin de faire l'élagage des feuilles avant l'apparition des signes de la floraison. Celle-ci étant retardée par la saignée de la plante, la production des feuilles peut continuer pendant six à huit ans.

On ne doit couper à la récolte que les feuilles basses ayant au moins 1 mètre de longueur, et ne pas trop dépouiller la plante de ses organes de respiration ; elle ne doit jamais garder moins d'une quarantaine de feuilles visibles. Ni rouissage ni séchage ne sont nécessaires, mais il faut craindre la fermentation ; aussi chaque jour coupe-t-on la quantité de feuilles nécessaire pour le teillage ou râpage, qui doit être fait quelques heures au plus après qu'elles ont été coupées.

La fibre séparée de la bagasse est séchée au soleil ; 4 à 5 heures d'exposition suffisent, et la filasse est prête pour l'emballage et l'expédition.

1000 feuilles pèsent 690 kilogrammes, et donnent 28 kilogrammes environ de filasse, qui vaut environ sur place de 10 à 12 sous le kilogramme, et qui ne revient pas à plus de 20 à 25 centimes le kilogramme.

En dehors de cette industrie, la feuille du henequen cuite fournit une colle excessivement forte ; 4 feuilles produisent, par la concentration, de 30 à 35 grammes de mucilage.

Le suc de la plante est très corrosif ; il attaque le fer des machines à râper. On en tire par la fermentation un alcool de mauvaise qualité.

Outre le henequen, il existe une plante textile, la « lechuguilla » (*Agave heteracantha*), qui fournit une fibre estimée, l'*ixtle*.

La lechuguilla est tout aussi facile à planter et à exploiter que le henequen et pousse à l'état spontané dans toute la province de Vera-Cruz, comme la « pita » (*Bromelia silvestris*), une autre plante de la famille des précédentes, dans la province de Oaxaca.

La pita, aussi solide que le chanvre, pèse 25 pour 100 de moins à volume égal. Il n'existe pas encore de machine pour râper les feuilles, lesquelles, moins épaisses et charnues, sont beaucoup plus longues que celles de la lechuguilla et du henequen.

L'ixtle vaut, sur les marchés de Londres et de Liverpool, de 20 à 25 pour 100 de plus que le henequen.

Truffes orientales.

Grâce à M. Ad. Chatin, l'homme de France le plus expert en matière de truffes, comme chacun sait, les amateurs de ces délicieux cryptogames ont vu singulièrement se multiplier depuis quelques années [1] le nombre des espèces dignes d'attirer leur gourmande attention.

Jadis, en effet, l'on ne connaissait guère que la truffe noire du Périgord, supérieurement parfumée entre toutes, et si digne par ses qualités exquises de la sollicitude dont elle est partout l'objet.

Mais, en dehors de cette sorte de truffes, il est encore bon nombre d'autres espèces, moins délicates, il est vrai, mais très dignes cependant d'attirer l'attention des amateurs. Ces truffes, à chair blanche, et qui appartiennent plus spécialement aux deux genres *Tirmania* ou *Terfezia*, se rencontrent en abondance dans tout le nord de l'Afrique, dans l'Asie Mineure, dans la majeure partie des îles de la Méditerranée, et, dans les diverses régions où on les récolte, elles constituent un appoint alimentaire qui n'est point à dédaigner.

Aussi bien ne connaissons-nous pas encore toutes nos ressources à cet égard.

De temps en temps, en effet, grâce à M. Chatin, qui eut naguère l'heureuse idée d'aiguiller en ce sens l'attention des voyageurs, des botanistes et de nos résidents dans les pays d'Orient, nous apprenons la découverte d'une espèce nouvelle de truffes. C'est ainsi que tout récemment M. Gennadius, directeur de l'agriculture dans l'île de Chypre, a fait parvenir à M. Ad. Chatin un certain nombre de tubercules d'une espèce non encore étudiée et présentant cette particularité, bien qu'étant un *Terfezia*, de posséder une chair noire.

Récoltée à Morphon, près des ruines du célèbre temple élevé à Vénus, cette truffe, qui est assez volumineuse, est beaucoup plus parfumée que ne le sont d'ordinaire les *Terfezia* : aussi est-elle fort estimée des habitants de l'île.

---

1. Voir l'*Année scientifique et industrielle*, trente-neuvième année (1895), p. 131.

En mémoire de son origine, et conformément au désir
exprimé par M. Gennadius, le *Terfezia* découvert à Morphon a
reçu, en souvenir du lieu où elle fut découverte, le nom de
Terfezia Aphroditis.

❀

La gomme des Sterculiacées en Provence.

On savait que chez les plantes de la famille des Sterculiacées
il existe une formation normale de gomme dans des canaux ou
des lacunes situées au sein du parenchyme de l'écorce ou de la
moelle.

Mais la gomme produite dans ces régions ne s'échappe pas
ordinairement à l'extérieur.

Cependant les Sterculiacées sont capables de produire et de
rejeter à l'extérieur une assez grande quantité de cette substance, car certaines gommes du Sénégal proviennent des Sterculiacées, et l'on a constaté que dans l'Inde le *Sterculia cerens*
fournit une gomme employée aux mêmes usages que la gomme
adragante.

Or jusqu'ici l'on ignorait le mode de formation de ces
gommes.

Des études récentes, portant sur les espèces rustiques et
arborescentes de Sterculiacées qui croissent dans le jardin de
la villa Thuret à Antibes, ont permis à M. Louis Mangin d'élu-
cider cette question intéressante. Cet auteur a constaté que
l'une de ces espèces, le *Brachychiton populneum*, possède dans
le bois des canaux gommeux qui se surajoutent aux canaux
normaux situés chez les autres espèces dans l'écorce et dans
la moelle.

Cette gomme se forme en abondance par les blessures et les
meurtrissures des branches : sa production n'est pas parasitaire, mais pathologique.

L'abondance de cette exsudation, la rusticité de l'espèce
gommifère sous le climat de la Provence, permettent de penser

que l'exploitation de la gomme du *Brachychilon populneum* pourrait être tentée avec succès dans le midi de la France et surtout dans celles de nos colonies dont le climat se rapproche du climat du Queensland, où ce grand arbre est indigène.

✱

Le krach des Orchidées.

Depuis déjà pas mal de temps, horticulteurs et orchidophiles étaient dans la désolation. En dépit de leurs soins, leurs serres présentaient un lamentable spectacle. Les *Cattleya*, qui naguère encore donnaient d'abondantes grappes de fleurs, périssaient tous plus ou moins rapidement, et les *Lælia* n'en menaient guère plus large.

Chez ces deux sortes de plantes, l'on voyait, un vilain jour, la base des jeunes pousses changer de couleur, devenant d'abord jaunâtre, puis passant au fauve; bientôt cette fâcheuse transformation s'étendait à la tige entière, qui devenait molle et sans consistance, et les feuilles portées par ces tiges malades jaunissaient à leur tour et tombaient prématurément.

Un examen attentif des plantes ainsi frappées montra à M. Mangin qu'elles étaient victimes des atteintes de divers parasites végétaux, de minuscules champignons se développant à l'intérieur et aux dépens des tissus des malheureuses Orchidées, et dont l'espèce la plus redoutable est le *Glœosporium macropus*.

C'est par les blessures faites accidentellement aux tiges du végétal, soit en nettoyant les plantes, soit en les dédoublant, soit encore en arrachant les hampes florales, que les germes du parasite pénétraient leur hôte infortuné. M. Mangin a pu s'en assurer expérimentalement en pratiquant de véritables inoculations, ou mieux de véritables semis, du fâcheux champignon sur des tiges de *Cattleya* transformées pour la circonstance en plates-bandes d'essai.

Cependant le mode de propagation du redoutable *Glœospo-*

rium étant ainsi déterminé, il importait de découvrir un procédé efficace pour le combattre. Cela était d'autant plus nécessaire qu'il suffit de quelques semaines — de nombreux exemples relevés aux environs mêmes de Paris l'établissent — pour que des serres entières soient dévastées.

M. Mangin n'eut garde de manquer à ce devoir, et ses recherches ont été couronnées de succès.

On sait aujourd'hui que les éléments germinateurs ou conidies du *Glœosporium* ne peuvent se développer dans l'eau qui renferme en solution un dix-millième de sels de cuivre, non plus que dans l'eau chargée de naphtol.

Ce point établi, voici, d'après le savant botaniste, comment il convient de procéder pour enrayer la terrible maladie qui a déjà coûté si cher aux horticulteurs.

Pour soigner les Orchidées atteintes, on commence par enlever avec le plus grand soin toutes les parties mortes et toutes les branches malades, puis on badigeonne toutes les sections pratiquées au cours de cette opération avec de la bouillie bordelaise. Cela fait, on visite soigneusement chaque pied de *Cattleya* ou de *Lælia*, et l'on enlève et l'on brûle toutes les parties présentant des petits points noirs, qui ne sont autre chose que les fructifications du *Glœosporium* envahisseur. Dès lors, pour terminer le traitement, il ne reste plus qu'à pulvériser tous les plants à la bouillie bordelaise et l'ensemble de la serre avec du naphtol en poudre mis en suspension dans l'eau, à raison de 4 grammes par litre de liquide.

Quant aux mesures propres à prévenir l'introduction du parasite dans les plantations, elles consistent dans une application judicieuse du système des quarantaines.

A cet effet, une serre spéciale, ou à défaut une partie des serres, est transformée en une sorte de lazaret, où l'on met en observation prolongée durant plusieurs mois, avant de les admettre définitivement, toutes les plantes nouvelles. De cette façon, quand on délivre à celles-ci leur patente de libre circulation, l'on est assuré de leur parfaite santé et l'on n'a point à craindre qu'elles contaminent leurs voisines ou compromettent l'avenir de toute une plantation.

La respiration et la maturation des fruits.

On sait que certains fruits, tels que le raisin et l'orange, ont peine à mûrir au-dessous d'un certain minimum de température, et que leur maturation s'achève mal dans le fruitier une fois qu'ils ont été séparés de l'arbre producteur, tandis qu'au contraire d'autres fruits, les pommes en particulier, non seulement mûrissent facilement sous un climat déjà âpre, mais le font encore après avoir été détachés du végétal qui leur a donné naissance.

Ces différences, qui dépendent directement de l'activité respiratoire des fruits considérés, sont dues spécialement à la composition des éléments acides que renferment ces divers fruits aux différents instants considérés.

Pour les fruits non acides, en effet, comme pour ceux qui ont perdu leur acidité avec les progrès de la maturation, l'activité respiratoire, pour se manifester, a besoin, d'après M. C. Gerber, d'un certain degré minimum de température, variable avec la nature de l'acide organique du fruit. Or, avec l'acide malique, qui est l'acide spécifique des pommes, les échanges respiratoires se poursuivent à des températures notablement moins élevées qu'avec aucun autre. Il en résulte que la maturation des pommes s'opère facilement sous des climats déjà froids, où d'autres fruits sont incapables de poursuivre leur entier développement, et, pareillement, qu'elle s'achève petit à petit, dans l'intérieur des fruitiers, au cours des mois d'hiver.

ZOOLOGIE

Les parasites des fourmis.

Décidément, en dépit de la réputation de sordide avarice que leur fit jadis le fabuliste La Fontaine, les fourmis sont des animaux de fort bon caractère et avec lesquels il est facile de s'arranger.

Non seulement, en effet, ainsi que nous eûmes l'an passé l'occasion de l'enregistrer dans l'*Année scientifique et industrielle*, d'après les recherches de M. Charles Janet, nous savions qu'elles se laissent impunément dévaliser par certains insectes myrmécophiles du genre *L*-*pismina*, mais voici encore que nous apprenons, grâce aux sagaces travaux de ce même auteur, qu'elles entretiennent sans protester de nombreux parasites du groupe des Acariens, parasites pour lesquels elles semblent même nourrir une passion dépravée.

C'est un minuscule Acarien, l'*Antennophorus Uhlmanni*, décrit pour la première fois, en 1877, par Haller, sur des spécimens trouvés en Suisse dans un nid de *Lasius niger*, qui bénéficie de la sorte de cette hospitalité généreuse, hospitalité dont M. Janet a pu suivre toutes les phases à l'intérieur d'un nid d'observation installé par ses soins.

L'histoire de cette exploitation des fourmis travailleuses par les Antennophores étant particulièrement curieuse, nous ne saurions mieux faire que d'en emprunter le récit à leur savant observateur :

Les *Antennophorus Uhlmanni* vivent en épizoaires sur les *Lasius*. Ils se tiennent sur la face inférieure de la tête ou sur les côtés de l'abdomen de leur hôte, au moyen des caroncules qui terminent leurs pattes, et qui sécrètent une substance collante très adhésive.

Ces parasites sont aveugles, mais leur première paire de pattes est transformée en longs appendices antenniformes, pourvus d'organes olfactifs très sensibles.

Ils ne circulent pas dans les galeries du nid, mais ils marchent facilement sur le corps des fourmis et savent passer de l'une à l'autre.

Lorsqu'un *Antennophorus*, détaché du corps d'une fourmi, est posé sur le sol d'une galerie du nid, il soulève et tend en avant la première paire de pattes ambulatoires, et, en même temps, il explore l'espace avec ses longues pattes antenniformes. Ces appendices sensitifs s'agitent encore bien plus vivement dès qu'une fourmi passe dans le voisinage. Si cette dernière passe assez près, l'Acarien colle sur son corps la pelote adhésive terminale de l'une des deux pattes ambulatoires qu'il tient soulevées, prêtes pour cette opération, et il peut aussitôt grimper et s'installer en bonne position sur son hôte. Ce dernier, surpris, cherche à se débarrasser du nouveau venu ; mais il n'y parvient pas, et se résigne rapidement, dès que l'Acarien a pris une de ses positions normales.

Ordinairement, une ouvrière ne porte qu'un seul *Antennophorus*, mais on en voit très souvent qui en portent plusieurs. Dans tous les cas, ces parasites prennent des positions symétriques par rapport au plan sagittal de leur hôte, et il en résulte que le centre de gravité de la surcharge considérable qu'ils produisent se trouve placé dans le plan sagittal du corps de la porteuse. Ces Acariens sont ainsi dans les meilleures conditions pour gêner le moins possible les mouvements de la fourmi et, par conséquent, pour être plus facilement tolérés par elles. Les *Antennophorus* dirigent leurs pattes antenniformes vers l'avant de la fourmi s'ils sont posés sur sa tête, et en sens inverse s'ils sont posés sur son abdomen. Lorsqu'une fourmi ne porte qu'un seul *Antennophorus*, ce dernier se place presque toujours sous la tête de son hôte. Le cas dans lequel la fourmi porte un *Antennophorus* sous sa tête et un de chaque côté de son abdomen, est très fréquent. La présence d'un ou de plusieurs *Antennophorus* sur le corps d'un *Lasius* n'empêche pas ce dernier de prendre part aux travaux de la colonie, et, en particulier, de transporter les larves et les déblais.

Les *Antennophorus* se tiennent volontiers sur les nymphes nues, mais jamais sur les nymphes enveloppées d'un cocon. Ils montrent une préférence marquée pour les jeunes ouvrières venant d'éclore. C'est ainsi que, dans un élevage formé d'une cinquantaine de fourmis, portant toutes un seul *Antennophorus* et accompagnées d'un certain nombre de nymphes, je trouvai le lendemain une fourmi nouvellement éclose qui portait sept *Antennophorus* disposés symétriquement, à savoir : deux, placés l'un sur l'autre, de chaque côté de la tête et sur l'abdomen, un sur le milieu de la région dorsale, et un de chaque côté. Il semble que les *Antennophorus* soient attirés vers les jeunes fourmis pour profiter des soins dont elles sont l'objet de la part de leurs compagnes plus âgées. Ces dernières ne songent nullement à chasser ces parasites, qui se disséminent spontanément un peu plus tard. Au moment où une reine se débarrasse de son enveloppe nymphale, les ouvrières viennent à son aide. Les ouvrières porteuses d'*Antennophorus* prennent part à ce travail, et ces dernières profitent généralement de cette circonstance pour passer sur la reine nouvellement éclose.

Les *Antennophorus* se nourrissent exclusivement du liquide nutritif que les fourmis dégorgent. Une cinquantaine de *Lasius* porteurs d'*Antennophorus* ont été installés dans un nid d'observation et laissés sans nourriture. Au bout de huit jours, les fourmis sont en parfait état ; mais il y a déjà une dizaine d'*Antennophorus* qui sont morts de faim. Une très petite gouttelette de miel coloré avec du bleu de Prusse est alors étalée sur la face inférieure du verre qui forme le plafond du nid. Un bon nombre de fourmis, portant presque toutes un *Antennophorus*, viennent se ranger, serrées les unes contre les autres, tout autour de la gouttelette. Les *Antennophorus* ne prennent pas part à ce repas, et ils sont obligés de reculer légèrement, parce qu'ils ne trouvent plus la place nécessaire pour se loger entre la tête de leur hôte et le verre contre lequel elle est appliquée. Les fourmis de cet élevage ont pris l'habitude de se tenir, serrées les unes contre les autres, dans un angle du nid. C'est là que reviennent, le jabot bien garni, celles qui ont terminé leur repas sur le miel bleu, et c'est là qu'elles en dégorgent devant la bouche de celles de leurs compagnes qui n'ont pas encore mangé. La fourmi qui dégorge écarte largement ses mandibules. Les mouvements péristaltiques de l'œsophage et les mouvements du pharynx ramènent des bols de miel que leur couleur bleue rend bien visibles par transparence et qui viennent former, devant la bouche, une petite gouttelette. Pendant que la fourmi demandeuse mange ce miel dégorgé, l'*Antennophorus* qui est placé sous sa tête en prend sa part. A cet effet, il se porte en avant et enfonce son rostre dans la gouttelette. Ordinairement, tout en restant fixé par ses deux paires de pattes postérieures à la fourmi qui le porte, l'*Antennophorus* pose et fait adhérer sa première paire de pattes ambulatoires sur la tête de la dégorgeuse. Souvent, lorsque la fourmi demandeuse a fini son repas et se retire, on voit l'*Antennophorus* chercher à retenir la dégorgeuse. Les deux *Lasius* se prêtent ordinairement à ce prolongement du repas, et, si elles se sont légèrement éloignées l'une de l'autre, l'*Antennophorus* s'étend fortement et forme, le dos en bas, une sorte de pont entre les têtes des deux fourmis.

Si la dégorgeuse porte un *Antennophorus* sous sa tête, celui-ci prend également part au repas. Un *Antennophorus* placé sur l'abdomen d'une fourmi peut ainsi, sans quitter cette position, se procurer de la nourriture. En effet, lorsqu'une autre fourmi se trouve dans son voisinage, il sait, en la frappant avec ses pattes antenniformes et en étendant vers elle sa première paire de pattes ambulatoires, demander et obtenir à manger.

On le voit, d'après cette minutieuse et si intéressante description, les Antennophores sont en réalité des parasites vivant en épizoaires sur les *Lasius* et se nourrissant exclusivement du liquide nutritif que dégorgent ces insectes.

Du reste, il est à noter que les fourmis s'accommodent fort bien de ce parasitisme dont elles sont victimes et ne le voient pas le moins du monde d'un mauvais œil.

C'est là une particularité curieuse et qu'il importait d'autant plus de signaler que les fourmis se montrent à l'occasion impitoyables à l'égard de certains autres de leurs parasites, tels que les *Lepismina polypoda*, par exemple, quand elles réussissent à s'en emparer.

✾

Mollusques calomniés.

En ces dernières années, les hygiénistes, gens qui professent, comme chacun sait, une terreur sans pareille du microbe pathogène, n'ont cessé, un peu partout, de signaler aux gourmets et aux gourmands le péril de l'huître.

Rien ne serait, à les en croire, plus dangereux que de gober, avec ou sans accompagnement de jus de citron, le mollusque savoureux. Une douzaine de Côtes-Rouges ou de Marennes, voire même de vulgaires Portugaises, prises au début du repas, constituerait, d'après ces docteurs Tant-Pis, une souveraine imprudence, que la mort menace de punir.

Est-ce que les huîtres ne donnent pas continuellement asile à des myriades de bacilles et de bactéries qu'elles recueillent dans les eaux où elles vivent, en attendant l'estomac qui doit les engloutir? On risque donc, à s'en régaler, d'ingérer de gaieté de cœur les germes actifs d'un tas de maladies toutes plus graves les unes que les autres.

Et, de fait, l'on citait de multiples cas de contagions, d'affections épidémiques ou infectieuses n'ayant pas d'autre origine.

C'est en Amérique que les premières fâcheuses observations avaient été faites, et l'on racontait entre autres que, certain vilain jour, bon nombre de clients d'un restaurant à la mode de la ville de New York avaient été atteints de fièvre typhoïde pour avoir mangé des huîtres pêchées dans des eaux tenant en suspension le redoutable bacille d'Eberth.

Des faits analogues furent ensuite signalés en Angleterre et aussi en France.

C'était vraiment à reculer d'horreur en présence d'une bourriche bien garnie. Aussi, durant un instant, l'on put se demander avec inquiétude s'il n'allait pas survenir un nouveau krach, le krach de l'industrie ostréicole. Et ce n'était pas une petite affaire, le commerce des précieux mollusques se chiffrant annuellement aujourd'hui par millions de francs, — ni plus ni moins.

Par bonheur pour les propriétaires de parcs, l'homme est par nature essentiellement « zutiste ». Pourquoi, du reste, se tourmenterait-il à propos de tout ? Ne vaut-il pas mieux ne s'inquiéter de rien et laisser aller les choses ?

Ces cris d'alarme des hygiénistes furent donc bien vite oubliés, et, après quelques jours d'abstinence, les amateurs d'huîtres se remirent à en manger de plus belle, estimant, non sans raison, que vraiment ce serait bien extraordinaire s'il passait dans le tas un mollusque contaminé.

Cependant, si la foule des consommateurs ne tardait pas de la sorte à faire justice des conseils de prudence qui lui étaient donnés, en revanche les hommes de science, d'esprit méthodique et avisé ne pouvaient faire autrement que de s'en inquiéter. Qu'y avait-il de réellement précis au fond de toutes les assertions lancées ainsi de par le monde ?

La chose méritait d'être tirée au clair, non seulement à seule fin de rassurer les quelques timorés non revenus à résipiscence et continuant par crainte de la maladie possible à bouder contre leurs goûts, mais aussi en raison de son pur intérêt scientifique.

Trois spécialistes, MM. Ad. Sabatier, A. Ducamp et J.-M. Petit, s'en occupèrent. Leurs recherches furent poursuivies à Cette,

dans les laboratoires de la station zoologique de cette ville, et
portèrent, naturellement, sur les huîtres des parcs d'élevage du
pays, parcs installés dans le canal qui fait communiquer
le port avec l'étang de Thau.

De cette situation spéciale il résulte que les parcs d'huîtres
de Cette sont continuellement baignés par des eaux fort riches
en microbes de toute espèce, parmi lesquels sans nul doute
se rencontrent certains bacilles pathogènes, et en particulier
celui de la fièvre typhoïde. Comment d'ailleurs pourrait-il en
être autrement, quand c'est dans le port même, dont les eaux
passent continuellement dans les canaux de communication,
que viennent déboucher les égouts de la ville ?

Dans ces conditions, il est manifeste que les huîtres appelées
à vivre au sein de ces liquides contaminés doivent de toute nécessité donner abri à de nombreux bacilles. L'examen bactério-
logique des mollusques ayant passé six mois dans les parcs
décela en effet aux savants inspecteurs l'existence de nombreuses
colonies microbiennes.

Dans l'eau des huîtres, — cette eau que certains amateurs
déclarent être l'assaisonnement par excellence, — l'on rencontra
le *Microccocus fervidosus*, le *Micrococcus flavus liquefaciens*, le
Micrococcus radiatus, le *Bacillus fluorescens liquefaciens*, le *Bacillus mesentericus vulgatus*, le *Streptothrix fœrsteri*, tous
bacilles vulgaires du reste, et qui fréquentent également, peut-
être en moins grande abondance cependant, les huîtres des
parcs de Marennes; mais on n'y trouva jamais de coli-bacilles ni
de bacilles typhiques.

Afin de rendre l'expérience plus concluante, MM. Sabatier,
Ducamp et Petit placèrent dans le canal, à l'embouchure même
d'un égout provenant de rues très populeuses, des huîtres
vivantes contenues dans une cage en fil de fer et les y laissèrent
séjourner de vingt-cinq jours à un mois.

On avait le droit de s'attendre à trouver, à l'examen bacté-
riologique de ces huîtres, de nombreux bacilles typhiques
et de coli-bacilles. Il n'en fut rien, et la flore microbienne
resta sensiblement la même que dans les parcs, c'est-à-dire
qu'elle ne montra encore que des espèces banales, telles qu'on
les rencontre dans beaucoup d'eaux d'alimentation acceptées
comme potables.

Une dernière expérience fut alors faite. A seule fin d'être bien sûrs que les huîtres servant aux expériences auraient été contaminées, les trois savants inoculèrent à un certain nombre de mollusques des cultures pures de coli-bacille et de bacille typhique, puis les abandonnèrent dans l'eau salée, et dans des conditions analogues à celles des parcs d'élevage.

Du quatrième au douzième jour suivant cette dernière opération, les animaux furent repêchés et soigneusement examinés. Or jamais l'on ne retrouva à l'intérieur de leurs coquilles, non plus qu'au sein de leurs tissus, le moindre coli-bacille ni le plus chétif bacille typhique.

Voilà qui semble net et concluant, et qui fait bonne justice des accusations portées naguère à la légère contre les huîtres. Non seulement, en effet, celles-ci ne peuvent, et pour cause, servir de véhicule aux microbes infectieux, mais il semble même qu'elles exercent contre ceux-ci une action destructive.

Quoi qu'il en soit, que les fâcheux bacilles succombent parce que les eaux salées constituent pour eux un milieu défavorable ou parce que les huîtres exercent à leur égard leurs moyens de défense vitale, il est manifeste, pour les huîtres de Cette au moins, que la fièvre typhoïde ne saurait survenir du fait de l'ingestion des précieux mollusques.

Mais ce qui est vrai pour Cette doit l'être probablement pour ailleurs.

Il s'ensuit donc que l'huître, durant quelques mois, aura été une innocente calomniée.

Grâce à MM. Sabatier, Ducamp et Petit, justice lui est enfin rendue. Ce ne sont pas les ostréiculteurs, pas plus que les gourmets, qui s'en plaindront.

❈

Une prétendue maladie vermineuse des truffes.

Le monde des gourmets, c'est-à-dire un peu tout le monde, fut mis naguère en émoi par une fâcheuse nouvelle. Il s'agissait dés truffes, ces cryptogames parfumés qui font l'orgueil du Périgord (et aussi du Vaucluse), dont ils constituent l'une des plus importantes richesses. Ces champignons, annonçait-on, étaient les victimes de parasites inconnus auparavant, parasites d'autant plus fâcheux qu'ils étaient susceptibles de communiquer aux personnes ayant, par mégarde, ingéré les truffes contaminées, une maladie vermineuse.

En sa qualité de zoologiste expert, M. Joannès Chatin fut invité à tirer la chose au clair.

Un examen sommaire montra immédiatement à ce savant que les truffes malades, et qui étaient en général petites, irrégulières et anfractueuses, étaient envahies dans leurs tissus périphériques par des nématodes appartenant à deux espèces essentiellement terricoles et saprophytes : *Pelodera strongyloïdes* Schn. et *Leptodera terricola* Duj. ·

Ces anguillules, du reste, en raison de la constitution de leur appareil buccal, sont incapables d'attaquer, encore moins de perforer les tissus de la truffe en état d'intégrité normale, et c'est seulement à la suite d'altérations plus ou moins profondes du végétal qu'elles deviennent capables de pénétrer dans son intérieur.

Cette constatation est, dans l'espèce, d'une réelle importance, car elle établit sans réplique l'inanité des premières craintes formulées.

En réalité, pour que les truffes aient pu être envahies par les nématodes observés, il a fallu que leurs tissus superficiels, probablement par suite d'une période d'humidité exceptionnelle, aient été désorganisés au moins partiellement. Mais, c'est là une circonstance tout à fait anormale, et qui, par suite, garantit complètement contre toute crainte de voir la maladie se généraliser et se manifester régulièrement.

Quant au danger que pourrait faire courir l'ingestion de telles truffes, il est également nul. Les *Pelodera strongyloïdes* et les *Leptodera terricola* sont des espèces saprophytes, dont tout le cycle évolutif s'accomplit en dehors de l'organisme humain.

Les truffes « nématodées » ne présentent donc aucune nocuité et c'est bien à tort qu'on les a dès l'abord accusées de pouvoir communiquer aux amateurs imprudents une maladie quelconque.

Le développement de l'anguille.

Ouvrez un lexique à l'article Anguille, et vous y lirez invariablement : « Le mode de reproduction et le développement de ce poisson ne sont pas encore connus ». Le problème cependant n'est pas posé d'hier. Aristote déjà s'en préoccupait : « L'anguille disait-il, n'a ni œufs ni semence. Elle sort probablement de la fange ».

Dans la première moitié de ce siècle, le naturaliste Siebold constatait mélancoliquement que la science, qui avait à peu près résolu toutes les questions obscures touchant la vie des animaux, n'était pas encore parvenue à résoudre celle de la reproduction de l'anguille. Eh bien, cette lacune vient d'être comblée, grâce à un savant italien, M. Grassi, qui, après onze ans de patientes recherches, a pu reconstituer complètement le cycle évolutif de ce poisson.

Les anguilles, qu'on trouve dans la plupart des cours d'eau et qui remontent très loin à l'intérieur des terres, une fois l'époque de la ponte arrivée, redescendent vers la mer, et là déposent leurs œufs dans les eaux profondes. Mais ce ne sont pas des jeunes anguilles, du moins avec la conformation que nous leur connaissons, qui sortent de ce frai ; ce sont d'autres petits poissons bizarres, qu'on avait bien, il est vrai, rangés dans la famille des anguilliformes, mais pour lesquels, en raison de caractères bien déterminés, on avait créé un genre particulier, celui des *leptocéphales* (tête grêle). Ce sont ces « leptocéphales » à demi transparents, au corps comprimé en forme de ruban, à la tête petite et mince, qui représentent l'une des phases du développement de l'anguille. Ils vivent naturellement en pleine mer, et, leur phase larvaire terminée, ils remontent les fleuves, où leur transformation s'opère graduellement.

✻

L'ambre gris.

L'ambre gris est un calcul intestinal propre au cachalot. G. Pouchet a établi la nature de ce produit, qui est recherché par la parfumerie en raison de son odeur ambrée très suave.

Galippe a montré que, dans tous les calculs, on trouve des microbes, et il a établi en principe que ces microbes sont le point de départ de la formation du calcul. Or l'ambre est un calcul, mais d'un prix fort élevé, et qu'on a peu l'occasion d'étudier. M. le Dr H. Beauregard, assistant au Muséum, ayant eu à sa disposition, grâce à la libéralité de M. Klotz, une grande quantité d'ambre gris, eut l'idée de rechercher s'il serait possible de retrouver des microbes dans ce produit. L'ambre gris étant conservé pendant un long temps avant qu'on en fasse usage (il faut lui laisser perdre un relent stercoral très prononcé qui masque l'odeur ambrée), il était peu probable qu'on pût rencontrer des microbes vivants. Cependant l'étude était intéressante à entreprendre, et M. Beauregard a été bien récompensé de la peine qu'il a prise. En effet, ayant prélevé, avec toutes les précautions désirables, de minimes parcelles d'ambre prises au centre d'une masse considérable (pesant 8 kilogr.) au moment même où ce centre était mis au jour par cassure brusque, il fut possible d'obtenir avec ces parcelles des cultures sur divers milieux. Ces cultures donnèrent un microbe du groupe des *Spirillum*; ce sera dorénavant le *Spirillum recti Physeteris*, nom qui indique sa provenance du rectum du cachalot, où l'ambre gris se forme et séjourne jusqu'à son expulsion. Ce *Spirillum*, assez voisin du bacille du choléra, en diffère cependant par divers caractères, mais il est polymorphe comme ce dernier, suivant les milieux (gélatine, gélose, bouillon) sur lesquels on le cultive.

Cette découverte inattendue n'a pas lieu d'étonner. Le microbe en question est une forme semblable à des formes qu'on rencontre ailleurs, et en particulier dans l'intestin de l'homme. Ce qui mérite d'attirer l'attention, c'est la survivance surprenante de ce microbe, car il fut trouvé vivant et capable de se multiplier dans un morceau d'ambre qui avait été extrait du corps d'un cachalot depuis quatre ans.

Ce fait laisse supposer à M. Beauregard, ou bien que le *Spirillum* en question possède une forme (spores) susceptible d'une longue survivance, ou bien qu'il trouve dans l'ambre un milieu de culture propice. C'est cette seconde manière de voir qu'adopte l'auteur du travail : il pense que les microbes jouent dans l'ambre un rôle important en présidant à la destruction des matières stercorales qui accompagnent l'ambréine, et c'est quand leur travail est terminé qu'apparaît l'odeur ambrée pour laquelle le produit est recherché, au point d'atteindre le prix énorme de 3000 francs le kilogramme.

M. Beauregard a poursuivi ses recherches sur d'autres échantillons d'ambre, il a retrouvé le même spirillum, puis un microcoque qu'il étudie actuellement, et des moisissures du genre *sterigmatocystis*. Ce dernier fait est intéressant, car les *sterigmatocystis* se développent fréquemment sur les matières stercorales. C'est donc encore ici un agent qui s'attaque dans l'ambre aux matières infectes en question, et qui tend à permettre plus rapidement au produit de développer son arome.

La généalogie des espèces de papillons est-elle inscrite sur leurs ailes?

Au nombre des récompenses accordées par l'Académie des Sciences au cours de son dernier exercice, il convient de mentionner la délivrance à Mme la comtesse de Linden, sur un rapport de M. Perrier, du prix fondé par feu M. Savigny, pour un important mémoire sur la question : *La généalogie des espèces de papillons est-elle inscrite sur leurs ailes?*

En raison de son intérêt tout spécial, nous ne saurions mieux faire que de reproduire les passages essentiels du très remarquable rapport de M. le professeur Edmond Perrier :

Lorsqu'on se place sur le terrain de l'hypothèse de la descendance, trois ordres de phénomènes semblent, dans l'état actuel de nos connaissances, embrasser l'embryogénie tout entière : 1° les phénomènes de *patrogonie* ou de répétition des formes ancestrales dans leur ordre de succession généalogique; 2° les phénomènes de *tachygonie*, ou d'accélération dans le mode de formation des blastomères, des feuillets, des mérides, des organes et des systèmes organiques de l'embryon; 3° les phénomènes d'*armozogonie*, ou d'adaptation de l'embryon à des conditions de développement qui lui sont propres, qui sont, par cela même, essentiellement transitoires et différentes des conditions définitives auxquelles sera liée l'existence de l'adulte. Les premiers sont des phénomènes d'*hérédité* pure et simple; les seconds sont dominés par cette faculté, que possède la substance vivante, de reproduire de plus en plus rapidement, quand les conditions sont favorables, les modifications qu'elle a subies, faculté que nous avons désignée sous le nom de *tachygénèse*; les troisièmes représentent la part de variabilité personnelle dont les embryons sont susceptibles au cours de leur développement, sans modifier le résultat définitif de leur évolution, variabilité qui est due en partie aux façons différentes dont l'embryon use de ses organes, et qui rentre, par conséquent, pour cette partie, dans la *cinétogenèse* de Cope. Tout travail complet d'embryogénie doit tenir compte de ces trois ordres de phénomènes et les mettre respectivement en évidence. Mais il est nécessaire pour cela de s'adresser à un grand nombre de types et de les comparer entre eux; de nombreuses discussions se sont élevées entre les embryogénistes, arrivés, sur le même sujet, à des résultats en apparence contradictoires, pour n'avoir pas compris que ces résultats n'étaient que des termes plus ou moins éloignés d'une même série et que, loin de se contredire, ils fournissaient les moyens d'établir les lois de la transformation des phénomènes embryogéniques. Une contradiction de ce genre paraît justement avoir été le point de départ du travail de Mme de Linden.

Contrairement à une opinion très répandue, les êtres vivants n'ont pas évolué en bloc : pas plus que, dans l'espèce humaine, la formation des nations policées n'a fait disparaître les formes sociales les plus rudimentaires, la formation d'espèces nouvelles sur divers points du globe n'a fait disparaître les espèces-souches de ces dernières. Il est donc permis, dans un ordre d'insectes tel que celui des Lépidoptères, où les espèces d'un même genre et souvent d'une même famille présentent manifestement un même type d'ornementation et de coloration, de se demander quelles formes sont les plus voisines des formes originelles, et quelles sont, au contraire, les formes les plus récentes et les plus modifiées. Il est clair, d'autre part, que si les phénomènes de patrogonie ont été conservés, on devra voir, sur l'aile des jeunes papillons encore enfermés dans l'étui de la chrysalide, les dessins et

les couleurs des formes ancestrales apparaitre tout d'abord et se modifier ensuite, de manière à reproduire chronologiquement les aspects
présentés par les espèces appartenant à la même série généalogique.
César Schæller et Van Bemmelen obtinrent en effet, par l'étude du développement du dessin des ailes des Vanesses « petite-tortue » (*V. urticæ*)
et « belle-dame » (*V. cardui*), quelques résultats encourageants : le premier pensait toutefois que les modifications de dessin survenues au
cours de la période de chrysalide ne portaient que sur des détails,
tandis que le second considérait que le type même du dessin pouvait
se modifier. Enrich Haase a obtenu pour les *Papilio* des résultats analogues à ceux de Van Bemmelen.

Pour Urech, au contraire, le dessin apparaîtrait toujours d'emblée,
mais les couleurs ne se montreraient que successivement, dans l'ordre
suivant : blanc, jaune, rouge, brun et noir. La couleur bleue, simplement due à la superposition d'écailles incolores à un fond noir, devait
par cela même apparaître la dernière. Urech attribue le développement de ces couleurs à un réchauffement graduel du climat ; il a
dressé une généalogie des Vanesses, qui est à peu près l'inverse de
celle à laquelle se sont arrêtés les précédents auteurs. Il résulterait
de cette manière de voir que les influences extérieures, et avant tout
les influences calorifiques, ne seraient pas sans action sur le mode de
coloration des ailes des Lépidoptères. En outre, il n'y aurait pas de
développement patrogonique du dessin ; celui-ci serait essentiellement
tachygonique, et le développement patrogonique des couleurs serait
lui-même susceptible d'être modifié par les conditions extérieures.

On peut s'attendre d'ailleurs à ce que, par tachygénèse, dessin et
couleurs prennent d'emblée leurs dispositions définitives.

Mme de Linden a courageusement entrepris de démêler ce qu'il y
avait de vrai dans ces propositions contradictoires. Elle a étudié, au
point de vue spécial qui nous occupe, les *Papilio podalirius* (Flambé),
Machaon et *Thaïs polyxena*, les *Vanessa levana* (Carte géographique) et *urticæ*. Ses observations donnent raison à Van Bemmelen
et à Schæffer contre Urech en ce qui concerne le développement progressif du dessin des ailes des espèces primitives ; mais des phénomènes de tachygonie interviennent chez les espèces les plus modifiées,
et le dessin peut alors apparaître d'emblée, comme l'a vu Urech.

En ce qui concerne les *Papilio*, Mme de Linden se rallie complètement aux propositions énoncées par Eimer :

1° La couleur du fond de l'aile et le dessin se développent successivement ; ce dernier peut masquer presque totalement la couleur du
fond (*V. urticæ*).

2° Le dessin de l'aile postérieure devance généralement celui de
l'aile antérieure ; le dessin du dessus des ailes, celui de dessous.

3° Les modifications du dessin progressent du bord interne au bord externe (écailles noires des *Thaïs* et des *Vanessa*, coloration tardive du bord externe chez les *Papilio*).

4° Les bandes apparaissent généralement au point de ramification des nervures, ou s'étendent le long de leur bord ; leur position change avec la forme de l'aile.

5° Les *Papilio alebion* et *glycerion* représentent une forme primitive d'où le *P. podalirius* serait dérivé par la multiplication du nombre des écailles noires, la réunion de plusieurs bandes et la réduction de la bande de parade. Chez le *P. podalirius*, les bandes situées dans la cellule discoïdale devancent toutes les autres ; chez le *P. Machaon*, les bandes sont réunies dès le commencement, réduites à des taches longitudinales, et forment finalement, quand les nervures portent des écailles noires, un dessin transversal.

6° Le dessin de la *Vanessa levana* est plus primitif que celui des *V. urticæ* et *polychloros* « grande tortue ». Les bandes de la *V. urticæ* sont plus courtes et le dessin primitif fait défaut.

Si intéressants que soient ces résultats, ils ne reposent encore que sur l'étude d'un bien petit nombre d'espèces ; l'auteur n'indique pas pourquoi son choix s'est porté sur les genres qu'elle a étudiés plutôt que sur d'autres. Même en se bornant, comme l'a fait M⁰⁰ de Linden, aux Papillons de jour, il eût été nécessaire d'établir entre leurs genres, en se basant sur l'ensemble de leurs caractères, un ordre probable de succession généalogique ; il était dès lors indiqué de commencer ces études par les genres les plus anciens et les plus simplement colorés, de chercher à déterminer, parmi les genres et parmi les espèces de chaque genre, les formes où la patrogonie domine dans l'évolution du dessin et de la couleur, de suivre pas à pas dans les autres les effets de la tachygénèse, et de préciser ainsi l'ordre de succession des espèces. On pouvait se demander ensuite quelles causes externes ou internes avaient pu amener les modifications chronologiquement établies du dessin et de la couleur, et aborder ainsi le problème de l'origine de l'ornementation des ailes des Lépidoptères ; tout au moins, par cette méthode, les données du problème auraient été scientifiquement établies et la solution par cela même préparée. Il est vraisemblable que les résultats obtenus dans cette direction sur les *Hesperinæ*, les *Pierinæ*, les *Apaturinæ*, les *Melitæa*, les *Argynnis*, etc., n'auraient pas été sans intérêt, et les Papillons hétérocènes soulèvent des questions autrement variées.

SCIENCES BIOLOGIQUES

—————

PHYSIOLOGIE

Les courants à haute fréquence et la virulence du streptocoque de l'érysipèle.

On sait que, depuis déjà assez longtemps, grâce aux belles recherches de M. le professeur d'Arsonval et de M. Charrin, recherches qui ont été enregistrées par l'*Année scientifique*[1], les courants à haute fréquence exercent sur certains organismes microbiens une influence considérable, atténuant leurs propriétés virulentes, et même, à l'occasion, modifiant telles de leurs toxines, au point de les transformer en de véritables *vaccins*, capables, sinon de conférer une immunité complète aux animaux auxquels ils sont injectés, tout au moins d'augmenter notablement leur résistance aux microbes vivants.

Ces premières expériences avaient porté spécialement sur le bacille pyocyanique, ou microbe du pus bleu. Il était intéressant de rechercher si d'autres micro-organismes analogues seraient semblablement modifiés par les courants à haute fréquence.

M. Louis Dubois (de Reims) a entrepris cette étude sur le streptocoque — le germe pathogène de l'érysipèle, comme chacun sait.

A des lapins, qui lui servaient de sujets d'expérience, il injecta des cultures pures de streptocoque, et à d'autres des cultures au préalable soumises à l'action des courants à haute fréquence.

1. Voir l'*Année scientifique industrielle*, quarantième année (1896), p. 271.

Comme permettaient de le prévoir les recherches antérieures de MM. d'Arsonval et Charrin, M. Dubois constata une atténuation considérable de virulence et une diminution de vitalité des cultures qui avaient été influencées par les courants ; mais, au contraire de ce qu'il pouvait espérer, il ne releva dans les conditions de ses recherches aucune formation appréciable d'antitoxine.

Dans ce cas spécial, la méthode ne paraît donc pas susceptible d'être mise à profit pour l'obtention d'un vaccin préventi ou curatif.   .

✳

La diète et la résistance aux infections microbiennes.

D'une façon générale, l'on s'accorde à reconnaître que, pour résister victorieusement aux attaques de la maladie, l'organisme doit être entretenu en vigueur par une solide alimentation.

C'est là une vérité qui n'est pas absolue. MM. J. Teissier et L. Guinard ont en effet reconnu que la diète et l'inanition mettaient les animaux en excellente condition de résistance vis-à-vis de certaines toxines microbiennes.

Ainsi ces savants ont constaté que des chiens privés de nourriture résistaient mieux que des animaux alimentés aux effets de la pneumobacilline et de la toxine diphtérique. Les chiens à jeun ne présentent de phénomènes d'intoxication que longtemps après ceux ayant pris de la nourriture, et si, lorsque les accidents se déclarent, ils ne tardent pas à succomber, du moins les lésions que l'on relève chez eux à l'autopsie sont-elles toujours beaucoup moins graves.

Pour expliquer ces phénomènes fort intéressants, M. Teissier invoque les deux hypothèses suivantes :

« Chez les animaux inanitiés, les toxines, arrivant dans un organisme appauvri, se trouveraient au contact d'éléments cellulaires affamés, prêts à élaborer et à assimiler tout ce qui se présente, et seraient pour cela détruites avant d'avoir pu produire la totalité de leurs effets. Ou bien, les toxines n'agiraient pas ou agiraient plus lentement, parce que l'organisme inanitié manquerait des éléments sur lesquels porte leur activité fermentative, pour arriver à la formation des poisons immédiatement actifs. »

En tout cas, quelle que soit de ces deux hypothèses celle que l'on choisisse pour interpréter le phénomène, il est manifeste que celui-ci est particulièrement curieux, sans compter qu'il comporte un gros intérêt en raison des applications thérapeutiques auxquelles il pourra peut-être se prêter un jour.

※

Le système nerveux et la défense de l'organisme contre les infections.

Il était légitime de penser que, dans les processus de résistance qui font suite à l'introduction des sérums des animaux vaccinés, les forces réactionnelles de l'organisme entrent en jeu. En d'autres termes, lorsqu'un être vivant reçoit un vaccin quelconque, les effets heureux de ce vaccin sont favorisés par les réactions organiques normales, ce qui entraîne logiquement cette conséquence, que le virus vaccinateur exercera son action utile la plus complète possible si les appareils fonctionnels du sujet se trouvent en bon état.

MM. Charrin et de Nittis ont donné une démonstration sensationnelle de la réalité de ce phénomène, en étudiant chez un même animal, dont les parties similaires étaient placées dans des conditions différentes, le mécanisme de la défense de l'organisme vacciné contre l'infection par un produit virulent.

Pour cela ils créèrent chez des animaux vaccinés contre la *Proteus vulgaris* des lésions nerveuses telles, qu'ils se trouvaien en présence, sur le même sujet, de parties similaires dont le unes étaient soumises et les autres soustraites à l'influenc nerveuse.

Les résultats expérimentaux ont toujours été des plus net

montrant sans exception que les lésions du système nerveux favorisent l'infection et s'opposent ainsi à la plénitude de la défense de l'organisme secouru par les sérums.

D'après MM. Charrin et de Nittis, les sérums mettent en jeu des processus variés, et font apparaître des modifications statiques et dynamiques : ils interviennent en partie en stimulant le système nerveux, qui, à son tour, stimule les cellules. Or, là où le système nerveux a subi une détérioration, ces réactions font défaut, sont atténuées ou ne sont qu'imparfaitement transmises ; les éléments anatomiques énervés, offrant alors trop de prise au virus, réagissent insuffisamment et opposent enfin une résistance moindre.

�֎

L'immunité des Gallinacés contre la tuberculose.

C'est un fait aujourd'hui bien connu que les oiseaux de l'ordre des Gallinacés présentent vis-à-vis de la tuberculose humaine, sinon une immunité complète, du moins un très haut degré d'immunité, à telles enseignes que si l'on inocule à ces oiseaux soit des cultures, soit des produits tuberculeux venant directement de l'homme ou ayant passé par l'organisme du cobaye ou du lapin, l'on détermine, non pas une tuberculose s'étendant et se généralisant peu à peu, mais seulement la formation de masses caséeuses qui s'infiltrent et restent à l'état de lésions locales.

De pareils accidents étant produits quand on injecte aux oiseaux des bacilles morts au lieu de cultures vivantes, l'on avait été amené à penser que l'immunité spéciale des Gallinacés était due à ce que leurs humeurs tuaient rapidement les bacilles. En réalité, il n'en est rien, et les bacilles de la tuberculose, introduits dans le corps des poules et des pigeons, y demeurent vivants et virulents durant un temps fort long.

MM. Lannelongue et Achard ont vérifié ce point par de minutieuses expériences, et ils ont encore constaté par des expé-

Depuis longtemps déjà, en effet, nous savons, grâce à des recherches de MM. Phisalix et Bertrand, qu'il existe pareillement dans le sang de vipère, de couleuvre, de hérisson, de cobaye, de cheval, de même dans le sang de l'anguille, de la grenouille, du crapaud, du chien, des principes immunisants contre le venin de vipère, et, de son côté, M. Fraser (d'Édimbourg) a récemment démontré que des doses minimes de bile, soit de serpent, soit de mammifères, étaient capables de neutraliser des doses mortelles de venin.

Mais, la bile étant un liquide complexe, il importait de savoir lequel parmi ses principes essentiels, cholestérine ou sels biliaires, glycocholate de soude ou taurocholate de soude, jouait un rôle actif.

C'est là un point intéressant que M. Phisalix, qui s'est en réalité fait une véritable spécialité de tout ce qui touche aux questions relatives au venin de vipère, s'est occupé de résoudre par des expériences sagaces.

De ses recherches il résulte que l'inoculation à un animal d'un mélange de bile et de venin de vipère reste complètement inoffensive; il n'en est plus de même, par exemple, si l'on inocule en même temps, mais en deux points différents du corps, la bile et le venin : ce qui établit nettement que la bile n'agit pas comme un produit antitoxique.

Si l'on inocule une dose convenable de bile à un cobaye, cet animal peut recevoir trente-six heures plus tard dans une autre région du corps, et sans en être le moins du monde incommodé, une dose mortelle de venin.

Quant aux substances de la bile qui déterminent ces particularités, elles sont, affirme M. Physalix, et la cholestérine et les sels biliaires, si bien que ces derniers exercent vis-à-vis du venin de vipère la même neutralisation chimique que la bile entière.

Ces propriétés immunisantes sont du reste détruites par un chauffage à 120 degrés, prolongé durant une vingtaine de minutes.

Tout cela est fort intéressant, non seulement parce que c'est le premier exemple remarqué d'un composé chimique défini agissant comme un vaccin, mais aussi parce que nous voilà renseignés sur le mécanisme particulier grâce auquel les toxines microbiennes et les venins peuvent en certains cas traverser le tube digestif de l'homme ou des animaux sans entraîner d'accidents quelconques.

En réalité, on le voit, c'est alors d'une destruction réelle du principe nocif, destruction opérée par les diverses sécrétions intestinales, bile, suc pancréatique, etc.. qu'il retourne.

✳

L'intoxication par la sueur de l'homme sain.

L'homme est un animal venimeux, absolument au même titre, nous démontre la physiologie, quoique d'autre façon, que le plus redoutable serpent.

D'abord, son souffle seul est un poison. « L'haleine de l'homme est mortelle pour l'homme », avait déjà dit, il y a plus de cent ans, J.-J. Rousseau, et, justifiant ces paroles de l'auteur de *la Nouvelle-Héloïse*, divers expérimentateurs modernes, feu Brown-Sequard en particulier, et d'Arsonval, ont démontré que l'air expiré, l'air qui a essuyé des poumons humains, n'est pas seulement irrespirable, mais bel et bien toxique, en raison de la présence d'on ne sait quels virus gazeux, d'on ne sait quelles « ptomaïnes » volatiles, qui valent les effluves légendaires du mancenillier.

Venimeux, l'homme ne l'est pas seulement par son haleine ; il l'est aussi par sa salive.

N'a-t-on pas constaté que les plantes arrosées exclusivement avec de la salive humaine — surtout avec de la salive d'homme à jeun — commencent à dépérir dès que la terre est saturée, et ne tardent guère à mourir ?

Si les liquides buccaux ne tuaient encore que les plantes ! Mais ls tuent aussi bien les hommes.... Sachez que la moindre piqûre aite avec une aiguille ayant touché une dent cariée, ou ayant té simplement plongée dans le tartre gingivo-dentaire, peut quivaloir à une piqûre anatomique, à la morsure d'une vipère u d'un chien enragé, et provoquer l'éclosion d'ulcères gros des ires complications !

Mais le plus redoutable des poisons humains, c'est encore la sueur. Un savant professeur, un spécialiste pour lequel les plus subtils virus n'ont plus de secret, M. Arloing, en a donné récemment la convaincante démonstration.

Ayant pris le gilet de flanelle d'un jeune homme qui avait dansé toute une soirée, M. Arloing en a fait macérer un morceau dans de l'eau distillée qu'il a ensuite inoculée à des chiens. Ces chiens ont été pris presque immédiatement de somnolence, puis, à la suite de diarrhées profuses, ils ont fini par succomber en quelques heures. A l'autopsie, on a constaté que le tube digestif était entièrement congestionné, que le foie était criblé de taches jaunes caractéristiques de l'infection hépatique, que les valvules cardiaques étaient sclérosées, et les cavités du cœur remplies de caillots blancs.

Le poison sudoral avait fait son effet, aussi sûr que celui de la strychnine ou de l'arsenic.

De même, le liquide résultant de la macération dans l'eau pure du pantalon d'une jeune femme revenant du bal, ayant été injecté à des lapins, causa leur mort rapide, mais avec des effets différents de ceux relevés sur les chiens. Au lieu de la dépression comateuse constatée chez ceux-ci, les lapins furent en proie à une sorte de névrose violente, avec contractions tétaniques, excitation, satyriasis, tout le tremblement, bientôt résorbé dans l'effondrement de la paralysie générale.

Voilà, m'est avis, de quoi justifier surabondamment la vieille tradition populaire, d'après laquelle une bonne suée, ni plus ni moins qu'une bonne purge, en détergeant l'organisme, est quasiment le meilleur remède contre tous les maux, comme qui dirait une souveraine panacée.

En tout cas, ce n'est pas M. Arloing qui dira le contraire.

❈

La décomposition du chloroforme dans l'organisme.

Des expériences récentes de M. A. Desgrez ont montré que le chloroforme en solution alcaline aqueuse se décompose, dès la température ordinaire, avec production d'oxyde de carbone, conformément aux formules de réaction suivantes :

$$CH\,Cl^3 + 2\,K\,OH = 2\,K\,Cl + H^2\,O + CO + H\,Cl,$$
$$CH\,Cl^3 + K\,OH = K\,Cl + 2\,H\,Cl + CO.$$

Ce point nouveau fixé, il y avait lieu de se demander si, en présence de certains liquides de l'économie, en présence du sang qui est normalement alcalin, comme l'on sait, le chloroforme ne donnait pas semblablement naissance à de l'oxyde de carbone.

La vérification d'un tel fait était fort intéressante à réaliser, la fixation du gaz toxique sur l'hémoglobine, au cas où ce gaz serait ainsi produit, pouvant expliquer certains accidents consécutifs à l'anesthésie, accidents que les analyses du chloroforme incriminé ne justifient pas toujours.

MM. A. Desgrez et Nicloux résolurent de tirer la chose au clair, et, pour cela, ils entreprirent une série d'expériences sur des animaux. Les sujets choisis par les deux physiologistes furent des chiens, dont le sang présente une alcalinité se rapprochant fort de celle du sang de l'homme, quoique légèrement inférieure. Pour déceler et mesurer l'oxyde de carbone produit, ils firent enfin usage du grisoumètre de M. N. Gréhant, instrument d'une extrême sensibilité et qui donne des renseignements précis jusque dans une atmosphère contenant seulement $\frac{1}{50000}$ du gaz toxique.

Ces recherches ont donné des résultats positifs des plus intéressants et ont établi nettement qu'au cours du sommeil chloroformique il y avait une production sensible de gaz oxyde de carbone qui demeure dans le sang. D'après les calculs de MM. Desgrez et Nicloux, la quantité d'oxyde de carbone formée ainsi durant une anesthésie entretenue pendant deux heures environ, comme il arrive pour certaines grandes interventions chirurgicales, peut atteindre, pour un homme pesant 65 kilogrammes et possédant cinq litres de sang, 26 centimètres cubes, c'est-à-dire être sensiblement la même que si le sujet avait passé le même temps dans une atmosphère renfermant un dix-millième du gaz dangereux.

Or l'existence d'une telle proportion d'oxyde de carbone dans l'air n'est nullement négligeable. Les recherches de M. Gréhant ayant justement montré que, dans une atmosphère présentant cette composition, la capacité respiratoire, définie par le volume d'oxygène que 100 volumes de sang peuvent absorber, se trouve très sensiblement affaiblie.

Quoi qu'il en soit, les faits mis en lumière par MM. Desgrez et Nicloux comportent un enseignement utile : c'est qu'en matière d'intervention chirurgicale effectuée durant le sommeil chloroformique, il importe d'abréger le plus possible la durée de l'opération, non seulement parce que l'on diminue de la sorte le shock opératoire, mais aussi parce que l'on évite au sujet affaibli par la maladie une chance très réelle d'asphyxie.

De la production du shock opératoire au cours des éviscérations.

Il était intéressant de conquérir quelques renseignements précis sur les phénomènes physiologiques qui accompagnent ou créent cet état pathologique spécial bien connu des chirurgiens sous le nom de *shock*, et qui est la conséquence des interventions sanglantes graves.

Dans le but de recueillir de tels documents, d'une très grande importance en ce qu'ils peuvent donner des indications sur les circonstances autorisant un praticien à pratiquer une opération sans faire courir au patient la chance funeste de ne pouvoir résister au traumatisme et à l'ébranlement nerveux, MM. L. Guinard et L. Teissier ont procédé à toute une série de recherches sur des chiens profondément anesthésiés à l'éther, au chloroforme ou au chloral.

Ces animaux, une fois endormis, furent éviscérés totalement durant environ trente minutes, au cours desquelles, avant d'être remis en place, leur intestin, à des intervalles rapprochés, fut soumis à des traumatismes variés, pendant qu'à l'aide d'appareils enregistreurs on notait les modifications de la pression artérielle, du pouls, du cœur et de la respiration.

D'une façon générale et constante, ont observé MM. Guinard et Teissier, l'on remarque alors un abaissement de la pression artérielle, de celle du pouls et du cœur, et une accélération notable de la respiration, correspondant spécialement aux grandes excitations du péritoine.

De ces expériences se dégage tout d'abord cette conséquence fort intéressante, à savoir que l'éviscération réalisant des conditions très favorables à la production du shock opératoire, il y a lieu, avant de la pratiquer, de tenir soigneusement compte de l'état du patient.

En effet, ainsi que le notent les auteurs de ces recherches, si chez les individus dont le péritoine n'est pas enflammé, l'éviscération peut être exécutée sans danger, à la condition que le cœur soit sain et que l'opération ne soit pas prolongée au delà de quinze minutes, il n'en est pas de même chez ceux dont le péritoine est malade. Dans ce dernier cas, l'éviscération est dangereuse, en raison de l'acuité des phénomènes réflexes dont elle peut être le point de départ.

✹

Comment les phénomènes psychiques influent sur la pression sanguine.

La pression sanguine à l'intérieur de nos vaisseaux est loin d'être constante. Quantité de causes la font varier, et, parmi celles-ci, les causes émotives ne sont pas les moins nombreuses. C'est du moins ce que M. A. Binet, directeur du laboratoire de psychologie physiologique de la Sorbonne, et M. N. Vaschide ont mis récemment en lumière, à la suite d'une série de curieuses expériences poursuivies durant trois mois sur six sujets.

D'une façon générale, en effet, les observations recueillies par ces savants leur ont montré que les causes émotives les plus diverses, joyeuses ou pénibles, de même que les efforts physiques, amenaient un accroissement de la pression sanguine.

Ainsi, en moyenne, « une douleur forte augmente la pression de 15 millimètres de mercure ; des excitations sensorielles fatigantes et un calcul mental difficile l'augmentent de 20 millimètres ; une conversation animée l'augmente de 30 millimètres ; les émotions spontanées très vives, tristes ou agréables, l'augmentent de 35 millimètres ; un effort musculaire très fatigant (soulèvement d'une jambe pendant quelques minutes), sans suspension de la respiration, l'augmentent de 35 millimètres ».

Toutes ces mensurations, assurément fort intéressantes, recueillies par MM. Binet et Vaschide, se réfèrent à des expériences de courte durée, poursuivies, au maximum, durant quatre minutes. On ne saurait donc en tirer aucune prévision définitive pour les cas où l'action excitante aurait été prolongée pendant des heures et des journées.

Dans ces derniers cas, il est en effet fort possible que, l'organisme étant alors fatigué, à l'accroissement de pression provoqué durant les premiers instants par l'excitation nouvelle ne vienne succéder une phase de dépression plus ou moins profonde, caractérisée par une diminution sensible de la valeur moyenne de la pression sanguine.

Étude des sons de la parole par le phonographe.

On s'est beaucoup occupé en ces derniers temps d'étudier par les procédés physiques le mode de formation des sons de la voix humaine.

Après Hermann, Bœcke, Tipping, etc., M. Marichelle, professeur à l'Institution nationale des Sourds-Muets de Paris, et M. Hémardinquer, ont songé à appliquer à ces recherches l'examen photographique des sillons inscrits sur le cylindre de cire du phonographe, cherchant à établir le rapport qui peut exister entre forme de la vibration et les mouvements de l'organe phonateur.

Voici les intéressantes conclusions que ces habiles expérimentateurs croient pouvoir tirer de leurs recherches :

1° Le timbre des voyelles ne paraît être essentiellement déterminé ni par la capacité de la cavité buccale faisant l'office de résonnateur, ni par les mouvements de la langue en avant et en arrière, ni par le degré d'écartement des maxillaires.

2° Les voyelles, ainsi que les consonnes, doivent leur timbre caractéristique au passage du souffle sonore à travers un ou plusieurs orifices qui se forment dans la bouche, entre la langue et le palais, ou entre les lèvres ; ce canal affecte la même forme que celle qui est prise par les lèvres dans l'action de souffler.

3° Pour la production et la différenciation des voyelles et des consonnes, l'orifice générateur dont il vient d'être question subit des modifications de deux ordres, relatives au degré d'ouverture et à la région de formation de cette sorte de *glotte buccale*.

Nous avons essayé de compléter cette étude en fixant, par la photographie, les inscriptions phonographiques des sons vocaux. Nous avons l'honneur de présenter à l'Académie une première série de ces photographies, qui, bien que très imparfaites encore, en raison des difficultés d'exécution, permettent du moins de faire ressortir les points suivants :

A. L'intensité du son diminue des voyelles ouvertes aux voyelles fermées correspondantes, quand on passe de *o* à *ou*, de *é* à *i*, de *e* à *u*.

B. Le nombre des vibrations partielles constituant chaque période augmente de la série postérieure (*ou*, *au*, *o*) à la série moyenne (*u*, *eu*, *e*), et à la série antérieure (*i*, *é*, *è*).

C. D'une manière générale et à égalité d'effort de la part des parleurs qui ont été soumis à l'observation, les sons graves ont entamé moins profondément la cire que les sons aigus.

D. Malgré les diverses influences qui agissent sur la forme de la période, telles que la hauteur musicale, l'intonation, l'intensité, la conformation individuelle de l'organe phonateur, toute voyelle se distingue des autres sons vocaux par un certain ensemble de caractères invariables, qui lui constituent une individualité propre.

Il ne paraît donc pas impossible, en tenant compte de toutes ces influences diverses, d'arriver, au moyen du phonographe, à une représentation schématique des sons voyelles.

Indépendamment des recherches relatives à la détermination des yelles, il n'est pas un cas de prononciation que l'on ne puisse étuer à l'aide du phonographe. Les variations de l'intonation et de ccentuation, par exemple, se lisent clairement sur le cylindre. On serve ainsi que, dans l'émission de certains *Ah!* exclamatifs, la voix lée franchit rapidement plus d'une octave et demie.

La franklinisation et la voix des chanteurs.

Au prix où sont aujourd'hui les ténors, basses, falcons ou contralti, il n'est pas douteux que la découverte d'un procédé permettant d'améliorer les voix ingrates ou de redonner leurs qualités premières aux voix prématurément fatiguées, ne soit du plus vif intérêt.

Aussi, quand un pareil secret existe, ne pouvons-nous faire autrement que de le signaler à l'attention inquiète de tous les élèves, présents, passés ou futurs, du Conservatoire, aussi bien qu'à celle de tous les directeurs de théâtre.

Et ceci n'est pas une affirmation en l'air : rien n'est plus exact. Désormais, en effet, grâce à MM. A. Moutier et Granier — à qui l'on doit la précieuse recette — tout artiste va pouvoir, rien qu'en suivant un petit traitement, commode et sans douleur, se doter d'un organe vibrant et sonore à faire pâlir de jalousie les chanteurs les plus fameux.

Pour réaliser ce prodige, quelques séances d'électrisation suffisent, à la condition *sine quâ non* cependant que le sujet ne soit atteint d'aucune affection pouvant exercer une influence fâcheuse sur le bon fonctionnement de sa voix.

L'électricité statique, ont reconnu expérimentalement MM. Moutier et Granier, exerce, employée convenablement, une action *sui generis* des plus heureuses sur la voix, si bien que, si l'on soumet à la franklinisation des chanteurs indemnes de toute lésion de l'appareil vocal, leur organe acquiert de l'ampleur, du timbre et du mordant, tout un éclat enfin dont il était privé par suite de la fatigue ou d'antérieurs surmenages.

La façon d'opérer est des plus simples : le sujet s'assied sur un tabouret isolant relié au pôle négatif d'une machine statique à grand débit, et on lui fait respirer les effluves que l'on dégage au niveau de son visage, à l'aide d'un balai de chiendent.

Les effets sont rapides; ils se caractérisent le plus souve[nt] dès la première séance, et portent spécialement sur l'inte[n]sité, la hauteur et le timbre de la voix. Voici du reste, d'ap[rès] les observations relevées par MM. Moutier et Granier eux-mêm[es] les modifications qu'on peut enregistrer à ce triple point de vue :

Intensité. — La voix est plus ample, le son est renforcé. La respiration est en effet modifiée : les inspirations sont plus profondes, plus puissantes, tandis que l'expiration se fait plus également et dure plus longtemps.

L'appui est meilleur, plus solide.

L'essoufflement que produisent la multiplicité et la rapidité des inspirations dans certains morceaux de chant est très diminué et devient presque nul.

Hauteur. — La voix tend à s'étendre dans le registre aigu. C'est surtout dans ce registre que l'action se manifeste ; le maniement en est plus souple, ce qui permet au chanteur de s'en servir et de s'y maintenir plus aisément.

Il en résulte que les notes élevées sont plus faciles et plus puissantes.

Timbre. — La voix plus claire acquiert une qualité toute spéciale : le *mordant*. Elle prend un timbre particulier, que les artistes comparent à celui que l'on observe dans la période prémonitoire du coryza.

Le passage, généralement si difficile, du registre ouvert au registre timbré est bien plus aisé.

Comme on en peut juger par cette note sommaire, les avantages de la franklinisation pour les chanteurs sont on ne peut plus nets et importants. A l'aide de cette pratique, en effet, non seulement la voix gagne en amplitude, en clarté, en souplesse, mais elle prend encore un timbre particulièrement agréable, sans compter que son émission devient plus facile et qu'elle se fatigue moins vite.

Présentant de tels bénéfices, il est à prévoir que la méthode ne tardera pas à se vulgariser, pour le plus grand bien de tous. Grâce à elle, en effet, les élèves et les débutants trouveront plus de facilité dans l'étude du chant ; pour les artistes en possession de leur talent, en leur devant de posséder une voix toujours ample, d'une beauté achevée, ils lui devront aussi de s'épargner amertume des insuccès, et quant aux mélomanes, enfin, ils l'auront plus à redouter d'entendre une cantatrice, en mal de usses notes, trahir lamentablement, au lieu de les interpréter, s plus délicieuses pages de leurs maîtres favoris.

Un nouvel appareil anatomique du péritoine.

La découverte, chez les vertébrés, d'un nouvel appareil anatomique visible, sinon toujours à l'œil nu, du moins à l'aide d'un
très faible grossissement, constitue assurément aujourd'hui un
fait digne de fixer la curiosité.

Aussi ne saurions-nous ici passer sous silence les recherches
de M. J.-J. Andeer relatives à une particularité anatomique du
péritoine, particularité qui se retrouve sur tous les vertébrés
sans exception, depuis l'homme jusqu'à l'amphioxus, et qui
répond à l'existence d'un nouvel appareil non encore observé
jusqu'ici, mais dont le rôle physiologique pourrait bien être
d'une réelle importance.

Jusqu'ici les anatomistes étaient habitués à considérer le
péritoine comme une membrane pleine et continue.

Eh bien, cette opinion était parfaitement fausse. La membrane péritonéale, en effet, est semée régulièrement et dans
toute son étendue d'une infinité de petits trous qui la font
ressembler à une écumoire.

Ces discontinuités, en forme de trous arrondis à l'état normal,
avec des bords très nets, comme si on les avait percés à
l'emporte-pièce, sont très nombreux, mais en nombre variable
selon l'espèce dans l'échelle animale vertébrée; de plus, leur
aspect et leur forme varient également avec les différentes
espèces d'animaux et même avec les individus.

M. Andeer a donné le nom d'*ostioles*, ou « petites bouches »
péritonéales, à ces ouvertures tout à fait lisses, et qui sont
tantôt circulaires, tantôt elliptiques, triangulaires, sphériques,
polygonales irrégulières, ou bien encore sous forme de microsi-
nusoïdes, de virgules, etc.

Observées à la surface interne ou subséreuse du péritoine,
ces ostioles montrent à l'immersion microscopique une différence anatomique très marquée, alors que du côté de
surface externe, c'est-à-dire du côté de la séreuse, elle
sont pourvues seulement d'un simple épithélium transparer
très fin et donnant au bord extérieur un aspect homogèn
Les ostioles sont pourvues de sphincters à muscles lisse

très distincts, qui apparaissent sous la forme d'un tore à section circulaire ou elliptique rappelant par l'aspect un pneumatique de bicyclette. Au point de vue anatomique et physiologique, ces sphincters sont analogues à ceux du pylore, de la vessie, etc.; ils ferment et ouvrent l'ostiole, et gouvernent les mouvements propres de cet appareil, agissant automatiquement pour régler une fonction aussi nécessaire au péritoine que le travail opéré par les branchies des animaux aquatiques.

Le système lymphatique des ostioles, dont le nombre et la taille, pour un même individu, varient avec les points considérés du péritoine, est fort développé, et de même celui de la petite cavité ou sinus qui leur est superposée.

Ce nouvel appareil, qui jusqu'ici avait échappé à l'attention des histologistes, ne s'observe que sur des préparations provenant du péritoine d'un animal fraîchement tué; il paraît, d'après M. Andeer, devoir jouer un rôle important, mais non encore exactement précisé, dans les phénomènes de la circulation.

MÉDECINE

La guérison de la peste.

La peste — chacun sait ça — est une maladie endémique en Orient, où parfois elle sévit avec une violence inouïe, fauchant en quelques semaines des milliers et des milliers de victimes.

Il y a quelques mois, par exemple, aux Indes et en Chine, la terrible épidémie causa la mort d'un nombre considérable de malheureux qui n'eurent point la bonne fortune de pouvoir profiter de la découverte, encore trop récente, par M. le Dr Yersin, du remède efficace contre la redoutable contagion.

La peste bubonique se manifeste par un accès subit de forte fièvre succédant à une période d'incubation, dont la durée varie d'un jour et demi à quatre jours, et qui est caractérisée par un état d'accablement, de prostration.

La maladie une fois nettement déclarée, l'on voit apparaître, généralement dès le premier jour, un bubon unique siégeant 75 fois sur 100 dans l'aine, 10 fois sur 100 dans l'aisselle, rarement à la nuque ou dans d'autres régions du corps, et ce bubon atteint très vite la grosseur d'un œuf de poule.

Dans la très grande majorité des cas, en moins de 48 heures, le malade est emporté. Si cependant il a la chance de résister et de gagner le cinquième ou le sixième jour, le pronostic devient meilleur : le bubon formé peut alors être opéré pour donner issue au pus, et la guérison survient.

Telle est la marche ordinaire de la maladie, dont la contagiosité est extrême.

Cependant, les circonstances de l'épidémie étant connues, pour entreprendre utilement de la combattre, il importait de connaître les conditions de son développement.

M. Yersin se préoccupa donc tout d'abord de rechercher quelle était la nature de l'agent amenant les désordres constatés.

L'examen au microscope, à un très fort grossissement, d'une gouttelette de pus d'un bubon lui fit découvrir un tout petit bacille, court, trapu, à bouts arrondis, et ce bacille se retrouvait encore dans les ganglions des malades, et jusque dans le sang, dans les cas très graves et rapidement mortels.

Une autre remarque fort importante fut faite en même temps. Ayant observé que dans les quartiers infestés beaucoup de rats gisaient morts sur le sol, M. Yersin se demanda si ceux-ci n'étaient pas, eux aussi, des victimes de la peste. L'examen des cadavres montra que la supposition était fondée : ces animaux, en effet, étaient tous porteurs d'abcès renfermant un pus rempli des mêmes bacilles observés dans le pus des bubons humains.

Du reste, des observations antérieures de M. Rocher, consul de France à Mong-Tzé, et des médecins des douanes chinoises, avaient déjà noté ce fait « que le fléau, avant de frapper les hommes, commence par sévir avec une grande intensité sur les souris, les rats, les buffles et les porcs ».

Tout semblait donc bien désigner le bacille découvert par M. Yersin comme le véritable agent efficient et responsable du fléau. Pour vérifier l'hypothèse, une expérience restait à faire : provoquer la maladie en injectant à un animal une quantité déterminée de cultures de ce seul bacille.

Pour cela, il fallait se procurer des cultures pures du bacille découvert dans la pulpe des bubons. M. Yersin y parvint facilement, le dit bacille vivant fort bien dans la gélose et dans le bouillon alcalin, où il se dépose en chapelets.

Or ces cultures, inoculées à des rats ou ingérées par eux avec les aliments, ne tardèrent pas à rendre ces animaux malades et à amener leur mort.

Dès lors la nature parasitaire de la maladie et celle de l'agent qui la provoque étaient nettement déterminées, et l'on pouvait se mettre en quête du remède.

Tout naturellement, la peste étant une affection microbienne, il y avait lieu de songer à un vaccin, à un sérum quelconque.

C'est ce que fit M. Yersin.

Après avoir constaté que le sérum de chevaux sains ne conférait aux rats ou aux souris aucune immunité contre la peste, ' entreprit de conférer à ce sérum un pouvoir vaccinateur uissant.

A cet effet, il inocula, avec toutes les précautions possibles,

dans les veines d'un cheval, une petite quantité d'une culture
virulente du bacille de la peste.

L'animal, à la suite de l'opération, eut durant plusieurs jours
une fièvre violente, mais ne mourut point. Quand il fut à peu
près rétabli, une nouvelle injection lui fut faite. Celle-ci fut,
comme la première, suivie d'une nouvelle période de malaise,
plus courte que la première cependant. Ce traitement fut poursuivi durant plusieurs mois, en augmentant toujours la dose de
culture injectée, en même temps qu'on augmentait l'intervalle
des opérations.

Enfin, trois semaines après ce traitement, au cours duquel
l'animal avait beaucoup maigri, le cheval fut saigné, et l'on
recueillit son sérum, dont on injecta un dixième de centimètre
cube à une souris, qui fut, 12 heures plus tard, inoculée de
la peste.

Or, alors que la souris contracte d'ordinaire la peste avec la
plus grande facilité, la souris vaccinée par M. Yersin demeura en
parfaite santé.

Cette expérience fut complétée par une autre non moins décisive. M. Yersin, en effet, réussit à guérir des souris malades
depuis 12 heures en leur injectant 1 centimètre à 1 centimètre
cube et demi de son sérum.

Dès lors la démonstration de l'efficacité du remède était
faite : pour la rendre définitive, il ne restait plus qu'à appliquer les injections du nouveau sérum au traitement des malheureux pestiférés.

L'occasion ne tarda guère à se présenter, et M. Yersin, encou-
ragé dans la circonstance par le directeur du séminaire de
Canton, Mgr Chausse, fit une première tentative sur un jeune
Chinois du nom de Tsé, 6 heures après le début de la maladie.

Entre 5 et 9 heures du soir, trois injections, de 10 centimètres
cubes chacune, furent faites au malade, dont la fièvre disparaissait vers minuit, et qui, le lendemain matin, vers 6 heures,
pouvait être considéré comme guéri.

A la suite de cette cure merveilleuse, M. Yersin renouvela ses
essais de traitement. Ceux-ci furent décisifs. Sur vingt-trois
sujets traités ensuite à Amoy, en effet, deux seulement succom-
bèrent, et ceux-ci étaient déjà dans un état désespéré quand le
traitement leur fut appliqué ; quant aux vingt et un autres pes-

tiférés soignés entre le deuxième et le cinquième jour après la déclaration du mal, ils guérirent tous, sans autre complication que la suppuration des bubons pour trois d'entre eux. La quantité de sérum injectée varia de 20 à 50 centimètres cubes.

Depuis ces premières expériences, nombre d'autres ont été faites, si bien qu'à l'heure présente quantité de malheureux doivent l'existence au vaccin découvert par M. Yersin.

Cette nouvelle conquête des méthodes pastoriennes est donc d'une importance exceptionnelle, et ses bienfaits paraissent devoir s'étendre aux pays d'Europe eux-mêmes.

Grâce au vaccin antipesteux, la fâcheuse aventure toujours possible du transport en nos pays de l'épidémie par quelques bacilles sournois apportés par un paquebot est désormais peu à craindre. Les vaccinations et l'observance scrupuleuse des règles d'une sévère hygiène ne tarderaient point en effet à avoir raison du mal.

❊

Le microbe de la calvitie.

Jusqu'ici les chauves n'avaient pas même la consolation de connaître la cause de leur infortune. Désormais, grâce aux recherches patientes et subtiles d'un avisé praticien, M. le Dr R. Sabouraud, ils n'ignoreront plus que la perte de leur toison est plus que probablement l'œuvre d'un minuscule bacille du groupe des *coccus*.

Notre peau récèle, on le sait, une multitude de petites glandes diverses, dont les unes ont pour mission essentielle de secréter la sueur, et d'autres de produire une substance grasse, le *sebum*, dont la fonction normale est spécialement de rotéger la peau contre l'action de l'eau.

Dans les conditions habituelles, la sécrétion de ces dernières andes, qui sont toujours annexées à un poil dans le follicule uquel elles viennent déboucher obliquement, est minime et rictement proportionnée aux besoins de la défense de l'orgaisme.

Parfois cependant l'activité fonctionnelle des glandes séba-
cées se trouve accrue; dans les régions glabres, leurs pores
excréteurs, normalement imperceptibles, deviennent alors visibles à l'œil nu, et elles fournissent un véritable flux de *sebum*,
qui, s'écoulant sur la peau, la lubrifie exagérément, lui donnant un aspect huileux caractéristique. Sur les régions pilaires,
et en particulier sur le cuir chevelu, l'on voit alors se manifester « une dépilation diffuse, paroxystique comme l'exsudation sébacée elle-même, et qui devient à la longue définitive » (Sabouraud, *Annales de l'Institut Pasteur*, 1897, n° 2,
p. 135).

Or, prétend M. Sabouraud, cette affection spéciale, désignée
par les médecins sous le nom de « séborrhée grasse », a une
origine purement microbienne, comme le prouve du reste la
présence constante dans la glande sébacée hypertrophiée
d'un bacille spécial, punctiforme, de dimensions extrêmement
réduites.

Il devient désormais facile de se rendre compte du mécanisme par lequel la séborrhée grasse détermine la chute des
cheveux.

Nous l'avons déjà dit tout à l'heure, la glande sébacée est
toujours annexée à un poil dans le follicule duquel elle vient
s'aboucher obliquement. Or, dans le cas de séborrhée grasse,
la pullulation microbienne se localise toujours dans le tiers
supérieur du follicule, entre la surface cutanée et l'abouche-
ment de la glande. Ce fait est capital, l'hypertrophie progressive de la glande sébacée produite par le microbe ayant pour
conséquence directe de provoquer peu à peu l'atrophie de la
papille pilaire, et par suite la mort du poil. Celui-ci sans
doute se régénère, comme la papille elle-même, mais moins
vigoureusement, et, l'infection séborrhéique s'étendant, il ne
tarde pas à succomber d'inanition, en quelque sorte, pour être
remplacé par des éléments plus faibles encore, jusqu'au
moment prochain où, définitivement vaincus, ceux-ci ne pourront même plus se reproduire.

Dès lors la calvitie sera complète et le mal sans remède.

Ces traits, qui sont particuliers à la calvitie vulgaire, spontanée, contrairement à ce que l'on croyait jusqu'ici, à en croire
M. Sabouraud, peuvent également servir à caractériser les

atteintes de la pelade, et l'on peut dire qu' « une plaque péladique est une infection locale aiguë de séborrhée grasse ».

Dans la pelade, en effet, le mécanisme de l'altération du cheveu est toujours exactement le même que dans la calvitie simple, et, dans les deux cas aussi, le fâcheux microbe joue activement son rôle néfaste.

L'observation est consolante, en ce sens qu'elle nous montre que, pour combattre l'une ou l'autre affection, il convient de recourir aux mêmes moyens.

Jusqu'ici, pour traiter les cas de pelade, l'on se préoccupait surtout de favoriser par des excitants appropriés la fonction des papilles pilaires.

M. Sabouraud, par ses recherches si sagaces, nous indique qu'il faut d'abord et avant tout combattre l'infection séborrhéique et empêcher ses récidives.

Or notre thérapeutique actuelle possède contre la séborrhée grasse plusieurs agents efficaces, qui sont en première ligne le soufre, puis l'huile de cade, l'ichthyol et la résorcine.

Il s'ensuit donc que, par un emploi raisonné de préparations convenables de ces corps, l'on pourra agir, non seulement contre la pelade, mais aussi contre la calvitie courante, qui n'est autre chose, en somme, qu'une pelade à l'état chronique et à forme lente.

La découverte de M. le Dr Sabouraud a donc son intérêt.

Ce n'est pas simplement, en effet, pour des raisons de coquetterie qu'il est utile de posséder une chevelure fournie. La calvitie, en réalité, finit par être la source fréquente de quantité d'affections diverses plus ou moins graves (rhumes, coryzas, névralgies, douleurs de tête, maux de dents et d'oreilles, etc., etc.), dont on eût été préservé sûrement si le crâne « dégazonné » n'avait été rendu infiniment sensible aux moindres variations ou accidents de la température.

Le reboisement des sommets ne saurait être jamais une besogne stérile.

L'euphorbe et la tuberculose.

Il n'est probablement pas, dans toute la botanique, une famille végétale qui rende plus de services à la thérapeutique que la famille des Euphorbiacées.

Il ne faudrait pas moins de plusieurs pages de l'*Année scientifique* pour dresser la liste de toutes les substances médicamenteuses — purgatives, émétiques, drastiques, révulsives, etc., — empruntées par la pharmacie à cette famille, qui va de l'homicide mancenillier jusqu'au substantiel manioc, en passant par le buis, et à laquelle nous devons, par exemple, l'huile de ricin, la cascarille et le tapioca.

Parmi les 2 500 espèces diverses d'Euphorbiacées, il en est une qui peut être prise comme type. C'est l'euphorbe officinale (l'*euphorbium* des Allemands), très répandue dans l'Afrique du Nord, et connue de toute antiquité pour ses propriétés corrosives. Il paraît même, à en croire Dioscoride, qu'elle procède étymologiquement d'un certain Euphorbe, médecin de Juba, roi de Mauritanie, qui lui donna son nom.

L'euphorbe produit un suc laiteux, qui se cristallise sous forme de larmes jaunâtres, friables et transparentes. C'est la résine d'euphorbe, dont Rufus d'Éphèse, Galien, Orobase, Paul d'Égine, les docteurs arabes, tous les praticiens du moyen âge célébrèrent à l'envi les vertus.

Inodore à froid, cette gomme dégage à chaud un parfum empyreumatique plutôt désagréable, et son goût est âcre et brûlant. Ses poussières provoquent de violents éternuements, avec une irritation marquée des yeux et de la gorge : aussi les ouvriers qui la récoltent sont-ils sujets à des conjonctivites, à des coryzas, à des bronchites, etc. Elle rubéfie la peau, sur laquelle elle fait un peu l'effet d'un vésicatoire. On s'en est longtemps servi, du reste, pour intensifier l'action des emplâtres. Prise à l'intérieur, elle provoque des vertiges, des nausées, de convulsions.

Bref, une de ces drogues scabreuses, brutales et suspectes pour lesquelles nos pères, férus de polypharmacie, professaien un goût dépravé. Avec les progrès de l'art de guérir, elle avai fini par tomber dans l'oubli, et l'on s'imaginait que c'était justice.

Voici pourtant qu'on parle de remettre la résine d'euphorbe à la mode. C'est même en triomphatrice qu'elle opère sa rentrée, puisque son parrain, le docteur Pénières, chirurgien distingué, professeur à la Faculté de Toulouse, nous la présente comme une sorte de panacée souveraine contre la tuberculose, non pas sans doute contre toutes les tuberculoses généralement quelconques, mais au moins contre la tuberculose osseuse, si fréquente et si perfide.

Ceci n'est point une hypothèse conjecturale, plus ou moins plausible, ni un propos en l'air. C'est un fait acquis et vérifié ; c'est une méthode scientifiquement instituée, et que d'ores et déjà confirme toute une série de suggestifs résultats, dont l'Académie de médecine a été officiellement avisée.

Contre les tuberculoses des os, des ganglions et des glandes — tumeurs blanches, coxalgies, adénites, « humeurs froides », mal de Pott, etc., — justiciables de la chirurgie, la résine d'euphorbe va s'employer désormais en injections sous-cutanées. Émulsionnée dans l'eau glycérinée, elle constitue ainsi une sorte de sérum végétal, dont chaque centimètre cube contient à peine un quart de milligramme d'euphorbe.

La douleur, asssez vive, fait l'effet d'une piqûre de guêpe. Mais elle est passagère : au bout de cinq minutes, elle disparaît, en laissant simplement une sensation de gêne dans la région injectée, qui gonfle et se tuméfie au fur et à mesure que le liquide, dont la résorption est lente et difficile, s'infiltre plus avant dans les profondeurs des tissus.

A la faible dose d'un centimètre cube tous les huit ou quinze jours, ce philtre ne saurait, en dépit de son âcreté, occasionner le moindre accident, même chez les enfants en bas âge. En revanche, à en croire le Dr Pénières, qui en a poursuivi l'étude pendant de longs mois et ne s'est risqué à en saisir le monde médical qu'après avoir eu les mains pleines de preuves, son action spécifique sur les tuberculoses chirurgicales tient positivement du miracle.

C'est ainsi que des glandes fistuleuses du cou, siège permanent de suppurations hideuses, ont guéri si complètement en quelques semaines, que la peau ne garde même pas de cicatrice visible.

Pour les tuberculoses osseuses, on dirait que le résultat est plus net, si possible, et plus complet encore. Témoin cet ouvrier

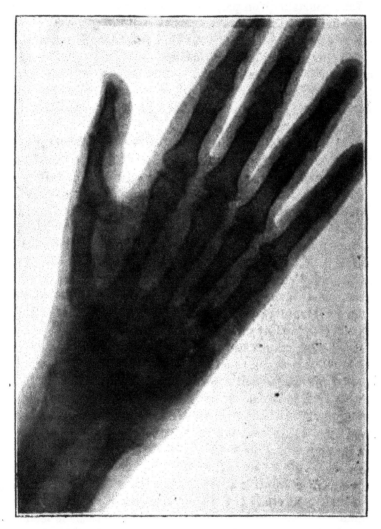

Main criblée de fistules. (D'après une radiographie de M. Pénières prise avant le traitement.)

sculpteur sur bois, cité par M. Pénières, et dont le cas mérite de rester classique. Depuis plusieurs années, le pauvre homme, encore jeune cependant, souffrait d'une affection tuberculeuse

qui avait fini par cribler littéralement ses deux poignets de
fistules purulentes. Ses mains, dont les os effrités tombaient en

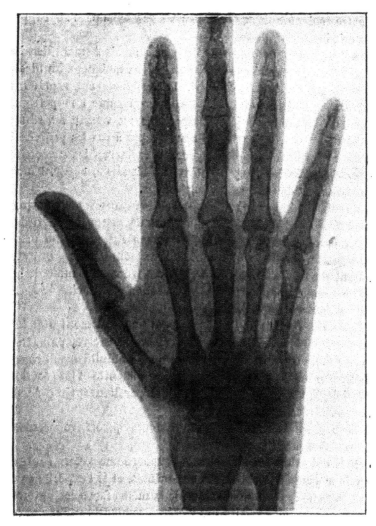

La main du même sujet radiographiée par M. Pénieres
après le traitement.

déliquescence, ne pouvaient plus lui rendre aucun service;
force lui était de les laisser à demeure reposer, flasques,
inertes et paralysées, sur une planchette. Il ne restait plus,

pour mettre fin à ce douloureux martyre, que la ressource suprême de la double amputation.

C'est alors qu'on songea à l'euphorbe. Le traitement dura quatre mois, à raison d'une piqûre par semaine d'abord, puis d'une piqûre par quinzaine.

Aujourd'hui, l'homme qui s'était vu, au mois de mars dernier, à la veille d'être jeté sur le pavé avec deux moignons inutiles et piteux, est radicalement guéri. Les poignets ont repris leur souplesse; il étend et fléchit les doigts comme une personne naturelle; il porte des poids respectables; IL A REPRIS SON MÉTIER!

Rien de plus curieux que de suivre pas à pas les progrès de cette reconstitution inespérée sur les radiographies successives que le Dr Pénières a présentées à l'Académie, et dont nous reproduisons deux des plus suggestives.

Avant le traitement par l'euphorbe, les rayons X, pour lesquels les intimités de l'organisme n'ont plus de secret impénétrable, nous montrent les os de la main sous l'aspect d'une masse spongieuse, ponctuée d'une infinité de taches noires, qui sont autant de trous. Puis, peu à peu, ces trous se comblent, jusqu'au moment où, le travail de réparation étant achevé, tout a repris l'aspect normal.

Telle est l'œuvre de l'euphorbe, qui non seulement doit tuer ou paralyser les bacilles rongeurs, mais doit encore, par-dessus le marché, en vertu de je ne sais quelle affinité mystérieuse, mettre en branle et stimuler les énergies latentes et les réactions physiologiques d'où s'engendre cette réparation spontanée des tissus altérés.

Nous n'en sommes encore sans doute qu'aux tuberculoses dites chirurgicales.

Mais qui sait si les bienfaits de l'euphorbe ne s'étendront pas un jour jusqu'aux phtisiques eux-mêmes, et si l'expérience ne va pas nous apprendre à fermer de la même façon les cavernes des poumons, et à refaire des viscères comme on refait des os?

En attendant, n'est-ce pas déjà beaucoup, dans les cas (si nombreux, hélas!) où « l'huile d'acier » paraissait de rigueur, de pouvoir substituer l'innocente aiguille de platine, bénigne et conservatrice, à la curette et au bistouri, dont l'intervention ne se conçoit guère sans choc traumatique et sans perte de substance?

Ce n'est pas la première fois que la science moderne, si subtile et si raffinée, est obligée de reconnaître que le grossier empirisme de nos pères n'était pas toujours si mal inspiré.

Ce ne sera probablement pas la dernière.

※

L'assurance contre le ricin.

C'est un fait bien connu des cultivateurs et des éleveurs que les tourteaux qui constituent le résidu de l'expression des graines oléagineuses du ricin, à la différence des autres tourteaux similaires, ne peuvent être donnés au bétail, parce qu'ils sont vénéneux à un très haut degré.

C'est à un alcaloïde spécial, la ricinine, découvert jadis par le chimiste Petit, que les graines de ricin doivent cette toxicité spéciale qui rend leur ingestion particulièrement dangereuse.

Le résultat est que jusqu'ici les tourteaux de ricin, en dépit de leur valeur comme produit alimentaire, devaient être rejetés, et ne pouvaient guère être utilisés que comme engrais.

D'où une perte sensible. Mais comment l'éviter? On ne pouvait songer à faire subir aux tourteaux un traitement long et coûteux pour en extraire l'alcaloïde dangereux. La peine eût dépassé le bénéfice. Il fallait donc, de toute nécessité, accepter ce que l'on était impuissant à empêcher et se contenter du peu que l'on pouvait avoir.

Grâce au regretté Cornevin, cela va changer désormais.

Avec un sens très juste, M. Cornevin se demanda s'il ne serait pas possible de conférer aux animaux une immunité spéciale, qui leur permettrait d'ingérer sans danger le principe toxique enfermé dans les tourteaux de ricin, exactement comme on les prémunit par un traitement convenable contre les atteintes de certaines maladies virulentes et infectieuses.

Pourquoi, en d'autres termes, ce qui réussit si bien lorsqu'il s'agit de poisons microbiens ou de venins de serpents n'aurait-il point réussi en présence d'un poison végétal?

L'idée était logique : elle devait être couronnée de succès. En traitant la ricinine par la chaleur, M. Cornevin parvint en effet à la transformer en un vaccin efficace contre l'alcaloïde non chauffé, exactement comme naguère M. Phisalix est arrivé, en chauffant le venin du serpent, à obtenir un antidote contre les morsures des reptiles.

Les expériences réalisées par M. Cornevin, et dont le détail a été présenté à l'Académie des Sciences, ont montré que, pour opérer la transformation de l'alcaloïde en principe immunisant, il fallait un chauffage à 100 degrés prolongé durant 2 heures.

Deux ou trois injections de ricinine ainsi modifiée, pratiquées à huit jours d'intervalle suffisent à conférer aux animaux qui en sont l'objet une immunisation complète, leur permettant de manger journellement, et sans le moindre inconvénient, des doses de tourteaux ou de graines de ricin capables de tuer sûrement tout animal non vacciné.

Quant à la durée de cette immunisation, elle est assez longue, sans qu'il soit possible encore d'en fixer l'étendue. Les expériences entreprises à cet égard par M. Cornevin sont des plus encourageantes, ainsi qu'on en peut juger par les indications suivantes, empruntées à son travail :

Parmi les sujets vaccinés et éprouvés, les uns ont été soumis ensuite, pendant un, deux ou trois mois, *sans interruption*, à un régime dans lequel entraient des doses journalières de graines ou de tourteaux de ricin deux, trois, et même quatre fois supérieures aux doses toxiques mortelles pour les non-immunisés, et cela sans aucun dérangement pour leur santé, sauf un peu de constipation. J'ai fait égorger, à la manière habituelle, des porcs ainsi alimentés : l'autopsie n'a révélé aucune lésion ancienne ou récente, malgré toute l'attention apportée à l'examen du tube digestif en particulier. J'ai consommé de la chair de ces animaux et j'ai nourri des chiens de leurs cadavres et de leurs viscères : aucun dérangement de la santé ne fut la conséquence de cette ingestion.

Les autres, immédiatement après l'épreuve, n'ont plus reçu de ricin, afin qu'on ne pût invoquer l'idée d'accoutumance ou de mithridatisation, lorsqu'on les éprouverait à nouveau, afin de se renseigner sur la durée de l'immunité. Celle-ci est longue, mais je ne puis pas encore en préciser l'étendue. Une de mes génisses, après la vaccination et l'épreuve, fut placée chez un cultivateur qui l'envoya pendant tout l'automne dernier au pâturage avec ses autres bêtes bovines. Elle fut éprouvée à nouveau quatre-vingt-dix-sept jours après la vaccination, et après quatre-vingt et un jours de régime exclusif de pâturage son immunité était aussi solide qu'au début.

La découverte de M. Cornevin se présente donc sous les meilleurs auspices, et il y a lieu d'espérer que, dans un avenir prochain, elle pourra rendre les plus grands services, non seulement en permettant l'utilisation, pour la nourriture des animaux de la ferme, d'un produit alimentaire de valeur, jusqu'à ce jour forcément délaissé, mais encore en garantissant les propriétaires et les éleveurs contre les dangereuses surprises de fraudes forcément trop fréquentes.

Le vin et la cirrhose du foie.

Le vin, en ces derniers temps, sous le couvert de la lutte contre l'alcoolisme, a été l'objet de violentes attaques de la part d'un de nos docteurs des plus éminents, M. Lancereaux, membre de l'Académie de médecine.

A en croire les affirmations de ce praticien distingué, le vin, en effet, en particulier le vin soumis au plâtrage, serait pour le buveur plus redoutable que le trois-six, le bitter ou l'absinthe, et c'est à son imprudente consommation que nombre de consommateurs intempérants devraient d'être atteints de cirrhose du foie.

Au surplus, ce n'est pas précisément au hasard que M. Lancereaux lançait du haut de la retentissante tribune de l'Académie de médecine ces graves accusations contre le vin, mais bien après des études nombreuses, des observations minutieuses et répétées, et même après des expériences multiples sur des animaux bien malgré eux rendus ivrognes.

Voici, du reste, comment M. Lancereaux fut conduit à former sa conviction :

Parmi les accidents de l'alcoolisme, la cirrhose du foie — altération particulière qui résulte de la congestion des vais-

seaux capillaires périphériques du foie, congestion entraînant
avec leur oblitération l'atrophie des grains glanduleux hépa-
tiques, et, consécutivement, une altération de la bile et une
gêne dans la circulation de la veine porte — est l'un des plus
fréquents.

Or, au cours de sa pratique, M. Lancereaux crut remarquer
que les cirrhotiques qu'il était appelé à soigner étaient spécialement des buveurs de vin. Les plus abominables pochards,
au contraire, conserveraient leur foie en bon état, à condition
de s'abstenir de « purée septembrale ».

L'observation était curieuse. M. Lancereaux résolut de rechercher si elle était constante. A cet effet, s'étant préoccupé de
savoir si tous les vins produisaient sur les buveurs cette
fâcheuse poussée de cirrhose, il constata que seuls les vins
ayant subi l'opération du plâtrage y donnaient lieu. C'était
donc uniquement le plâtrage qu'il fallait accuser des désordres
signalés, et comme cette pratique, ainsi que le révèle l'analyse
chimique, a pour effet d'accroître la teneur du vin en sels de
potasse, la conclusion s'imposait qu'à la présence en proportion exagérée de ces sels dans le vin devait être définitivement attribuée la genèse de la cirrhose des buveurs.

M. Lancereaux voulut en avoir la démonstration expérimentale : à cet effet, il obligea d'infortunés lapins à brouter durant
de longs jours, au lieu de thym parfumé et de serpolet sauvage, de l'herbe et des feuilles de choux ou de carottes abondamment saupoudrées de sels de potasse.

Après qu'ils eurent vécu quelque temps de ce peu délectable
régime, M. Lancereaux, sans pitié pour ses tristes pension-
naires, opéra leur sacrifice et procéda à leur autopsie.

Les lapins, découvrit-il, étaient atteints de cirrhose, tandis
que d'autres lapins témoins, à qui l'on avait épargné les hor-
reurs du régime potassique, gardaient le foie indemne.

En présence d'un tel résultat, la démonstration pouvait sem-
bler faite sans réplique.

Il n'en fut point ainsi cependant.

Les physiologistes avaient, en effet, de bonnes raisons pour
estimer que les expériences de M. Lancereaux, aussi bien que
ses observations, n'étaient point probantes, n'ayant pas été
faites avec toute la rigueur nécessaire.

Tout d'abord, ainsi que M. Laborde le démontra à ses collègues de l'Académie de médecine, le buveur ne connaissant pas d'autre boisson que le vin est à Paris aujourd'hui à peu près introuvable. C'est là un premier fait qui, à lui seul, vient déjà infirmer les conclusions avancées par M. Lancereaux sur les origines de la cirrhose du foie chez les intempérants. En réalité, à l'heure présente, les buveurs sont tous à un régime très varié en ce qui concerne la nature des boissons, consommant du vin souvent en abondance, mais encore absorbant des quantités importantes d'alcool sous forme de petits verres et d'apéritifs variés.

Aussi bien, dans les pays vinicoles, tels que la Bourgogne par exemple, où l'on rencontre des sujets faisant une consommation excessive de vin, l'on ne rencontre pas plus de cirrhotiques qu'ailleurs. Peut-être même en rencontre-t-on moins.

En revanche, en Angleterre, en Amérique surtout, où les buveurs de vin sont très rares, mais où les buveurs d'alcool — whisky ou gin — sont extrêmement nombreux, la cirrhose hépatique est très fréquente, et même l'on y rencontre, d'après M. le docteur Eugène Dupuy, une *cirrhose cérébrale spéciale*, facile à constater par un examen sommaire pratiqué sur le cerveau frais.

Au surplus, sans quitter la France, l'on peut trouver de nombreux exemples montrant que le vin ne doit pas être accusé de constituer exclusivement la cause déterminante de la maladie. Ainsi, comme l'a relevé M. le docteur Terrien, ancien médecin des asiles d'aliénés, en Vendée, où pullulent des buveurs faisant une consommation excessive de vin blanc du pays, l'on ne trouve guère de cirrhotiques que chez ceux qui au vin adjoignent des apéritifs et des petits verres d'alcool.

De même encore en Normandie, où le vin n'est guère à la mode, mais où, en revanche, l'on boit des quantités formidables d'alcools d'industrie, sans compter la terrible eau-de-vie de cidre connue sous le nom de *calvados*, les sujets atteints de cirrhose sont nombreux, alors qu'ils devraient, au contraire, être rares, si les façons de voir de M. Lancereaux étaient justifiées.

Les expériences poursuivies jusqu'à ce jour sur la question par les physiologistes sont du reste très nettes. MM. Dujardin-

Beaumetz et Audigé n'ont-ils pas constaté jadis que des porcs, à qui ils avaient fait absorber durant un certain temps des alcools dits supérieurs (amylique, propylique, etc.) provenant du produit non rectifié de la fermentation des grains, des pommes de terre, etc., étaient aussi fréquemment cirrhotiques que les buveurs à deux pieds?

Quant à l'ingestion des sels de potasse, des recherches récentes de M. Laborde semblent établir qu'elle est de faible inconvénient, l'élimination de ces sels étant très facile.

Sans compter que nous absorbons quotidiennement avec nos aliments des quantités appréciables de sels potassiques : le bouillon gras, la pomme de terre entre autres, dont nous faisons une si large consommation cependant, en renferment une proportion importante, s'élevant, pour la pomme de terre, par exemple, à 66,06 pour 100 en potasse du poids de ses cendres. Il en résulte, comme le dit fort justement M. Laborde, que « s'il était vrai que les sels de potasse produisissent les effets morbides que leur attribue M. Lancereaux à propos du plâtrage, il n'est pas un de nous, il n'est pas un individu au monde qui ne dût être atteint de cirrhose hépatique ».

Heureusement, il n'en est point ainsi, et la cirrhose hépatique, sauf exception, continue d'être le triste privilège des sujets alcooliques. Quant au vin, son ingestion ne présente de ce côté aucun danger spécial, et il n'y a vraiment pas lieu de songer à demander, comme le voudrait M. Lancereaux, de nouvelles lois protectrices contre le plâtrage.

Le véritable danger, en l'espèce, n'est pas de boire du vin plâtré, mais de boire *trop* de vin, parce qu'en buvant trop de vin on finit par boire trop d'alcool.

Le procès à faire est donc celui de l'ivrognerie.

Mais il y a déjà longtemps que là-dessus tout le monde est d'accord !

L'influence du sommeil hypnotique sur les gastralgies du tabes dorsal.

C'est un fait bien connu des spécialistes que les malheureux atteints d'ataxie locomotrice, dans ce que l'on est convenu d'appeler la première période du tabes, sont sujets à des crises gastralgiques extrêmement douloureuses.

Or, contre ces crises, la thérapeutique était jusqu'ici demeurée à peu près impuissante : certains remèdes, tels que la morphine, qui pourraient être efficaces, étant, dans l'espèce, d'un usage dangereux.

Il n'est pas impossible cependant d'améliorer, sinon même de guérir complètement les patients. D'après M. Ed. Spalikowski, en effet, on obtiendrait en pareil cas des résultats excellents en soumettant le sujet au sommeil hypnotique.

Chez une malade âgée de quarante-six ans, non hystérique, atteinte depuis déjà dix ans de tabes dorsal, et qui périodiquement, chaque mois, était pendant deux ou trois jours sujette à de très violentes crises gastriques, durant chacune de cinq à dix minutes et se répétant généralement toutes les six heures, M. Spalikowski réussit facilement, la suggestion aidant, et dans l'espace de trois mois, à obtenir l'avortement des crises aujourd'hui devenues de plus en plus rares, et se réduisant uniquement à de légères crampes, dont le sommeil hypnotique a immédiatement raison.

Il est à souhaiter que des recherches nouvelles viennent, dans un temps prochain, confirmer les faits heureux constatés une première fois par M. Ed. Spalikowski.

✹

La guérison des sourds et des sourds-muets.

Il n'est personne aujourd'hui qui ne sache que la surdité, non plus que la surdi-mutité, ne constituent des affections incurables.

Sourds et sourds-muets, présentement, ont depuis longtemps cessé de vivre isolés du reste du monde, et l'on pourrait citer sans peine nombre de malheureux sujets atteints de ces fâcheuses infirmités, et qui cependant sont parfaitement capables d'échanger des idées et de converser à voix haute et intelligible, tout comme s'ils entendaient couramment et avaient toujours disposé d'un organe exercé au discours.

Pour paradoxale que puisse paraître cette affirmation, elle n'a cependant rien que de très naturel.

Il est à remarquer, en effet, que la mutité n'est que la conséquence directe de la surdité : en d'autres termes, si un muet ne parle pas, ce n'est pas qu'il en soit incapable, mais c'est que, n'ayant jamais entendu parler, il n'a point appris à former les sons et à les articuler.

Cette vérité fut reconnue pour la première fois au siècle dernier par Jacob Rodrigue Pereire, qui le premier imagina, avec un complet succès, d'apprendre à des sourds-muets à lire les sons sur le mouvement des lèvres de leurs interlocuteurs, et à parler eux-mêmes.

Cependant, si merveilleux que fussent les résultats obtenus par ce précurseur, la méthode du parler sur les lèvres, qui a été remise justement en faveur en ces derniers temps, fut à peu près complètement délaissée au profit de celle du parler par des signaux exécutés à l'aide des doigts imaginée par l'abbé de l'Épée.

Ce ne fut pas sans motif.

Apprendre à un sourd-muet à s'exprimer en langage ordinaire constitue une tâche des plus pénibles.

On s'en rendra facilement compte en sachant que, pour arriver à obtenir de l'élève qu'il prononce convenablement, faut que, durant des semaines et des mois, le professeur s'astreigne à lui crier à l'oreille les sons qu'il doit connaître.

Ainsi que l'a fort bien mis en lumière M. le Dr Gellé, le savant médecin otologiste de la Salpêtrière, il n'est pas en réalité d'oreille dont, par un exercice convenablement mesuré, l'on ne puisse arriver à réveiller le fonctionnement.

Le principe du traitement consiste à exciter chez le malade les premières sensations auditives par des sons, puis par des voyelles, des syllabes, des mots, des phrases enfin, répétés avec

Expérience avec le microphonographe sur un sourd-muet de 40 ans qui n'a jamais entendu ni un son parlé, ni un son musical, et qui manifeste, d'une façon expressive évidente, la perception auditive de l'un et de l'autre.

une intensité qui va toujours diminuant à mesure que l'organe s'améliore.

Dès lors on conçoit sans peine les immenses difficultés matérielles qu'éprouve un professeur ayant à former l'éduca- tion de plusieurs sourds-muets.

Malgré son zèle, en effet, il ne saurait poursuivre longtemps ɪn enseignement aussi pénible. C'est pour cette raison, du ·este, que la méthode n'a point jusqu'ici reçu toute l'extension ·u'elle mérite.

Quoi qu'il en soit, dès maintenant il n'en va plus être ainsi, ᴦâce à l'invention, due à M. F. Dussaud, d'un nouvel appareil articulièrement ingénieux, le *microphonographe*, à l'aide duquel l'on réalise une *amplification du son*, au même titre que le microscope réalise un *grossissement* des objets.

Le microphonographe Dussaud, qui est susceptible de reproduire des bruits d'une intensité qu'on peut varier, depuis celle à peine perceptible pour une oreille normale jusqu'à celle suffisante pour être entendue dans les cas de surdité les plus graves, résulte d'une combinaison du microphone et du phonographe d'Edison, mis en jeu par une pile à courant continu ou par une machine dynamo-électrique activant le système.

Cet instrument se compose en réalité de deux appareils : 1° un *enregistreur*, comprenant, d'après la description qu'en donne M. le professeur Laborde, de minuscules électro-aimants commandant un burin qui grave les sons sur un rouleau de cire analogue à ceux des phonographes; 2° un *répétiteur*, se composant de rouleaux de cire impressionnés, qui, en tournant sous l'action d'un mouvement d'horlogerie, actionnent un style, lequel style ébranle directement un microphone, qui actionne à son tour un récepteur téléphonique. En portant le récepteur à l'oreille, on entend, *aussi souvent qu'on le veut,* les bruits ou la parole inscrits, *avec une intensité qu'on peut régler à volonté, de la plus forte à la plus faible,* simplement en introduisant dans le circuit du microphone un nombre plus ou moins considérable d'éléments d'une pile au mercure.

Cette dernière particularité est fort intéressante, car l'instrument doit constituer du même coup un véritable *audimètre* très précis, lui permettant de mesurer, par le nombre d'éléments de pile qu'il faut introduire pour rendre les sons perceptibles, le degré précis de surdité du sujet, et, par suite, de constater les améliorations ou les aggravations de la fonction auditive dans les différentes phases d'un traitement ou aux diverses périodes de l'existence.

En somme, comme le dit très excellement le distingué professeur de physiologie de la Faculté de médecine, le microphonographe constitue un véritable *parleur automatique*, à l'aide duquel il va être enfin possible (ce que l'on n'avait jamais pu faire jusqu'ici faute de moyens pratiques) d'entreprendre l'éducation rationnelle de la fonction auditive des sourds-muets, de faire, en un mot, leur *éducation parlée.*

Et ceci n'est point le moins du monde un rêve lointain, mais bel et bien une tangible réalité, à telles enseignes qu'il est aujourd'hui possible de voir des sujets atteints de surdi-mutité dont on avait fait l'éducation parlée, mais qui n'avaient jusqu'alors *jamais* perçu, et par conséquent jamais *entendu*, ni un son ni un bruit quelconques, éprouver la révélation de tout un monde nouveau.

Le microphonographe inventé par M. Dussaud, et qui a été amené à son actuel degré de perfectionnement grâce au concours de MM. Berthon et Georges Jaubert, constitue donc bien un admirable instrument d'enseignement, auquel les sourds-muets devront, dans l'avenir, de pouvoir réintégrer la vie normale.

C'est là vraiment un heureux résultat, dont on ne saurait trop féliciter l'ingénieux et savant inventeur.

Pour rendre normales les voix eunuchoïdes.

Tout le monde sait que, vers l'époque de la puberté, la voix des enfants, garçons et filles, se modifie et prend des qualités nouvelles, devenant en général plus grave et plus ample.

Cette transformation, caractérisée par l'apparition de certains troubles phoniques passagers auxquels on a donné le nom de *mue*, correspond à un changement important dans les dimensions du larynx, qui en peu de mois atteint un développement au moins égal à celui acquis depuis la naissance jusqu'à l'époque de la puberté.

Telle est la règle ordinaire. En quelques occasions assez rares cependant, il n'en va plus de même et le développement du larynx, au lieu de se faire correctement dans toutes les dimensions, s'opère irrégulièrement. Dans ce dernier cas, assurément très fâcheux, le sujet ne prend pas une voix normale, mais il acquiert une voix étrange de fausset qui a été baptisée du nom de voix *eunuchoïde*. Quant à la cause immédiate de cette voix bizarre, jusqu'à présent les spécialistes l'attribuaient, certains à un état de congestion et de relâchement des cordes vocales dû à la malformation du larynx, d'autres, avec plus de raison, à une hypertension des dites cordes vocales provoquée par des spasmes ou par des mouvements incoordonnés des muscles du larynx.

Ces diverses interprétations étaient erronées.

En réalité, vient, en effet, de constater, après de patientes recherches, M. le docteur Eugène Kraus, il n'en est point tout à fait ainsi. La voix eunuchoïde, il est vrai, est bien due à une tension exagérée des cordes vocales; mais cette tension n'a pas sa source dans une contraction maladroite ou fausse des muscles du larynx; elle est due entièrement à un arrêt de l'évolution physiologique subi par cet organe au moment de la mue, arrêt qui a pour effet de créer une disproportion permanente entre son diamètre antéro-postérieur et la longueur des cordes vocales.

Cette découverte de M. Kraus de la véritable cause de la voix eunuchoïde aura eu un fort heureux résultat, celui de conduire ce praticien à l'institution d'un mode de traitement efficace de cette infirmité.

La recette est, du reste, d'application fort commode, et tient tout entière dans la pratique raisonnée mais bénigne du supplice espagnol du *garrote vil*.

Puisque l'excessive tension permanente des cordes vocales est due à ce que le larynx possède un diamètre antéro-postérieur trop étendu, il était logique de songer à corriger le mal en réduisant ce diamètre, et, pour cela, le plus simple était d'entreprendre un aplatissement méthodique de l'organe.

C'est justement ce que fait M. Kraus. A l'aide d'un appareil de son invention appelé par lui « redresseur laryngien », il comprime le larynx cartilagineux d'avant en arrière et détermine ainsi un raccourcissement convenable et durable de son diamètre antéro-postérieur.

En quelques jours, de cinq à dix en général, et après des séances d'une heure, la guérison, obtenue sans douleur, est complète et définitive.

Production et utilisation médicale des courants à intermittences rapides.

On sait, notamment par les belles recherches de M. le professeur d'Arsonval, que les courants alternatifs à haute fréquence sont susceptibles de produire sur l'organisme certains effets tant physiologiques que thérapeutiques. M. Boisseau du Rocher a eu l'idée de rechercher si des courants toujours de même sens et fréquemment interrompus n'exerçaient pas des actions spéciales comparables.

Pour obtenir des courants à intermittences rapides, il modifia comme suit la machine statique dont on se sert communément en électrothérapie. Dans le champ de la machine, il plaça, en les reliant à la chaîne de terre, des condensateurs spéciaux à charge et à décharge lentes, condensateurs construits sur les données fournies par le théorème de Faraday et constitués par une sphère de cristal dans laquelle on a fait le vide de Crookes. Ces condensateurs ne comportent qu'une seule armature métallique, formée par une tige métallique intérieure centrale, que l'on relie à la chaîne de terre, et c'est l'air ambiant qui sert de seconde armature. Une première série de condensateurs de faible capacité, et tous de même capacité, permet d'augmenter autant qu'il est nécessaire, par conséquent de régler, le potentiel. D'autres condensateurs de grande capacité et de grande surface, construits sur le même principe et ayant leur pôle intérieur constitué par une spirale en métal, permettent d'augmenter et de régler le débit. Enfin, on augmente encore la puissance de la machine en complétant l'installation au moyen d'une spirale métallique de grande capacité.

Quant à l'interrupteur réalisé par Boisseau du Rocher, il est formé d'un manche isolant, portant à son extrémité une tige métallique sur laquelle se fixent les excitateurs, pointes, boules, etc. Sur cette tige métallique est fixée une sphère de métal, de capacité variable, suivant les cas, en général de 0m,10 à 0m,15 de diamètre. Enfin, sur la partie isolante du manche, glisse un curseur portant une boule de métal de petit diamètre.

C'est entre ces deux boules que jaillissent les étincelles pro-

duisant les interruptions et réglant les intermittences, le curseur, qui est muni d'une agrafe à laquelle s'attache la chaîne de
terre, permettant de faire varier la distance entre les deux
boules.

Le nombre des intermittences est donc variable selon qu'on
éloigne ou qu'on rapproche l'une de l'autre les deux boules de
l'interrupteur. Pour des étincelles longues, les intermittences
sont de 1200 par minute, et, à mesure que les étincelles diminuent de longueur, elles augmentent de nombre, pouvant atteindre jusque 7000, et cela sans qu'il y ait jamais de changement
de pôle.

Quand aux effets de ces courants à intermittences rapides, ils
sont de trois sortes : physiques, physiologiques et thérapeutiques.

D'après M. Boisseau du Rocher, leurs effets physiques consistent à désorganiser les corps solides, à volatiliser les liquides et
à décomposer les gaz.

Au point de vue physiologique, il semble qu'ils pénètrent profondément l'organisme. C'est du moins ce qui se dégage des diverses observations suivantes : 1° Si l'on tire une décharge de
l'un des côtés du crâne, les membres du côté opposé se con-
tractent; 2° appliqués sur la joue, ils produisent une salivation
acide; 3° si l'on tient l'interrupteur à la distance voulue du patient, la totalité des muscles se contracte, aussi bien les viscères que les autres muscles; 4° quelques instants d'application
suffisent pour déterminer la sudation; 5° enfin, si l'on applique l'interrupteur sur un point d'élection, le muscle entre en
contraction tétanique.

Quant aux effets thérapeutiques de ces courants, ils sont également variés et fort intéressants. Voici les principaux observés :
1° une augmentation considérable des urines; 2° le relèvement
rapide du taux de l'urée; 3° la disparition du sucre chez les
glycosuriques; 4° une sédation considérable du système nerveux; 5° une action efficace contre certaines paralysies; 6° une
action également heureuse et très manifeste dans le traitement
des diverses maladies de la peau et du cuir chevelu, et notamment dans celui de l'alopécie précoce.

�֍

Les tatouages médicaux dans l'ancienne Égypte.

En 1891, M. Grébault découvrait, dans une tombe jusqu'alors inviolée et où elle reposait depuis environ 5000 ans, la momie d'une prêtresse d'Hator, nommée Ament, qui vivait à Thèbes sous la onzième dynastie.

Cette momie, merveilleuse de conservation, fut développée par les soins de M. le Dr Fouquet (du Caire). Elle montra, l'opération achevée, une femme jeune encore, d'une maigreur extrême, aux traits tirés et contractés, à la bouche ouverte et tordue par la souffrance, et « dont le ventre, creusé en bateau, portait, d'une façon très visible, trois séries de tatouages et de scarifications, ces dernières faites assez longtemps avant la mort pour avoir laissé des cicatrices apparentes se détachant en blanc sur le ton jaunâtre de la peau et formant une légère saillie ».

Quelle pouvait bien être la raison de semblables tatouages?

On aurait pu chercher longtemps la solution de cette question, si une pratique courante chez les Coptes actuels n'avait permis d'y répondre.

Chez les Coptes, en effet, on a recours journellement, comme moyen médical, à l'opération du tatouage — opération généralement exécutée par des femmes, qui traversent les quartiers indigènes en annonçant à haute voix leur industrie — en particulier pour combattre soit des périostites, soit l'inflammation chronique d'une séreuse, d'une gaine de tendon ou d'une articulation, soit encore des affections chroniques de l'estomac, la migraine ou des crises de rhumatisme chronique.

En dépit, du reste, de l'action révulsive réelle que peut produire ce traitement, il ne paraît pas donner des résultats bien efficaces. Son usage actuel s'explique surtout par la persistance d'une coutume pratiquée dans le pays de toute antiquité, ainsi que l'a prouvé l'examen du corps de la prêtresse Ament, dont le ventre fut tatoué et scarifié, vraisemblablement pour la soigner d'une affection du petit bassin, et très probablement d'une pelvi-péritonite.

Quoi qu'il en soit, il n'était pas sans intérêt de mentionner comment, au bout de 5000 ans, il a pu être possible à un observateur éclairé de diagnostiquer l'une des affections dont a dû cruellement souffrir, si tant est qu'elle n'en soit pas morte, Mme Ament, prêtresse d'Hator, qui vivait à Thèbes sous la onzième dynastie.

Traitement de l'ataxie locomotrice par l'élongation de la moelle épinière.

Voici quelques années, le bruit se répandit dans le monde médical d'abord, dans le public ensuite, qu'une méthode efficace avait été découverte pour le traitement de l'ataxie locomotrice.

On désigne sous ce nom une grave affection, caractérisée par l'abolition progressive de la coordination des mouvements et donnant naissance à une paralysie apparente, d'ordinaire une gène caractéristique de la marche, contrastant avec l'intégrité de la force musculaire.

Cette maladie s'observe surtout chez les adultes à la suite de grandes fatigues, d'affections syphilitiques ou d'excès.

Un médecin russe, le Dr Mochutkovski, d'Odessa, était l'inventeur de cette méthode nouvelle.

Se basant sur ce fait que l'élongation, ou plutôt l'allongement, des nerfs était très efficace dans la thérapeutique des névralgies rebelles, il avait résolu d'appliquer ce procédé au traitement des douleurs fulgurantes et intenses qui se manifestent fréquemment au cours de l'ataxie locomotrice.

Pour s'attaquer directement à la source du mal et allonger réellement la moelle épinière, il suspendait ses malades par le cou et les aisselles à l'aide d'un appareil imaginé par un chirurgien américain.

Plusieurs cliniciens, Charcot surtout, se firent, à la Salpêtrière, les propagateurs convaincus de cette méthode.

On constata quelques succès retentissants, mais on eut aussi de cruels mécomptes.

La méthode tomba bientôt en discrédit.

Deux élèves de Charcot, M. Gilles de la Tourette, agrégé de la Faculté de médecine de Paris, et M. Chipault, chirurgien, ont repris cette idée, en supprimant les dangers de la méthode. Ils ont inventé un dispositif qui permet au malade, resté assis, la flexion nécessaire de la colonne vertébrale — d'où l'allongement de la moelle épinière.

L'appareil de MM. Gilles de la Tourette et Chipault se compose essentiellement d'une table basse, portative, longue de 1^m,40, large de 40 centimètres, portant à sa partie postérieure un petit dossier auquel est fixée une courroie ou sangle. Sur la ligne médiane, à l'union du tiers postérieur et des deux tiers antérieurs de la table, est adaptée une poulie sous laquelle passe une corde de traction reliée à une moufle fixée au niveau du bord libre. Le patient s'assied bien d'aplomb sur la table, les jambes étendues, la poulie située dans leur intervalle. Le tronc est alors fixé par la sangle du dossier afin d'éviter le glissement du corps en avant. Les jambes sont maintenues dans la rectitude, les pieds reposant sur la table par les talons et leur bord interne se touchant, par une courroie passée autour de la table et fixée au-dessus des genoux. De cette façon, les membres inférieurs ne peuvent ni se fléchir ni se renverser en dehors. La partie essentielle de l'appareil consiste en une sangle à quatre branches affectant la forme d'un X. Les deux branches supérieures sont munies d'anneaux situés à diverses hauteurs. A ces anneaux, un peu plus haut ou un peu plus bas, suivant la taille des sujets, se fixent les deux extrémités terminées en crochet d'une petite barre de fer disposée en forme de cintre et munie à sa partie médiane d'un anneau dans lequel s'engage la corde de traction. Celle-ci se réfléchissant sur la poulie située entre les jambes du sujet, le traction d'horizontale devient verticale, ce qui force le malade, l'appareil étant en place et manœuvré, à se courber, à fléchir le rachis.

M. Gilles de la Tourette conclut que, fort d'une expérience de plus de quatre ans, il considère la flexion rachidienne, seul moyen d'obtenir l'élongation vraie de la moelle, comme exempte des dangers de la suspension, et comme permettant d'obtenir chez les ataxiques un bénéfice thérapeutique que l'on peut estimer au double de celui, déjà satisfaisant, que procurait cette importante technique.

La maladie de Basedow.

Dans la science, depuis un peu plus d'un demi-siècle, l'on désigne communément sous le nom de *maladie de Basedow* — en souvenir du praticien qui l'étudia et la décrivit le premier — ou aussi sous celui de « goitre exophtalmique », une affection grave et encore assez fréquente, affection dont les caractères les plus communs sont, avec un gonflement du corps thyroïde, comme dans le goitre vulgaire, une saillie prononcée des globes oculaires, telle que les yeux sortent littéralement de leur orbite, et que parfois il devient impossible aux paupières de les recouvrir, et une perturbation fonctionnelle du cœur, qui se met à battre follement, à tout rompre, donnant 140, 150 et jusqu'à 200 pulsations et plus par minute.

La marche de la maladie n'est rien moins que régulière : tantôt elle affecte une forme aiguë; tantôt, ce qui est le cas le plus général, une allure chronique. Quant à son issue, elle est également variable, les accidents du goitre exophtalmique disparaissant graduellement dans les cas heureux, ou, au contraire, dans les cas graves, s'exacerbant jusqu'au point d'entraîner la mort dans un temps plus ou moins court.

Les traitements médicaux, très nombreux, ont une action singulièrement incertaine : parfois leur influence est favorable et ils amènent la guérison ; mais parfois, le plus souvent même en réalité, ils demeurent sans effet, impuissants à arrêter l'évolution morbide.

En pareille occurrence, toute chance de salut cependant n'est point enlevée aux malades. Quand la médication demeure inefficace, une suprême ressource leur reste, celle de demander à une intervention chirurgicale un amendement à leur état.

Rien de plus rationnel, au demeurant. Tout le monde aujourd'hui, ou peu s'en faut, sait que la maladie de Basedow est due à une surproduction des sécrétions de la glande thyroïde. Où les avis diffèrent, par exemple, c'est en ce qui concerne la cause prochaine de ce fâcheux fonctionnement de l'organe. Est-il provoqué par une simple altération de la glande hypertrophiée, ou, au contraire, a-t-il pour cause l'influence excitante du nerf sympathique cervical?

La physiologie n'ayant pas encore définitivement tranché ce point de capitale importance, diverses interventions, dictées chacune par l'hypothèse adoptée, sont proposées par les chirurgiens.

Les uns, partisans de l'action excitatrice dominante du sympathique cervical, recommandent d'intervenir sur le nerf, qu'ils sectionnent, tel M. Jaboulay, ou, plus radicalement encore, qu'ils résèquent en partie ou en totalité avec ses ganglions, comme le font MM. Faure et Jonesco; les autres, convaincus de l'origine thyroïdienne pure des accidents, s'attaquent, à l'exemple de M. le Dr Eugène Doyen, au corps thyroïde lui-même, dont ils pratiquent purement et simplement l'ablation partielle ou totale.

En dépit de ces divergences, des résultats favorables sont annoncés par tout le monde. Si bizarre à vue de nez que cela puisse paraître, rien n'est moins extraordinaire, pour peu qu'on tienne compte de ce fait que la cause immédiate de la maladie est la sécrétion anormale de la glande thyroïde, glande dont les rapports avec le sympathique cervical sont connus. Dans ces conditions, si l'on agit sur le nerf, on agira par contre-coup sur la glande qui se trouve sous sa dépendance, même si les troubles pathologiques que celle-ci présente ont une origine plus spécialement locale.

Et, de fait, les interventions réalisées sur le sympathique sont d'ordinaire suivies d'améliorations dans l'état du malade. Le goitre diminue, l'exophtalmie s'atténue et tend à disparaître, les troubles de la sensibilité générale s'améliorent, le malade reprend de la force, de l'embonpoint; il recouvre le sommeil et s'alimente régulièrement; seuls les désordres caratéristiques relevés du côté de l'appareil circulatoire ne s'amendent pas, ou ne le font que transitoirement, et dans des limites assez faibles.

Mais, sans discuter la valeur précise quant aux résultats de de l'intervention, est-il besoin, ainsi que le font MM. Jonesco et Faure, de réséquer en son entier, à droite et à gauche, le cordon sympathique, et ne peut-on pas, avec M. Jaboulay, se contenter de le sectionner, ce qui a pour avantage de provoquer de moindres délabrements dans la région carotidienne où se fait l'opération? Assurément non, répondent les partisans de la résection ; car si l'on coupe seulement le nerf, les résultats de l'opération ne sont que transitoires, soit qu'il y ait régénération des éléments nerveux détruits, soit que d'autres filets nerveux viennent suppléer le nerf sectionné....

Avec la résection complète, pareille mésaventure n'est pas à craindre — et pour cause. Ce n'est pas tout encore. Les opérations sur la glande thyroïde, très bénignes dans les cas de goitre simple, sont toujours redoutables chez les sujets atteints de la maladie de Basedow, non pas que le patient ne puisse supporter l'opération, peu dangereuse en elle-même, mais parce que celle-ci est souvent suivie, à distance et par contrecoup, de morts presque subites.

Ce dernier argument, en dépit de son importance, n'est pas décisif en l'espèce. En effet, chez les porteurs d'un goitre exophtalmique, des syncopes mortelles sont en tout temps à redouter. De plus, il est à remarquer qu'au cours des trois résections faites par lui, M. Faure a eu deux gros accidents chloroformiques : l'un des sujets put être rappelé à la vie, mais l'autre succomba, — et M. Faure, dans une communication qu'il adressait au dernier Congrès de Chirurgie, se demandait à ce propos « si l'affection elle-même ne prédisposerait pas aux accidents d'anesthésie ».

Physiologiquement, du reste, la chose s'expliquerait assez bien : en venant, par suite de sa destruction, à cesser brusquement sa fonction, le sympathique, qui est le nerf accélérateur du cœur, laisserait celui-ci sans défense contre l'action toxique de l'anesthésique.

En réalité, il ne semble donc pas que les opérations sur la glande doivent être écartées en raison des dangers spéciaux qu'elles feraient courir aux patients, ces dangers paraissant exister au même degré pour les autres opérations.

Une seule préoccupation doit donc guider le chirurgien. Quels bénéfices doit retirer le malade de son intervention ?

Quels sont donc les résultats de la thyroïdectomie ?

Cette opération, qui a d'abord la supériorité d'être relativement simple et de courte durée, se présente aussi comme répondant mieux qu'aucune autre aux nécessités physiologiques en cause.

En raison de sa rapidité, elle expose le malade à de moindres risques, le *shock* opératoire étant de ce fait atténué, et, comme elle porte sur le siège même du mal, elle est en outre conforme aux indications de la logique.

Si l'hypersécrétion du corps thyroïde est en effet la raison immédiate de l'affection, il est manifeste que mieux vaut agir directement sur lui en enlevant la glande altérée, qu'indirectement en détruisant le nerf sous la dépendance principale duquel elle est placée.

En agissant ainsi, non seulement on prévient les récidives survenant au bout de quelque temps, et provenant, comme l'indique M. Jaboulay, de ce que des suppléances nerveuses s'établissent, mais encore on évite les insuccès au cas où le fonctionnement anormal de l'organe malade n'est point excité par le nerf mis en cause.

De plus, il est à remarquer que, chez les personnes atteintes de goitres exophtalmiques, la glande thyroïde doit être le siège d'une réelle altération organique, altération dont M. Doyen affirme avoir l'impression à la vue seule de l'organe, et qu'un examen histologique montrera vraisemblablement, altération qu'indique encore un état spécial et anormal de fragilité des artères constaté par M. Faure chez l'une de ses opérées.

On le voit, les raisons théoriques ne manquent pas pour justifier l'ablation du corps thyroïde comme mode de traitement de la maladie de Basedow. Les résultats obtenus sont pareillement favorables.

Alors, en effet, que les sujets opérés par sectionnement ou par résection plus ou moins complète du sympathique n'ont jamais été, de l'aveu des chirurgiens, que plus ou moins améliorés, M. Doyen compte, grâce à la thyroïdectomie, des guérisons radicales et anciennes — l'une d'elles date aujourd'hui de plus de dix ans — avec disparition complète des troubles circulatoires, ce que l'on n'obtient jamais par les autres méthodes.

Aussi bien, rien ne montre mieux le rôle prépondérant que joue la glande dans le développement morbide, et, par suite, la légitimité d'une intervention sur elle, que la facilité avec laquelle, par l'ingestion de médicaments thyroïdiens, l'on détermine chez un individu sain les symptômes habituels de la maladie de Basedow. M. Doyen, à cet égard, a même eu l'occasion de faire une observation curieuse et typique. Il s'agit du cas d'une de ses malades opérée et guérie par la thyroïdectomie, qui vit réapparaître l'exorbitisme des yeux, les troubles circulatoires et nerveux, en un mot tous les symptômes du goitre exophtalmique, à l'exception du gonflement de la glande, à la suite d'une médication thyroïdienne intempestive, et qu'il suffit d'interrompre pour faire du même coup cesser les accidents.

Voilà qui est net, et qui établit bien sans hésitation la supériorité de la thyroïdectomie sur les autres interventions dans les cas de goitre exophtalmique.

En somme, les opérations sur le sympathique ont surtout pour résultat de réduire les phénomènes d'exorbitisme, et cette action élective indique les circonstances particulières où il convient d'y avoir recours, et qui sont, ainsi du reste que l'indique lui-même M. Jaboulay, celles où, la glande thyroïde étant demeurée saine et non gonflée, les accidents se réduisent plus spécialement à l'exophtalmie. Mais faire précéder la thyroïdectomie de la section du sympathique, ainsi que le recommande encore ce même chirurgien, et cela afin de rendre ultérieurement plus facile l'ablation du corps thyroïde, ne semble vraiment pas une opération justifiée, puisque toute facilité existe pour atteindre de prime abord la glande malade.

En matière chirurgicale, il est de toute évidence que les actions simples sont les meilleures.

De toute cette discussion, un fait se dégage, c'est que la question même de la cause immédiate de la maladie de Basedow est encore bien incertaine.

Mais si, sous ce rapport, théorique notre ignorance est encore grande, du moins — ce qui ne laisse pas d'intéresser fort les victimes du mal — sommes-nous mieux informés des moyens possibles de guérison.

N'est-ce pas l'essentiel?

La question des bossus.

Au nombre des manifestations multiples de la tuberculose, il n'en est guère de plus lamentable que celle connue dans la science sous le nom de *mal de Pott*.

Ce mal est une affection de la colonne vertébrale, dont une ou plusieurs vertèbres, en un point quelconque de son étendue, cou, dos, reins, deviennent le siège d'une inflammation qui bientôt gagne les tissus environnants. La suppuration ne tarde pas à s'ensuivre, et le pus formé, drainé le long des aponévroses ou des vaisseaux, va provoquer des abcès éloignés du siège de la légion osseuse, au pli de l'aine, au sternum ou au pharynx, suivant les cas.

Cependant le mal ne tarde pas à s'accentuer. Bientôt les cartilages et la substance même de la vertèbre subissent une altération marquée; les disques vertébraux s'amincissent, spécialement sur leur bord antérieur, si bien qu'ils semblent comme taillés en biseau, et la colonne vertébrale, abandonnant sa position normale, s'incurve en ce point de moindre résistance. Dès lors apparaît une gibbosité, d'abord légère, mais qui ne tarde pas le plus souvent à devenir considérable. Enfin, par suite de la compression exercée sur la moelle du fait de l'effondrement des vertèbres, survient encore fréquemment une paralysie plus ou moins complète des régions du corps situées en dessous du point d'apparition de la bosse.

Tel est le tableau lamentable qu'offrent trop fréquemment les malheureux, d'ordinaire de jeunes enfants, atteints du mal de Pott.

Que peut pour eux la science thérapeutique? Hélas! jusqu'ici bien peu de chose.... Tous les traitements imaginés se sont préoccupés à juste titre d'éviter la formation de la bosse, et, pour ce faire, on a recommandé l'attitude horizontale combinée avec des tractions exercées sur le tronc, et proposé le port de bandages et d'appareils orthopédiques divers. Certes, ces pratiques, complétées par un traitement médical convenable et une hygiène appropriée, ne sont point sans avoir un utile effet; elles facilitent la guérison, mais elles n'en sont pas moins

impuissantes à corriger la difformité acquise. Les malades
demeurent bossus — irrémédiablement.

Ne pouvait-on obtenir un meilleur résultat ? M. le Dʳ Calot.
chirurgien en chef d'un hôpital situé à Berck-sur-Mer, n'a pas
cru l'entreprise impossible, et les résultats sont venus confirmer
ses prévisions.

Grâce à l'opération imaginée par lui, en effet, il est aujour-
d'hui possible de redresser complètement les bossus les plus
marqués.

Voici, du reste, la communication soumise par M. Calot à
l'Académie de médecine :

La bosse s'étant produite par l'inflexion de la colonne vertébrale et
son affaissement, pour effacer la bosse, il faut faire décrire à la colonne
vertébrale un chemin inverse et la relever : trente-sept fois j'ai pratiqué l'opération.

L'enfant, chloroformé, est placé sur le ventre ; deux aides tirent sur
les deux extrémités du tronc et les reportent en arrière, tandis que
je presse de toutes mes forces et avec mes deux mains appliquées directement sur la bosse. Des craquements se produisent, témoignant
du désengrènement des segments rachidiens et du glissement des
vertèbres les unes sur les autres ; et, après quelques instants (une ou
deux minutes), la bosse disparaît et rentre même au-dessous des
parties voisines.

Ceci est le premier temps de l'opération ; c'est aussi le plus
facile. Le point important, en effet, est de conserver intégralement la correction réalisée. Pour cela, M. Calot enferme le sujet
dans un appareil plâtré, établi alors que le malade est maintenu
dans le sommeil chloroformique, et tandis qu'il est soumis à
des tractions considérables atteignant de 80 à 100 kilogrammes,
sinon davantage.

Telles sont, dans leurs grandes lignes, les conditions de l'intervention réalisée par M. Calot, intervention qui est précédée
généralement de la résection des apophyses épineuses verté-
brales saillantes au niveau de la gibbosité, de façon à éviter
ultérieurement la formation d'eschares, et à permettre une
compression à la fois énergique et précise.

Les avantages du système semblent assez nets. Dès la fin de
l'opération, le malade est redevenu parfaitement droit, et,
après être resté trois ou quatre mois dans l'appareil plâtré, puis

autant dans un second, et souvent dans un troisième appareil, il se trouve guéri, la réparation et la consolidation du système osseux étant dès lors complètes.

Cependant, en dépit de ces résultats indiqués par M. Calot, tous les chirurgiens n'ont point voulu accorder une confiance absolue à son procédé opératoire, et ont, en conséquence, fait leurs réserves.

Assurément, le redressement immédiat et complet est obtenu : cela, personne ne le conteste. Mais à quel prix ce résultat est-il réalisé? Et d'ailleurs doit-il être durable?

Ici l'opinion des spécialistes cesse d'être d'accord avec les affirmations de l'auteur de la méthode. C'est ainsi qu'on a pu entendre à l'Académie de médecine un autre chirurgien de Berck, M. le Dr V. Ménard, signaler certains inconvénients inhérents au procédé, dont il contestait la réussite finale. D'après M. Ménard, en effet, la réfection osseuse de la portion usée des vertèbres ne saurait s'effectuer assez complètement pour assurer le soutien du corps, si bien que le retour de la gibbosité brusquement corrigée serait inévitable après la sortie de l'appareil plâtré.

« La tuberculose détruit le tissu osseux des corps vertébraux et ne le régénère pas, dit-il. Elle ne provoque pas d'hyperostose sous-périodique, comme l'ostéomyélite infectieuse. Cette règle, qui est générale, permet de prédire que la vaste caverne d'un redressement brusque, bien exécuté, se réparera, lorsque l'affection sera guérie, par une cicatrice fibreuse, rétractile, incapable de soutenir le rachis et d'empêcher une nouvelle infection. »

L'objection n'est pas sans avoir sa valeur; mais elle porte surtout sur l'inconvénient d'un trop brusque redressement. Celui-ci, au reste, a contre lui d'autres raisons importantes.

Dans le redressement brutal opéré suivant la méthode de M. Calot, ce n'est pas seulement, en effet, la colonne vertébrale qui se trouve brusquement allongée. Du même coup, la cage thoracique subit une élongation, et les organes qu'elle renferme doivent suivre le mouvement. N'y a-t-il pas lieu de se demander si ces organes peuvent sans inconvénient se prêter impunément à de semblables traumatismes? L'aorte, en particulier, peut-elle subir, sans avoir à redouter de troubles circulatoires, une traction destinée à lui donner un allongement immédiat de 8 à 10 centimètres? Il est permis d'en douter.

Dans ces conditions, ne vaut-il donc pas mieux procéder sans violence, sans brusquerie, par allongements successifs, en ne procédant à une correction nouvelle que lorsque la correction précédente est définitivement acquise? Le traitement sera peut-être un peu plus long, mais, en revanche, il sera plus fidèle et plus efficace.

S'inspirant de ces considérations, M. Levassort et M. Bilhaut ont modifié le traitement conçu par M. Calot. A chaque correction, ils ne gagnent que ce que la nature veut leur laisser gagner. Avec eux, aucune traction violente n'est exercée sur le rachis. C'est le poids même du corps qui règle la quantité du redressement pouvant être obtenu à chaque opération.

Cette façon de faire comporte un autre avantage, fort important dans la pratique courante : celui de simplifier considérablement le manuel opératoire.

M. Calot, pour réduire une bosse, a besoin de *six* aides exercés rien que pour tenir le patient; il doit en plus être assisté d'une personne pour donner le chloroforme, et d'une ou deux autres pour la préparation de l'appareil plâtré. Avec le procédé mis en œuvre par MM. Bilhaut et Levassort, trois personnes en tout sont nécessaires.

Le bénéfice est des plus appréciables, surtout si l'on considère que beaucoup d'interventions peuvent ainsi être faites, non pas seulement dans des salles d'opérations organisées, mais dans le premier appartement venu.

Le détail n'est pas négligeable.

Grâce, en effet, à ce dernier mode opératoire, la méthode à suivre pour opérer le redressement des bossus devient d'une application pratique et simple, et son succès plus certain.

Ce sont là des mérites de premier ordre, auxquels on ne saurait trop applaudir. Gageons que pas un émule d'Ésope le Phrygien ne va s'inscrire en faux là-contre.

La cure radicale de la hernie.

Sous le nom de méthode *sclérogène*, M. le professeur Lannelongue a proposé, en ces dernières années, de créer, tout autour
d'un foyer morbide déterminé, une zone scléreuse résistante,
capable d'isoler la région malade. Par cet artifice, facile à réaliser au moyen d'injections d'une solution de chlorure de zinc
au dixième, l'on évite des interventions sanglantes souvent très
scabreuses. Appliquée d'abord au traitement de certaines tuberculoses chirurgicales, la méthode fut ensuite employée pour
soigner d'autres affections, et c'est ainsi que l'*Année scientifique*, dans un précédent volume [1], a enregistré son utilisation
contre les angiomes.

Depuis lors une nouvelle extension a été donnée au procédé
par son auteur, qui imagina de recourir à ses effets pour
obtenir la cure radicale de la hernie.

La recette préconisée par M. Lannelongue pour la cure de la
hernie, recette qui peut du reste s'appliquer non seulement aux
formes inguinales, mais aussi aux autres variétés de l'affection,
présente un avantage très réel, celui d'une grande simplicité.
Tout d'abord, en effet, la méthode sclérogène est facilement
applicable partout et par le premier praticien venu. Si donc
elle donne bien, comme l'annonce son auteur, des résultats
parfaits et définitifs, il conviendrait d'y avoir recours de préférence à toute autre intervention.

Mais en est-il réellement ainsi ?

Contrairement aux assertions de M. Lannelongue, il ne semble
pas, en vérité, que, pour le traitement et la cure des hernies,
la méthode sclérogène constitue le traitement de choix.

M. Lucas-Championnière, dont l'autorité en la matière est
incontestée, estime que seule l'intervention chirurgicale peut
donner de bons résultats, et, d'après cet éminent praticien,
l'on ne peut s'attendre, avec les injections de chlorure de zinc,
qu'à de graves mécomptes.

« Il faut savoir, en effet, dit-il, que, s'il est difficile de faire

1. Voir l'*Année scientifique et industrielle*, quarantième année (1896),
p. 266.

une bonne cure radicale, il est généralement facile de *masquer
la hernie* pour quelque temps. Les plus mauvais procédés donnent ce résultat. »

Or la cure obtenue par M. Lannelongué au moyen d'injections de chlorure de zinc faites à la périphérie du sac herniaire
n'est point réelle : dans ces cas, en réalité, la hernie n'est que
masquée. Mieux vaut donc rejeter cette opération inutile, qui
peut être dangereuse, et « remet en question tous les progrès
acquis depuis ces vingt dernières années ».

En somme, d'après M. Lucas-Championnière, toute bonne
opération de la hernie ne saurait être réalisée sans l'observation scrupuleuse des prescriptions suivantes, dont nous lui
empruntons l'énoncé :

Destruction de tout épiploon accessible. L'épiploon est un élément
capital de récidive. Il faut détruire non seulement celui qui est dans
le sac, mais celui qui est accessible.

Le péritoine doit être détruit non seulement jusqu'au collet du sac,
mais bien au-dessus, dans toute l'étendue qui peut constituer un
infundibulum.

Pour la hernie inguinale, si une seule partie du canal inguinal est
négligé, l'opération est sans valeur aucune.

Enfin, et pour les hernies inguinales surtout, qui forment l'immense
majorité des hernies et la plus intéressante, la paroi abdominale doit
être reconstituée avec le plus d'épaisseur possible.

Quant aux indications opératoires, d'après le savant chirurgien, elles consistent à intervenir presque dans tous les cas,
et, sauf en dehors de certains caractères de conformation
vicieuse, chez tous les sujets n'ayant pas encore atteint la quarantaine. La cure radicale de la hernie est en effet une *opération de jeunes*, et ce n'est qu'exceptionnellement, et pour
remédier à un accident déterminé, qu'il convient de l'entreprendre chez des sujets âgés ou en mauvaise condition.

Les accidents que l'on peut redouter à la suite de l'intervention sont, en première ligne comme gravité, la congestion
pulmonaire ; viennent ensuite, assez rarement du reste, l'étran-
glement interne et l'hémorragie épiploïque, qu'il faut toujours
prévoir.

Au surplus, il est à noter qu'en dépit de ces accidents possibles, les statistiques de l'opération de la cure radicale sont extrêmement encourageantes.

Sur un total de 650 cas de cure radicale de hernie, M. Lucas-Championnière n'a, en effet, constaté que 21 récidives, survenant le plus souvent chez des sujets particulièrement prédisposés, et 5 décès. Ces chiffres sont singulièrement encourageants, et démontrent nettement l'excellence de la méthode.

※

L'extirpation des polypes naso-pharyngiens.

L'ablation des polypes naso-pharyngiens volumineux demeure l'une des opérations les plus graves et les plus émouvantes : il ne semble pas, en effet, qu'elle ait sensiblement bénéficié des progrès récents de la chirurgie.

L'hémorragie effrayante qui se produit dès qu'on aborde ces tumeurs, l'accès difficile de leur point d'implantation, sont à juste titre redoutés de la plupart des opérateurs.

Aussi les chirurgiens qui tentèrent l'ablation des gros polypes naso-pharyngiens proposèrent-ils de les atteindre par une voie indirecte.

Manne, en 1717, tenta l'incision médiane du voile du palais. Dieffenbach, en 1834, Maisonneuve, en 1859, firent une boutonnière palatine longitudinale. Bœckel préfère l'incision transversale à l'union du palais osseux et du voile. Nélaton, en 1848, ajouta à la section du palais la résection partielle de la lame palatine du maxillaire supérieur. Dupuytren préconisa la voie nasale : il incisait le nez sur la ligne médiane et écartait les os propres et les cornets. Chassaignac détachait le nez d'un côté pour le rabattre sur la joue opposée. Ollier pratique depuis 1875 l'ostéotomie verticale des os propres du nez, qu'il rabat sur les lèvres.

La résection du maxillaire supérieur a été faite pour la première fois, dans le but d'extraire un polype naso-pharyngien, par Syme, en 1832. Cette opération fut répétée par Michaux, Maisonneuve, Verneuil

Langenbeck exécuta le premier, en 1859, la résection temporaire du maxillaire supérieur, déjà proposée en 1852 par Huguier,
qui ne la tenta sur le vivant qu'en 1860.

Brunns, plus récemment, proposa la simple résection de l'ar-
cade zygomatique.

Cette longue énumération de procédés opératoires, tous
graves et compliqués, tous caractérisés par des mutilations
étendues et souvent irrémédiables, permet de juger de prime
abord des difficultés exceptionnelles que présente l'ablation
de ces tumeurs.

Celle-ci cependant, contrairement à ce qu'en pensent d'ordinaire les chirurgiens les plus experts, ne laisse pas d'être toujours possible par les voies naturelles, et sans qu'il soit nécessaire
de recourir aux graves interventions pratiquées par les divers
auteurs dont nous venons de rappeler les recherches.

En s'attaquant délibérément et directement à la tumeur, la
légende veut qu'on fasse courir au patient des risques considérables, en raison de l'hémorragie abondante qui se produit
alors. Il n'en est rien : M. le Dr Doyen en a donné la démonstration expérimentale, pour le plus grand bénéfice de quelques
infortunés malades, délivrés, grâce à lui, de polypes qui
mettaient leurs jours en danger.

Il faut s'attaquer délibérément à la tumeur, que l'on détache
en quelques secondes à l'aide de rugines appropriées, et sans
se préoccuper du sang qui s'écoule à flots. Conformément au
précepte de Maisonneuve, qui disait jadis à ses élèves à
propos de l'ablation — qu'il exécutait d'une manière si magistrale, — du maxillaire supérieur : « Ne vous préoccupez pas
du sang, enlevez l'os, et l'hémorragie s'arrêtera comme par
enchantement », M. Doyen voit, aussitôt la tumeur abattue,
l'hémostase se faire naturellement. Tant et si bien qu'en définitive l'opéré a perdu moins de sang qu'avec les longues
méthodes soi-disant préservatrices, et surtout, l'opération
ayant été fort courte, il n'a eu à subir qu'un *shock* opératoire aussi réduit que possible. Cette dernière considération
est d'une haute importance, et il n'est pas de praticien qui
n'en saisisse de suite le très grand intérêt.

Pour l'extirpation des polypes naso-pharyngiens, qui sont de
véritables fibromes érectiles, la méthode de choix, quel que

soit le volume de la tumeur, est donc l'énucléation extempo-
ranée par les voies naturelles.

✳

Nouveaux instruments pour la chirurgie.

Nous avons réuni dans ce chapitre, en raison de leur ingénieuse combinaison et des services qu'ils sont appelés à rendre
dans la pratique,
quelques nouveaux
appareils, particu-
lièrement applica-
bles à la médecine
et à la chirurgie,
et construits d'a-
près les dessins du
Dr E. Doyen.

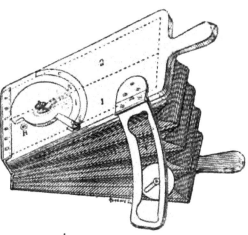

*Appareil pour la
respiration artifi-
cielle.* — Cet appa-
reil, qui a été pré-
senté par son au-
teur avec un grand
succès au Congrès

Soufflet à respiration artificielle du Dr Doyen.

international de Médecine de Moscou, est le premier soufflet à
respiration artificielle qui réalise d'une manière satisfaisante la
respiration véritable, c'est-à-dire l'insufflation dans les voies
aériennes d'air oxygéné, avec rejet au dehors de l'air vicié par
suite des échanges osmotiques de l'hématose.

Le problème était difficile à résoudre. Les appareils des
laboratoires de physiologie, qui ne sont guère employés que
dans les expériences sur les animaux, sont de vulgaires souf-
flets, et, grâce à leur adaptation à une canule trachéale, déterminent la respiration par insufflation et aspiration alterna-
tives. L'air vicié extrait des voies aériennes y est donc renvoyé

presque en totalité à chaque course du soufflet, qui réalise non pas la respiration véritable, mais un simple mouvement de va-et-vient d'une petite quantité d'air chargé d'acide carbonique.

Le soufflet à respiration artificielle du Dr Doyen est, au contraire, un soufflet à double corps, qui, grâce à un distributeur automatique à cinq voies, aspire l'air vicié contenu dans les voies aériennes pour le rejeter au dehors, tandis qu'il remplit les alvéoles pulmonaires d'un air pur et vivifiant. Une des difficultés de construction était la nécessité de changer la position du distributeur au moment opportun. C'est là un desideratum qui a été réalisé grâce à une glissière latérale disposée de telle manière qu'aux deux extrémités de la course du soufflet l'index qui marque la position du distributeur se déplace de 60 degrés.

Point n'est besoin d'insister pour montrer quels services peut rendre en chirurgie, en particulier s'il se produit quelques incidents pendant le sommeil chloroformique, ce nouvel et si ingénieux appareil.

En cas d'asphyxie menaçante, il permet de combattre facilement le danger, en envoyant dans le poumon du sujet de l'oxygène pur contenu dans un ballon de caoutchouc que l'on relie alors à l'orifice d'absorption. Si, au contraire, on veut à la fois réaliser la respiration artificielle et entretenir la narcose, on adapte au soufflet un tube de caoutchouc aboutissant à un petit entonnoir percé de trous latéraux et recouvert d'une flanelle sur laquelle on verse goutte à goutte du chloroforme. Un réglage des plus simples permet d'employer le même appareil tout aussi bien chez les jeunes enfants que chez l'adulte, et de combattre, avec toutes les chances de succès et beaucoup mieux qu'à l'aide des moyens antérieurs, l'asphyxie des nouveau-nés.

Le modèle destiné au corps médical présente un dernier perfectionnement : la plaque supérieure du soufflet porte un disque partiellement échancré, et qui, lorsqu'on déplace de droite à gauche le bouton, vient fermer l'orifice R, destiné à adapter le tube pour la respiration artificielle, et découvre deux nouveaux orifices I et A. En même temps une valve intérieure, actionnée par l'axe de ce disque, se déplace, et ouvre une large communication entre les deux corps de soufflet 1 et 2, qui dès lors agissent comme un soufflet unique. L'orifice I étant muni intérieurement d'une soupape foulante et l'orifice A d'une soupape aspirante, on réalise, suivant qu'on adapte en I ou bien en A le tube qui transmet l'action du soufflet, soit en I l'insufflation simple du poumon, soit en A l'aspiration, par exemple, de l'air introduit accidentellement dans la plèvre.

Si l'on ajoute à ce curieux appareil à triple fonctionnement le modèle de canule à tubage laryngé du Dr Doyen, qui lui permet, dans les opérations sur la cavité buccale, de pratiquer et d'entretenir l'anes-thésie à distance, tout en laissant libre le champ opératoire, on est en possession de toute une série de moyens nouveaux pour combattre l'asphyxie.

Canule à tubage laryngé du Dr Doyen.

Le fonctionnement de cet appareil se démontre admirablement à l'aide de trois ballons de caoutchouc, deux grands, l'un vide, pour démontrer le rejet de l'air expiré, l'autre plein, représentant un ballon d'oxygène, le troisième, de 1 litre de capacité, adapté à la tubulure R représentant le poumon. Le grand ballon d'oxygène se vide à chaque course du soufflet pour évacuer son contenu dans le ballon vide, tandis que le petit ballon, qui représente le poumon, se vide et se remplit alternativement.

Pince à artères. — La simplification de la technique opératoire que recommande le Dr Doyen est loin de comporter des manœuvres risquées, dangereuses, et particulièrement le mépris du sang. Ce n'est pas tout, en effet,.d'opérer vite et bien : il faut encore opérer avec sécurité. Or, pour cela, rien n'est plus important que d'assurer l'hémostase des vaisseaux importants.

Cette nécessité d'empêcher le sang de couler des artères d'un certain calibre a conduit M. Doyen à faire construire par M. Collin des pinces d'une puissance jusqu'alors inconnue de la chirurgie, et dont le bras de levier est de 8 centimètres, de telle sorte que, sous une pression, ordinaire pour une main vigoureuse, de 60 kilogr. au niveau des anneaux, l'artère saute entre les mors et subit, à leur extrémité, une pression de 480 kilogr., et, à leur partie moyenne, de 960 kilogr.

La tunique externe seule subsiste, et les deux parois opposées, juxtaposées par les gaufrures des mors de la pince, s'accolent si bien, quand l'artère est saine et de moyen calibre (artère faciale, par exemple), que toute ligature est inutile.

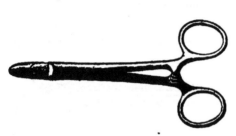

Pinces à artères du Dʳ Doyen.

Un autre modèle de cette pince, un peu plus grêle et à mors excavés, sert de porte-aiguilles pour les fines aiguilles rondes à sutures intestinales.

Pince à levier à pression progressive. — Mais les mors de ces puissantes pinces ne pouvaient avoir que 10 à 12 mil-

Pince porte-aiguilles du Dʳ Doyen.

limètres de longueur utile. Pour une pince ayant des mors de 8 centimètres de longueur et utilisable dans les grandes opérations abdominales, il eût fallu, à moins d'employer un *clamp* à vis de rappel comme celui du céphalotribe, des branches d'une longueur considérable : pour une multiplication de 20, par exemple, des branches de 1 m. 60 de longueur. Voulant réaliser, en chirurgie abdominale, une pression d'au moins 1200 kilogr., tout en conservant à l'instrument des dimensions acceptables, M. Doyen eut l'idée de dessiner et de faire construire le curieux instrument figuré ci-contre, et qui est une pince à levier à double action.

En effet, lorsque l'anneau D, mobile autour de l'axe 2, est fixé le long de la branche B par le crochet 3, et que l'on a relevé l'encliquetage 0 (E), la pince se manie par les deux anneaux comme une pince ordinaire. Dès que les tissus à écraser sont saisis entre les mors A B, il suffit de relever du talon de la main le crochet 5, d'ouvrir l'anneau D, et, le crochet 8 venant s'engager dans l'encoche correspondante C, il suffit de rapprocher de la main les anneaux D et A pour déterminer entre les mors l'écrasement, à l'épaisseur d'une feuille de papier, des tissus interposés.

En effet, la distance de l'axe à l'extrémité de la pince étant de 8 centimètres et la distance de la partie moyenne des anneaux A et D à ce même axe de 16 centimètres, la pince, maniée comme une pince ordinaire, c'est-à-dire l'anneau D se trouvant fixé par le crochet 5 le long de la branche B, la puissance de levier de l'instrument pour un effort exercé au niveau des anneaux est, au moment où les branches tendent à redevenir parallèles, de $\frac{16}{8} = 2$.

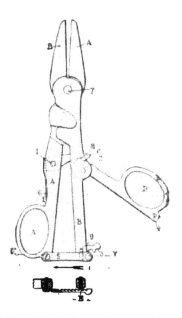

Pince à levier à pression progressive du Dr Doyen.

En serrant, en A, B D, de 60 kilogr., l'effort à l'extrémité du mors est de 120 kilogr. Engrenons alors le crochet en C, la branche D 2 8 étant un levier du premier genre, la multiplication, lorsque l'anneau D vient en contact de la branche B, est de 10.

Tout effort tendant à rapprocher D de B croît progressivement, pour être multiplié par 10 au moment où l'anneau D vient à toucher la branche B. Mais, comme on exerce en pratique l'effort de la main sur les deux anneaux A et D, à la multiplication de 10 réalisée par le levier 4 2 8 vient s'ajouter la multiplication primitive de 2 du levier A B, de telle sorte que la multiplication est de 20.

La pression exercée à l'extrémité des mors est ainsi de 1200 kilogr. (pour un effort de 60 kilogr. au niveau des anneaux). Au milieu de la longueur des mors elle est de 2400.

Cette pince ne doit être appliquée que sur des tissus contenant des toiles fibro-celluleuses capables de résister à une telle
pression. Les tissus friables se coupent. La tunique externe
seule des artères, dans les pédicules celluleux, subsiste, de telle
sorte qu'on pourrait à la rigueur se dispenser de lier les vaisseaux. Il est plus sage, en chirurgie abdominale surtout, de
placer par sécurité une fine ligature de soie, qui suffit à assurer
l'hémostase là où auparavant on avait grand'peine à obtenir le
même résultat avec quatre ou cinq énormes ligatures en chaîne, .
véritables corps étrangers, et qui exposaient à des abcès ou à
des accidents variables[1].

Il est à noter, en effet, que l'une des applications les plus
curieuses de la nouvelle pince est son adaptation à la chirurgie
de l'intestin, adaptation qui a permis de pratiquer les sutures
de l'intestin et les résections de segments considérables de
1 m. 10 et plus, avec une sécurité jusqu'alors inconnue, et sans
plus de danger d'infecter le champ opératoire que s'il ne s'agissait pas d'une cavité naturelle souillée de toutes sortes de
microbes pathogènes. Pour cela, M. Doyen écrase l'intestin
transversalement entre les mors de sa pince. La muqueuse et la
musculeuse sont détruites : seule la séreuse subsiste. Une
simple ligature de, soie assure alors en ce point la fermeture
du calibre de l'intestin. Celui-ci est lié par le même procédé 12
ou 15 millimètres plus loin, et le petit cordon qui sépare les
ligatures est coupé au thermocautère.

Une suture en bourse rejette au-dessous d'elle la ligature circulaire et permet de pratiquer une anastomose latérale, ou bien
les sutures sont disposées pour la réunion à plein canal des
deux bouts de l'intestin qui doivent être anastomosés, et terminer sur les quatre cinquièmes du pourtour de son calibre.

Les deux nœuds de soie qui ferment le bout supérieur et le
bout inférieur sont attirés au dehors, sectionnés, et trois ou
quatre points de suture achèvent la réunion, laissant libre la circulation d'une anse à l'autre. Ce nouveau procédé d'entéroraphie
est d'une simplicité, d'une sécurité et d'une rapidité d'exécution jusqu'alors inconnues. Ce procédé a été appliqué avec suc-

1. Ce nouvel instrument, qui a été présenté par M. Doyen au Congrès
de Médecine de Moscou, a reçu de son auteur le nom de *pince-levier
à pression progressive.*

cès à la résection partielle de l'estomac, qu'il abrège de plus de la moitié de sa durée antérieure.

Appareil pour la réduction opératoire de la luxation congénitale de la hanche. — Cet appareil, tout récent, a été construit pour remédier à une difformité de naissance presque au-dessus des ressources de l'art, et que les procédés antérieurs ne corrigaient que très imparfaitement, et seulement chez les tout jeunes enfants : la luxation congénitale de la hanche.

Un point d'abord est à déterminer : la nouvelle articulation qui se produit au point où la tête du fémur luxée se trouve en rapport anormal avec la fosse iliaque est d'une résistance telle

Appareil du Dʳ Doyen pour la réduction opératoire de la luxation congénitale de la hanche.

que, même après incision large des parties molles et section de la capsule articulaire, dont l'épaisseur atteint souvent 2 et demi à 3 millimètres, des tractions de 90 à 100 kilogrammes sur la jambe et la cuisse sont souvent impuissantes à réduire la difformité.

Cette constatation a été faite par tous les chirurgiens qui ont tenté d'opérer des luxations congénitales au-dessus de l'âge de 6 à 8 ans. A partir de l'âge de 12 ans, on reconnaît généralement que l'opération est impraticable.

L'insuffisance des moyens jusqu'alors employés, la difficulté et les dangers mêmes de la réfection d'une cavité cétyloïde satisfaisante, de la réduction de la tête fémorale et de son maintien dans une situation normale, sont demeurés tels, que beaucoup de parents, de médecins même, se contentent encore de tentatives d'élongation et de réduction simple, ne se rendant pas compte qu'il est illusoire de vouloir faire rentrer une tête de fémur dans une cavité qui n'existe pas, puisqu'elle est comblée par du tissu osseux le plus souvent très résistant.

M. Doyen vient de faire entrer la cure opératoire de la luxation congénitale de la hanche dans une voie nouvelle, en créant : 1° un instrument spécial, construit par M. Collin, sorte de fente creuse, pour pratiquer, sans danger de laisser des débris osseux dans la plaie, une nouvelle cavité cétyloïde absolument lisse et sphérique ; 2° un appareil qui lui permet de réduire sans effort apparent les cas les plus rebelles et les plus invétérés.

Le principe de ce dernier appareil est très simple : M. Doyen, au lieu d'agir *indirectement* en tirant sur les jambes et sur les cuisses, agit *directement* sur la tête du fémur.

La cavité cétyloïde creusée et la tête du fémur libérée, l'enfant est placé sur la planche, à cheval sur la tige centrale. Le bassin fixé de chaque côté, au-dessus et au-dessous de l'épine iliaque antéro-supérieure, par quatre chevilles de bois convenablement placées dans des orifices appropriés, le bras transversal de l'appareil est disposé de manière qu'il se trouve exactement dans un plan vertical passant par la tête fémorale luxée d'une part, par la cavité cétyloïde de l'autre. La tête fémorale est alors mise en contact avec la petite cuiller disposée à cet effet, et qui se place à la hauteur convenable. Quelques tours de volant, et la tête fémorale vient se loger sans effort, sans dégâts, comme si on la prenait entre le pouce et l'index, dans la cavité qui l'attend.

Dès la première opération faite par le Dr Doyen à l'aide de cet appareil, et qui a été réalisée d'emblée dans la perfection, la facilité de la réduction a émerveillé les assistants. Nous sommes heureux de consigner cette nouvelle conquête de la chirurgie française sur une affection jusqu'alors incurable.

HYGIÈNE

L'assainissement de la fabrication des allumettes.

Dans cette grave question du phosphorisme, question qui
ntéresse si vivement toute une population ouvrière, aujour-
d'hui encore victime de ce redoutable empoisonnement profes-
sionnel, auquel n'échappent guère les personnes obligées à
respirer, durant un temps prolongé, les vapeurs phosphorées,
un point important a été fixé au cours de ces derniers mois.

L'Académie de médecine, sollicitée par le ministre des
finances d'exprimer son avis sur les moyens de faire cesser
l'insalubrité de la fabrication des allumettes, a répondu en
condamnant de la façon la plus formelle l'emploi du phosphore
blanc.

Ce n'est pas du reste sans opposition qu'une telle décision a
été prise.

Parmi les membres de la Commission nommés par l'Académie
pour étudier la question, Commission qui était composée de
MM. Théophile Roussel, Magitot, Charles Monod, Hanriot et
Vallin, un commissaire enquêteur, particulièrement compétent
en la question, M. Magitot, a en effet vivement combattu, en
faveur du maintien du phosphore blanc dans la fabrication des
allumettes.

D'après M. Magitot, qui, en 1895, dans un rapport sur la
question du phosphorisme soumis par lui à l'Académie de
médecine, déclarait : « Le moyen essentiel de supprimer le
phosphorisme repose sur l'interdiction légale tant de fois récla-
mée de l'emploi du phosphore blanc dans la fabrication des
allumettes[1] », il n'y a plus lieu, pratiquement, dans l'état actuel
des choses, de recourir à une mesure aussi draconienne.

Présentement, pour remédier au mal, il n'y a d'autre solu-

1. Voir l'*Année scientifique et industrielle*, trente-neuvième année
1895), p. 230.

tion que l'hygiène, et cette solution est d'ailleurs suffisante, et non point seulement palliative.

Les dangers qui menacent les ouvriers du phosphore blanc se présentent sous deux formes : le *phosphorisme* et la *nécrose*.

Le phosphorisme, c'est l'empoisonnement lent et chronique de l'ouvrier par les vapeurs phosphorées. La nécrose, c'est l'accident local de la face, qui ne peut se produire que chez les individus porteurs d'une certaine lésion préalable de la bouche, aisément reconnaissable : c'est une *carie dentaire*.

Or le phosphorisme disparaîtra par la *ventilation* forcée des ateliers, et il n'est pas d'ingénieur qui se déclare incapable, avec les moyens mécaniques actuels, d'éliminer d'une salle de travail toute émanation nocive[1]. Quant à la nécrose, elle sera supprimée le jour où l'on aura exclu rigoureusement du personnel ouvrier tout individu porteur de la lésion initiale dont il s'agit : cette réforme, c'est la *sélection ouvrière*.

L'application de ces principes peut d'ailleurs être immédiate, c'est-à-dire dans les seuls délais nécessaires pour procéder à l'installation d'une machine et pour éviter de réduire trop brusquement, par la sélection, le personnel.

Toute usine dans laquelle ces réformes ne seraient pas applicables devra être supprimée : elle n'est pas assainissable.

Comme sanction à ces observations, M. Magitot présentait les conclusions suivantes :

1° L'assainissement de l'industrie des allumettes au phosphore blanc est un problème dont la solution est aujourd'hui simple et facile.

2° La méthode d'assainissement consiste en deux ordres de moyens, basés sur les deux facteurs des accidents, lesquels facteurs sont : *a*, le *phosphorisme*; *b*, la *nécrose* ou *mal chimique*.

3° Au phosphorisme, on opposera la ventilation des ateliers par des moyens artificiels, assez puissants pour soustraire les ouvriers aux émanations toxiques, résultat d'ailleurs réalisé dans maintes industries similaires. A la nécrose, on opposera la sélection ouvrière, c'est-à-dire le recrutement et le maintien du personnel parmi les individus entièrement dépourvus de toute lésion de la bouche et de

---

1. Nous avons eu occasion de mentionner les résultats obtenus à cet égard dans les usines étrangères, en Angleterre notamment, où la nécrose phosphorée est à peu près inconnue chez les ouvriers allumettiers. (Voir l'*Année scientifique et industrielle*, quarantième année (1896), p. 330.)

l'appareil dentaire, capable de fournir une porte d'entrée au mal chimique.

4° *Ventilation* et *sélection*, le problème de l'assainissement est tout entier dans ces deux termes.

5° Parmi les usines qui fabriquent actuellement les allumettes, on en trouverait plusieurs parfaitement salubres, dans lesquelles aucun accident ne s'est jamais produit; d'autres, en grand nombre, n'ont plus que des accidents relativement rares : elles sont assainissables par l'hygiène. Quelques-unes, enfin, sont dans un tel état de dégradation et d'insalubrité, que leur assainissement est impossible : ces dernières doivent être supprimées.

6° L'assainissement absolu d'une usine est réalisable d'une manière immédiate, c'est-à-dire dans les seuls délais nécessaires à l'application d'une machine à ventilation et à la pratique méthodique et graduée de la sélection, afin d'éviter une crise ouvrière.

Malgré le talent déployé par M. Magitot pour défendre ses propositions, qui furent spécialement combattues par M. Vallin. rapporteur de la Commission, l'Académie, sur la demande de ce dernier, se prononça nettement en faveur de la suppression absolue du phosphore blanc pour la fabrication des allumettes, en votant les conclusions suivantes de son rapport :

1° Il est urgent de faire cesser l'insalubrité qui persiste dans un grand nombre de manufactures d'allumettes en France.

2° La suppression du phosphore blanc est le seul moyen capable d'assurer l'assainissement définitif de cette industrie.

3° L'emploi général de machines automatiques perfectionnées est une ressource précieuse, mais à la condition que les opérations nuisibles aient toujours lieu sous des cages vitrées où ne séjourneront pas les ouvriers.

4° En attendant la réussite complète des expériences en cours, l'insalubrité actuelle pourrait être diminuée par les mesures suivantes : ventilation beaucoup plus active, emploi de courte durée et alternance des ouvriers dans les ateliers dangereux; sélection initiale et visites médicales périodiques, avec élimination temporaire ou définitive des ouvriers ayant la bouche en mauvais état; installation plus complète et surveillance rigoureuse des réfectoires, des lavabos, des vestiaires, etc.

A la suite de ce rapport, si formel en ses conclusions, voté par ˜Académie, l'administration des finances a fait procéder à livers essais de nouveaux types d'allumettes sans phosphore.

Une commande importante, entre autres, a été faite à M. Alfred Pouteaux (de Dijon), inventeur d'un excellent type d'allumettes au permanganate de potasse, que nous avons eu occasion de signaler l'an passé, et, dans les dernières semaines de 1897, un essai d'allumettes allemandes sans phosphore, dites « allumettes Triomphe », à base de plombate de chaux, a également été poursuivi.

Malgré les très vives espérances que ces diverses tentatives, celle de M. Pouteaux notamment, peuvent donner de voir en un temps prochain disparaître enfin, dans la fabrication des allumettes françaises, l'emploi du dangereux phosphore blanc, aucune transformation au régime ancien n'a encore été apporté.

Ce sera, espérons-le — sans trop y compter — l'œuvre de la prochaine année.

✳

Les dangers du calorifère.

Pour les besoins du chauffage, dans un grand nombre d'immeubles importants et dans la plupart des édifices publics, l'on a recours à des calorifères installés dans les caves ; l'air circule dans des tuyaux chauffés par des foyers puissants et vient se déverser dans les pièces dont on se propose de tiédir la température par des bouches de chaleur.

Au point de vue pratique et économique, ce procédé de chauffage est assurément excellent ; mais, en ce qui concerne l'hygiène, il n'en va pas toujours de même.

Au cours de ces dernières années, en effet, l'on a, à diverses reprises, signalé des accidents, plus ou moins graves, dus à ce que ces calorifères répandent à l'occasion dans l'atmosphère du gaz oxyde de carbone en quantité assez importante, et dont la présence s'explique par cette propriété que possède ce gaz de transsuder à travers les parois de fonte portées au rouge.

M. N. Gréhant, professeur au Muséum, à l'occasion de ces empoisonnements imprévus, a procédé à des expériences décisives, qui ont prouvé formellement que le gaz dangereux pouvait fort bien filtrer du foyer dans les tuyaux à air chaud et venir contaminer l'atmosphère des appartements.

Évidemment, il n'en est point toujours ainsi; mais le fait survient à certains moments, en particulier quand les tuyaux d'échauffement d'air sont portés dans le foyer du calorifère à une température trop élevée. Aussi convient-il de surveiller d'une façon toute spéciale ces installations de chauffage, pour peu que l'on tienne à éviter des accidents graves — hélas! toujours possibles.

※

La stérilisation par la chaleur sous pression.

L'un des inconvénients de la stérilisation par la chaleur, inconvénient qui empêche souvent d'avoir recours à ce procédé excellent quand il s'agit d'assurer la conservation de matières alimentaires, est de provoquer en général une altération très sensible des qualités organoleptiques, de donner un goût de *cuit* peu agréable.

Dans le but d'éviter la production de ce goût fâcheux, M. W. Kühn a imaginé de chauffer les liquides à stériliser, non plus à l'air libre ou en vase clos et incomplètement rempli de façon à laisser à la surface du liquide un espace suffisant pour le dégagement des gaz et des vapeurs et pour la dilatation, mais en vases pleins et clos, assez résistants pour supporter la pression de dilatation du liquide qui les remplit.

Voici comment opère M. Kühn. Il fait usage d'un cylindre métallique horizontal, rempli par le liquide à traiter, et traversé par un faisceau de tubes dans lesquels on fait circuler de l'eau chaude ou froide suivant qu'on veut réchauffer ou refroidir. Toutes les parties en contact avec le liquide sont argentées, de façon à éviter le contact du liquide et de la tôle d'acier. Pour régulariser l'action de la chaleur, le cylindre peut tourner autour de son axe. Une soupape de sûreté règle le maximum de

pression à atteindre, et un thermomètre permet de surveiller la
température.

Dans ces conditions, la pression s'élève très vite, dès l'arrivée
de l'eau chaude, dont on interrompt la circulation quand la
température de stérilisation est atteinte. On se tient à cette
température pendant un certain temps, en imprimant au
cylindre quelques mouvements de rotation pour la régulariser.
Puis on fait circuler de l'eau, froide d'abord, glacée ensuite,
pour refroidir le liquide, qui revient en quelques minutes à sa
température primitive.

Dans ces conditions spéciales de chauffage, où toute déperdi-
tion de gaz est évitée, où toute perte de principes aromatiques
et volatils est empêchée, les liquides peuvent être amenés aux
températures convenables pour leur stérilisation sans avoir à
redouter aucune altération ni aucune modification de leurs
qualités organoleptiques.

C'est là une ingénieuse combinaison, et qui pourra rendre les
plus grands services dans la pratique industrielle courante. En
ce qui concerne spécialement les moûts non fermentés, il est à
remarquer que le traitement les stérilise simplement, mais ne
leur enlève aucune de leurs propriétés fermentescibles, que l'on
peut sans peine réveiller par une addition de levures pures. De
cette façon, il est possible de faire fermenter ces moûts en
échappant à l'intervention des levures diverses contenues normalement dans le liquide frais, et qui peuvent exercer une
influence fâcheuse sur les produits définitifs à obtenir.

※

La contamination des eaux potables.

C'est un fait bien connu qu'il n'est encore de meilleur et de
plus parfait filtre pour les eaux que le sol. Aussi, dans la
recherche des eaux potables, les eaux de source sont-elles
généralement réputées, et à fort juste titre.

Quoi qu'il en soit, en des occasions assez rares, il est vrai, l'on rencontre cependant des eaux de source ne méritant pas le moins du monde leur bonne renommée. Avec toutes les apparences de qualités excellentes, elles sont souillées déplorablement, et, de ce chef, présentent pour la consommation des inconvénients graves.

Ces fâcheux phénomènes se produisent dans des circonstances spéciales, en particulier quand on a affaire à des sources sortant de terrains calcaires.

La raison, du reste, en est simple : elle tient à ce fait, signalé depuis déjà longtemps par divers savants, que, ces terrains étant fissurés, l'eau y circule par des conduits largement ouverts et n'y subit plus l'action filtrante qui résulte de son passage à travers des terres meubles et sableuses où sa marche est sans cesse arrêtée par des particules solides, qui, petit à petit, la débarrassent mécaniquement des impuretés qu'elle peut contenir.

Cependant, en dépit de l'intérêt qui s'attache à cette question, le plus souvent on ne se préoccupe guère de cette cause particulière de contamination des eaux dont on fait usage pour les besoins alimentaires.

C'est là une négligence impardonnable, et qui souvent engendre des épidémies meurtrières. M. A. Martel en a, il y a peu de temps, donné une saisissante démonstration pour la petite ville de Sauve, située, comme chacun sait, dans le département du Gard, entre Nîmes et le Vigan.

Sauve, qui compte environ 2 500 habitants, et qui est bâtie sur un plateau calcaire, est alimentée par une source débitant en temps ordinaire environ 60 mètres cubes à la minute, et beaucoup plus après les grandes pluies.

Or cette source, qui débouche au pied de la falaise calcaire, haute de 15 mètres, supportant les maisons de la ville, tout au bord et sur la rive droite du torrent du Vidourle, et à qui personne n'avait jamais songé à imputer la responsabilité des nombreuses épidémies, telles que choléra, fièvre typhoïde, etc., relevées dans le pays, est en réalité fort insalubre, étant sans cesse contaminée par les immondices et les déjections des habitants de la ville, immondices et déjections qui s'infiltrent sans peine à travers les 13 mètres de roches fendillées formant la couche calcaire qui va de la surface du sol au niveau aquifère, pour être ensuite entraînées par les eaux vives.

Pour démontrer qu'il en était bien ainsi, il a suffi à M. Martel de jeter dans un puits naturel, dont l'ouverture, abritée par une ancienne construction, qui sert aujourd'hui de hangar et d'écurie, est située à 85 mètres à l'ouest des sorties de l'eau souterraine, 250 grammes de fluorescéine en poudre; entre une heure vingt et une heure quarante-cinq minutes plus tard, l'eau sortait de la source nuancée en vert par la substance colorante!

Le cas de la ville de Sauve n'est pas, hélas! un cas isolé, et nombreuses sont les localités où semblablement, à la moindre pluie, toutes les immondices sont introduites dans les fissures du sol et drainées par les sources d'alimentation, transformées alors en véritables égoûts collecteurs.

Aussi bien n'y a-t-il pas que les agglomérations alimentées par des eaux sortant de calcaires fissurés qui soient pareillement menacées. M. Duclaux a dernièrement montré, en prenant pour exemple le cas d'une petite bourgade du Cantal, que, même dans les terrains perméables et poreux, c'est-à-dire les terrains propres par excellence à opérer la purification des eaux souillées, l'on risquait encore de rencontrer des eaux fortement contaminées, partant des plus dangereuses pour le pauvre monde.

C'est à la suite d'une épidémie de fièvre typhoïde que le savant directeur de l'Institut Pasteur fut amené à entreprendre son enquête, qui fut spécialement poursuivie par des moyens chimiques.

Ayant analysé les eaux recueillies en amont, au centre de la ville, et en aval de celle-ci, il dosa le résidu d'évaporation à 100 degrés, le chlore, la chaux, l'ammoniaque, les nitrates, et éventuellement les phosphates.

Le résultat de ces recherches, sur des eaux récoltées dans les puits où elles arrivent après avoir traversé un sol absorbant, fut fort instructif.

Alors en effet que, pour les eaux recueillies en amont de la ville, M. Duclaux vit le chlore varier entre 3 et 6 milligrammes par litre, la chaux entre 1, 5 et 6 milligrammes par litre et le poids total de résidu sec entre 22 et 42 milligrammes, pour les eaux provenant des puits de la ville les proportions de chlore passaient à 15, 20, 24, 60, 106, 128 et même 133 milligrammes, la teneur en chaux atteignait 14, 17, 28, 40, 50, 74 et même 107 milligrammes, tandis que les résidus secs s'élevaient à 105, 155, 222, 328, 449, 575 et 690 milligrammes par litre. En aval de la bourgade, ces chiffres ne tardent du reste pas à diminuer, pour redevenir complètement normaux à moins de 4 kilomètres.

Il ne faut pas trop s'étonner de rencontrer des eaux contaminées de cette façon. Dans la bourgade étudiée par M. Duclaux, la population est en effet très dense, — au point de comprendre environ 800 habitants sur une surface de moins de 2 hectares, — et la propreté y laisse fortement à désirer. Nulle part on ne rencontre de fosses d'aisances étanches; aucune canalisation d'égouts n'existe; le fumier encombre les rues au devant des maisons, qui pour la plupart sont dotées d'une pompe dont le réservoir est tantôt dans la cave et tantôt dans le jardin.

Dans ces conditions, on conçoit sans peine que, malgré les excellentes qualités filtrantes du sol, les eaux soient continuellement souillées. Aussi bien ne le sont-elles que des détritus organiques de la vie courante. Les eaux vierges de la région sont à peu près indemnes de chlore et de chaux, et ces derniers produits, qui se retrouvent en si grande abondance dans les eaux des puits de la ville, y sont apportés par les résidus des digestions. Quant aux matières salines, chlorure de sodium, phosphates, et aux divers autres matériaux des excréments, la proportion en est telle, que M. Duclaux a calculé que cette année — année pluvieuse — l'eau des puits étudiés par lui constitue un mélange de 1 litre d'urine avec 50 litres d'eau de pluie, et que, dans les saisons sèches, la proportion d'urine doit être encore plus considérable!!!

Voilà qui est net et précis.

Les malheureux Auvergnats habitant la localité signalée par M. Duclaux n'ont aucune idée de l'eau claire. Ils peuvent boire une eau peu chargée en microbes, et même en matières organiques, si, grâce à la perméabilité spéciale de leur sol, l'action comburante de l'oxygène a pu s'exercer suffisamment pour détruire les premiers et nitrifier les secondes. Mais ce n'est jamais là qu'un heureux hasard, sur lequel ils auraient tort de compter.

Et puis, quand même ces dernières actions s'exerceraient aussi complètement que possible, il n'en subsisterait pas moins dans leurs eaux de consommation des produits résiduels anormaux et nocifs.

On le voit, la question de l'eau pure, de l'eau à boire, n'est pas toujours commode à résoudre, et cela même dans les circonstances où il semblerait qu'elle dût être par elle-même tranchée de la façon la plus simple et la plus heureuse.

Les divers exemples que nous signalons d'après MM. A. Martel et Duclaux en sont l'incontestable preuve. .

AGRICULTURE

La dénitrification des terres à l'air libre.

Voici déjà longtemps — c'était en 1873 — M. Schlœsing découvrit qu'une terre enfermée dans un flacon se dépouillait peu à peu, à l'air libre, de l'azote des nitrates qu'elle contenait.

La chose méritait un examen sérieux. Plusieurs savants s'occupèrent de la tirer au clair, et ne tardèrent pas à reconnaître que cette dénitrification était provoquée par des ferments spéciaux, dont l'un, qui travaille même au contact de l'air, fut trouvé sur la paille par M. Bréal, et, tout récemment, par un agronome allemand, M. Wagner, dans les *excreta* du bétail.

Cette dernière constatation ne laissa pas, surtout après celle de M. Bréal, de provoquer un certain émoi. N'avait-on pas, en effet, lieu de craindre que, si ce ferment existait dans le fumier, on ne s'exposât, en fumant les champs, à appauvrir le sol, au lieu de le restaurer et de l'enrichir ?

Il était important d'être fixé à cet égard, d'autant plus que, dans l'émotion des premiers instants, à seule fin de parer à l'hypothétique mais vraisemblable danger, l'on avait recommandé aux cultivateurs de traiter tout le fumier de la ferme par l'acide sulfurique, de façon à détruire les fâcheuses bactéries.

Était-il vraiment nécessaire de recourir à cette héroïque opération, dont le double inconvénient est de coûter très cher et de modifier de telle sorte la nature du fumier de ferme, que celui-ci cesse de convenir à tous les terrains indistinctement, pour ne plus guère être valablement utilisable que dans les terres fortes?

A seule fin de le savoir, M. P.-P. Dehérain entreprit une série d'expériences et de recherches minutieuses. Celles-ci furent des plus instructives, et montrèrent sans réplique que les craintes suggérées étaient parfaitement vaines.

Assurément, les nitrates peuvent être réduits par les agents microbiens signalés par MM. Schlœsing, Bréal, Wagner, et *tutti quanti*; mais cette réduction ne se réalise guère que dans le laboratoire et à des conditions qui ne sont point du tout celles qu'on rencontre dans la pratique agricole.

Ainsi, M. Dehérain a reconnu que la réduction était très favorisée lorsque les bactéries dénitrifiantes avaient à leur disposition de l'amidon, produit qu'il n'entre pas dans les habitudes courantes de répandre dans les champs.

D'autre part, s'il est vrai qu'en mélangeant à un poids déterminé de terre le dixième ou le cinquième de son poids de crottin de cheval, on obtient la réduction des nitrates, il convient de considérer que jamais dans la pratique les fumures ne s'opèrent en pareilles proportions. Les très bonnes fumures de fumier de ferme, en effet, comprennent au plus deux centièmes du poids de la terre. Or à cette dose on trouve infailliblement que, loin de disparaître, les nitrates augmentent au contraire dans une proportion sensible.

La cause est entendue.

Le fumier de ferme constitue bien un engrais efficace, et nos cultivateurs, en dépit des assertions de certains alarmistes, peuvent, sans la moindre crainte, continuer d'en faire usage. Puissent-ils seulement en pouvoir faire toujours au rabais d'assez grandes quantités pour assurer la fertilité de leurs champs!

✱

La diminution de la matière azotée dans les blés du Nord.

Dans une certaine mesure, la valeur alimentaire d'un blé quelconque peut se mesurer à sa teneur en azote. Plus celle-ci est élevée, plus celle-là est grande. Dans ces conditions, on ne saurait évidemment se désintéresser de connaître la composition précise des graines récoltées. Celle-ci, du reste, n'est point toujours la même, — à beaucoup près : elle varie avec les espèces, avec les régions de culture, voire même d'une saison à une autre. Et c'est ainsi que M. Balland a découvert que les blés obtenus en ces dernières années dans le département du Nord sont notablement moins riches en azote que les blés récoltés en 1848 dans le même département.

En 1848, en effet, Millon procéda à l'analyse de huit échantillons recueillis dans l'arrondissement de Lille. Voici les résultats qu'il obtint :

	Azote à l'état n[1] p. 0/0.	Azote à l'état s[1] p. 0/0.
1. Blé d'Espagne, cultivé depuis 6 ans.	12,06	14,53
2. Blé roux anglais, cultivé depuis 3 ans. . .	10,35	12,46
3. Autre blé roux anglais.	12,05	14,52
4. Blé barbu.	11,08	13,34
5. Blé blauzé.	11,78	14,19
6. Autre blé blauzé de même origine.	10,80	13,01
7. Blé duvet, variété venant d'Angleterre. . . .	10,23	12,32
8. Blé de miracle.	13,02	5,44

Or, ayant procédé à l'analyse de neuf blés récoltés pareillement dans le Nord au cours de ces dernières années, au lieu de ces chiffres élevés en azote, M. Balland a trouvé :

	Azote à l'état n[1] p. 0/0.	Azote à l'état s[1] p. 0/0.
1. Blé d'Armentières, récolté en 1890. . . .	10,62	12,51
2. Même blé, récolté en 1895.	10,34	11,85
3. Blé de Bergues, 1887.	9,34	11,03
4. Même blé, 1890.	9,98	11,80
5. Blé Dattel, récolté à Orchies en 1895. . . .	9,09	10,53
6. Blé Goldentrop, récolté à Orchies en 1895. .	9,76	11,16
7. Blé Nursery, récolté à Orchies en 1895. . .	8,96	10,36
8. Blé Roseau, récolté à Orchies en 1895. . .	10,51	12,16
9. Blé Stand-up, récolté à Orchies en 1895. . .	10,34	11,99

La baisse en azote des blés de nos récoltes dernières est manifeste. A quelle cause faut-il l'attribuer? Vraisemblablement aux conditions de la culture actuelle.

En 1848, la production moyenne du blé à l'hectare était, en France, de 14 hectolitres dans le département du Nord.

On voit par ces chiffres que la quantité d'azote fournie par le sol à la végétation, loin d'avoir diminué, a en réalité fortement augmenté. C'est du reste à cet accroissement de l'azote, dû à l'usage des engrais intensifs, que la culture a pu réussir à obtenir ces rendements considérables.

Mais des expériences récentes de culture, poursuivies par M. Schlœsing, ont prouvé que la proportion de matières azotées dans les blés dépend essentiellement des ressources du sol en engrais propres à fournir de l'azote.

Il s'ensuit donc logiquement que, pour obtenir, dans les cultures à grand rendement, des blés aussi riches en azote que les blés récoltés autrefois, il faut accroître la quantité d'azote à donner au sol. Or, pour cela, il est divers procédés, soit qu'on l'on ait recours à des épandages d'engrais chimiques, soit qu'on emprunte indirectement l'azote à l'atmosphère elle-même en enfouissant dans le sol, en guise d'engrais verts, des cultures dérobées de légumineuses.

*

La lunure du chêne.

On désigne sous le nom de *lunures* des anneaux d'une teinte plus ou moins claire qu'on remarque parfois dans le duramen sur des sections transversales de chêne rouvre et pédonculé. Buffon et Duhamel paraissent être les premiers qui aient étudié les lunures, et si l'on tient compte de l'imperfection des procédés dont ils disposaient, on est frappé de la sagacité de leurs aperçus. Mais leurs opinions, ne reposant pas sur des observations suffisamment approfondies, ne pouvaient être regardées comme concluantes, et cette question réclamait de nouvelles études.

Ces études ont été faites récemment avec le plus grand soin par M. Émile Mer, qui a été amené, à leur suite, à formuler les conclusions suivantes :

1° La lunure du chêne est une maladie causée par les froids des grands hivers, qui a pour effet d'entraver la transformation de l'aubier en duramen et d'en provoquer la mort à une période plus ou moins avancée de cette transformation. Aussi les tissus lunés offrent-ils les aspects les plus variés : leur constitution reste parfois très voisine de celle de l'aubier, mais parfois aussi elle se rapproche beaucoup de celle du duramen. Entre ces états extrêmes, on observe toutes les variations possibles, et souvent dans une même lunure.

2° La lunure est toujours accompagnée d'une réduction d'accroissement des couches ligneuses formées pendant les premières années ayant succédé à celle du grand hiver : ce qui prouve que l'assise cambiale a été également atteinte.

3° Après la mort, la lunure passe à l'état de *lunure rousse*, par suite de l'oxydation du tannin et de la série des dégénérescences dont les séquestres du bois de chêne sont d'ordinaire le siège.

4° On ne peut tirer aucune conséquence des diverses expériences qui ont été faites pour déterminer les propriétés physiques et mécaniques du bois luné, puisque, avant de devenir roux, il représente un tissu pathologique à des degrés divers d'avancement, et qu'après l'être devenu, il est entré dans la phase des altérations *post mortem*.

5° La lunure peut exister sans être révélée par un affaiblissement de teinte. Mais deux caractères suffisent à l'établir : la présence de l'amidon et la réduction d'épaisseur des couches ligneuses. Les altérations consécutives sont alors moins graves et parfois nulles.

6° Les chênes à minces accroissements (*chênes à bois gras*) sont prédisposés à être lunés, parce que chez eux la duraminisation est déjà ralentie. Ils peuvent alors être atteints dans un hiver à froids relativement modérés.

7° On avait remarqué que le bois luné, même quand on l'emploie avant qu'il soit devenu roux, est sujet à la vermoulure et à la pourriture. Le premier effet est dû à la présence de l'amidon, le second à la teneur assez faible en tannin, et surtout au défaut d'imprégnation des fibres ligneuses par ce corps.

8° Les lunures sont bien plus répandues qu'on ne le croit. Un grand hiver cause des désastres à longue échéance, non seulement en réduisant la production ligneuse pendant plusieurs années, mais encore en préparant le bois à être le siège d'altérations ultérieures. L'hiver de 1879-80, le plus rigoureux de tous ceux que l'on ait eus depuis deux siècles, aura entraîné des conséquences qu'on ne soupçonnait pas jusqu'à présent.

✸

Le labourage électrique.

Nos grands-pères labouraient avec des bœufs ou des chevaux; à l'époque, déjà lointaine, où le chemin de fer et le télégraphe n'avaient pas encore enfiévré l'existence des paysans, ils se trouvaient fort bien de ce procédé de labour, lent mais sûr, et dont le caractère traditionnel flattait leurs instincts conservateurs. Mais, comme l'a fait naguère remarquer fort justement M. P. Crépy, avec les progrès de l'industrie des transports est apparue la concurrence, et il a bien fallu reconnaître que l'emploi de la force animale n'était pas, partout et toujours, ce qu'il y a de plus économique et de plus rationnel en fait de labourage.

Aussi les gros cultivateurs n'ont-ils pas hésité à avoir recours, depuis une trentaine d'années, aux divers systèmes de charrues à vapeur, dont les multiples avantages sont depuis lors universellement reconnus. Nous disons les gros cultivateurs, car, tout en constatant l'excellence du procédé mécanique mis en œuvre par son riche voisin, le laboureur de petite ou moyenne condition a dû reculer devant la mise de fonds considérable qu'exige l'achat du matériel nécessaire au labourage à vapeur et devant les frais d'entretien de ce matériel. Aujourd'hui donc, si la charrue à vapeur est d'un usage courant dans la grande culture, elle est presque totalement exclue des exploitations dont l'importance n'est pas de premier ordre. En France, où la propriété est particulièrement divisée, dans l'Ouest surtout, où les champs voisins sont séparés les uns des autres par des fossés et des levées de terre plantées d'arbres, qui, à distance, donnent l'illusion d'une immense forêt, dans les régions purement agricoles et non sylvicoles de la Bretagne et de l'Anjou, dans notre pays, dis-je, le labourage à vapeur n'a fait et n'a pu faire que des progrès peu importants.

Mais où la vapeur n'a pu complètement réussir, l'électricité pourrait bien apporter la solution du problème du labourage, à la fois profond et peu dispendieux, qui s'impose à nos producteurs de blé, s'ils veulent lutter contre la concurrence américaine, indienne et australienne.

Les premiers essais d'application de l'électricité au labourage sont dus à un de nos compatriotes, M, Félix, de Sermaize, qui eut l'idée, il y a quelques années, de remplacer, dans une installation de labourage à vapeur, la locomobile par une dynamo. Les frais sont, dans ce système, encore trop élevés, et ce n'est que tout récemment que des Allemands, MM. Zimmermann, de Halle, ont conçu un dispositif permettant l'emploi bien plus économique de la force électrique : ils produisent l'électricité au moyen d'une locomobile qu'on place sur une route ou en un point quelconque d'un champ; ils transportent l'énergie par des câbles jusqu'à une dynamo réceptrice qui fait corps avec la charrue et en produit le déplacement. Disons tout de suite que, dans la grande culture, où l'on a généralement des machines motrices de grande puissance, dans les sucreries, distilleries et autres usines agricoles greffées sur l'exploitation directe du sol, il est avantageux de s'en servir pour faire tourner la dynamo motrice, en modifiant en conséquence le tracé de la canalisation destinée à amener le courant de la dynamo à la charrue.

Mettant à part ce cas des grandes installations où il existe des machines fixes puissantes, et aussi celui où l'on trouverait dans le voisinage des champs à labourer des chutes d'eau capables de donner la force nécessaire, nous allons voir en quoi consiste l'agencement normalement nécessaire au labourage électrique. Comme je l'ai dit plus haut, si la source génératrice du courant change, il n'y a qu'à modifier la canalisation du transport d'énergie, et le principe de la méthode n'est point altéré.

On s'est tout d'abord attaché à faire les appareils légers, de manière que les animaux de la ferme puissent sans difficulté les amener aux points où ils doivent être mis en œuvre; on s'est aussi imposé la condition de se servir des locomobiles agricoles qui servent à d'autres usages, afin de ne pas augmenter le capital à immobiliser. Voici le dispositif auquel on s'est arrêté :

La charrue est du type à bascule, et porte une dynamo. Sur

l'arbre de cette dynamo est monté un engrenage double qui transmet le mouvement à un deuxième arbre sur lequel est calée une roue à noix.

Celle-ci guide une chaîne étendue sur le champ à labourer et ancrée à ses deux extrémités. Lorsqu'on embraye le moteur, il tire sur la chaîne et fait avancer la charrue. Au bout de la course, on fait basculer la charrue, on renverse le sens du courant, et la charrue retourne à l'autre extrémité en déroulant la chaîne. Les ancres qui fixent les deux bouts de la chaîne se manœuvrent au moyen d'un simple levier sur lequel l'action d'un homme seul suffit pour les déraciner.

Dans la petite et la moyenne culture, on emploie comme machine productrice du courant une locomobile quelconque de 12 à 15 chevaux.

La dynamo génératrice est placée sur un chariot qui, dans les déplacements, s'accroche à l'arrière de la locomobile. Il suffit, quand on arrive à l'endroit où l'on veut installer sa petite usine centrale, de relier par une courroie les volants du moteur et de la dynamo. La seule condition que doit remplir la locomobile est d'avoir un régulateur très sensible, comme cela est exigé de toute machine commandant une dynamo.

Le transport de l'énergie se fait au moyen de fils correspondant aux deux pôles de la dynamo et supportés par des poteaux au moyen d'isolateurs, absolument comme une ligne télégraphique. Les poteaux se placent le long de la bordure du champ, perpendiculairement à la direction que doit suivre la charrue. Pour emprunter le courant à ces fils, on emploie deux trolleys qui sont reliés à des fils parallèles au parcours de la charrue. Ces derniers fils sont enroulés aux deux bouts sur les chariots tendeurs et supportés, de distance en distance, par de petits chariots qui participent aux déplacements de la charrue. Les fils, supportés et tendus comme on vient de le voir, reposent sur deux contacts spéciaux, portés eux-mêmes par un bras qui fait corps avec la charrue; ils transmettent ainsi au travers de la boîte à résistances le courant à la dynamo réceptrice. C'est ce même bras porte-contacts qui soulève les chariots et les dispose à l'écartement voulu pour le retour de la charrue.

La charrue est à deux socs, précédés chacun d'un petit avant-soc coupeur. On peut la compléter par des fouilleurs ameublissant la terre à 40 centimètres sans la retourner, tandis que les socs labourent jusqu'à 0ᵐ,25 environ. La charrue avance de 70 mètres par minute.

L'installation du matériel demande une demi-journée de travail. Mais le temps ainsi employé se retrouve vite par l'accélération qu'on obtient dans l'opération du labourage. Des expériences faites en Allemagne dans des terres légères ont montré qu'on pouvait labourer, à 25 centimètres de profondeur, 2 hectares en dix heures. Pour faire le même travail dans le même temps, il faudrait quatre attelages de six bœufs, marchant à peine à la vitesse de 15 mètres par minute.

Pour les terres lourdes, il faudra fabriquer des charrues d'un modèle un peu différent, mais l'installation sera la même dans ses grandes lignes.

La force nécessaire varie suivant la nature des terres.

Dans la grande culture, où l'on doit labourer plus profondément (35 centimètres au lieu de 25) et où il faut avancer de 4 à 6 hectares par journée de dix heures, les installations comportent en général des machines fixes et un transport d'énergie par de gros fils en cuivre poli, du genre de ceux des lignes télégraphiques. Le reste est disposé comme il est dit plus haut, sauf quelques détails.

On estime que le labourage électrique ne revient pas à plus de moitié du labourage à vapeur.

***

Un nouveau remède contre la cochylis.

Parmi les ennemis de la vigne, la cochylis est souvent l'un de ceux qui produisent les ravages les plus considérables.

Dans le Bordelais et le Beaujolais en particulier, les dégâts causés par la chenille de ce fâcheux papillon sont des plus graves, et d'autant plus redoutables que les plants sont le plus souvent éprouvés au cours de la saison par deux générations successives du lépidoptère.

La première provient des papillons sortis des chrysalides ayant passé l'hiver. A peine éclos, ces insectes pondent des œufs d'où naissent des chenilles qui dévorent la jeune grappe au moment de sa floraison, puis se transforment en chrysalides Ces métamorphoses sont de courte durée, si bien qu'un peu avant le moment de la vendange a lieu une nouvelle ponte d'œufs, d'où procèdent des chenilles s'attaquant cette fois aux grains de raisin à la veille de la maturité.

Contre cette double invasion du parasite, qui en certaines années fait disparaître les deux tiers des récoltes, les viticulteurs jusqu'ici étaient à peu près désarmés. Les injections préconisées de poudre de pyrèthre, les pulvérisations d'une émulsion savonneuse de térébenthine ou de pétrole, sur lesquelles on avait fondé de sérieuses espérances, sont en effet demeurées à peu près inefficaces.

D'après M. P. Cazeneuve, il serait pourtant assez facile de triompher de la cochylis.

Le procédé que préconise ce viticulteur habile, et qui lui a d'ailleurs donné d'excellents résultats, consiste à injecter sur la grappe, à l'aide d'une soufreuse mécanique, un mélange de 10 parties de naphtaline pour 90 parties de soufre.

Ce traitement doit être opéré à deux reprises, une première fois tout au début de la floraison, une seconde en août, au moment où les papillons affluent sur les vignes pour y déposer leurs œufs.

Dans ce traitement, c'est la naphtaline qui agit comme insecticide. Il s'ensuit que, si l'on n'a point de raisons de craindre l'oïdium, on peut remplacer, avec grande économie, le soufre en fleur par du talc ou du plâtre précipité.

*

La lutte contre le mildew et le black-rot.

On sait que, pour lutter contre l'envahissement de leurs plants par le mildew et le black-rot, les vignerons ont recours à des bouillies cupriques à base de chaux (bouillie bordelaise) ou de soude (bouillie bourguignonne).

Un tel traitement est, du reste, d'efficacité certaine, pourvu que le produit anticryptogamique mouille bien la surface des feuilles atteintes.

Par malheur, il n'en est pas toujours ainsi, et il s'ensuit parfois des mécomptes graves. Aussi, pour échapper à cette fâcheuse mésaventure, divers spécialistes ont-ils depuis long-temps déjà cherché des moyens efficaces d'assurer le mouillage parfait des feuilles et autres organes verts de la vigne.

Parmi les recettes proposées à cet effet, on a recommandé particulièrement d'additionner les bouillies cupriques d'une certaine quantité de savon de Marseille.

Or cette addition ne semble pas avoir une influence bien décisive. Il vaut mieux, comme le recommande M. Gaston Lavergne, remplacer les bouillies par la solution suivante :

Sulfate de cuivre. . . . . 500 grammes.
Savon vert ou noir. 1000   —
Eau . . . . 100 litres.

Cette préparation, très adhérente aux feuilles, et qui a l'avantage de ne pas revenir à plus de 60 centimes l'hectolitre, c'est-à-dire qui coûte environ deux fois moins que les bouillies couramment employées, s'obtient en faisant dissoudre le sel de cuivre dans quelques litres d'eau et en ajoutant au liquide ainsi préparé la dissolution savonneuse. Celle-ci, qui doit être versée peu à peu dans la liqueur cuivreuse et en agitant sans cesse le mélange avec un petit balai, se prépare en incorporant au savon de l'eau, tiède de préférence, par petites quantités à la fois. On obtient ainsi une pâte épaisse d'abord, puis de plus en plus fluide, et en peu de temps la dissolution est complète.

Quand le mélange des deux liquides est opéré, on complète l'hectolitre avec de l'eau.

La recette est fort simple. Puisse-t-elle être également efficace !

Le sulfate de fer et la destruction des cryptogames parasites de la vigne.

On sait depuis longtemps que le sulfate de fer est d'un effet assuré pour détruire les mousses qui envahissent les prés au cours des années humides.

Cette propriété particulière a donné idée à un agronome du pays d'Auge, M. Croquevielle, de rechercher si ce sel serait également efficace contre d'autres végétaux parasites.

L'expérience confirma la prévision. En nettoyant avec une solution de sulfate de fer les troncs et les branches de ses pommiers, M. Croquevielle fit sans peine disparaître les nombreuses lichenées qui les garnissaient, et il constata en outre que le traitement était funeste aux colonies d'*Agaricus campestris*.

Cette circonstance incita M. Croquevielle à rechercher si le sulfate de fer ne serait pas efficacement utilisable contre les divers champignons parasites des plantes, et de nombreux essais lui permirent en effet de constater les avantages de ce traitement, en particulier contre les cryptogames parasites de la vigne, et qui causent les maladies connues sous les noms de *Blackrot, Oïdium, Mildew, Anthracnose, Pourridié, Dachose*, etc.

Voici, d'après l'expérience de M. Croquevielle, comment il convient d'appliquer le traitement :

1° Badigeonner ou asperger les souches avec une solution de sulfate de fer à 10 pour 100 au moins;

2° Répandre sur le sol une certaine quantité de sulfate de fer pulvérisé. La dose peut varier de 500 à 1000 kilogrammes à l'hectare, suivant la porosité du sol.

✽

L'emploi du carbure de calcium comme insecticide.

Les chimistes savent que quand on traite du carbure de calcium par l'eau, en même temps que de l'acétylène, il y a production d'une petite quantité d'ammoniaque, et que ce dernier dégagement gazeux se poursuit après le départ complet de l'acétylène, et en proportion assez forte, pourvu que la masse soit maintenue dans un état convenable d'humidité.

En raison de ces réactions, il était évident que les résidus de fabrication de l'acétylène par le carbure de calcium pouvaient utilement servir à la fois comme engrais et comme amendement.

Si nous nous en rapportons à M. E. Chuard, ils seraient également d'un emploi avantageux pour lutter contre le phylloxéra.

Des expériences, poursuivies à cet égard à Veyrier (Haute-Savoie) par M. Chuard, ont été fort encourageantes : les vignes traitées ont montré, en effet, plus de vigueur que les vignes voisines abandonnées à elles-mêmes, et le phylloxéra n'a été trouvé que sur 34 ceps sur 102.

D'après M. Chuard, c'est surtout en augmentant la force de résistance du végétal que les résidus de fabrication de l'acétylène seraient utiles. Il fait remarquer, en outre, qu'on doit aussi probablement rapporter une part des bons effets constatés à la production, très faible, il est vrai, d'hydrogène phosphoré, qui accompagne toujours le dégagement d'acétylène, et qui est due à la présence constante dans le carbure de calcium d'une petite quantité de phosphure.

Le fait est que l'hydrogène phosphoré est un insecticide puissant.

Du reste, si cette dernière hypothèse est justifiée, on ne manquera pas d'obtenir des résultats particulièrement favorables en employant des carbures préparés spécialement et contenant une proportion relativement importante de phosphure de calcium.

Des recherches nouvelles de M. Chuard ne tarderont d'ailleurs pas à montrer si cette dernière hypothèse est vraiment justifiée.

Pots à fleurs en engrais aggloméré.

C'est un fait aujourd'hui bien connu, grâce aux beaux travaux
des Boussingault, des Georges Ville, des Dehérain, des Gran-
deau, etc., que les plantes, pour vivre et se développer, ont
besoin d'emprunter au milieu extérieur, sol et atmosphère, un
certain nombre d'éléments nécessaires à leur composition. De
ces corps indispensables à la vie végétale, et qui sont au nombre
de quatorze, dix, à savoir : le soufre, la silice, le fer, le manganèse, la magnésie, la soude, le carbone, l'hydrogène, l'oxygène
et le chlore, sont toujours fournis abondamment par la nature.
Les quatre autres — azote, phosphore, potasse et chaux — font,
au contraire, le plus souvent défaut, ou du moins s'épuisent
assez vite. Aussi le cultivateur qui veut obtenir une récolte
luxuriante, doit-il suppléer à leur absence et fournir à la plante,
sous forme d'engrais, celui ou ceux de ces éléments sans lesquels elle ne saurait prospérer et qui lui manque.

C'est là une vérité définitivement démontrée, tant et si bien
que l'emploi rationnel des engrais chimiques s'étend actuellement de jour en jour, pour le plus grand profit de la grande
culture, et aussi de la culture florale. Ce qui est vrai pour le
blé et la vigne l'est encore, en effet, pour la tulipe, la jacinthe
ou le réséda, et si un pied de pommes de terre peut s'étioler
faute d'engrais, de même un plant de rosier restera malingre
si le phosphore, l'azote, la potasse ou la chaux viennent à lui
manquer.

Les horticulteurs le savent si bien, qu'ils additionnent couramment d'engrais chimiques la terre des fleurs qu'ils cultivent
en pots ou en caisses.

Théoriquement excellente, cette pratique ne donne pourtant pas à l'application tous les bénéfices qu'on en pourrait
attendre : c'est que les eaux d'arrosage en s'écoulant entraî-
nent, après les avoir dissous, les éléments fertilisants, qu'il
est, du reste, dans ces conditions, à peu près impossible d'employer aux doses requises.

Il importait donc de trouver un autre moyen de donner
aux plants cultivés en pots les engrais qui leur sont nécessaires.

Le problème, qui n'était pas sans présenter certaines difficultés, vient d'être résolu d'une façon fort élégante, et aussi, paraît-il, fort heureuse, par un chimiste avisé, M. Chéron, qui a imaginé de combiner la matière fertilisante avec le vase lui-même devant recevoir la plante, de telle sorte que ce vase à la fois l'abrite et la nourrit.

A cet effet, M. Chéron a réalisé une pâte céramique essentiellement légère et poreuse, et qui constitue un engrais complet et aggloméré, si bien que les racines du végétal, venant s'appliquer sur les parois internes du pot, y trouvent non seulement l'air filtré par les pores du récipient, mais aussi l'azote, l'acide phosphorique, la potasse et la chaux, en un mot le vivre et le couvert.

Ce n'est pas tout. Grâce à sa plasticité spéciale, la pâte d'engrais aggloméré peut recevoir toutes les formes possibles et imaginables, ce qui permet d'obtenir avec elle des vases des formes les plus variées et les plus originales.

Ainsi, non seulement on en fait des pots à fleurs des modèles traditionnels, mais encore des paniers élégants et ajourés, des corbeilles à orchidées imputrescibles, ne favorisant pas, comme les récipients en bois, le développement des insectes, et que les horticulteurs et les orchidophiles apprécieront fort. Enfin, grâce à son extrème porosité, la pâte d'engrais aggloméré permet de réaliser des pots à gouttières servant à l'arrosage et empêchant les insectes d'arriver au végétal après avoir escaladé les bords du vase, ainsi que des cornets, qu'il suffit de planter dans un pot de fleurs après les avoir emplis d'eau pour y entretenir une humidité convenable et salutaire.

Pourquoi les orchidées cultivées en serre deviennent stériles.

Les amateurs d'orchidées savent tous que, après avoir, pendant une courte période de végétation exubérante, donné d'admirables fleurs, les sujets importés et cultivés dans nos serres fleurissent de plus en plus difficilement et finissent par périr.

Or, si l'on considère que dans les serres on réalise exactement toutes les conditions de culture auxquelles sont soumis ces végétaux à l'état naturel, on a lieu de se demander si cet affaiblissement des plantes, qui est complet en l'espace de six ou sept ans, n'a point pour cause un défaut d'alimentation.

Une telle hypothèse, en somme, est d'autant plus légitime que l'on sait que les orchidées sont cultivées en serre dans un mélange de racines de fougère et de mousse fort peu nutritif et qui ne joue guère qu'un rôle de soutien.

Pour vérifier s'il en est bien ainsi, MM. Alex. Hébert et G. Truffaut procédèrent à un examen au point de vue chimique des pieds de *Cattleya*, au début et à la fin de leur période de dégénérescence, de façon à constater s'il existait, à ces deux instants, des différences sensibles dans la composition de la plante.

L'expérience fut très nette. La comparaison d'analyses exécutées en 1891 sur des pieds de *Cattleya* en pleine vigueur, et en 1897 sur des pieds dégénérés du même végétal, montra que ces derniers contenaient moins de matière sèche, de substances organiques et azotées et de cendres, et que, parmi celles-ci, la diminution portait spécialement sur la potasse, la chaux, la magnésie et l'acide phosphorique, c'est-à-dire sur les principaux éléments fertilisants.

Cette première constatation faite, il restait, pour fixer définitivement les conditions de l'épuisement du végétal, à déterminer exactement la nature et le total des matériaux divers enlevés par l'exportation des fleurs. Or des analyses minutieuses montrèrent que la matière organique des fleurs de *Cattleya* renferme une quantité assez importante d'azote et que leurs cendres sont particulièrement riches en potasse, en chaux, en magnésie et en acide phosphorique, tous éléments que l'on peut fournir en abondance au végétal par un mélange d'engrais appropriés.

Les horticulteurs vont donc désormais pouvoir sauver d'un épuisement prématuré leurs plantations d'orchidées. Il leur suffira, pour cela, de donner à ces plantes des engrais appropriés, au lieu de continuer, comme ils le faisaient jusqu'à ce jour, à les cultiver dans des milieux absolument stériles et inertes.

ARTS INDUSTRIELS

La propagation des déformations dans les métaux soumis à des efforts.

En 1894, M. le commandant Hartmann, à qui l'on doit des études fort intéressantes sur les capacités de résistance des métaux soumis aux efforts, démontra que les déformations dont les métaux, et notamment l'acier, sont l'objet lorsqu'ils sont soumis à des actions de traction, de compression, de flexion, de mandrinage, etc., ne se propagent pas progressivement d'un point à tous les points voisins, mais qu'elles se font par ondulations, en se subdivisant par zones continues, géométriquement distribuées d'après des lois bien déterminées.

Il était intéressant de vérifier si certains métaux dont l'usage aujourd'hui se multiplie, tels que l'aluminium, l'acier-nickel à 25 pour 100, le métal Delta et le laiton, obéissaient aux mêmes lois générales que l'acier. M. Hartmann, à cet effet, a donc entrepris, à la section technique d'Artillerie, de nouvelles recherches sur le caractère et le mode de propagation des ondes de déformation pour les métaux précités.

Voici le résultat de cette enquête :

1° *Aluminium.* — Quand une barrette d'aluminium est soumise à un effort de traction, on voit apparaître, aussitôt la limite élastique atteinte, des ondulations régulières de deux systèmes conjugués, analogues à celles de l'acier. Mais, alors que ce dernier métal donne lieu à des réseaux composés de sillons généralement très étroits, on observe avec l'aluminium des nappes très étendues et d'apparence fugitive, mais cependant très appréciables au toucher. De plus, les ondulations ne sont pas continues : quelque grande que soit la régularité de la traction, elles se propagent par bonds suivant des zones également inclinées sur la direction de l'effort. Le phénomène se poursuit jusqu'au moment où la déformation se localise dans une des ondulations, en produisant une striction sous la forme d'une dépression de même inclinaison que cette ondulation. Au delà de la striction, la rupture se produit généralement, soit suivant une dépression d'un des deux systèmes, soit suivant la bissectrice de l'angle formé par deux dépressions conjuguées, si ces deux dépressions ont même valeur.

On constate, comme pour l'acier, que les ondulations se correspondent exactement sur les deux faces de la barrette, et que, par suite, elles ne sont pas dues à un simple mouvement de la couche superficielle.

2° *Acier-nickel à 25 pour* 100. — Avec l'acier-nickel à 25 pour 100, la marche du phénomène est analogue; seulement, aussitôt la limite élastique atteinte, toute la surface est recouverte d'une sorte de damier constitué par des lignes faisant toutes un même angle avec la direction de l'effort. Les ondulations très larges apparaissent ensuite comme celles de l'aluminium, mais leur propagation se fait d'une manière presque continue, tantôt dans un sens, tantôt dans l'autre; quelquefois même elles affectent la forme d'un X dont les branches constituent un système de lignes ayant la même inclinaison sur l'axe que les lignes isolées.

Le phénomène se poursuit ainsi jusqu'à la formation d'une striction au milieu d'un ensemble d'ondulations qui se localisent dans une zone bien déterminée. En dehors de cette zone, où se trouvent réparties les déformations très nettes, la barrette ne garde aucune trace de ces mouvements moléculaires qui sont tout à fait passagers.

En interrompant un instant l'action de l'effort, l'ondulation qui est en jeu s'arrête brusquement, pour reprendre au même point dès que la traction s'exerce à nouveau.

3° *Métal Delta.* — Le métal Delta présente les mêmes particularités que l'acier-nickel, avec cette différence que les ondulations en forme d'X sont plus nombreuses et qu'elles se propagent d'une façon plus continue. La vitesse de propagation est du reste fonction de la vitesse de transmission de l'effort, et le nombre d'ondulations en jeu augmente avec cette vitesse de transmission.

4° *Laiton.* — Avec un laiton fortement écroui, on voit se produire immédiatement et brusquement, aussitôt la limite élastique atteinte, une série de déformations rectilignes nettement tracées, qui font toutes rigoureusement le même angle avec la direction de l'effort, et qui s'étendent sur la surface, à mesure que la traction augmente. Pas plus que pour l'acier, ces déformations ne sont des lignes au sens géométrique du mot; ce sont de véritables dépressions dont la largeur atteint plusieurs millimètres, et qui laissent apercevoir un réseau très fin de stries parallèles aux deux systèmes conjugués de déformations.

※

L'essai des métaux.

Il est actuellement admis par les spécialistes que chacune des barres de métal ou des feuilles de tôle qui entrent dans la construction d'œuvres dont la rupture accidentelle peut provoquer des accidents graves, doit être essayée et que l'essai doit porter sur les diverses parties de la pièce éprouvée. Une seule partie défectueuse dans une tôle de chaudière peut occasionner une explosion, un seul rail brisé peut produire un déraillement, une seule pièce de machine rompue par un effort dépassant la moyenne peut donner naissance aux plus graves avaries. Des accidents récents, tels que celui du *Bruix* — qui fit tant de bruit — en donnent une preuve convaincante.

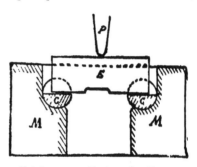

Matrice pour effectuer le pliage.

E, Éprouvette prismatique. *C C*, Coussinets demi-cylindriques. *P*, Coin poinçon. *M M*, Matrice.

On comprend alors aisément que la marine, l'artillerie, les grandes administrations soient conduites à faire, par sécurité, de nombreux essais très couteux des métaux qu'elles emploient. Néanmoins, en raison de la difficulté et du prix de ces essais, ils ne sont pas toujours suffisamment multipliés, ce qui ne laisse pas de présenter à l'occasion de graves inconvénients.

Mais comment faire autrement quand on ne possède pas des méthodes rapides et simples pour vérifier les métaux?

On ne saurait donc trop apprécier l'institution faite récemment par un habile ingénieur, M. Ch. Frémont, de méthodes pratiques permettant de faire dans des conditions particulièrement avantageuses tous les essais désirables.

Ce qui distingue le procédé institué par M. Frémont, c'est son extrême économie, résultant de ce fait que les essais ne nécessitent que de très petites quantités de métal, une douzaine de grammes environ, facilement préparées aux dimensions voulues.

M. Frémont a adopté pour les éprouvettes la forme prismatique, avec des dimensions constantes pour obtenir des résultats comparables. La longueur du prisme est de 20 millimètres, la largeur de 10 millimètres, et l'épaisseur de 8 millimètres.

Ces dimensions réduites lui permettent d'extraire les éprouvettes de « déchets » produits au cours de la fabrication, tels que les « débouchures » du poinçonnage.

Chaque essai de métal doit renseigner sur la ténacité, la ductilité, la fragilité et l'homogénéité du métal.

M. Frémont évalue la ductilité par le pliage « enregistré » :

Éprouvettes pliées montrant l'allongement réparti (10 diamètres).
(D'après une photomicrographie de M. Ch. Frémont.)

c'est le seul procédé permettant de discerner la gerçure anodine de la crique qui occasionne la rupture.

Pour cela, il fait usage d'un poinçon spécial terminé en forme de couteau, et de largeur excédant légèrement celle de l'éprouvette à essayer, et il remplace la matrice circulaire habituelle par deux mordaches parallèles, dont l'écartement variable est égal à l'épaisseur du poinçon, plus deux fois l'épaisseur de l'éprouvette.

Naturellement, les extrémités des mordaches et du poinçon

sont rendues assez mousses pour ne pas entamer sensiblement le métal sous l'effet de la pression.

L'adresse de l'opérateur n'intervenant pas dans cet essai, les résultats donnent bien exactement la valeur numérique de la ductilité.

La face de l'éprouvette qui subit la tension porte sur toute sa largeur une cannelure de 1 millimètre de profondeur, de 4 millimètres d'ouverture, avec deux congés de raccordement pour limiter la zone d'allongement et déterminer la rupture même dans les métaux les plus ductiles, qui, sans cette précaution, se plieraient à bloc sans se rompre.

Sur l'une des faces latérales de l'éprouvette, on a gravé, après polissage, des divisions uniformément espacées de 1 millimètre; après pliage, l'éprouvette est portée devant l'objectif d'un appareil photographique amplifiant l'image exactement de 10 diamètres, pour montrer les déformations du métal entre chacune des divisions primitives.

La mesure de l'allongement effectuée sur la glace dépolie, ou sur le cliché terminé, l'éprouvette est rompue en son milieu; chaque fragment d'une longueur suffisante donne, par l'ordonnée maximum du diagramme du cisaillement, la résistance de ténacité.

Une seconde éprouvette de mêmes dimensions que la première, mais entaillée d'un trait de scie de 1 millimètre de large et de 1 millimètre de profondeur, subit le choc pour indiquer la fragilité.

Enfin, des divergences existantes entre les différentes valeurs des trois constantes mécaniques, ténacité, ductilité, fragilité, en différents points d'une pièce, l'on déduit la valeur de l'homogénéité du métal.

L'arrêt automatique des trains de chemins de fer.

En matière de chemins de fer, jamais jusqu'ici l'on n'a pu parvenir à supprimer ces accidents qui trop souvent déterminent des catastrophes lamentables, survenant du fait de la rencontre de deux trains.

En vain, à cet effet, l'on a inventé le *block-system* et nombre d'autres dispositifs de signaux tous plus ingénieux les uns que les autres : de lamentables désastres n'ont cessé ·de se produire, si bien — ou si mal — qu'il n'est pas d'année qui n'apporte son contingent au douloureux martyrologe des voyageurs en chemin de fer.

Si triste que soit un tel état de choses, il est manifeste qu'il est le résultat d'une sorte de fatalité inéluctable.

C'est que tous ces appareils ne sont jamais, en fin de compte, autre chose que des signaux. Ils avertissent du danger, mais ils n'y remédient pas. Quelle que soit sa perfection, en effet, un signal n'est jamais qu'un appel, réclamant toujours et nécessairement l'intervention de l'homme. Il faut non seulement que le mécanicien (ou l'aiguilleur) le perçoive et le comprenne, mais encore qu'il sache, qu'il puisse et qu'il veuille en tenir compte. Or l'aiguilleur (ou le mécanicien) peut s'endormir ; il peut être ivre ou fou ; il peut perdre la tête ; il est, comme tous les êtres de chair et d'os, sujet à des absences, à des méprises, à des vertiges, à des syncopes; il peut mourir de mort subite ou tomber inopinément paralysé.... Dès lors le meilleur signal ne sert plus à rien, si ce n'est à engendrer une confiance désastreuse. Il n'est pas seulement nul et non avenu : il est pire !

Le fait est que l'analyse des circonstances dans lesquelles se produisent les accidents amène forcément à conclure que, neuf fois sur dix, la responsabilité initiale incombe à une erreur ou à une distraction.

La seule façon d'assurer complètement la sécurité, ce serait que l'appareil avertisseur, ne se bornant pas à signaler les dangers — ce qui trop souvent équivaut à prêcher dans le désert — *pût arrêter* AUTOMATIQUEMENT le train, au seuil même de la zone dangereuse.

Or est-ce une utopie ? Pas le moins du monde ! Des expériences, exécutées il y a quelques mois à Beaulieu-le-Coudray,

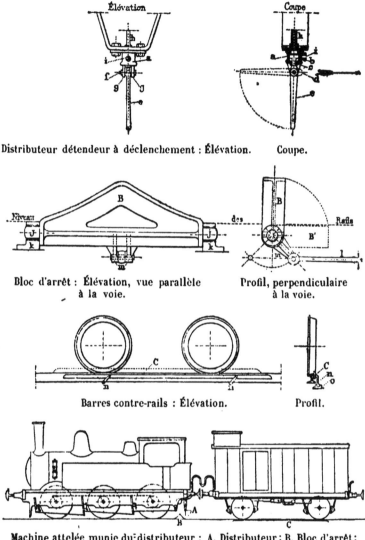

Distributeur détendeur à déclenchement : Élévation.   Coupe.

Bloc d'arrêt : Élévation, vue parallèle
à la voie.

Profil, perpendiculaire
à la voie.

Barres contre-rails : Élévation.   Profil.

Machine attelée munie du distributeur : A, Distributeur ; B, Bloc d'arrêt ;
C, Barres contre-rails.

près Chartres, pour les essais du frein inventé par M. Laffas et
construit par M. Mégy, ont, en effet, donné l'irréfutable
démonstration qu'il n'y avait là rien d'impossible.

Le fonctionnement de l'appareil Laffas est essentiellement basé sur les trois *postulata* que voici :

1° Le train se protège lui-même, en fermant derrière lui tous les signaux qu'il rencontre ;

2° Le train stoppe automatiquement (sans l'intervention, souvent tardive, du machiniste) dès qu'il a franchi tout signal commandant l'arrêt ;

3° Les signaux commandant l'arrêt ne peuvent jamais être effacés, ni par distraction, ni par malveillance, ni par erreur, pendant tout le temps que le danger subsiste.

Pour répondre à ces trois nécessités, l'appareil Laffas comporte trois éléments :

1° Un déclencheur porté par la locomotive, et qui sert, au moyen d'un simple mouvement de levier, à mettre *instantanément* et *automatiquement* en œuvre l'énorme puissance du frein à air comprimé, dès qu'un danger menace ;

2° Un bloc d'arrêt, placé à demeure sur la voie, en avant de tous les points à protéger, tels que les quais de stations ou autres, les embranchements, les croisements, les ponts tournants, les passages à niveau, afin d'agir à distance, par le choc contre le butoir, sur le déclencheur sus-indiqué, et d'ouvrir le robinet du frein juste à l'orée de la zone dangereuse ;

3° Des barres contre-rails, disposées le long des voies, sur tous les points où des collisions pourraient se produire, de manière à immobiliser, derrière tous les trains, tant que le péril subsiste, le butoir en saillie, partant la voie fermée.

Examinons successivement chacun de ces trois éléments.

Déclencheur. — Le distributeur détendeur à déclenchement se compose d'un petit cylindre *a*, dans lequel se meut un piston étanche *b*, dont l'extrémité de la tige *c* repose sur une came *d*, terminant la partie supérieure du levier *e*.

Le levier *e* est articulé sur l'axe *f*, lequel traverse les deux oreilles *g*, venues de fonte avec le cylindre *a*.

A la partie supérieure du cylindre *a*, se raccorde le tuyau *h*, qui met en communication constante le sommet du piston avec la conduite générale d'air comprimé.

Vers le milieu du cylindre *a*, s'ouvre l'orifice *i* servant à l'échappement de l'air comprimé de la conduite générale, la dépression produite à l'intérieur de cette conduite suffisant pour produire instantanément le serrage simultané de tous les freins du train.

Une vis de réglage permet de faire varier la section de l'orifice *i*, de façon à atténuer la rapidité de l'arrêt.

Bloc d'arrêt. — Le bloc d'arrêt est une solide feuille de tôle repliée B, portant deux tourillons *j*, tournant dans deux supports *r*, montés sur les traverses de la voie.

Une tringle de manœuvre *l* est attachée à l'extrémité d'une double manivelle *m*, placée au milieu de la pièce B : cette tringle est reliée à la transmission qui sert à manœuvrer le bloc d'arrêt B, en même temps que le signal qui l'accompagne.

Barres contre-rails. — Les barres contre-rails mobiles sont supportées par des manivelles *nn*, articulées à la manière ordinaire sur des supports *o*, solidaires des rails ou fixés sur les traverses de la voie.

Ces barres contre-rails ont pour but d'immobiliser le bloc d'arrêt dans la position d'alarme pendant le passage ou le stationnement des trains sur les sections que le butoir protège.

La figure 4 montre une machine attelée, munie du frein à air comprimé et armée du déclencheur A. Cette machine circule sur une voie protégée par le bloc B, et par des barres contre-rails, visibles en C, au-dessous des roues du fourgon.

Le distributeur détendeur étant en communication avec la conduite générale, la pression de l'air comprimé s'exerce directement et d'une façon continue sur le piston. Mais que le pendentif A vienne à heurter le butoir, le levier *e* (fig. 1) oscillera, la came qui retient le piston sera déplacée, et l'orifice d'échappement *i* se trouvera découvert.

D'où une dépression qui mettra les freins en jeu, sans que le mécanicien ait eu à lever un doigt, et arrêtera le train après une course variant de 100 à 150 mètres.

Pour obtenir automatiquement ce résultat, il suffira donc, avec les vitesses ordinaires de nos trains actuels, de disposer les blocs d'arrêt à 250 ou 300 mètres des points à couvrir.

Grâce à un tel dispositif, on conçoit sans peine que tout train qui, au mépris des indications du *block-system*, vient à pénétrer dans une zone de la voie où sa circulation en vitesse constitue un danger grave, est obligé de s'arrêter, ce qui assure la protection efficace et complète. Et celle-ci se réalise dans tous les cas possibles, s'appliquant non seulement à la ligne ferrée, mais encore aux passages à niveau existant sur sa longueur.

Voici comment M. Laffas a triomphé fort heureusement de la difficulté qui, à Beaulieu-le-Coudray, surgissait de cette nécessité. Les expériences se firent là dans des conditions particulièrement difficiles et compliquées, puisque, sur une voie unique, avec une pente de 7 millimètres par mètre, il fallait protéger à la fois la ligne de Chartres à Orléans, l'embranchement d'Auneau et un passage à niveau.

Les leviers de manœuvre des blocs d'arrêt furent enclenchés, à l'aide de verrous à clef, avec la barrière du passage à niveau, de telle sorte que cette barrière ne pouvait être ouverte qu'à une seule et unique condition *sine qua non* : c'est que tous les blocs fussent armés, et, par conséquent, toutes les voies fermées. Et, d'autre part, pour rabattre un seul de ces blocs, pour rendre libre une seule des voies protégées, il fallait à tout prix que la barrière du passage à niveau fût, au préalable, ouverte.

La solidarité des appareils était obtenue au moyen de la clef unique, servant à ouvrir les verrous, qui immobilisent à la fois les leviers de manœuvre et la barrière. Par-dessus le marché, cette clef, une fois entrée dans la serrure du verrou, y restait prisonnière et ne pouvait en être retirée avant que l'appareil qu'elle avait ouvert fût revenu à la position fermée.

Il est superflu de rappeler que les accidents causés par la non-fermeture des passages à niveau font annuellement un grand nombre de victimes.

On le voit — nul besoin même, pour cela, d'être « de la partie » — l'appareil Laffas prévoit et prévient à peu près tous les risques probables.

Les déraillements eux-mêmes pourraient être ainsi (non pas empêchés, bien entendu, car ils tiennent à des causes occasionnelles auxquelles il est quasiment impossible d'obvier utilement par anticipation), mais atténués dans une certaine mesure et restreints aux moindres conséquences.

Ce qui rend, en effet, les déraillements terriblement désastreux, c'est que les wagons, animés d'une force vive considérable, viennent s'amonceler et s'aplatir contre la locomotive et le tender, arrêtés tout d'abord sur place. Avec l'appareil Laffas, rien de pareil à craindre. Le levier du déclencheur va, en effet, aussitôt la locomotive hors des rails, heurter contre le sol — et ouvrir les freins. Toutes les voitures du système articulé qui est le train vont s'arrêter en même temps, en conservant (ou peu s'en faut) leurs distances respectives, de façon que la détérioration du matériel et des voyageurs se limitera au minimum.

S'ensuit-il à que l'appareil Laffas sera bientôt d'usage général dans toutes les Compagnies de chemins de fer? Hélas! comment oublier que le frein Westinghouse (dont l'éloge apparemment n'est plus à faire) a mis quatorze ans à entrer, par effraction, dans la pratique courante des voies ferrées?

※ •

Pour signaler les trains en retard.

Il y a quelques mois, M. Turrel, ministre des travaux publics, prenant en main la très juste cause des voyageurs qui dans les gares sont vraiment par trop sevrés des indications les plus utiles en ce qui concerne les retards, arrivées ou départs des trains, adressait à toutes les Compagnies de chemins de fer une circulaire bien sentie pour leur enjoindre d'avoir à disposer à l'intérieur des gares, bien en vue, un tableau indicateur, signalant aux intéressés, en termes ou signes aisément compréhensibles d'un quiconque : 1° la voie de débarquement où s'arrêtera le train attendu; 2° la provenance et la destination des trains qui vont entrer en gare et l'heure à laquelle lesdits trains ont effectivement quitté la tête de ligne; 3° l'importance du retard subi, si ce retard dépasse quinze minutes.

En théorie, c'était parfait. En pratique, cela n'allait pas précisément tout seul, et le problème était considéré par les spécialistes comme exceptionnellement ardu.

Il a été pourtant résolu, de la façon la plus élégante et la plus simple, par un ingénieur dont le nom fait autorité en matière de chemins de fer, M. le comte de Baillehache.

Grâce à un ingénieux dispositif utilisant pour une grande

partie les appareils existants, et qui constitue simplement une addition à un brevet antérieur, M. de Baillehache se fait fort :

1° De signaler électriquement à l'aiguilleur d'avant-gare le passage d'un train entre le disque avancé D et le poste d'aiguillage P (fig 2) ;

2° De mettre les agents et le public à même de voir sur un tableau S S, placé d'une manière apparente à l'intérieur de la station, la provenance et la destination des trains, la voie sur laquelle ils doivent arriver, les retards annoncés ;

3° De signaler le moment exact où tel train va rentrer en gare, en voilant, par la chute d'un « voyant » V, la case où a été inscrit le retard précédemment signalé.

Tout cela s'opère automatiquement, avec le concours de la fée Électricité, grâce au contact fixe K, sur lequel le train appuie forcément au passage.

Voici comment :

Sur le fil de contrôle désignant à l'aiguilleur l'ouverture ou la position d'un disque, est placé en R (fig. 2) une résistance supérieure à celle de la ligne (jusques et y compris la sonnerie C, le galvanomètre G, les relais N des tableaux).

Cette résistance intercalaire a pour but de forcer le courant, quand le train passe sur la plaque de contact, à venir de préférence chercher la terre à la sortie des bobines intérieures du tableau placé dans la gare.

Lorsque l'aiguilleur a mis son disque à voie fermée, l'aiguille de la boussole G prend et conserve une direction oblique. Les autres appareils (sonneries C et relais N) placés dans ce circuit restent indifférents, parce que cette résistance affaiblit le courant d'origine qui traverse leurs bobines. Il n'y a pas dans ces appareils une attraction suffisante de la palette en fer doux de l'électro-aimant pour produire dans les postes une action capable de faire tinter la sonnerie C et de déclencher le relais N correspondant du tableau.

Lorsque le mécanicien franchit le signal placé sur la voie, au moment où le train rencontre le contact fixe K, l'aiguilleur en est immédiatement prévenu par la sonnerie C de son poste : la résistance se trouve, en effet, momentanément suspendue. L'aiguille de la boussole G dévie fortement à chaque passage des roues du train sur le contact fixe. On peut ainsi connaître le nombre exact des wagons attelés si l'on a pris soin d'armer la palette d'un fer doux d'un petit « voyant » A.

Au même moment, le relais N est actionné, le disque V tombe, et le cadran qui marque le retard des trains se trouve masqué.

Les figures 3 et 4 représentent la plaque de contact K avec rebord en saillie.

La figure 4 représente le tableau, placé dans la station d'une

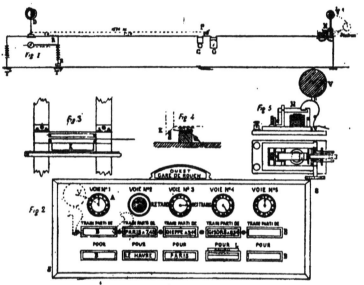

Appareil de M. de Baillehache pour signaler les trains en retard.
Ensemble et détail de l'avertisseur.

façon très apparente, soit sur le quai principal, soit à la sortie des salles d'attente, ainsi que le prévoit la circulaire minis-térielle.

Des cases mobiles B sont aménagées pour permettre à l'agent préposé à ce service de disposer les plaques L annonçant la provenance et la destination des trains, ainsi que l'heure à laquelle ces trains ont quitté la gare d'origine.

Le tableau porte, en outre, le numéro de la voie sur laquelle arrivera le train, en même temps qu'un cadran A à aiguille, sur lequel l'employé indique à la main les retards au public.

On conçoit qu'un tableau de ce genre pourrait être facilement disposé dans les postes d'aiguilleurs, où il serait utile, à cause du signal optique très visible dont il est muni. Chaque case correspondrait à une branche de bifurcation. La chute du « voyant » portant le disque de chaque relais fermerait un circuit local sur une sonnerie commune à toutes les branches. Il y aurait donc à la fois, dans chaque poste d'aiguillage, des signaux optiques et acoustiques automatiquement commandés sur la voie par des plaques de contact (fig. 3 et 4).

On pourrait encore, toujours à l'aide du même dispositif, relier les stations aux postes d'aiguillage, en remplaçant dans les stations les contacts fixes qui actionnent les relais par de simples boutons de sonnerie, afin de donner aux chefs de ces stations la possibilité pratique d'autoriser l'accès d'un train sur telle ou telle voie.

Dans l'établissement de ce système, on utilise en grande partie le fil existant déjà posé par l'adjonction de contacts. Les bifurcations sont protégées. Les agents et le public sont prévenus, tandis que le train qui se décide à arriver marque le retard antérieurement annoncé par le fait seul de signaler son arrivée.

Les frais sont réduits enfin, en sus du contact et des tableaux, à la pose d'un nouveau fil entre le dernier poste d'aiguillage et la gare.

❊

La locomotive électrique Heilmann, la 8001.

Le vendredi 12 novembre 1897 restera une date mémorable dans l'histoire des chemins de fer. C'est en ce jour, en effet, qu'officiellement la première locomotive électrique du système Heilmann, revue et corrigée, aura fait, entre Paris et Mantes, son premier voyage d'essai.

C'est il y a quatre ans que, pour la première fois, on parla de la locomotive électrique. Son inventeur, M. J.-J. Heilmann, l'avait baptisée la « Fusée électrique », en souvenir de sa devancière, la première locomotive à vapeur, qui se nommait aussi la « Fusée ».

La « Fusée électrique » circula sur les lignes de Normandie, remorqua des trains à des vitesses de 100 à 110 kilomètres, et prouva qu'elle pouvait fonctionner régulièrement. C'était une machine d'expériences et, comme tous les appareils de ce genre, destinée à révéler les légères imperfections de tout bon début.

Comme sa devancière, la nouvelle locomotive électrique de

La locomotive électrique Heilmann, la 8001.

M. Heilmann, la 8001 (pour lui conserver le nom dont elle a été baptisée), est une sorte de long fourgon, dont la vue déconcerte un peu les yeux habitués à la carrure brutale des locomotives actuelles, avec leurs noires cheminées vomissant des nuages de vapeur et de fumée. La locomotive électrique est beaucoup plus longue; elle mesure près de 19 mètres, avec un avant pointu, qui figure assez la proue d'un bateau posé sur des roues, la quille en l'air. Seul l'arrière rappelle l'antique locomotive, mais attelée à l'envers, avec la classique cheminée, qui fume silencieusement cette fois, et sans époumonnement.

La locomotive électrique, telle que l'a combinée M. Heilmann, n'est en somme qu'une usine d'électricité roulante; elle se compose de deux parties bien distinctes : un moteur à vapeur, un moteur électrique. La machine à vapeur n'a rien d'autre à faire que de fabriquer de l'énergie électrique : elle fait cela tranquillement, comme pourrait le faire une machine à vapeur quelconque.

La dynamo actionnée par la vapeur envoie le courant aux moteurs électriques agissant directement sur les essieux des roues. Les roues sont au nombre de seize et montées sur boggies par groupes de quatre paires. On a donc ainsi huit moteurs indépendants.

Alors que la machine à vapeur va son petit train régulier pour faire tourner la dynamo, la vitesse du train, qui ne dépend que de l'électricité seule, peut varier de 30 à 120 kilomètres. Une seconde dynamo, dite excitatrice, en même temps qu'elle fournit tout l'éclairage des wagons, permet de modifier la vitesse.

Sans entrer ici dans des développements techniques sur la locomotive Heilmann, nous dirons cependant que cette locomotive, dans son ensemble, est absolument nouvelle, depuis le moteur à vapeur jusqu'aux appareils électriques.

La 8001 développe une force de 1500 chevaux environ, ce qui donne, au bas mot, 1000 chevaux électriques utiles. Cette puissance lui permet en même temps de remorquer des trains lourds, c'est-à-dire pouvant comporter des voitures nombreuses, à des vitesses inconnues jusqu'ici.

Aussi la locomotive électrique démarre sans secousse; elle est du reste fort bien équilibrée et la disparition des pistons et des roues couplées supprime ces mouvements de « lacet » et de « galop » si désagréables aux voyageurs, et si funestes aux rails. Enfin, elle comporte un personnel plus nombreux et par conséquent offre plus de garanties : à l'avant se tient le « pilote », entièrement abrité, regardant la route par les « hublots », ayant sous la main deux ou trois manettes pour régler la marche; au centre, le mécanicien surveillant le fonctionnement du machinisme; puis le chauffeur soignant le foyer.

On a reproché à la locomotive Heilmann son poids excessif, qui ne devait pas manquer, à en croire les pessimistes, de détériorer les voies les plus solides et d'obliger, en conséquence, à de coûteux travaux de réfection. Le fait est que la 8001 ne pèse pas moins de 128 000 kilogrammes, ce qui, avec les 43 000 kilogrammes du fourgon, où l'on emmagasine d'avance une provision de 20 mètres cubes d'eau, — de quoi fournir une carrière *sans arrêt* de 250 à 300 kilomètres, — finit tout de même par faire un respectable fardeau. Mais comme elle est parfaitement équilibrée et parfaitement flexible, comme l'adhérence aux rails est considérable, comme enfin les poids peuvent être répartis de façon à ne pas faire porter à chaque essieu un faix supérieur aux charges habituelles, il s'ensuit qu'en réalité ses effets seront moins destructeurs que ceux de la locomotive à vapeur, dont les réactions brutales, les soubresauts et les zigzags sont parfois si terribles. Il faut bien se résigner, au surplus, à une transformation complète de l'infrastructure de nos voies ferrées, conçues et établies en vue de moindres besoins, si l'on veut faire entrer dans la pratique quotidienne les vitesses vertigineuses dont parlent certains — peut-être un peu à tort et à travers.

Au surplus, tel n'est pas, pour le moment, le rêve de l'inventeur, ni de la Compagnie de l'Ouest, qui a eu l'intelligence de prêter à ses efforts patriotiques un si généreux et si précieux concours. Tout ce qu'ambitionne M. Heilmann, tout ce qu'ambitionnent MM. Marin, Clérault, Mazen, de Griège, etc., c'est de démontrer la possibilité de remorquer, avec une douceur de roulement inespérée, aux plus grandes vitesses pratiquées jusqu'ici, des trains de voyageurs et de marchandises d'un très fort tonnage, et d'allier par conséquent des qualités qu'on aurait pu croire incompatibles, la rapidité et la puissance.

Jusqu'à nouvel ordre, le train Heilmann idéal est tout bonnement le train qu'on appelle le train 100, pesant 100 tonnes, et vous abattant couramment, en vitesse commerciale, ses 100 petits kilomètres à l'heure au minimum.

N'en demandons pas pour le moment davantage.

Les « pneus » pour voitures.

Il y a quelque chose comme cinquante ans, le journal anglais *Mechanic's Magazine* publiait la note suivante :

« MM. Whitehurst and C°, carrossiers, se sont assuré une licence de M. Thompson (la patente des roues aériennes) pour pouvoir les adapter à toutes sortes de véhicules. Ces roues donnent aux voitures une douceur de mouvement complètement impossible à atteindre par n'importe quelle sorte de ressort; elles empêchent complètement la voiture de faire aucun bruit; elles préviennent tout choc, toute secousse, et la traction est considérablement moindre qu'avec les roues ordinaires, spécialement sur les mauvaises routes.

« MM. Whitehurst and C° ont garni un coupé avec les roues aériennes de façon que les personnes désireuses de les essayer puissent le faire. S'adresser 313, Oxford-street. »

Comme il ressort de ce document, l'invention des bandages pneumatiques est loin d'être chose nouvelle.

En dépit de leurs multiples avantages reconnus et énumérés dans les réclames faites en leur faveur, ces bandages cependant n'obtinrent point alors le succès que pouvait espérer leur inventeur, dont la découverte ne tarda pas à être totalement délaissée.

C'est au développement pris en ces dernières années par le sport vélocipédique que les bandages pneumatiques auront dû d'être redécouverts, en quelque sorte, et de reprendre faveur de façon définitive cette fois, à ce qu'il semble. Peu à peu, en effet, leur usage est allé se généralisant, si bien qu'après avoir été durant assez longtemps uniquement réservés aux roues de bicyclettes, ils ont été mis à l'essai pour les roues de voitures.

C'est à M. André Michelin que revient l'initiative heureuse de cette utilisation inattendue des *pneus* pour les véhicules ordinaires.

Des fiacres furent les premières voitures à bénéficier de l'innovation, et celle-ci fut si favorablement accueillie par le public, que leur nombre a dû être rapidement accru, tant et si bien qu'à l'heure présente plus de deux mille voitures de place à Paris roulent sur des bandages Michelin et que nombre de voitures particulières ont également été pourvues de roues perfectionnées.

Rien de plus logique, au demeurant, rien de plus normal. C'est que l'application des bandages pneumatiques aux voitures constitue très réellement une amélioration précieuse, non seulement au point de vue du confortable des personnes véhiculées, mais encore au point de vue des conditions de la traction.

Les expériences sont, à cet égard, des plus significatives.

Nous n'en saurions donner meilleure preuve qu'en rappor-

Tracteur à vapeur de Dion et Bouton traînant une voiture dynamométrique et un coupé à roues, disposés pour les expériences de traction.
(D'après une photographie de M. le comte de Dion.)

tant en détail le récit des essais exécutés à Suresnes dans les meilleures conditions d'observation précise.

Ces essais furent comparatifs et portèrent successivement sur des véhicules munis de roues à bandages pneumatiques, à bandages en caoutchouc plein et à bandages en fer. Ils furent exécutés aux allures vives de 18 à 20 kilomètres, couramment atteintes aujourd'hui avec les automobiles.

A un tracteur à vapeur de Dion et Bouton, on attela une voiture dynamométrique à laquelle était relié un coupé muni de roues ferrées, à caoutchouc plein ou à pneu, suivant les cas.

La voiture dynamométrique utilisée appartenait à la Compagnie Générale des voitures de Paris, qui l'avait obligeamment mise à la disposition de M. Michelin. Son appareil dynamométrique comprend essentiellement un ressort de flexion gradué, à deux branches articulées, dont l'une est fixe, et dont l'autre est attachée à une tige métallique à laquelle vient s'atteler la voiture à essayer. Cette tige porte un crayon traceur qui suit, grâce à la flexibilité du ressort, toutes les variations de l'effort de traction, et les inscrit sur une bande de papier entraînée par un mouvement d'horlogerie, tandis qu'un second crayon fixe trace une ligne horizontale figurant la ligne de terre, à laquelle doivent se rapporter tous les efforts enregistrés.

Enfin, un troisième crayon, placé à poste fixe, et actionné directement à l'aide d'excentriques et de leviers par la roue motrice de la voiture dynamométrique, trace sur le papier des bouts de lignes plus ou moins longs suivant la vitesse.

C'est à M. Mercier, ingénieur de la Compagnie Générale des voitures, que fut confié le soin de conduire l'appareil enregistreur dans les expériences de Suresnes, qui furent exécutées sur un sol constitué par un macadam vieux et un peu défoncé.

Les résultats des diverses séries d'essais poursuivis furent des plus significatifs, et, sans contestation possible, établirent la supériorité incontestable et constante des bandages pneumatiques.

Sur un très bon terrain, à vitesse modérée, la différence entre les efforts de traction avec les trois bandages est peu importante; mais cette différence devient de plus en plus sensible à mesure que l'on accélère l'allure ou que l'on rend le terrain plus mauvais, et alors elle augmente toujours en faveur du pneu.

En ce qui concerne les bandages en caoutchouc plein, il est à remarquer qu'à petite vitesse, ou sur bon terrain, ils tiennent environ le milieu entre les bandages pneumatiques et les bandages en fer, qu'ils se rapprochent bien vite de ces derniers si la vitesse augmente et si le sol devient mauvais, et qu'ils leur sont notablement inférieurs quand l'allure atteint 18 à 20 kilomètres à l'heure, le sol étant constitué en gros pavés ordinaires couverts de boue gluante.

Ce n'est pas tout.

Les diagrammes recueillis par l'appareil enregistreur de la
voiture dynamométrique nous donnent encore un autre rensei-
gnement du plus haut intérêt. Ils nous montrent que ce n'est
pas seulement l'effort total à exercer par le tracteur qui est
moindre dans le cas des bandages pneumatiques, mais aussi
que la répartition de cet effort est infiniment plus régulière
avec les pneus qu'avec toute autre espèce de bandages.

Si nous considérons, en effet, le tracé ci-dessous, sur lequel on a
reporté, en les rapportant à la même ligne de terre, les
courbes inscrites par le crayon dans l'une des séries d'essais
exécutés quai du Président-Carnot à Suresnes, sur un sol en
macadam, vieux, sec, un peu défoncé et avec quelques empier-

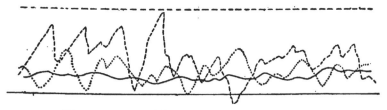

Diagrammes recueillis par la voiture dynamométrique.
Vitesse 22 kilomètres, macadam vieux un peu défoncé.
Roues en fer — — — —.   Caoutchouc plein ....   Pneumatiques _____ .

rements, le poids total de la voiture (poids mort et voyageurs)
étant de 950 kilogrammes et la vitesse atteignant 22 kilomètres à l'heure, on voit que la courbe tracée dans le cas du
pneu (courbe en trait plein) est de beaucoup la plus régulière
des trois, et qu'elle ne présente pour ainsi dire pas de variations brusques et violentes comme les courbes correspondant
aux bandages en fer et en caoutchouc plein.

La constatation a sa grande importance, car elle montre
sans réplique que dans le cas des pneus, non seulement l'effort moyen est plus régulier, qu'il y a moins de chocs, moins
de vibrations, que par conséquent le moteur, animé ou non,
chargé de remorquer la voiture a toujours, ou peu s'en faut,
le même travail à développer et par suite se fatigue beaucoup moins, mais encore que le véhicule, n'étant plus soumis
à ces secousses violentes et répétées, durera certainement plus
longtemps, et que les voyageurs, n'ayant plus à ressentir le

contre-coup des cahots, devront trouver un appréciable con-
fort inconnu avec les roues à bandages ordinaires.

A ce dernier point de vue, une série d'essais, faits à Clermont-Ferrand par les soins de M. Michelin, sont particulièrement instructifs.

Sur une piste circulaire en ciment, on faisait rouler deux
roues, dont l'une était munie de pneus et l'autre de bandages
en fer.

L'essieu de chaque roue portait un style qui, passant devant
un support sur lequel était placée une longue feuille de papier,
inscrivait tous ses mouvements.

Les choses étant ainsi disposées, l'on introduisait sur la piste
des obstacles divers. Or, si l'on considère les courbes enregistrées ainsi par les deux sortes de roues passant sur les mêmes
obstacles, constitués, dans l'espèce, par des barres de fer
carrées de 3 centimètres de côté, on voit immédiatement
que la roue à bandage pneumatique, après avoir légèrement
rebondi sur le premier barreau, s'écrase à la rencontre des
deux autres, qu'elle semble pour ainsi dire ignorer, tandis que
la roue à bandage en fer subit des ressauts d'une inquiétante
brutalité, qui l'élèvent en l'air suivant un angle de 35 degrés.

De tels résultats, assurément, ont une grande valeur et justifient absolument la tendance de plus en plus marquée qu'ont
les constructeurs de voitures automobiles à monter leurs
véhicules sur des roues pneumatiques.

Ils ne sont pas seuls cependant à plaider la cause de la
substitution des pneus à tous autres bandages.

En raison, en effet, de la douceur particulière de roulement
que l'on obtient avec les pneumatiques, comme le faisait
naguère à très juste titre remarquer M. Michelin dans une communication à la Société des Ingénieurs civils de France, ces
bandages, en réduisant à un minimum le travail passif des
pièces constituantes de la voiture, permettent de la construire
plus légèrement sans compromettre la solidité des véhicules.

Mais réduire le poids est, en matière de voitures automobiles,
le grand problème à résoudre, et cela pour l'excellente raison
que jusqu'ici les constructeurs se sont toujours vus enfermés
dans le cercle vicieux que voici : « *faire léger*, et alors être
exposé à des ruptures ; *faire lourd*, mais alors s'interdire abso

lument la vitesse, parce que, si l'on déplace une masse considérable avec une grande vitesse, les chocs acquièrent une telle intensité, que rien ne peut y résister. »

On le voit, l'application des pneus aux voitures à chevaux ou automobiles revient en dernière analyse à accroître le confortable pour les voyageurs et à économiser à la fois sur l'usure du matériel et sur la dépense de force motrice.

Et les expériences dynamométriques ont toutes montré victorieusement que cette double économie n'était pas négligeable.

Les essais directs opérés en mesurant les quantités d'eau et de charbon nécessaires pour effectuer un même trajet avec une même voiture automobile pourvue de roues ordinaires ou de roues pneumatiques ont donné des résultats non moins démonstratifs.

Pour fournir une distance de 45 kilomètres, un grand break à vapeur de MM. de Dion et Bouton, pesant 2480 kilogrammes, consomma, monté sur pneus, 232 litres d'eau et $27^{k},500$ de charbon, et la vitesse obtenue fut de $32^{kil},571$ à l'heure ; sur caoutchouc plein, il fallut brûler 39 kilogrammes de charbon, évaporer 323 litres d'eau, sans pouvoir dépasser l'allure de $27^{kil},600$.

Or, bien qu'avec les pneus la vitesse de marche fût de $4^{kil},271$ à l'heure supérieure à la vitesse obtenue sur des roues munies de caoutchoucs pleins, on ne ressentait sur les essieux aucun choc, aucune trépidation.

Point n'est besoin d'insister davantage sur les bénéfices considérables que présente pour la traction l'usage des bandages pneumatiques. Ces bénéfices sont tels que nous devons nous attendre à voir désormais les pneus se multiplier rapidement et devenir d'un usage courant, non seulement pour les voitures automobiles et pour les voitures légères, mais encore pour les grosses voitures de transport, omnibus ou camions.

Et, quand cette révolution prochaine sera enfin un fait accompli pour le grand profit de tous, Paris, contrairement au dicton familier, cessera d'être « l'enfer des chevaux » s'il continue toujours de demeurer « le paradis des femmes » !

Moyeux à air comprimé pour bicyclettes.

C'est un fait incontestable que la bicyclette actuelle résume toute une série de perfectionnements de détail qui en font un tout admirable, si bien qu'il semble à peu près chimérique aujourd'hui de chercher à lui apporter de nouvelles modifications essentielles heureuses.

Tel est cependant le problème difficile qu'a résolu récemment l'inventeur du moyeu *étoile* à air comprimé, grâce auquel les machines qui en sont munies acquièrent une douceur de roulement inconnue jusqu'ici, et que ne sauraient donner seuls les meilleurs bandages pneumatiques.

C'est que le nouveau système applique à la bicyclette le principe de la *double suspension*, condition essentielle de la douceur du roulement et de l'économie de puissance. Si le calcul n'était pas là pour le démontrer, la pratique suffirait. Nos pères ont inventé les voitures dites « huit-ressorts »; leurs descendants ont appliqué le pneumatique à leurs véhicules, mais les ressorts n'ont pas disparu pour cela. Tout au contraire, ils complètent la suspension, et il ne viendrait à l'idée de personne de les supprimer : il suffit, du reste, d'observer un instant la marche d'une automobile ou d'une simple voiture de place munie de pneumatiques pour se rendre compte que leur jeu est incessant.

Le pneumatique a donc besoin d'un auxiliaire pour donner ses effets complets, et cet auxiliaire brille par son absence dans les cycles et motocycles actuels : les moyeux *étoile* ont comblé cette lacune.

Dans ce système, le moyeu proprement dit est isolé de la roue par une couche d'air comprimé renfermé dans une boîte cylindrique contenant deux diaphragmes flexibles; cette boîte, qui porte les rayons, peut se déplacer en tous sens dans le plan vertical, sans que la rotation du moyeu cesse d'entraîner celle de la boîte, et réciproquement : la pression d'air est poussée jusqu'à ce que le poids à transporter ne produise aucune décentration permanente de la boîte par rapport au moyeu. Dès lors, l'équilibre étant établi, toute inégalité du sol agit

comme un excès de poids momentané et se transmet à la boîte :
il en résulte une décentration de celle-ci, se composant avec le
mouvement de rotation pour ramener les choses en l'état primitif dans la durée maximum d'un demi-tour de roue. De plus,
toute variation dans l'effort moteur se transmet bien au
moyeu, mais est absorbée par la couche d'air interposée, avant
de parvenir à la boîte et de là à la roue. Le résultat total est *une
utilisation supérieure du travail* et *une douceur de la progres-*

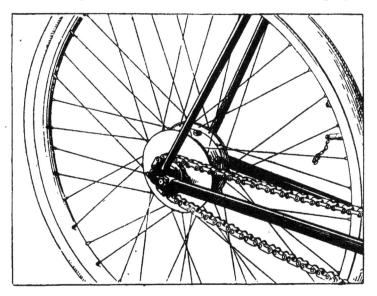

Moyeu à air comprimé pour bicyclette, dit moyeu *étoile*.

sion inconnues jusqu'ici. Il en résulte également que les pneumatiques peuvent être faits de tout petit calibre et être gonflés
très dur : d'où diminution du coefficient de roulement et nouveau profit pour la vitesse ; quant aux motocycles, ils n'ont
plus cette marche saccadée que tout le monde connaît et qui
est leur seul défaut.

Bref, les moyeux *étoile* ont comblé une lacune évidente.

�֎

Le fiacre électrique.

Sans aucun doute la grande nouveauté industrielle de 1898, nouveauté éclose en 1897, sera la vulgarisation du fiacre électrique. En conquérant définitivement droit de cité, le fiacre électrique marquera une étape capitale dans l'évolution de cette extraordinaire industrie de l'automobilisme qui, née d'hier à peine, promet de transfigurer nos habitudes et notre manière de vivre au même degré que la généralisation des chemins de fer sur rails transfigura jadis la manière de vivre et les habitudes des générations qui nous précédèrent.

Quoi qu'il en soit, le fiacre électrique, hier encore une utopie, est à peine aujourd'hui une curiosité : demain il sera banal.

Et n'est-ce pas ainsi que, durant les derniers mois de 1897, les Londoniens ont vu créer dans leur ville un service de fiacres électriques, service embryonnaire, il est vrai, puisqu'il ne comptait pas plus de quatorze voitures en circulation ?

Paris, au reste, ne tardera guère à voir pareillement circuler dans ses rues, sur ses boulevards et ses avenues, des voitures automobiles électriques, d'une disposition très supérieure à celle des fiacres de Londres, dont un spécimen a du reste été amené en France.

Grâce à divers constructeurs français, et notamment à MM. Mildé et Mondos, nous possédons, en effet, aujourd'hui un système de voitures électriques répondant bien à toutes les nécessités de la traction pour un service de voyageurs dans une grande ville comme Paris.

On en jugera sans peine par la description suivante que nous donnons des aménagements électrique et mécanique de ces nouvelles voitures, dont l'usage ne saurait plus dès maintenant tarder à se généraliser.

Les voitures électriques de MM. Mildé et Mondos ont été l'objet d'une recherche toute particulière ; le moteur, placé dans une boîte attachée vers le milieu du véhicule, est d'un poids minimum très robuste et possède une grande élasticité de puissance, quoique donnant un rendement très élevé.

Les inducteurs et l'induit possèdent deux enroulements qui

permettent d'obtenir toujours, avec une même densité du champ magnétique, un couple moteur maximum, suivant les vitesses et la résistance de la voie, et avec une dépense d'énergie minimum.

La boîte du mouvement contient également la transmission à deux vitesses, par embrayages à friction commandant, au moyen d'une chaîne, un essieu moteur d'un seul côté, par une couronne dentée calée sur la boîte du différentiel.

La batterie d'accumulateurs est placée à l'arrière dans les coffres de la voiture : elle se compose de 42 éléments, dont le poids total, bacs et liquide compris, n'excède pas 500 kilogrammes.

Cab électrique pour service public. (Système Mildé et Mondos.)

Les éléments sont composés de plaques spéciales de 3 millimètres d'épaisseur, séparées entre elles par des feuilles de celluloïd perforé et gaufré ; les plaques sont ainsi maintenues très près les unes des autres sans qu'aucun court-circuit se puisse produire.

De cette façon, la résistance des éléments est réduite au minimum, ce qui est favorable pour les grands débits nécessités par les démarrages, et le liquide est presque complètement immobilisé par le rapprochement des plaques.

L'ensemble est placé dans des bacs en ébonite munis de couvercles pour parer aux projections éventuelles de liquide à l'extérieur. Les éléments sont groupés par 4, 5 ou 6 dans des caissons isolés, et glissent sur de petits rails en fer cornière placé dans les coffres; toutes les connexions des éléments entre eux sont soudées. Les connexions des caissons avec les circuits de la voiture sont établies automatiquement par des contacts fixes à frottement.

L'emmagasinement total d'énergie est de 9 kilowatts, ce qui assure au véhicule un parcours de 45 à 50 kilomètres. Le débit moyen est de 30 ampères, avec un maximum de 60 ampères, sous un potentiel de 50 volts, soit une puissance disponible de 2 à 4 chevaux.

La suspension parfaite du véhicule, très importante pour la conservation des accumulateurs ainsi que pour le confortable des voyageurs, est assurée au moyen d'un double système de ressorts en acier et de coussinets en caoutchouc; les quatre roues sont, en outre, munies de bandages élastiques.

L'essieu portant les deux roues tourne dans des boîtes à graisse; l'une des roues est calée sur l'essieu qui fait corps avec une des roues d'angle du différentiel, dont l'autre roue d'angle est montée sur le moyeu de la seconde roue, folle sur l'essieu. Les boîtes à graisse sont guidées par des plaques de garde qui assurent le parallélisme des axes, quels que soient les efforts de traction développés par le moteur ou les chocs provenant du roulement sur une mauvaise voie. Les organes de direction de la voiture sont constitués par un coupleur, un changement de vitesse, une manette de commande, des roues directrices et un frein mû par une pédale.

Il importe que ces organes soient manœuvrés dans un ordre déterminé : par exemple, le bloquage du frein, sans la rupture préalable du circuit électrique, aurait pour conséquence d'élever le débit électrique à une intensité telle, que les accumulateurs seraient avariés.

A cet effet, les dispositifs de commande sont combinés avec des verrouillages qui rendent impossible une fausse manœuvre, même dans le cas de distraction du conducteur.

Le courant peut être inversé dans les collecteurs du moteur pour obtenir la marche en avant ou en arrière, mais seulement lorsque le coupleur est dans la position de repos, c'est-à-dire les circuits interrompus, et la manœuvre des leviers ou pédales de frein a pour premier effet de déterminer la rupture du courant actionnant le moteur, afin de parer à l'éventualité d'un oubli du conducteur.

Ces freins sont au nombre de deux : un à pédale très éner-gique et instantané, et un de sûreté à volant.

La vitesse maximum pouvant être imprimée au véhicule par le moteur, en palier, est de 15 kilomètres à l'heure, le conducteur pouvant, à son gré, prendre toutes les vitesses intermédiaires.

Quant à l'éclairage de la voiture, il comporte trois lampes électriques : deux placées à l'avant dans des lanternes, et une troisième auprès des voyageurs, et qui est disposée de façon à faire apparaître un feu rouge à l'arrière du véhicule.

La voiture, devant porter normalement deux voyageurs et le cocher (deux personnes de plus au besoin sur le strapontin), pèse, en ordre de marche, y compris le poids de trois personnes, 1570 kilogrammes, répartis comme suit :

Poids de la voiture.	750 kil.
Poids des accumulateurs	450
Poids du moteur et du mécanisme.	160
Poids de deux voyageurs et du cocher. . .	229
Total. . . .	1570 kil.

Le parcours total possible est de 45 kilomètres, à la vitesse ordinaire de marche de 15 kilomètres, pouvant être réduite jusqu'à 4 kilomètres sur les rampes.

Ce chemin accompli, par exemple, le moteur est à bout de souffle. Mais, dans la réalité des choses, ces 40 kilomètres en valent bien 80, puisqu'on pourra toujours changer dans la journée la batterie d'accumulateurs dans les dépôts disposés *ad hoc*, çà et là, dans Paris, et repartir avec une charge fraîche. Les fiacres actuels, qui relayent des deux et trois fois par 24 heures, dépassent rarement 60 kilomètres : telle est la moyenne courante du service urbain.

Car il va de soi qu'il n'y a de place pour les fiacres élec-triques que dans les grandes villes, où la généralisation de l'électricité canalisée permet d'établir un peu partout des sta-tions d'accumulateurs. Partout ailleurs, ce sont des voitures à pétrole et à vapeur qui détiennent le record.

Peut-être cependant ne le détiendront-elles pas toujours ! Pourquoi n'arriverait-il pas une époque où la solution définitive de quelques irritants problèmes, tels que le soutirage direct de l'électricité atmosphérique, la domestication des marées et des

chutes d'eau, l'emmagasinement et le transport de la force à
longue distance, permettra de faire courir le fluide le long des
routes, avec des bornes kilométriques où tout un chacun,
moyennant une pièce de monnaie déposée dans une fente,
pourra recharger ses accumulateurs épuisés et s'approvisionner
d'énergie distributive?

Ce ne serait pas plus extraordinaire, en fin de compte, ni plus
fabuleux, ni plus paradoxal que ce que nous avons vu, depuis
vingt ans, fleurir autour de nous, sur le même terrain, de mer-
veilles inattendues. C'est surtout en matière d'électricité qu'il
ne faut désespérer de rien, car tout arrive.

※

Une bicyclette-tricycle automobile.

En ces derniers temps, MM. Gautier et Wehrlé, déjà connus
pour leurs voitures à pétrole sans chaînes ni courroies, ont eu
l'idée d'établir une bicyclette à pétrole transformable facilement
en tricycle, et ils y ont pleinement réussi.

Leur bicyclette-tricycle a conservé dans ses grandes lignes
l'aspect de la bicyclette et du tricycle ordinaires, dont la forme
paraît définitivement fixée.

Les dimensions du cadre ont été respectées, ainsi que la hauteur au-dessus du sol, la distance au guidon et au pédalier.
Dans le tricycle, les trois grands côtés du cadre ont été conservés : deux d'entre eux servent de réservoirs à pétrole et le troisième, qui relie la fourche au pédalier, reçoit, à l'aide de deux
brides, le moteur proprement dit.

Cette disposition présente, entre autres avantages, celui de
mettre le moteur à l'abri des chocs, de supprimer les trépidations verticales et d'abaisser le centre de gravité de l'ensemble.
Tous les organes de direction et de commande sont accessibles
et il est facile d'enfourcher la machine.

Le moteur de la bicyclette est du genre Daimler à quatre
temps, modifiée; il tourne à des vitesses variant de 800 à
1500 tours, ce dernier régime correspondant à une vitesse de

40 kilomètres à l'heure, vitesse qu'il n'est pas prudent de dépasser, car la direction devient difficile, et la moindre hésitation dans la marche risque alors d'envoyer machine et cavalier dans le fossé.

Pour le tricycle, on peut employer un ou deux moteurs selon l'état des routes où il est appelé à circuler et la charge qu'on veut lui faire supporter ou traîner, car l'habitude se répand d'accrocher un petit sulky à une place aux tricycles à moteur, et alors il faut disposer d'un peu plus d'un cheval de force pour faire des vitesses raisonnables.

Le carburateur est à palettes et actionné mécaniquement par une courroie montée sur l'arbre de transmission. Le réglage du débit de l'essence, ainsi que l'avance ou le recul du point d'allumage, sont obtenus par des leviers fixés sur le guidon. Deux freins permettent l'arrêt sur un parcours de quelques mètres.

La transformation de la bicyclette en tricycle se fait en remplaçant la roue arrière par un essieu porteur du mouvement différentiel. Il s'obtient sans complication, avec la seule aide de la clef anglaise que portent tous les cyclistes.

※

Règlement préfectoral pour la circulation des automobiles.

L'automobilisme fait chaque jour de nouveaux progrès.

Aussi, comme on peut prévoir l'époque prochaine où les chevaux n'auront plus guère d'emploi que dans les musées de zoologie comparée et les boucheries hippophagiques, il devient utile de connaître à quelles conditions il est permis à chacun de devenir « chauffeur ».

Nous reproduisons donc, à titre de document, le règlement préfectoral, édicté il y a quelques mois, concernant la circulation des automobiles :

Art. 1. — Aucun véhicule à moteur mécanique autre que ceux qui servent à l'exploitation des voies ferrées concédées ne peut être mis ou maintenu en usage sans une autorisation délivrée par nous, sur la demande du propriétaire. Cette autorisation peut être révoquée par nous, le propriétaire entendu, sur la proposition des ingénieurs.

Art. 2. — La demande en autorisation prévue à l'article précédent sera établie en double expédition, dont une sur papier timbré. Elle devra faire connaître :

1. Les principales dimensions et le poids du véhicule, le poids de ses approvisionnements et la charge maxima par essieu ;

2. La description du système moteur, la spécification des matières productrices de l'énergie et les conditions de leur emploi, la définition des organes d'arrêt et d'avertissement ;

3. Les nom et domicile des constructeurs du véhicule, de ses appareils moteurs, de ses organes d'arrêt ;

4. Les épreuves et vérifications auxquelles auront été soumises les différentes parties de cet ensemble ;

5. Son numéro distinctif (les véhicules d'une maison de construction devront faire l'objet d'un numérotage spécial à cette maison et définissant chaque appareil sans ambiguïté) ;

6. L'usage auquel il est destiné ;

7. Les voies publiques sur lesquelles il est appelé à circuler ;

8. Le lieu de son dépôt ou de sa remise.

La demande sera accompagnée des dessins complets du véhicule, du système moteur et des appareils d'arrêt.

Art. 3. — Cette demande sera communiquée à l'ingénieur en chef des mines, chargé du service de surveillance des appareils à vapeur du département de la Seine. Ce chef du service visitera et fera visiter le véhicule aux fins de s'assurer notamment s'il satisfait au titre II de la présente ordonnance, et si son emploi n'offre aucune cause particulière de danger. Il procédera ou fera procéder à une ou plusieurs expériences pour apprécier le fonctionnement du moteur et vérifier directement l'efficacité des appareils d'arrêt.

Si la charge maxima par essieu, constatée par le service des mines, dépasse 4000 kilos, la demande sera ensuite communiquée : 1° en ce qui concerne les véhicules circulant dans Paris, à l'ingénieur en chef du service de la voirie municipale ; 2° en ce qui concerne les véhicules circulant dans les communes suburbaines de la Seine, à l'ingénieur en chef du service ordinaire des ponts et chaussées du département de la Seine ; 3° en ce qui concerne les véhicules circulant dans les communes de Sèvres, Saint-Cloud, Meudon et Enghien, à l'ingénieur en chef du service ordinaire des ponts et chaussées du département de Seine-et-Oise. Ces chefs de service devront s'assurer que les véhicules sont disposés de telle sorte que leur circulation sur les voies publiques ne puisse pas devenir une cause de danger pour la circulation en général, ni de détérioration pour les ouvrages dépendant desdites voies.

Art. 4. — L'autorisation sera délivrée sur un livret spécial contenant le texte de la présente ordonnance.

Art. 5. — L'autorisation déterminera les conditions particulières auxquelles le permissionnaire sera soumis, sans préjudice de l'obligation de se conformer aux règlements d'administration publique, aux prescriptions de la présente ordonnance et à tous autres règlements intervenus ou à intervenir.

Cette autorisation fixera notamment le maximum de charge par essieu; à moins de circonstances exceptionnelles, qui nécessiteraient une réduction, la charge pourra être portée à 800 kilos; l'autorisation pourra d'ailleurs s'appliquer à des charges plus fortes.

Art. 6. — L'autorisation fixera le maximum de la vitesse à Paris et hors Paris, eu égard aux moyens d'arrêt. Dans Paris, le maximum ne devra pas dépasser 12 kilomètres à l'heure; en rase campagne, il pourra être porté à 20 kilomètres, sur les routes sans courbes prononcées.

Art. 7. — En cas de changement de propriétaire, une nouvelle autorisation est nécessaire.

Art. 8. — Les réservoirs, tuyaux et pièces quelconques destinées à renfermer des produits explosibles ou inflammables seront construits et entretenus de manière à offrir à toute époque une étanchéité absolue. Il ne pourra être fait usage d'aucun appareil dans lequel une fuite suffirait à créer un danger imminent d'explosion.

Art. 9. — Les appareils doivent être construits et conduits de façon à ne laisser échapper aucun produit pouvant causer un incendie ou une explosion.

Art. 10. — Les appareils doivent être de nature à ne pas effrayer les chevaux, par les fumées ou vapeurs émises ou par les bruits produits.

Art. 11. — La largeur des véhicules, entre parties saillantes, ne devra pas dépasser 2m,50. Les bandages des roues devront être à surface lisse, sans aucune saillie.

Art. 12. — Si le moteur agit par l'intermédiaire d'un embrayage, des dispositions efficaces seront prises pour rendre impossible un emballement du moteur supposé débrayé.

Art. 13. — Les appareils de sûreté et autres, qui ont besoin d'être consultés pendant la marche par le conducteur du véhicule, devront être bien en vue de ce conducteur, et éclairés quand il y aura lieu. Rien ne masquera la vue du conducteur vers l'avant, et les divers appareils seront disposés de telle sorte qu'il ne puisse les manœuvrer sans cesser de surveiller la route.

Art. 14. — Le véhicule sera muni d'un dispositif lui permettant de tourner dans les courbes du plus petit rayon.

Art. 15. — Le véhicule sera pourvu de deux systèmes de freins distincts, indépendants l'un de l'autre.

Art. 16. — Les divers organes du véhicule, moteur, etc., seront constamment entretenus en bon état. Des revisions périodiques et réparations devront être faites à ce sujet.

Art. 17. — Tout véhicule à moteur mécanique portera sur une plaque métallique apparente le nom et le domicile du propriétaire, le numéro distinctif énoncé dans la demande en autorisation. Cette plaque, placée sur le côté gauche du véhicule, ne devra jamais être masquée.

Art. 18. — Nul ne pourra conduire un des véhicules à moteur mécanique spécifiés dans cette ordonnance s'il n'est porteur d'un certificat de capacité délivré par nous à cet effet et afférent au genre de moteur du véhicule.

Il ne sera délivré de certificat qu'aux candidats âgés de 21 ans au moins. Le postulant devra fournir son extrait de naissance, sa photographie et un certificat authentique de résidence.

Tout candidat devra faire la preuve, devant l'ingénieur en chef des mines chargé de ce service : 1° qu'il possède l'expérience nécessaire pour l'emploi prompt et sûr des appareils de mise en marche et d'arrêt et pour la direction du véhicule ; 2° qu'il est à même de reconnaître si les divers appareils sont en bon état et prendre les précautions utiles pour prévenir les explosions et les accidents ; 3° qu'il saurait au besoin réparer une légère avarie de route.

Art. 19. — Le conducteur du véhicule devra toujours être porteur du livret spécial en tête duquel l'autorisation est délivrée et de son certificat personnel ; il devra exhiber ces pièces à toute réquisition des agents chargés de la surveillance de ces appareils ainsi qu'à celle des agents de l'autorité.

Art. 20. — Quand le véhicule sera mis en circulation ou en stationnement sur la voie publique, le conducteur ne devra jamais le quitter avant d'avoir pris toutes ses précautions pour éviter une explosion, une mise en marche intempestive ou toute autre circonstance dangereuse, et qu'il n'ait assuré la garde de l'appareil sous sa responsabilité.

Art. 21. — Les véhicules susdits devront être desservis par un nombre d'agents suffisant pour la manœuvre de tous leurs appareils.

Art. 22. — En marche, l'attention du conducteur doit être soutenue. Il doit constamment surveiller la voie qu'il parcourt et l'appareil qu'il dirige.

Art. 23. — Le mouvement doit être ralenti dans les rues étroites, et en toute circonstance qui le requiert : il doit avoir alors l'allure d'un homme au pas.

Art. 24. — L'approche du véhicule doit être signalée par tout appareil d'avertissement convenable autre que ceux qui produiraient un bruit analogue au sifflet à vapeur.

Art. 25. — Le conducteur prendra toujours la partie de la chaussée qui se trouve à sa droite.

Art. 26. — Il est défendu de faire circuler ou stationner les véhicules sur les trottoirs, contre-allées des boulevards, et généralement sur toutes les parties des voies ou promenades exclusivement réservées aux piétons ou aux cavaliers.

Art. 27. — Ils ne devront couper ni les convois funèbres, ni les groupes scolaires, ni les troupes en marche. Ils ne devront pas traverser les Halles centrales avant 10 heures du matin. Ils ne devront jamais lutter de vitesse dans les rues.

Art. 28. — Les stationnements sur les voies publiques sont interdits, à moins d'absolue nécessité.

Art. 29. — Il est défendu de faire remorquer par un véhicule à moteur mécanique une ou plusieurs voitures.

Art. 30. — Les véhicules en temps de brouillard ou la nuit ne circuleront qu'avec lanternes allumées.

Art. 31. — En cas d'accident de personnes, d'accident matériel notable ou d'explosion quelconque, le propriétaire du véhicule, ou à son défaut le conducteur, devra aussitôt prévenir le commissaire de police et nous en informer.

L'appareil avarié et ses fragments ou pièces ne seront déplacés qu'en cas de force majeure ou de concert avec le commissaire de police, et ne seront pas dénaturés avant la clôture des enquêtes qui pourront être ordonnées.

❋

Substitution des pièces embouties aux pièces en métal fondu dans l'industrie vélocipédique.

En dépit des grands progrès réalisés en ces dernières années dans l'industrie vélocipédique, la nature et le façonnage des pièces de jonction laissaient toujours fort à désirer.

Désormais il n'en sera plus de même. La Compagnie américaine *Cleveland machine Screw Company* vient, en effet, d'apporter une véritable révolution dans l'industrie cycliste par ses

procédés nouveaux de fabrication des pièces de jonction. Jusqu'ici, comme l'on sait, l'industrie routinière employait, à
peu près exclusivement, les pièces en métal fondu pour tous
les joints des cycles, notamment pour les boîtes-pédaliers, les
têtes de fourche, les têtes de direction, les pattes d'arrière,
les vis de tension et en général pour tous les nombreux
raccords qui servent à établir un cadre de bicyclette ou de
tricycle.

Or l'expérience a appris que les accidents si nombreux dont
les cyclistes sont victimes, sont presque toujours amenés par
les défectuosités des pièces de jonction.

Une telle constatation était évidemment la condamnation des
pièces de jonction en
métal fondu. Mais
comment y remédier?
Grâce à la *Cleve-
land*, qui a réalisé ce
tour de force d'arri-
ver à emboutir, — ce
que l'on considérait
naguère comme im-
possible, — toutes les
pièces métalliques de
raccord, jusqu'aux cu-
vettes, tant celles du
pédalier et de la tête

Moyeu pédalier embouti d'une seule pièce, à froid.

de direction que celles du moyeu, obtenant en même temps des
cuvettes plus légères, plus résistantes et meilleur marché, la
chose est désormais facile et avantageuse. Les pièces embouties,
en effet, sont à l'user infiniment supérieures aux anciennes pièces
fondues, et telle est leur résistance, qu'une boîte de pédalier a
pu être écrasée à froid au marteau-pilon sans qu'aucune crique,
aucune gerçure, se soit produite, même à l'endroit où le métal
a été le plus éprouvé, à celui où il a été recourbé à angle vif
le long de la soudure électrique.

Sans contredit, pour résister à un essai de ce genre, le
métal doit être de toute première qualité, et travaillé avec des
soins spéciaux et le constant souci de ne jamais affaiblir les
angles.

A l'appui de cette affirmation, signalons une tête de direction obtenue d'une seule pièce, chef-d'œuvre d'industrie qui était construit jusqu'à ce jour avec un tube et deux raccords soudés. On comprend l'avantage qu'une direction obtenue d'une seule pièce homogène, sans brasure, offre sur une pièce qui a été brasée, la brasure ne pouvant jamais être garantie parfaite, et les moyens de contrôle de son action manquant absolument.

De plus, tous les raccords sont soudés électriquement, évitant les coutures.

La soudure électrique s'est étendue même aux pièces d'une importance secondaire, telles que les vis de tension des pattes d'arrière, composées d'une rondelle et d'une vis collée à celle-ci.

Dans tous les essais qu'on a faits pour s'assurer de la solidité de ces pièces, la vis s'est toujours cassée à côté de la soudure, mais jamais on n'a pu détacher la partie soudée sur la rondelle dont elle fait partie intégrante.

C'est la sécurité absolue pour le cycliste : certaines parties de sa machine peuvent se déformer sous le coup d'un choc violent, mais non se briser, comme cela est arrivé si souvent.

✻

Les charpentes métalliques.

Les charpentes métalliques se substituent de plus en plus aux charpentes en bois.

L'Exposition universelle de 1889 avait déjà montré quels résultats on pouvait tirer de l'emploi judicieux du fer, tant pour les masses verticales, comme la Tour Eiffel, que pour des travaux autrement difficiles, comme la grande Galerie des Machines, avec sa travée géante de 110 mètres sans appuis intermédiaires.

Mais, sans nous occuper de ces constructions colossales, il convient de noter ici que nous trouvons aux portes mêmes de Paris nombre de constructions moins considérables, assuré-

ment, des ateliers tout en fer ou en acier doux, qui ne laissent
pas cependant d'être de purs chefs-d'œuvre de grâce, de solidité et de légèreté.

Nous citerons notamment les usines la Gallia, Gallardet, Dar-
racq, Edeline, Gautier-Wehrlé, Clément, etc., groupées dans les
trois communes de Puteaux, de Suresnes et de Levallois-Perret.

La plus grande usine de ce genre qui ait été créée aux con-
fins des fortifications est certainement celle de M. Clément ;
c'est M. Leneveu, ancien capitaine d'artillerie qui en a dirigé
l'exécution, et c'est M. Ernest Pantz, constructeur, qui en a
exécuté les charpentes métalliques.

Les conditions à remplir, toutes résolues de la plus heureuse
façon, étaient les suivantes :

1° Lumière abondante et uniformément répartie ;

2° Température uniforme ;

3° Possibilité de poser des transmissions en tous sens et à
n'importe quel point, tout en réduisant le nombre des poteaux
au strict minimum.

En ce qui concerne l'éclairage, le constructeur y a pourvu
excellemment en faisant usage du comble Scheed, avec
vitrage au nord. Les fermes ont une portée de 5 mètres, ce qui
multiplie les sources lumineuses, en répartissant convenablement la lumière.

Vu à vol d'oiseau, l'atelier se présente alors sous l'aspect
d'une série de petites toitures parallèles, à pans inégalement
inclinés.

Pour l'uniformité de la température, elle est assurée par
l'emploi d'un vitrage double aux pans éclairés de la toiture, et
par l'addition d'un plafond isolant, situé au-dessous de chacun
des pans couverts.

Quant aux transmissions, enfin, elles sont attachées à un
tablier horizontal, formé de poutrelles à âmes pleines, de section constante, dont les carrés ont 5 mètres de côté. Les fermes
correspondent aux côtés transversaux de ces carrés, tandis que
les sablières coïncident avec les côtés longitudinaux.

Pour que la toiture soit suffisamment résistante, sans excès
de matière, le constructeur a eu recours à divers artifices, dont
chacun constitue une innovation dans l'art du constructeur de
charpentes :

Dans les rangées entre poteaux, il a réuni les fermes deux à deux, de façon à faire des poutres spéciales, de bonne hauteur.

De 5 mètres en 5 mètres, il a relié les fermes doubles sur colonnes par des poutres en treillis verticales.

Ces poutres sont comprises entre les deux vitrages. Le vitrage extérieur est également vertical, et le vitrage intérieur est normal à la couverture.

De cette façon, la résistance générale est fournie par des

Les charpentes métalliques de l'usine Clément, édifiées d'après le système de M. E. Pantz.

poutres en treillis de bonne hauteur, ayant 10 mètres de portée (écartement des colonnes), tandis que les membrures inférieures qui reçoivent les transmissions sont supportées tous les 5 mètres (côtés des carrés du tablier).

Telle est la disposition générale de l'atelier Clément, dont nous compléterons la description en ajoutant les détails accessoires suivants :

La couverture est en tuiles à emboîtement.

Les chéneaux sont en tôle d'acier à dilatation libre. Ils sont recouverts d'une grille formant chemin de service, laquelle empêche les obstructions que pourraient produire les amas de neige.

Pour la compréhension de cet exposé descriptif, nous reproduisons ci-dessus une photographie de la construction métallique en question.

Cette construction résume les qualités d'une grande usine moderne, où la première place est faite à l'hygiène et à l'éclairage.

Il convient d'en rendre hommage à son créateur, l'ingénieur Ernest Pantz.

※

Le téléscripteur Hoffmann.

On sait quelle extension a prise le téléphone dans le monde commercial et industriel. Et pourtant, si l'emploi du téléphone est satisfaisant pour les besoins journaliers, combien d'inconvénients ne présente-t-il pas !

En particulier, les deux grands reproches qu'on doit lui adresser sont qu'il ne conserve aucune trace des communications reçues et qu'il ne se prête pas à recevoir des communications en l'absence d'une personne à l'appareil.

Remédier à ces graves inconvénients n'était pas chose impossible. La preuve en est qu'un ingénieux inventeur, M. Hoffmann, y est arrivé de la façon la plus heureuse à l'aide d'un appareil baptisé par lui *téléscripteur*, et qui n'est autre qu'un télégraphe imprimant, présentant, entre autres particularités, cette qualité précieuse de pouvoir être manipulé par le premier venu, fût-ce par un enfant.

Le téléscripteur, dont la manipulation n'est pas plus compliquée que celle d'une machine à écrire, se compose d'un clavier surmonté d'une boîte contenant le mécanisme.

Le clavier comprend une série de touches correspondant chacune à une lettre de l'alphabet, à un chiffre ou à un signe. Il suffit d'appuyer au poste de transmission sur l'une des touches pour obtenir l'impression, au poste de réception seul ou aux deux postes à la fois, de la lettre correspondante, sur une bande de papier.

Le clavier permet, à l'aide des contacts que l'on établit par la pression sur chaque touche, d'envoyer dans une ligne des courants instantanés. Ceux-ci agissent sur un électro-aimant polarisé, renfermé dans la boîte, et qui commande l'échappement du mobile d'un mouvement d'horlogerie. On a disposé sur l'axe de ce mobile un balai frottant sur un distributeur de cou-

Téléscripteur, système Hoffmann.

rant-circuit fixe à 28 contacts et une roue des types. Celle-ci est formée d'un disque à la circonférence duquel sont gravés en relief les lettres de l'alphabet, les chiffres, la ponctuation et divers signes. Il y a en tout 56 divisions, dont 4 pour les blancs des lettres et les blancs des chiffres. Une petite bande de papier, destinée à recevoir l'impression, passe en regard de la roue des types sur un tambour mobile, qui est placé à l'extrémité d'un levier oscillant sous l'action d'un électro-aimant particulier.

Supposons une série d'abonnés au téléphone, ayant, outre leur appareil téléphonique, un téléscripteur, ou n'ayant qu'un téléscripteur. Le même fil sert pour la communication du téléphone et du téléscripteur, et, en abaissant ou en relevant un

simple levier de l'appareil, on est sur téléphone ou sur téléscripteur.

Un abonné A veut communiquer avec un abonné B.

A demande la communication au bureau central de la façon
ordinaire, soit au moyen du téléphone, soit au moyen du téléscripteur. Il abaisse en même temps un levier placé sur le socle
de son appareil.

Le bureau central donne alors la communication avec B. Les
deux postes A et B sont prêts à fonctionner.

Il y a lieu de remarquer qu'on n'a eu pour cela à effectuer
au poste B aucune manœuvre. Tout appareil au repos est prêt
à recevoir, et cela pourra présenter de sérieux avantages dans
certains cas. A appuie donc successivement sur les touches de
son clavier et imprime ainsi en A et en B sa communication.
La communication terminée, A transmet à B un signe spécial
de fin de conversation, indiquant à B qu'il a terminé et que B
peut transmettre à son tour, puis il relève le levier qu'il avait
abaissé ; B abaisse alors son premier levier, et transmet à A de
la même manière que A lui avait transmis.

On voit qu'il n'est pas plus difficile d'envoyer ainsi un télé-
gramme que d'écrire sur une machine à écrire, ce qui est à la
portée d'un quiconque.

Toute personne, même voyant pour la première fois une
machine à écrire, saura s'en servir, lentement il est vrai, mais
la vitesse est tôt acquise.

On voit tout de suite que, l'appareil étant toujours prêt à fonctionner, on peut quitter son bureau sans s'occuper de rien et
trouver au retour le texte des communications reçues pendant
l'absence ; on pourra même renfermer l'appareil dans une
armoire et recevoir ainsi toute espèce de communication sans
avoir à craindre aucune indiscrétion.

L'appareil comporte encore un certain nombre d'autres
avantages. Son prix, au rebours de ce qui existe pour tous les
autres télégraphes imprimants, est modeste. Il ne dépasse guère
celui d'une machine à écrire ordinaire, et ne tient pas plus
de place.

Un autre inconvénient des appareils télégraphiques imprim-
mants traditionnels, c'est que si l'on ne manipule pas assez
vite, on risque de voir la même lettre se répéter plusieurs fois

ou l'appareil dérailler. Rien à craindre de pareil avec le téléscripteur : il imprime la lettre une fois, et une seule, tant que l'on n'a pas laissé la touche se relever. Enfin, on ne risque pas, comme avec les appareils dont la bande se déplace d'une façon continue, d'avoir des lettres trop espacées ou se chevauchant, selon qu'on manipule trop lentement ou trop précipitamment. La bande avance d'une quantité constante et régulière à chaque poste, chaque fois qu'une lettre s'imprime.

Le téléscripteur est destiné à rendre les plus grands services aux journaux : les correspondants peuvent, en effet, rien qu'en demandant une communication téléphonique, transmettre eux-mêmes en quelques minutes le texte de leurs articles, sans rencontrer les difficultés qu'on éprouve à dicter par téléphone.

Un téléscripteur, placé au bureau central des lignes télégraphiques, permettra également de transmettre aux abonnés du téléphone le texte des dépêches reçues pour eux, ou de recevoir d'eux le texte des télégrammes qu'ils veulent transmettre. L'administration pourra accepter ainsi les télégrammes transmis téléphoniquement. Le téléscripteur est également destiné à rendre les plus grands services à la télégraphie militaire, aux compagnies de chemins de fer qui cherchent un appareil facile à manipuler et laissant une trace des dépêches, partout enfin où l'on fait aujourd'hui usage d'appareils télégraphiques divers.

✹

Le néographe.

Rien n'est plus utile pour les nécessités des affaires courantes que de conserver un double des notes expédiées, des ordres donnés ou reçus, etc., etc.

Aussi les gens ordonnés, les commerçants en particulier, ne sauraient-ils manquer d'apprécier l'invention récente du *néographe,* appareil simple et ingénieux à la fois et qui est appelé à devenir pour eux un précieux instrument de contrôle.

Voici en quoi consiste cet instrument si utile.

Un petit pupitre qu'on pose sur une table ou qu'on accroche
le long d'un mur ; deux fentes transversales en haut et en bas
de la tablette. Par la fente inférieure C, deux feuilles de papier
sans fin, provenant d'une bobine A, cachée dans les flancs de
l'appareil, et sur laquelle elles sont enroulées ensemble, peuvent
défiler en même temps. La première se pose sur la tablette et
disparaît par la fente supérieure B', pour aller s'enrouler sur un
tambour-magasin B. On lui superpose une feuille de papier à
décalque bleu ou noir retenue par deux baguettes latérales. On
abaisse également la seconde bande de papier blanc, dont
l'extrémité est simplement pincée dans une réglette à bascule F.

Ainsi disposé, l'appareil est prêt à fonctionner.

Avez-vous une note à prendre, une facture à enregistrer,
vous écrivez sur le papier
qui s'offre à vous. Puis vous
tournez la molette G qui termine l'arbre du tambour-magasin. La bande inférieure,
sur laquelle s'est copiée la
note ou la facture, s'enroule,
entraînant la feuille supérieure ; aussitôt que la partie
écrite dépasse la réglette,
vous déchirez la bande sur
l'arête en couteau de celle-ci,
et vous pouvez remettre la

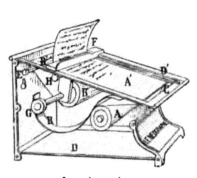

Le néographe.

note à l'intéressé, avec la certitude d'en avoir la copie fidèlement
enfermée dans l'intérieur de la boîte. Il suffit d'ailleurs de fermer cette boîte à clef pour que l'employé ne puisse pas toucher
à cet indiscret témoignage de ses opérations.

Voilà qui simplifiera la surveillance des facteurs dans les
ventes à la criée et dans bien des magasins et administrations.
Les particuliers eux-mêmes y trouveront une aide précieuse en
bien des cas, ne serait-ce que, dans leur antichambre, pour
contrôler les visites qui se sont présentées. Généralement, le
domestique ou l'huissier tend au visiteur une fiche où celui-ci
inscrit son nom. Cette fiche s'égare le plus souvent, ou ne va
pas jusqu'à son adresse. Mais le néographe conserve la trace
de la visite. Sans indiscrétion possible, il emmagasine le nom

des visiteurs dans leur ordre, et, le soir venu, le maître de la maison peut constater si le service a été bien fait. Cette petite application privée suffit, entre mille, à montrer quelle commodité nouvelle le moindre petit appareil peut apporter dans la pratique de la vie, lorsqu'il est judicieusement conçu.

✱

L'appareil contrôleur des chemins de fer.

Le ticket est peut-être l'une des institutions les plus caractéristiques de notre civilisation contemporaine, fiévreuse et affairée. C'est à dessein que j'emploie le mot « institution ». Il n'est pas trop ambitieux. Le ticket n'est pas seulement un symbole et un signe des temps : c'est une institution — voire une institution nécessaire.

On ne concevrait pas le fonctionnement de nombre de nos services publics, si compliqués et si touffus, qui mettent en branle des millions d'individus, sans ce bon de consommation à vue, sorte de monnaie de carton, qui, pour tel usage déterminé, remplace et supplée l'autre. Le ticket équivaut, dans son petit genre, au chèque et à la lettre de change.

Indispensable aux compagnies de chemins de fer, chez lesquelles il joue un rôle aussi essentiel peut-être que la vapeur elle-même ou que l'électricité, puisqu'il est quasiment la condition *sine quâ non* de leur mise en œuvre, le ticket n'est pas moins indispensable à toutes les autres entreprises de transport en commun, omnibus, tramways, paquebots, et aux entreprises de spectacles, jeux, théâtres, courses, etc.

Et ceci n'est rien encore en comparaison de ses autres applications financières, industrielles et commerciales.

Aussi, si son emploi n'est pas encore universel, c'est parce que sa généralisation s'achoppe dans la pratique courante aux innombrables difficultés matérielles qu'impliquent sa fabrication, sa manutention, sa comptabilité, *et surtout son contrôle*. C'est une monnaie, en effet, le ticket, une monnaie fiduciaire et fictive, représentant des sommes encaissées, dont la circulation exige, par conséquent, des garanties subtiles et une impeccable surveillance.

Et c'est là que l'auteur s'embarrasse!

Prenons, par exemple, une compagnie de chemins de fer, dont les tickets se chiffrent par centaines de millions — on a fait à ce sujet des calculs fantastiques où l'imagination se perd — en raison de la multiplicité des stations, de la diversité des classes et des catégories. Il faut les fabriquer, ces tickets, les imprimer, en approvisionner d'avance toutes les gares, grandes ou petites, du réseau, créer, par conséquent, tout un matériel encombrant et mathématiquement combiné de façon à réduire au minimum les erreurs et les pertes de temps, ouvrir à chaque receveur autant de crédits individuels et spéciaux qu'on a mis à sa disposition d'espèces de billets.... Cela ne va pas sans des frais monstrueux, sans des embarras de toute sorte, et il s'ensuit nécessairement un coulage énorme, qu'aucun contrôle, si ingénieux et si sévère qu'il soit, ne saurait ni prévenir ni corriger.

Songez à l'effroyable comptabilité que suppose la circulation de ces millions de feuilles volantes, qu'il faut compter et recompter chaque jour, dater, mettre et reprendre aux mains du public!

Aussi la fraude, sous les formes les plus variées et les plus inattendues, depuis le vulgaire escamotage opéré dans la caisse, jusqu'au trafic en grand des billets périmés, affecte-t-elle les proportions d'un fléau, dont les compagnies, en désespoir de cause, avaient fini par prendre leur parti. D'où toutes ces précautions et formalités, que le public trouve, non sans quelque raison, vexatoires, mais qui sont pourtant, en réalité, autant de mesures indispensables à la limitation des pertes.

L'automatisme seul pouvait résoudre ce problème délicat, et remédier à ces inconvénients, d'autant plus graves qu'ils tiennent à l'essence même des choses.

Désormais c'est chose faite, dans des conditions inouïes d'élégance, de précision et de sûreté, grâce à une machine nouvelle que viennent d'adopter plusieurs grandes compagnies de chemins de fer.

Imaginez une machine dans le ventre de laquelle on introduit d'avance autant de bandes de carton qu'il y a de catégories de billets (1ʳᵉ, 2ᵉ, 3ᵉ classe, demi-places, quarts de place, aller et retour, etc.), et qui vous les restitue sous les espèces et apparences de tickets définitifs et complets, avec toutes les indications nécessaires *imprimées*, le nom de la station, le prix, *la date*, et un numéro d'ordre!

Ticket imprimé par l'appareil distributeur.

Il suffit d'amener le nom de la station requise en face d'une aiguille fixe et d'appuyer sur une manette, pour que le billet désiré vous tombe dans la main avec une vitesse et une régularité stupéfiantes.

Dès lors, plus de ces formidables amoncellements de tickets qu'il fallait par anticipation fabriquer, imprimer, classer, compter, emmagasiner, timbrer, servir. Tout un arsenal de casiers, toute une armée d'employés, sans parler du reste, sont avantageusement remplacés par une machine de la taille d'un chiffonnier de salon, sourde et muette, incapable de malentendus et de distractions, et par quelques rouleaux de carton. Impossible, d'autre part, de rééditer la contrebande des tickets périmés, puisque la date est imprimée, au fur et à mesure, en caractères nets et lisibles, au lieu du barbare estampage à sec, si facile à effacer!

Quant au contrôle *à posteriori*, il est, si possible, plus parfait encore. Ou, pour mieux dire, *il est supprimé, n'ayant plus de raison d'être.*

Au fur et à mesure, en effet, que l'appareil contrôleur imprime, découpe et distribue les billets, il enregistre du même coup, à chaque ticket vendu, sur un ruban de papier blanc sans fin, le nom de la station, le prix perçu et le numéro d'ordre.

C'est-à-dire qu'il suffit à l'inspecteur, une fois détachées les bandes de contrôle afférentes à chaque receveur, d'y jeter un coup d'œil, pour voir, sans surprise possible, le nombre de tickets délivrés tel jour, pour telles et telles stations, de telle

classe et de telle catégorie, et les sommes encaissées. La caisse
du receveur se fait, en d'autres termes, automatiquement, au
fur et à mesure, et la certitude d'une répression inévitable devient la meilleure des défenses contre les tentations, tandis que les compagnies, matériellement assurées contre les prévaricateurs, et n'ayant plus qu'à surveiller l'emploi des tickets aux mains des voyageurs, peuvent se relâcher de leurs rigueurs, et abaisser devant le public, servi plus vite et moins inquisitorialement traité, les barrières gênantes.

1392	LIGNY	910
0686	FLEURUS	950
1028	RANSART	980
0534	≡≡≡	≡
0687	FLEURUS	950
1393	LIGNY	910
0520	CHARLEROI	10 50
0688	FLEURUS	950
0535	≡≡≡	≡
0521	CHARLEROI	10 50
0689	FLEURUS	950

Bande de contrôle de l'appareil.

Rien d'étonnant, d'après ces explications, que les compagnies
de chemins de fer aient accueilli le nouvel appareil contrôleur
avec un véritable enthousiasme, et que le Nord et l'Ouest l'aient
installé d'urgence dans leurs services les plus difficiles.

Mais sa sphère d'action est autrement vaste que le domaine
des compagnies de chemins de fer. C'est grâce à lui que le ticket
va pouvoir prendre enfin la place que mérite ce merveilleux
instrument économique, si commode et si souple. C'est comme
qui dirait une révolution — tout simplement — dans le monde
des affaires.

La coloration du verre par pénétration directe des produits métalliques.

Il y a quelques années, en collaboration avec M. Hélier, M. Armand Gautier avait observé que l'argent métallique déposé à la surface intérieure d'ampoules de verre pleines de gaz hydrogène et portées à des températures voisines de 450 degrés prolongées durant quelques heures, en pénétrait la substance.

Si curieuse que fût cette observation, on ne lui avait cependant pas accordé une bien grande attention, et, sans des recherches nouvelles de M. Léon Lémal, il est vraisemblable qu'elle serait demeurée longtemps encore inaperçue.

En réalité cependant elle méritait mieux, car, ainsi que l'a démontré M. Léon Lémal, elle renferme, ni plus ni moins, l'indication de tout un procédé industriel nouveau.

On sait que, pour obtenir un verre de couleur, le seul procédé en usage jusqu'ici consiste à fondre ensemble les substances à vitrifier et l'oxyde colorant.

Rompant avec cette traditionnelle façon de faire, M. Lémal vient de formuler une nouvelle recette fort élégante permettant de colorer directement le verre, non plus dans toute sa masse comme avec les anciens procédés, mais en des points d'élection, ce qui permet de produire des dessins rien qu'en faisant pénétrer le verre par des métaux ou des oxydes colorants à l'aide de moyens analogues à ceux qui servent à la cémentation.

A cet effet, par exemple, on applique sur un verre un sel d'argent, et l'on élève la température vers 500 ou 550 degrés. Après refroidissement, l'on procède à un lavage dont l'objet est d'enlever l'excès de sel pouvant subsister, et, cette opération accomplie, on trouve le verre coloré en jaune au-dessous de tous les points où le sel avait été déposé.

La nuance obtenue de cette façon varie du jaune paille au jaune orangé rouge, suivant la composition du verre employé. De même, l'épaisseur de la couche de verre ainsi colorée est variable, et dépend uniquement du temps plus ou moins long durant lequel l'action de la chaleur a été maintenue.

Au bout de 5 minutes du cuisson, l'épaisseur de verre traversée par la couleur est d'environ 17 centièmes de millimètre; elle atteint 32 centièmes au bout d'une heure, et 1^{mm},57 après 18 heures.

Quant à la quantité de sel d'argent nécessaire pour obtenir la coloration, elle est très faible. C'est ainsi qu'une dentelle de fil plongée dans une solution au millième de nitrate d'argent, puis dans une solution de sulfure de potassium, après avoir été appliquée sur une plaque de verre chauffée, a laissé l'empreinte de son image en jaune foncé.

De même, un cliché photographique sur collodion, après un semblable traitement, a également laissé son impression en couleur jaune, et — fait particulièrement intéressant — cette image photographique était reproduite avec ses noirs et ses demi-teintes, ce qui montre que la coloration pour un même temps d'exposition à la chaleur est proportionnelle à la quantité de sel d'argent mise en contact avec le verre.

Les colorations ainsi obtenues à l'aide des sels d'argent et qui sont toujours jaunes par transparence, prennent, par réflexion, des teintes d'aspect fluorescent, allant du vert jaunâtre au violet bleuâtre, teintes que l'on accentue vivement en mélangeant à la composition d'argent quelques parcelles de cuivre en poudre précipité par le zinc d'une dissolution de sulfate.

Ce procédé de coloration des verres par pénétration, indiqué par M. Léon Lémal, est, on le voit, d'une élégance qui lui vaudra d'entrer tôt ou tard dans la pratique courante. Il en sera d'autant plus probablement ainsi, que la méthode s'applique non seulement à la coloration en jaune du verre blanc, mais qu'elle est de même susceptible d'être utilisée pour les verres colorés dans leur masse (à l'exception toutefois des verres nuancés en rose par de l'oxyde de manganèse), et qu'elle réussit encore fort bien quand on emploie, comme agent colorant, au lieu d'argent, de l'or, du cuivre ou du fer.

Cette dernière particularité est fort intéressante, car elle permet de varier les effets décoratifs à obtenir, chaque métal, en pénétrant à l'intérieur de la substance du verre, lui communiquant une coloration spéciale.

Récipient de sûreté pour les gaz liquéfiés.

Il n'est pas toujours sans danger de conserver en vase clos des gaz liquéfiés : ceux-ci, en effet, pour diverses causes, dont la plus commune est l'énorme dilatation que présente le liquide par suite de l'élévation de la température, sont exposés à éclater, constituant ainsi partout une permanente menace d'accidents redoutables.

On conçoit donc l'intérêt de posséder des appareils donnant pleine sécurité et qui ne soient pas de véritables et terribles obus chargés, toujours prêts à voler en mille pièces.

Grâce à un physicien ingénieux, M. J. Fournier, on construit aujourd'hui des récipients de sûreté qu'on est assuré de trouver dans tout laboratoire un peu bien outillé.

L'appareil de M. Fournier comporte deux organes distinctifs, qui sont : 1° un robinet pointeau ; 2° un dispositif de sûreté.

Voici, empruntée à une note de l'inventeur lui-même, la description précise de ces deux organes :

Robinet pointeau. — Le col du réservoir est percé d'une ouverture axiale formée de deux parties cylindriques, dont l'inférieure fait saillie à l'intérieur de la première. Dans cette ouverture s'engage, à frottement, une douille de même forme, dont la partie supérieure, terminée par un évasement conique, aboutit à quelques millimètres au-dessous de l'orifice du col. La partie inférieure de cette douille est percée, à son extrémité, d'une ouverture cylindrique, que vient obturer un robinet pointeau, monté, par un filetage à pas très petits, sur la partie médiane de la douille. Ce robinet est percé, suivant son axe, d'un canal débouchant latéralement à la partie inférieure de la douille, dans l'espace annulaire formé par la paroi de celle-ci et le pointeau.

L'étanchéité absolue de la douille et du robinet est assurée par une rondelle de plomb ou d'étoupe, placée entre les évasements coniques en regard de la douille, et d'une bague mobile concentrique à la tige du pointeau. Ce joint est serré, par l'intermédiaire de cette bague, au moyen d'un écrou se vissant sur la partie extérieure du col du récipient.

Les pièces du robinet pointeau sont donc simplement pressées les unes contre les autres, tant par la pression du gaz qui coopère à l'obturation que par l'écrou. Dans ces conditions, il n'est guère possible de développer, par leur manœuvre, un dégagement dangereux de chaleur sur celles qui sont en contact immédiat avec le gaz. D'ailleurs, avec ce système de joint, l'effort à faire sur l'écrou, pour obtenir une étanchéité parfaite, est si faible, qu'il suffit de serrer cet écrou à la main sans le secours d'aucune clef.

En outre, étant donné le filetage du pointeau, il n'y a pas à craindre un dégagement trop brusque du gaz ; ce dégagement peut du reste être exactement limité par un arrêt placé sur l'écrou.

Dispositif de sûreté. — Ce dispositif consiste en un tube d'acier recourbé analogue aux tubes des manomètres métalliques et dont une des extrémités, ouverte et soudée sur le fond supérieur du récipient, le fait communiquer avec l'intérieur de ce dernier.

L'autre extrémité, fermée et libre, peut ainsi obéir aux variations de pression qui se produisent à l'intérieur du réservoir. Sous l'influence d'une augmentation déterminée de la pression, cette extrémité agit sur une vis fixée à la partie supérieure de l'un des bras d'un levier, mobile autour d'un axe perpendiculaire aux génératrices du réservoir, et dont l'autre bras vient faire ouvrir une soupape, entièrement métal- lique, fixée sur la paroi du récipient.

Au moyen de la vis que porte le bras supérieur du levier, on peut régler une fois pour toutes le jeu de la soupape, et, en la faisant ouvrir pour telle pression que l'on voudra, compatible avec la résis- tance du réservoir et avec la pression du liquide qu'il contient, éviter tout accident dû à la pression. Mais là ne se borne pas le rôle de la soupape, car elle sert en outre à éviter, par une manœuvre très simple, d'autres causes de danger. Par exemple, il suffit de la tenir ouverte avec le doigt pendant l'opération du remplissage pour que l'air soit complètement expulsé de l'appareil avant que la pression y atteigne une valeur notable.

Dans le cas où l'on ne demande à l'appareil qu'un débit inférieur, dans la plupart des cas, à trente litres à l'heure, il fournit un déga- gement régulier ; mais, pour un débit supérieur, il est nécessaire de le munir d'un régulateur si l'on veut un dégagement constant.

Le pneumatophore.

Tout le monde sait que dans les catastrophes surve- nant dans les mines de houille, c'est spécialement par asphyxie que périssent non seulement les malheureux mineurs, mais encore trop souvent les hommes des équipes de secours qui descendent dans la mine aussitôt après les explosions de grisou.

Dans le but de soustraire les ouvriers à l'action toxique des gaz qui se dégagent dans les mines, M. le chevalier Rodolphe de Walcher Uysdal, directeur général des biens, mines et usines de l'archiduc Frédéric d'Autriche, vient d'inventer un appareil d'une extrême simplicité, de forme peu encombrante, le *pneumatophore*, appareil qui, en raison de la sûreté de son fonctionnement et de la facilité de sa manipulation, paraît devoir satisfaire à toutes les exigences, non seulement à celles du travail des mineurs, mais aussi à celles du service des pompiers, égoutiers, etc.

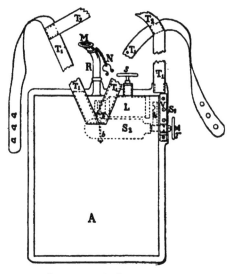

Le pneumatophore.

Le pneumatophore, qui mesure 550 millimètres de largeur et pèse 4 kilogrammes et demi, se compose d'un sac respiratoire A, d'une bouteille à oxygène S_2, d'un appareil lessiveur L, d'un pince-nez et d'une gibecière pour porter le tout.

Le sac respiratoire est confectionné avec une étoffe imperméable aux gaz; un tissu plat, en forme de filet et tricoté peu serré, avec des bandes d'une étoffe destinée à absorber la solution de soude contenue dans le lessiveur L, y est suspendu à l'intérieur. L'oxygène et l'appareil lessiveur, qui sont à l'intérieur du sac, sont actionnés par des vis de pression pénétrant dans le sac par des joints hermétiques.

Une embouchure en gomme dure termine le tuyau d'aspiration, lequel ne comporte aucune soupape.

La bouteille à oxygène est en acier ; elle contient exactement 60 litres d'oxygène comprimé à 100 atmosphères ; l'appareil lessiveur comprend une bouteille en verre, renfermant 400 centimètres cubes d'une solution concentrée de soude ; à l'aide d'une tige filetée, la bouteille peut être brisée de l'extérieur, aussitôt que l'on veut pénétrer dans les gaz irrespirables.

Le fonctionnement de l'appareil est sans aucune complication. On aspire par l'embouchure M l'oxygène du sac ; l'acide carbonique et l'oxygène qui n'a pas été absorbé par les poumons (96 0/0) reviennent dans le sac, car l'expiration a lieu dans la même embouchure ; l'acide carbonique est absorbé par la solution concentrée de soude, qui, par le bris de la bouteille, a imprégné le filet suspendu à l'intérieur du sac. L'oxygène reste donc respirable. Ajoutons que l'on peut, pendant une heure environ, faire fonctionner l'appareil sans ressentir aucun malaise.

Les expériences qui ont eu lieu dans diverses mines de Silésie et de Bohême ont démontré l'efficacité du pneumatophore.

TRAVAUX PUBLICS

Le phare d'Eckmühl.

« Je nomme M. Le Myre de Vilers, ancien gouverneur de la Cochinchine, mon exécuteur testamentaire en tout ce qui concerne le phare d'Eckmühl.

« Ma première et ma plus chère volonté est qu'il soit élevé un phare sur quelque point dangereux des côtes de France, *non miné par la mer.*

« Mon vieil ami le baron Baude m'a souvent dit que bien des anses des côtes bretonnes restaient obscures et dangereuses. J'aimerais que le phare d'Eckmühl fût élevé là, mais sur quelque terrain solide, granitique, car je veux que ce noble nom demeure longtemps béni. Les larmes versées par la fatalité des guerres, que je redoute et déteste plus que jamais, seront ainsi rachetées par les vies sauvées de la tempête.

« Je consacre à cette fondation une somme de 300 000 francs, voulant ce phare digne du nom qu'il portera.

« La statue de bronze du maréchal, qui est en ma possession, réduction de la statue érigée à Auxerre, ornera la salle d'honneur du phare ; et sur le socle qui supportera la statue, on gravera le nom des batailles auxquelles le maréchal a assisté.

« Sur une plaque de marbre incrustée dans la muraille, on inscrira les paroles suivantes : *Ce phare a été élevé à la mémoire du Maréchal Prince d'Eckmühl, par la piété filiale de Napoléon-Louis-David Davout, duc d'Auerstaedt, Prince d'Eckmühl, son fils unique, mort sans enfant, et par sa fille Adélaïde-Louise d'Eckmühl, marquise de Blocqueville, également morte sans enfant.* »

Conformément à ce noble vœu exprimé en des termes si élevés par la généreuse donatrice, depuis quelques mois, tout à l'extrémité de la presqu'île bretonne, à côté de la trop fameuse baie des Trépassés, sur la pointe de Penmarch, où il remplace l'ancien phare reconnu insuffisant, brille chaque nuit un foyer puissant qui darde au loin sur la mer ses éclats lumineux,

indiquant ainsi au navigateur, voguant dans ces parages dangereux, la route à suivre pour éviter l'écueil.

Entre tous les établissements similaires, le nouveau phare
d'Eckmühl mérite tout particulièrement d'attirer l'attention.
Aucun, en effet, jusqu'à ce jour, n'a été édifié en d'aussi somp-
tueuses conditions, aucun n'est doté d'appareils aussi puissants,
ni aussi perfectionnés.

Les édifices du phare se composent d'une tour octogonale en
granit de Kersanton, d'une solidité capable de défier les injures
du temps et l'action corrosive de l'air salin de la mer, d'un bâtiment destiné à abriter les machines, et de logements réservés
aux gardiens.

La hauteur de la tour est de 63 mètres, ce qui permet, par
temps clair, et de jour, de l'apercevoir à une distance de 30 kilomètres. De nuit, son feu, dont la puissance atteint 30 millions
de bougies, a une portée de plus de 100 kilomètres, et qui n'est
inférieure à 40 kilomètres que pour les temps plus ou moins
brumeux dont la fréquence dans ces parages atteint environ le
dixième de l'année.

Du reste, pour parer à l'impossibilité où se trouvent les
rayons lumineux de traverser d'épaisses couches de brume, le
phare a encore été doté d'un appareil de signaux sonores, constitué par une sirène à air comprimé que l'on peut mettre instantanément et à tout instant en action. A cet effet, des réservoirs
accumulateurs au nombre de trois, réservoirs en tôle soudée et
mesurant chacun 5 mètres cubes, sont installés dans la chambre des machines et chargés constamment d'un approvisionne-
ment d'air comprimé à la pression de 15 kilogrammes. Cette
provision d'air est suffisante pour assurer le fonctionnement de
la sirène durant le temps nécessaire à la mise en marche du
moteur actionnant le compresseur. Un détendeur ramène à la
pression de deux atmosphères, convenable au fonctionnement
de l'appareil, l'air sortant du réservoir.

La sirène du phare d'Eckmühl est installée au haut de la
tour, sur la plate-forme circulaire enserrant l'édifice, immédiatement au-dessous de la lanterne, l'expérience ayant prouvé
que plus les bruits partent de haut, plus ils sont, toutes choses
égales d'ailleurs, entendus de loin; le son qu'elle donne correspond au mi^b, soit à 326 vibrations complètes par seconde, et

elle exige, pour un fonctionnement de 3 secondes par minute, une force d'environ 8 chevaux-vapeur.

La régularité des émissions de son est déterminée par une machine de rotation à mouvement d'horlogerie, installée,

Le phare d'Eckmühl, vu du village de Penmarch.

comme toutes les autres parties de la machinerie du signal sonore, par MM. Sautter et Harlé.

Mais examinons en détail les dispositifs combinés pour doter le phare d'Eckmühl de la puissance lumineuse considérable qui le caractérise.

Le feu est du type dit *feu-éclair*, imaginé par M. Bourdelles, directeur du service des phares, et dont la caractéristique, comme l'on sait, est de présenter des éclats de durée très courts, d'un dixième de seconde chacun environ, et se succédant rapidement.

Grâce à ce dispositif ingénieux, la partie lumineuse d'un même foyer a pu être accrue en des proportions considérables. Nous allons en voir la raison. Imaginons une source éclairante d'une puissance déterminée, dont les rayons se dispersent en tous sens : n'est-il pas manifeste que ce foyer sera visible de moins loin que si tous ses rayons sont concentrés en un seul faisceau très ramassé? Ce n'est pas pour une autre raison, parce qu'elles concentrent, dans une direction convenable, les divers rayons s'irradiant en tous sens, que, dans l'appareil optique des phares, l'on dispose des lentilles convergentes au devant des foyers lumineux.

Cependant il ne suffit pas d'obtenir un faisceau de lumière intense : il faut encore, pour être utile aux marins en mer, que ce faisceau puisse être vu de tous les points de l'horizon.

Pour répondre à ce besoin, l'on a imaginé de faire tourner l'appareil optique placé devant le foyer des phares, de façon à amener successivement dans toutes les directions du compas le jet de lumière. Les feux de cette sorte sont connus sous le nom de *feux tournants* ou *à éclipses*, dont les *feux-éclairs* ne sont autre chose que le perfectionnement.

Ces derniers, en effet, sont les feux tournants dont les éclats, de durée très réduite, se succèdent très rapidement.

Cette brièveté particulière, comparable à celle d'un éclair, et qui leur a valu leur désignation, est tout à l'avantage de la portée optique du signal lumineux.

Rien de plus simple. On sait depuis longtemps, grâce aux recherches des physiologistes, que, pour impressionner convenablement la rétine, les phénomènes lumineux doivent avoir une durée minimum d'un dixième de seconde. Quand ce temps est atteint, la perception intégrale et complète du phénomène est assurée aussi parfaitement que s'il se prolongeait davantage.

D'autre part, des expériences récentes poursuivies par M. Charpentier et M. Charles Henry ont fait connaître que le temps nécessaire à la perception complète d'un éclat lumineux varie avec l'intensité de cet éclat, étant d'autant plus réduit que cette intensité est plus grande : dans la pratique, pour la lumière blanche, il est compris entre 1/8 et 1/12 de seconde.

Il appert de ces remarques que, pour être assuré qu'un faisceau de lumière, parcourant successivement tous les points de l'horizon, puisse être aperçu par un observateur, il faut que le temps employé par ledit faisceau à franchir un point quelconque soit justement égal à un dixième de seconde environ.

Mais si nous considérons à présent un phare dont l'appareil optique soit disposé de telle sorte qu'il fasse un tour complet en cinq secondes, nous voyons qu'il suffira à son faisceau lumineux d'avoir une divergence de 7°,2 seulement pour pouvoir être vu de partout. En effet, l'horizon total, soit 360 degrés, étant parcouru en 5 secondes, en 1 seconde l'angle embrassé sera de $\frac{360}{5}$, soit 72 degrés, et en un dixième de seconde de 7°,2.

On conçoit dès lors sans peine comment le régime des feux-éclairs, sans toucher en rien à la source productive de lumière, permet, par une excellente utilisation de ses rayons, ainsi condensés en un faisceau très réduit, d'accroître sa portée dans des proportions énormes.

A Eckmühl, la durée de rotation du système étant de 20 secondes, pour obtenir un éclat toutes les 5 secondes, l'optique comprend quatre lentilles annulaires, si bien que du phare, grâce à cette disposition, partent simultanément quatre jets puissants de lumière, qui viennent, tour à tour, fouiller rapidement tous les points dè l'horizon.

Telles sont les dispositions générales adoptées pour l'éclairage du nouveau phare.

Quant aux dispositions particulières, elles sont des plus intéressantes. En raison du besoin que l'on avait de donner au phare élevé sur la pointe de Penmarch une puissance exceptionnelle, le système d'éclairage choisi a été la lumière électrique.

Mais ici une difficulté se présentait. On sait par expérience que la puissance lumineuse d'un arc voltaïque n'augmente pas en proportion de l'énergie électrique dépensée. Ainsi, quand avec une intensité de 25 ampères on obtient, avec les feux-éclairs, 1 200 000 carcels, avec 50 ampères on n'en obtient en un seul foyer que 1 800 000, au lieu de 2 400 000 que l'on devrait avoir théoriquement.

Si l'on quadruple l'énergie, si par exemple l'intensité est portée à 100 ampères, le voltage naturellement restant le même,
on récolte seulement 2 300 000 carcels, soit moins du double de
ce que donnent 25 ampères.

L'énergie électrique étant toujours coûteuse à produire, il
convenait de se préoccuper de cette particularité importante.
Voici comment l'on a tourné la difficulté. Au lieu de produire
la lumière par un seul foyer, deux feux électriques, fonctionnant à 50 ampères chacun, ont été associés; de la sorte, l'on
est arrivé à obtenir facilement, et sans frais exagérés, une puissance totale de 3 millions de carcels, soit de 30 millions de
bougies. Dans les temps très favorables, quand l'atmosphère
est limpide, les foyers sont mis en action avec une intensité de
25 ampères, suffisante pour produire un feu d'une portée plus
grande encore que leur limite de visibilité géographique; on
réalise ainsi, sans diminuer en aucune façon les services qu'est
appelé à rendre le phare, de sérieuses économies de combustible. Par les fortes brumes que ne sauraient percer les rayons
d'aucun foyer, c'est encore à cette intensité réduite que fonc-
tionnent les deux lampes électriques que la sirène est alors
chargée de suppléer.

Comme nous venons de le noter, le système optique du phare
d'Eckmühl comporte deux sources de lumière, disposées de manière à pouvoir tourner autour d'un axe commun, et pourvues
chacune d'un assemblage de quatre lentilles annulaires, qui ont
été exécutées par M. A. Blondel, ingénieur du service central
des phares.

C'est grâce à cette disposition que les faisceaux lumineux
provenant de chacun des deux foyers doivent se superposer et
se comporter comme s'ils n'en faisaient qu'un seul.

Quant à la disposition mécanique combinée à cet effet, elle
est des plus heureuses.

Les deux appareils reposent sur un plateau en fonte supporté
par un arbre vertical en fer forgé, guidé, à sa partie supérieure,
à l'aide d'un manchon de bronze, et maintenu, à sa partie
inférieure, dans un coussinet de bronze, dans lequel il s'engage
au moyen d'un pivot démontable en acier reposant sur une cra-
paudine.

A cet arbre est fixé un flotteur annulaire en fonte tournée qui plonge dans une cuve à mercure. On obtient, de la sorte, un équipage mobile très sensible, ne nécessitant qu'un faible travail pour tourner sur lui-même, si bien que la rotation complète est assurée en vingt secondes au moyen d'un poids moteur relativement peu considérable.

L'énergie électrique nécessaire pour amener le fonctionnement du phare est fournie par des alternateurs diphasés du type Labour, qui ont été installés par les soins de la Société l'Éclairage électrique. Pour les régulateurs, ils sont du type

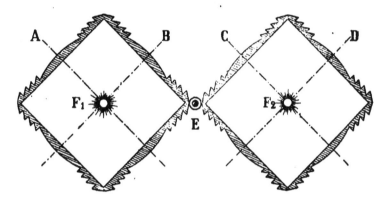

Disposition du système optique du phare d'Eckmühl.
F₁ F₂, sources lumineuses; E, axe de rotation de l'appareil; AC, BD, faces d'envergure des rayons lumineux.

Serrin modifié, et permettent de réaliser les deux régimes de marche, sans autre changement que celui des crayons.

Ajoutons, enfin, pour être complet, que les machines fournissant la force motrice sont constituées par des moteurs à vapeur d'environ douze chevaux de force, à la fois très robustes et très simples de construction.

Elles sont munies d'un aéro-condenseur permettant de récupérer 77 pour 100 au moins de l'eau vaporisée. Cette dernière disposition était précieuse à réaliser dans un point où une bonne eau, pour l'alimentation des chaudières, est relativement rare.

Telles sont les dispositions principales pour l'aménagement du phare d'Ekcmühl, le plus puissant, de beaucoup, qui soit aujourd'hui au monde, et assurément le mieux doté en ce qui concerne la perfection des appareils.

Cet admirable monument, d'une réelle beauté architecturale, et dont l'exécution n'aura pas coûté moins de 900 000 francs, est donc bien à tous les points de vue digne de la femme de bien qui eut la première la généreuse idée de sa réalisation.

Le transport d'une maison.

On a souvent parlé des audacieuses opérations pratiquées, de l'autre côté de l'Océan, par les ingénieurs américains, qui déménagent, comme un simple colis, des maisons en pierre de taille de plusieurs étages : c'est, aux États-Unis, une pratique devenue courante, paraît-il, et à laquelle on ne prête plus là-bas grande attention.

En France, nous sommes moins entreprenants, mais on semble pourtant vouloir entrer dans la voie tracée par les ingénieurs du Nouveau Monde, et l'on a pu à Paris assister, cette année, au spectacle peu banal d'une maison transportée à 15 mètres de l'endroit où elle s'élevait primitivement.

C'est dans le XIIIe arrondissement que ce tour de force a été accompli. Rue de Patay, 121 et 123, se trouve une école communale, construite en bois et plâtre, sur l'emplacement de laquelle le Conseil municipal avait décidé d'élever un bâtiment scolaire modèle. On ne pouvait songer à la démolir et à reconstruire un nouveau bâtiment pendant les vacances ; on s'est donc borné à reculer la construction existante, sans toucher à aucun de ses organes, sans enlever même le matériel ni le mobilier.

Ce sont MM. Poirier, Auvety et Cie, entrepreneurs de charpente, qui ont été chargés de cette opération, laquelle d'ailleurs a admirablement réussi. Le bâtiment, en bois et plâtre, a 84 mètres de longueur sur 18 mètres de largeur et 11 de hauteur. Son poids total peut être évalué à 500 000 kilogrammes.

L'opération comprenait deux phases distinctes : la préparation et le roulage proprement dit.

Il a fallu d'abord couper les parquets au rez-de-chaussée, pour dégager les murailles et les cloisons, et permettre de fixer, dans le sens de la longueur, des moises allant d'un poteau à l'autre et formant le châssis destiné à venir s'appuyer sur les rouleaux. Ceux-ci, au nombre de 140, étaient espacés à 1^m,50 environ l'un de l'autre.

Le roulage a été opéré au moyen de trois treuils agissant sur trois moufles de 15 tonnes chacun. La fixité des treuils avait été obtenue au moyen de pieux battus en terre.

D'après les prévisions des entrepreneurs, ces trois treuils devaient suffire pour obtenir la traction ; mais, par surcroît de précaution, chacun des rouleaux était disposé de façon à pouvoir être actionné à la main, au moyen de broches en fer, et venir en aide à l'action des treuils. On n'a pas eu besoin d'utiliser ce surcroît de force.

L'opération, amorcée dès le jeudi soir, a duré le vendredi, de 7 h. 1/2 à 11 heures du matin, sans aucun incident à noter.

Le bâtiment a roulé doucement, s'avançant à raison de 8 centimètres par minute, sans le moindre à-coup.

Rien n'a bougé, ni escaliers, ni cloisons. Pas une vitre des fenêtres n'a été brisée. Mieux encore : les pendules, que, par une sorte de dilettantisme, l'inspecteur des travaux, M. Quinette, avait fait remonter, ne se sont pas arrêtées.

Cette originale opération, qui avait attiré rue de Patay une foule de curieux, n'est pas la première de son espèce exécutée en France.

En ces dernières années, en effet, notamment à Rouen, à Bourges et sur les chantiers de la gare de l'Ouest à Paris, des transports analogues, quoique moins importants, avaient été exécutés heureusement.

La consolidation du sol par le bourrage.

La sagesse des nations nous enseigne qu'il est imprudent de
bâtir sur le sable, pour peu qu'on tienne à voir durer l'édifice
construit.

Longtemps ce précepte fut juste, si bien que les architectes
les plus audacieux eussent considéré comme folie parfaite d'entreprendre l'édification de bâtisses importantes autrement
qu'en sol dur.

Cependant peu à peu, et grâce aux inventions ingénieuses
de certains spécialistes, des modifications heureuses furent ap-
portées à l'ancien état de choses.

On songea, quand un terrain n'était pas tout à fait propre à
recevoir des bâtisses, à réaliser des aménagements spéciaux
permettant de l'utiliser quand même, sans crainte ni pour le
présent ni pour l'avenir.

L'artifice auquel on a généralement recours en pareil cas
consiste soit à asseoir le bâtiment sur des pilotis, soit, plus
ordinairement, à pratiquer une fouille allant, au travers des
terres meubles, jusqu'au sol solide sur lequel l'on fait directement reposer la maçonnerie, et, quand le sol résistant se
trouve à une trop grande profondeur, l'on se contente d'y
faire reposer la base d'un certain nombre de colonnes construites dans des puits remplis de béton. C'est ce procédé qui
a servi à faire les fondations de l'église du Sacré-Cœur, que
l'on voit se dresser dominant Paris, tout au sommet de la
butte sacrée, consolidée et en partie préservée de l'effondrement par cette forêt de gigantesques piliers de pierre plantés
au travers de sa masse friable.

Assurément le procédé est bon, et il a fait ses preuves. Mais
il présente certains inconvénients, étant notamment d'exécution souvent dangereuse et toujours onéreuse.

Aussi les architectes, quand ils le peuvent, évitent-ils d'y
recourir. Quand la construction à élever est légère, la chose est
assez facile. On se contente alors de recouvrir le terrain meuble
d'une épaisse couche de béton, ou de rails entre-croisés et noyés
dans un mortier dur, de façon à créer une sorte d'énorme bloc

rigide, suffisamment résistant pour supporter sans faiblir le poids du futur édifice, dont la sécurité ne saurait être compromise, même si un affaissement ultérieur venait à survenir, cet affaissement devant alors s'effectuer régulièrement et sans rien changer à la répartition des charges.

A ces diverses façons de faire, présentant des avantages divers, il faut actuellement en ajouter une nouvelle, qui paraît destinée du reste à les remplacer toutes, au moins dans la plupart des cas courants.

Cette dernière méthode, dont un premier essai fut fait à Montreuil par son inventeur, M. Dulac, et qui est en ce moment même en service sur les chantiers de l'Exposition de 1900, consiste à réaliser la consolidation du sol en le comprimant par une action mécanique énergique, due à la chute libre d'un pilon de grand poids, et en y incorporant ensuite, de vive force, des corps durs, mâchefer, débris de briques, etc.

Grâce à ce traitement, l'on parvient à créer en peu de temps et à peu de frais, dans les terrains les moins stables, des îlots solides, de résistance connue et uniforme, ou même, si l'on a soin d'atteindre les couches résistantes sous-jacentes, des blocs parfaitement incompressibles.

Voici par quels procédés, fort simples d'ailleurs, M. Dulac obtient ce précieux résultat :

A l'aide d'une sonnette à vapeur analogue à celles qui servent à battre les pilotis, il élève à plusieurs mètres au-dessus du sol des moutons de différentes formes, qu'il laisse retomber. Ces moutons, au nombre de trois, sont : un pilon hourreur du poids de 1 000 kilogrammes en forme de tronc de cône suspendu par sa pointe; un pilon perforateur en fonte, à pointe d'acier, pesant 1 500 kilogrammes et présentant la forme d'un cône allongé ou plus vulgairement celle d'une énorme carotte; enfin un pilon d'épreuve pesant 1 000 kilogrammes en forme de tronc de cône suspendu par sa pointe, et dont l'office est d'éprouver la solidité donnée au terrain.

Ces divers pilons sont munis d'une tête en forme de champignon, qu'un déclic à trois branches articulées, suspendu à la moufle de la sonnette, saisit automatiquement.

En descendant, ce déclic vient coiffer la tête du pilon, qu'il entraîne en remontant, lorsqu'il est tiré par la chaîne du

treuil. Le système s'élève alors jusqu'à ce que les branches
supérieures du déclic pénètrent à l'intérieur d'un anneau fixé à
hauteur convenable; en entrant dans ce collier, elles s'y serrent,
ce qui a pour effet d'ouvrir les branches inférieures, qui aban-
donnent alors le pilon.

La manœuvre du matériel n'a donc, on le voit, rien de
sorcier.

Voici, à présent, comment on peut ainsi obtenir la consolidation par compression d'un terrain.

Dans les cas ordinaires, on ouvre dans le sol, à l'aide du pilon
bourreur, des cavités de 1 à 2 mètres de profondeur, cavités
dans lesquelles on fait entrer peu à peu et jusqu'à refus, toujours à l'aide du même pilon, des matériaux durs et divisés.
Cette opération, répétée de mètre en mètre sur toute la surface
d'un terrain à consolider, donne finalement une surface d'autant plus résistante que les matériaux bourrés dans le puits et
qui sont additionnés de chaux hydraulique ou de ciment, ne se
contentent pas de combler les trous formés, mais sont refoulés
latéralement et serrent, ainsi tout le sol voisin.

Cependant cela ne suffit pas toujours.

On a recours alors à l'emploi du pilon perforateur. A l'aide de
celui-ci, l'on creuse des puits ronds d'environ 80 centimètres
de diamètre. Cette opération est très rapide, si bien qu'en cinq
heures, en moyenne, l'on atteint une profondeur de puits de
12 mètres. Dans ces trous, l'on coule, par couches de 40 à
50 centimètres d'épaisseur, des matériaux divers, cailloux,
mâchefer, etc., qu'on additionne d'un lait de chaux hydraulique ou de ciment, ou du béton, et l'on tasse le tout par un
pilonnage soigné, accompli à l'aide du pilon bourreur.

Le résultat de ces diverses opérations est une colonne à ren-
flements ovoïdes faisant corps avec le sol avoisinant et rejoi-
gnant le plus souvent les colonnes voisines, à la condition que
les puits forés soient suffisamment rapprochés les uns des
autres.

Dans tous les cas, les opérations du bourrage du sol que nous
venons de décrire sont complétées par un battage au pilon
d'épreuve, battage qui permet de juger du degré de résistance
que possède le terrain consolidé.

Cet élégant procédé présente de nombreux avantages.

Au point de vue de l'hygiène, en supprimant la nécessité de pratiquer des affouillements, il soustrait les ouvriers au danger des émanations délétères; de plus, il est rapide et peu coûteux, permettant de réaliser des économies de 150 pour 100 en moyenne en temps, et de 30 à 40 pour 100 en argent.

Ce sont là des bénéfices sérieux à tous égards. Aussi est-il probable que la nouvelle méthode conçue par M. Dulac, méthode qui fait en ce moment ses preuves sur les chantiers de l'Exposition, ne devienne avant longtemps, pour le plus grand bénéfice de tout le monde, d'un emploi général et constant.

※

Le métropolitain funiculaire de Glascow.

Durant les premiers jours de janvier 1897, a été livré à la circulation le chemin de fer métropolitain de Glascow.

Ce métropolitain, qui est entièrement souterrain, et dans lequel la traction des convois est assurée par un système nouveau de traction par câbles, a obtenu, dès sa mise en service, la faveur du public, faveur très justifiée du reste par le bon fonctionnement du nouveau réseau.

La ligne, si nous nous en rapportons à des notes publiées par M. Camille de Boisgérard dans la *Science française*, se développe sur un circuit de six milles et demi, soit 10 k. 460 m., passant deux fois sous la Clyde, du nord au sud-ouest de la ville. Les deux voies qui la composent sont établies dans deux tunnels accolés, communiquant entre eux par un petit passage souterrain tous les 24 mètres. Chacun de ces tunnels a 3 m. 30 de diamètre; l'un contient la voie montante, l'autre la voie descendante.

Sur ce réseau circulaire métropolitain, quinze stations, à égale distance l'une de l'autre, et pour la plupart en tranchée ouverte, ont été installées de façon à desservir autant que possible les quartiers les plus importants. Elles sont éclairées à l'électricité et reliées l'une à l'autre par le téléphone.

L'organe moteur est un câble d'acier de 21 kilomètres de long, pesant une centaine de tonnes, et disposé entre les rails. Continuellement en mouvement, le câble en question est actionné par deux puissantes machines, armées chacune d'un volant de 50 000 kilogrammes, et développant ensemble près de 3 000 chevaux. En outre, d'immenses tambours ou treuils, de 8 mètres de diamètre, servent à donner au câble, par l'intermédiaire d'un mécanisme assez compliqué, une vitesse et une tension constantes.

Les wagons, aménagés avec un certain luxe, spacieux et confortables, ont une capacité de 44 voyageurs. Ils sont éclairés à l'électricité. Le courant est fourni par un fil attaché aux parois du tunnel et avec lequel la voiture se trouve en contact au moyen d'un trolley.

Au centre de chaque *car* on a disposé une sorte de pince, nommée *grip*, qui, au gré du conducteur, peut saisir fortement le câble ou lâcher prise. Dès que le *grip* est appliqué, la voiture, entraînée par le câble, se met en mouvement à une vitesse uniforme. Au contraire, quand la pince est relâchée, le frein fonctionne automatiquement, et le wagon s'arrête à l'instant même, sur un espace de 5 ou 6 mètres au plus.

Et maintenant, le lecteur va comprendre tout de suite l'ingéniosité du système et pourquoi les stations ont été établies à peu près à égale distance les unes des autres.

Grâce à ce dispositif, l'exploitation a pu être à la fois simplifiée et régularisée d'une façon presque mathématique. En effet, il y a quinze voitures en service sur le métropolitain funiculaire de Glascow, et ces quinze voitures se trouvent toutes en marche en même temps ou bien toutes arrêtées aux quinze gares en même temps. On conçoit les avantages du système : synchronisme parfait, allure uniforme sur tout le circuit, sécurité absolue, puisque tous les convois, à égale distance l'un de l'autre, sont ensemble immobiles, ensemble en mouvement. Notons en outre que, pour donner plus de sûreté au voyageur, sur une ligne où la circulation est continue et forcément très active, tous les signaux sont enclenchés et se manœuvrent automatiquement, le *block-system* le plus rigoureux étant appliqué entre chaque station.

En comptant les arrêts, d'une minute à chaque gare, le parcours total du circuit est effectué en 1 h. 15. Il s'ensuit que les trains se suivent à des intervalles réguliers de cinq minutes : aussi les voyageurs n'ont-ils pas longtemps à attendre aux stations. Le seul inconvénient du système est que l'allure ne dépasse guère celle d'un tramway : la vitesse de marche est d'environ 10 kilomètres à l'heure seulement.

Le prix d'une station quelconque à la quatrième qui suit celle où l'on s'est embarqué a été fixé uniformément à un penny, — ce qui représente une base de 0 fr. 036 par kilomètre. — On peut faire tout le circuit pour un double penny, ou vingt centimes (soit un peu moins de 0 fr. 02 par kilomètre).

Il est juste également de remarquer que l'absence de fumée, la propreté élégante et coquette du matériel et la fréquence des gares à ciel ouvert font du trajet sur la ligne funiculaire de Glasgow un véritable petit voyage d'agrément.

ARMÉE ET MARINE

Canons sans bruit, sans flamme et sans recul.

Dans la pratique de la guerre, il est évident qu'on aurait grand avantage à supprimer le bruit des armes à feu, ainsi que l'éclair qu'elles donnent.

Eh bien, ce problème, qui pouvait passer pour presque insoluble, paraît cependant aujourd'hui à peu près résolu, dans ses grandes lignes au moins, grâce à une invention récente de M. le colonel Humbert.

Le procédé mis en œuvre pour supprimer le bruit et la flamme du coup de canon, tout en atténuant en même temps le recul, est fort simple : il consiste dans l'adaptation aux canons ou aux fusils d'un dispositif particulier, dont le rôle est d'obturer l'extrémité de la bouche à feu à l'instant précis où le projectile vient d'en sortir.

De cette façon, les gaz dilatés ne peuvent laisser un vide que l'air vient ensuite remplir avec bruit, et aucune flamme ne révèle à l'ennemi la présence des combattants.

A cet effet, à l'extrémité de la volée, — en d'autres termes à la gueule du canon, — on fixe solidement, au moyen d'un pas de vis, un bloc dont une ouverture mesure exactement le même diamètre que l'âme du canon.

Vers le milieu de ce bloc, est aménagée une chambre dans laquelle peut se déplacer un volet pivotant sur une de ses extrémités.

En temps ordinaire, ce volet demeure horizontal; mais, quand on fait usage de la pièce, aussitôt que le boulet a quitté l'âme pour arriver à la hauteur du bloc, les gaz dilatés, et qui sont à une très haute pression, passent au-dessous du volet, le soulèvent, et viennent l'appliquer fortement contre les parois verticales de la chambre disposée à l'intérieur du bloc, fermant ainsi toute issue aux flammes et aux gaz, qui doivent s'écouler lentement par une série de petits trous pratiqués dans ce but au milieu de la masse du bloc.

Grâce à cette ingénieuse disposition, l'air ne peut rentrer à l'intérieur du canon que quand la pression est à peu près nulle, et il le fait alors sans produire ni bruit, ni recul.

Les spécialistes les plus autorisés sont d'accord pour trouver cette disposition particulièrement intéressante, et quoique les ministres de la guerre et de la marine, à qui l'invention avait été dès l'abord présentée, n'aient point cru alors devoir la prendre au sérieux, devant le succès des expériences réalisées par M. le colonel Humbert avec l'aide de la maison Hotchkiss, le comité d'artillerie a fini par décider que de nouveaux essais seraient entrepris avec le concours du savant officier.

Qui sait si ce n'est pas à cette invention de M. le colonel Humbert — invention qui a le mérite de ne point exiger une réfection totale du matériel existant — au cas évidemment où elle réaliserait bien toutes les espérances qu'on est en droit d'attendre d'elle, que nous devrons, dans une prochaine guerre, le salut de la patrie ?

✹

Artillerie automobile.

Dans un précédent volume [1], l'*Année scientifique* a enregistré cette invention d'un ingénieur allemand, de trains armés pour la défense des côtes et disposés de façon à pouvoir amener rapidement sur tout point menacé du littoral les éléments d'une batterie puissante, capable de répondre efficacement aux attaques d'un ennemi maritime.

Depuis cette proposition, qui fut l'objet de sérieuses études de la part des ingénieurs militaires d'Angleterre, l'idée d'appliquer l'automobilisme aux nécessités de la guerre a fait quelque chemin, tant et si bien que les Revues militaires, il y a quelques mois, ont été amenées à s'occuper d'un projet de voiture automobile armée, de l'invention de M. E. J. Pennington.

[1]. Voir l'*Année scientifique et industrielle*, trente-neuvième année 1895), p. 329.

C'est un journal militaire des plus appréciés des connaisseurs, l'*Armee Blatt*, de Vienne, à qui nous en laissons du reste toute la responsabilité, qui s'est fait le propagateur de cette invention, non pas irréalisable, mais au moins bien imprévue, et que nous ne signalons ici que pour mémoire.

Voici quelles seraient les principales dispositions de cet engin de la guerre de demain, engin armé de deux canons à tir rapide, et qui pourrait se déplacer sur bonne route à la vitesse peu ordinaire de 72 kilomètres à l'heure.

« Sur un chariot robuste, porté par quatre roues pourvues de bandages en caoutchouc, sont installés des canons du genre des mitrailleuses Maxim ou de tout autre système analogue.

« Ces deux canons, montés sur pivot, l'un à l'avant, l'autre à l'arrière, peuvent décrire un demi-cercle, ce mouvement s'effectuant automatiquement.

« Le tir est commandé par le mécanisme moteur lui-même et peut avoir lieu aussi bien pendant la marche de la voiture que lorsqu'elle est arrêtée. On peut faire varier de 50 à 700 le nombre des coups tirés par minute. »

Il va de soi qu'un blindage sérieux recouvre le tout, artillerie et artilleurs, et le rôle de ces derniers se réduit uniquement à pointer les pièces et à mettre en mouvement l'automobile armée, dont les déplacements sont assurés par un moteur de seize chevaux de force.

L'invention, on le voit, ne saurait manquer, si l'avenir confirme sa valeur, de révolutionner de fond en comble les expéditions militaires futures.

Mais il est à craindre que nous n'en soyons point encore là, et très vraisemblablement il se passera encore de longs mois avant que l'invention de M. Pennington entre définitivement dans la pratique courante.

✗

La « Turbinia ».

Une application extrêmement sérieuse des turbines à vapeur à la production de la force motrice nécessaire à la marche d'un navire a été tentée, en ces derniers mois, non sans succès, sur un petit bateau dont le déplacement ne dépasse pas 45 tonnes, dans lesquelles la machinerie entre pour 22 tonnes.

Ce bateau a reçu le nom de *Turbinia,* pour rappeler le genre de moteur dont il est muni.

La *Turbinia* mesure 30^m,59 de longueur, avec une largeur de 2^m,75 et un tirant d'eau moyen de 0^m,92. Elle est actionnée par trois moteurs, composés chacun de sept turbines élémentaires, semblables aux turbines à eau, montées sur un même arbre à la suite les unes des autres, renfermées dans la même enveloppe et associées en série ; chacun de ces trois moteurs, qui sont également associés en série, fait tourner un arbre de couche indépendant sur lequel se trouvent calées trois hélices identiques, ayant chacune un diamètre de 0^m,45 et donnant environ 2200 tours quand le bâtiment est lancé à toute vitesse.

Aux essais, la vitesse maxima atteinte a été de 32,61 nœuds, et la vitesse moyenne de 31,01 nœuds pour 2100 tours.

La force motrice effective nécessaire pour obtenir cette dernière vitesse est de 946 chevaux, et la consommation de vapeur calculée alors est de 7^k,18 environ par cheval indiqué.

Il est à remarquer que si aux grandes vitesses les dépenses de vapeur sont faibles — 6^k,5 par cheval pour 32 nœuds 3/4, 7^k,2 pour 31 nœuds — elles sont au contraire considérables aux allures réduites comprises entre 10 et 12 nœuds. C'est là un désavantage réel. Un autre inconvénient du système, inconvénient fort grave dans le cas d'un navire de guerre, d'un torpilleur surtout, est de mal se prêter à la marche en arrière, qui nécessite l'installation d'une turbine spéciale permettant de filer 10 nœuds seulement.

Cependant, à côté de ces défauts, la *Turbinia* présente un certain nombre de qualités des plus intéressantes. Ce sont spécialement : 1° une notable augmentation de vitesse, et conséquemment une élévation de la puissance d'action du bâtiment ; 2° une facilité plus grande pour naviguer dans les eaux peu profondes ; 3° une augmentation de la stabilité ; 4° une réduction du poids des machines pour une même force ; 5° une diminution importante du prix des moteurs ; 6° une réduction des dimensions et du poids des hélices et des arbres ; 7° l'absence totale de vibrations ; 8° un abaissement du centre de gravité du navire, abaissement auquel correspond, dans le cas d'un torpilleur, une diminution des chances d'avaries dans les moteurs pendant le combat.

La chaudière de la *Turbinia* est multitubulaire, la pression y atteint près de 16 kilogrammes, la réserve de vapeur et d'eau est considérable. La surface totale de chauffe est de 102 mètres carrés, celle de grille de 3ᵐ,90 carrés. Le tirage forcé se fait au moyen d'un ventilateur monté sur l'arbre. Le condenseur a 390 mètres carrés de surface refroidissante. Les machines auxiliaires comprennent des pompes à air, à eau et à huile. Le bâtiment porte 1125 litres d'eau.

La coque enfin est en tôle d'acier et divisée en cinq compartiments par des cloisons étanches.

※

Le navire rouleur l' « Ernest Bazin ».

Le bateau rouleur imaginé par M. Ernest Bazin et dont l'*Année scientifique*, dans un précédent volume[1], a donné la description, a poursuivi ses essais au cours de l'année 1897.

Ces essais ont montré que le nouveau bâtiment répondait bien aux espérances de son inventeur et de ses constructeurs.

Tous les techniciens, tous les marins qui ont été appelés à prendre la mer sur le bateau-rouleur et à étudier les conditions de son fonctionnement, ainsi que ses qualités nautiques, sont à cet égard d'un avis unanime. Les spécialistes étrangers les plus autorisés ont eux-mêmes officiellement reconnu les mérites indiscutables de l'*Ernest Bazin*. C'est ainsi que sir Edward Reed, de la *Royal Society* de Londres, vice-président de l'*Institute of Naval Architects* et ancien directeur des Constructions navales près l'Amirauté anglaise, a publié, le 3 septembre 1897, après enquête sévère, le rapport suivant, particulièrement

1. Voir l'*Année scientifique et industrielle*, quarantième année (1896), p. 381.

suggestif, et qu'en raison de son extrême importance nous croyons devoir reproduire in-extenso.

Le 19 juillet dernier, je me suis rendu au Havre, et le 20 juillet je suis sorti en mer sur le bateau-rouleur l'*Ernest-Bazin*, dans le but de me rendre compte par moi-même de la manière dont ce navire se comporte, et plus spécialement dans quelle mesure la vitesse se trouverait modifiée en appliquant une partie de la force motrice à la rotation des rouleurs, au lieu de l'appliquer à la propulsion directe du navire.

Il n'est pas utile de décrire ici la construction de ce bateau d'essai, mais il est nécessaire de faire remarquer que c'est un navire de très petites dimensions et d'une puissance des machines relativement très faible. Ces deux conditions sont très défavorables à l'obtention de la vitesse. Cela est évident en ce qui concerne la faible puissance, qui ne peut naturellement pas produire une grande vitesse. Mais l'effet des petites dimensions sur la vitesse n'est pas aussi manifeste ni aussi généralement compris. Un simple exemple, pris au hasard, suffira pour le démontrer. J'ai sous les yeux les données de deux navires, tous deux construits sur de bons plans, et ayant tous deux une puissance indiquée d'un cheval-vapeur par tonneau de déplacement. L'un est un navire de 2 000 tonneaux et de 2 000 chevaux indiqués ; l'autre est un navire de 12 000 tonneaux et de 12 000 chevaux indiqués. La vitesse du grand navire est de 18 nœuds ; celle du petit, de 13 nœuds. J'ai également sous les yeux d'autres navires de 2 000 tonneaux de déplacement filant 18 nœuds ; mais, pour obtenir cette vitesse, ils exigent plus de 5 000 chevaux indiqués. Ceci montre clairement dans quelles conditions désavantageuses, sous le rapport de la vitesse, se trouve placé un petit bateau comparativement à un grand.

Or le déplacement total du bateau-rouleur Bazin est de 274 tonnes environ ; il est fourni par six rouleurs dont chacun déplace entre 45 et 46 tonnes. Des bateaux d'un aussi petit tonnage ont pu atteindre de très grandes vitesses, telles que 27 nœuds ; mais il a fallu pour cela leur donner une puissance supérieure à 4 000 chevaux indiqués. J'ai moi-même récemment construit des bateaux qui n'avaient que 300 tonneaux de déplacement et qui ont filé 30 nœuds, mais ils ont exigé une puissance de 6 000 chevaux.

En ce qui concerne le bateau-rouleur d'essai, on avait, je crois, tout d'abord voulu lui donner une force de 400 chevaux ; mais, en fait (pour des raisons que je n'ai pas à considérer ici), on n'a pas appliqué à l'ensemble des machines de l'hélice et des rouleurs plus de 350 chevaux. En sorte que, sur ce bateau de 274 tonneaux de déplacement, nous avions seulement 1/17 de la force nécessitée par

un navire de semblables dimensions pour faire 30 nœuds, et 1/12 de
celle qu'il lui aurait fallu pour faire 27 nœuds.

Aussi ai-je à peine besoin de dire que, même avec l'opinion la
plus favorable des mérites du système Bazin, on ne pouvait attendre
du bateau du Havre qu'une très faible vitesse, en raison : 1° de ses
petites dimensions; 2° de la très faible puissance de sa machine.

Il y a encore d'autres motifs pour lesquels un bateau aussi petit
est très défavorable à l'application du système Bazin par comparaison
avec un modèle plus grand. Par exemple, dans un bateau de petites
dimensions, les rouleurs sont naturellement très rapprochés les uns
des autres; il en résulte que les systèmes de vagues, forcément créés
par le mouvement en avant des rouleurs et qui se propagent sur
leurs deux faces, se rencontrent très rapidement et, en se contrariant,
produisent un trouble défavorable à la régularité et à la facilité de
la marche; tandis que si les rouleurs étaient plus espacés, ainsi que
cela aurait lieu sur un navire beaucoup plus grand, cette cause aurait
une influence bien moins grande. De plus, un aussi petit bateau a un
faible tirant d'eau, et il est impossible de donner à l'hélice, dans les
conditions ordinaires, une immersion convenable. Ceci est un obstacle
très sérieux au bon emploi de la force, car l'hélice travaille dans des
conditions économiques très désavantageuses lorsqu'elle se trouve si
près de la surface.

Ces préliminaires établis, j'ai assisté à l'essai du Havre, m'attendant
à ne constater en réalité qu'une très faible vitesse, et je dois dire
que j'ai été extrêmement surpris de voir que l'on avait obtenu jusqu'à
7 nœuds dans ces conditions, et surtout lorsque j'ai observé les effets
très manifestes des deux causes que j'ai mentionnées au paragraphe
précédent. La rencontre et le choc des vagues provenant du rapprochement des rouleurs apparaissaient très clairement, et non seulement nuisaient par eux-mêmes à la vitesse, mais augmentaient encore
très sérieusement le désavantage de la faible immersion de l'hélice.

Dans ces conditions, la vitesse de 7 nœuds (6 nœuds 97) a été un
excellent résultat, et j'en ai félicité chaleureusement M. Bazin et ses
amis.

Nous avons commencé les essais au large du Havre avec très peu
de force et de vitesse. Dans les deux premiers parcours mesurés, la
machine de l'hélice employait seulement 112 chevaux; les rouleurs
étaient stoppés : la vitesse a été de 4 nœuds 25. Avec la même puissance sur l'hélice, mais en appliquant 25 chevaux 68 sur l'ensemble
des machines des rouleurs mis en marche à 8 tours par minute, nous
avons obtenu une très remarquable augmentation de la vitesse, qui
s'est élevée à plus de 6 nœuds (exactement 6 nœuds 09). J'ai calculé
quelle augmentation de vitesse les 25 chevaux 68 auraient produite

si on les avait appliqués à la machine de l'hélice au lieu de les appliquer à celle des rouleurs, et j'ai trouvé que cette augmentation aurait à peine été de 0 nœud 55, c'est-à-dire que la vitesse aurait passé de 4 nœuds 25 à 4 nœuds 80 seulement. Par conséquent, en mettant les rouleurs en mouvement, nous avons obtenu un bénéfice évident, qui n'a pas été inférieur. à 1 nœud 20. Ou, autrement dit (en renversant les termes), si, marchant à une vitesse de 6 nœuds avec les rouleurs en mouvement, nous avions transporté les 25 chevaux 68 des rouleurs sur l'hélice, la vitesse serait tombée de 6 nœuds 09 à 4 nœuds 80.

L'application de 25 chevaux 68 aux rouleurs a donc augmenté de 43 pour 100 la vitesse obtenue avec les 112 chevaux employés sur l'hélice : ce qui constitue un résultat remarquable, même en tenant compte des mauvaises conditions du travail de l'hélice.

Dans l'expérience suivante, la puissance développée sur l'hélice fut portée à 295 chevaux, et celle sur l'ensemble des machines des rouleurs à 30 chevaux 2, les rouleurs faisant 9 tours à la minute. J'ai calculé qu'avec les rouleurs au repos l'augmentation de puissance sur l'hélice aurait dû élever la vitesse de 4 nœuds 25 à 5 nœuds 80. La vitesse obtenue dans cet essai a été de 6 nœuds 81, donnant un bénéfice de 1 nœud, par suite de la rotation des rouleurs. Ce bénéfice n'est pas tout à fait aussi considérable que dans le cas précédent, bien que la puissance sur les rouleurs ait été légèrement augmentée — ce qui peut s'expliquer de différentes manières ; mais il n'en subsiste pas moins ce fait remarquable, que le navire filant 5 nœuds 80 seulement avec 295 chevaux employés sur l'hélice a obtenu une augmentation de plus d'un nœud par l'application de 1/9 seulement de cette force sur les rouleurs !

Une nouvelle, mais légère augmentation de vitesse (de 6 nœuds 81 à 6 nœuds 97) a été obtenue en portant la puissance développée par les rouleurs à 52 chevaux 20. Si peu importante que soit cette augmentation, elle prouve néanmoins que 18 chevaux ajoutés sur les machines des rouleurs ont produit un résultat beaucoup plus efficace que s'ils avaient été ajoutés sur la machine de l'hélice.

Il est intéressant maintenant de comparer la vitesse de propulsion du navire avec la vitesse de rotation des rouleurs dans cet essai.

La vitesse du bateau est de 6 nœuds 80, ou 41 344 pieds par heure, soit 689 pieds par minute, ou 689/9 = 76 pieds 6, par chaque tour de rouleur. Or le rayon du cercle de 76 pieds 6 de circonférence est de 12 pieds 3. Cette longueur, reportée en dessous et à partir de l'axe du rouleur sur le rayon vertical, donne un point situé à une profondeur de 6 pieds 6 au-dessous de la surface de l'eau, et, par suite, à environ 4 pieds du point le plus bas du rouleur. Il ne peut y avoir qu'un point sur le rouleur (ou une série circonférencielle de points) qui soient animés d'une vitesse en arrière égale à celle du navire en avant, tous les points du rouleur compris entre l'axe et cette circonférence ayant une vitesse plus faible, et ceux situés au delà de cette circonférence une vitesse plus grande que celle du navire.

Il me semble logique de supposer (en dehors de toute considération mathématique) qu'alors que le roulement est le plus efficace, le point d'égale vitesse est situé dans les environs de celui que j'indique ci-dessus, c'est-à-dire aux 2/3 de la partie immergée du rouleur, à compter de la flottaison; l'expérience paraît s'accorder parfaitement avec cette hypothèse.

Toutes les données des expériences du Havre ont été minutieusement enregistrées par les ingénieurs distingués qui les ont suivies, et j'ai constaté que leurs observations s'accordaient avec les miennes. Il n'est donc pas nécessaire de les énumérer et d'en donner le détail dans ce rapport.

Il est absolument indéniable que les expériences faites jusqu'à ce jour ont démontré, d'une façon concluante, que les rouleurs Bazin fournissent un moyen efficace de réduire dans une grande proportion le frottement qu'un corps flottant rencontre dans sa marche à travers la mer, et le frottement est certainement l'un des plus sérieux éléments des résistances rencontrées.

Bien entendu, le roulement ne supprime pas tous les frottements, car les mouvements successifs de montée et de descente de tous les points immergés des rouleurs occasionnent quelques frottements, même en eau calme. Les points qui ne sont pas animés d'une vitesse en arrière rigoureusement égale à celle du navire en avant, créent aussi un certain frottement; mais, en ce qui concerne ces derniers, il ne faut pas oublier que tous les points immergés du rouleur sont animés d'une vitesse quelconque en arrière, et que par conséquent tous contribuent à diminuer la résistance due aux frottements.

J'estime qu'il a été prouvé d'une manière incontestable que, dans cette question de la réduction des frottements, et, par conséquent, de l'accroissement de vitesse ou de l'économie de force, les idées de M. Bazin ont été, d'une façon générale, pleinement confirmées.

Il est également certain qu'on n'a pu calculer la valeur de ces avantages avec précision, car le bateau du Havre se trouve malheureusement placé dans de mauvaises conditions en ce qui concerne l'hélice, etc. Il pourra être grandement amélioré sous ce rapport, en assurant à son hélice une meilleure immersion ou des moyens d'action plus efficaces. Et il serait très désirable que sinon tous les perfectionnements, au moins ceux qui pourraient être exécutés d'une façon relativement simple, fussent apportés à ce bateau d'essai, pour

en faire un modèle du système aussi complet que possible sur une
petite échelle.

Mais rien de ce qu'on pourra faire dans cette voie n'arrivera à
mettre en lumière la totalité des avantages du système, pour les raisons développées plus haut. Néanmoins il est des défauts dont le
système souffre actuellement, et qui pourraient être corrigés sur ce
bateau.

Je serais tenté d'élargir le cadre de ce rapport en faisant une
étude approfondie du système Bazin et de ses applications éventuelles sur une échelle qui lui convienne mieux. Mais je dois me
limiter. Pourtant je tiens encore à ajouter que, à mon avis, le système
de M. Bazin présente une supériorité très marquée sur tous les projets dont j'ai pu avoir connaissance, concernant l'application du roulement aux navires.

Venant après les remarquables études sur l'*Ernest-Bazin*
publiées par MM. J. Thévenet-Leboul, ingénieur en chef des
ponts et chaussées, Dibos, ingénieur maritime, Parrot, ingénieur, et après les déclarations constatant la bonne navigabilité
du nouveau navire, faites par M. V. Vranken, capitaine de vaisseau en retraite, commandant de l'*Ernest-Bazin*, et MM. A. Guer-
rier, A. Romy, Michel Peter, Alf. Picard, Auguste Château, Va-
rette, Lenai, B. Huert, pilotes de la station du Havre, le rapport
si précis de sir Edward J. Reed ne laisse plus guère de doutes
sur la haute valeur de la conception de l'ingénieur Ernest
Bazin.

Le travailleur sous-marin.

Depuis longtemps certains inventeurs se préoccupent de
trouver des systèmes permettant de descendre et de séjourner
sous l'eau à de grandes profondeurs.

Nos meilleurs scaphandres ne permettent guère à l'homme de
travailler au delà de 40 mètres de la surface liquide, et c'est à
peine si, à l'aide de la cloche à plongeur perfectionnée par
l'hydrostat du Dr Payerne, on peut descendre à 80 mètres.

Or de quel intérêt ne serait-il pas cependant d'être en état
d'atteindre les abyssales profondeurs des océans?

Pour réaliser ce programme, M. Piatti del Pozzo a fait construire par M. Delisle un curieux engin, baptisé par lui du nom
de *Travailleur sous-marin*, à l'aide duquel, à en croire l'inventeur et le constructeur, on pourra sans crainte descendre jusque par des fonds de 500 mètres.

L'appareil est de forme sphérique, forme qui facilite la résistance à la pression de l'eau; il mesure à l'extérieur 3 mètres
de diamètre et à l'intérieur 2^m,92; son poids est d'environ
10 tonnes.

Il emmagasine une quantité d'air suffisante pour la consommation de 5 à 6 tonnes pendant au moins vingt-quatre
heures.

A l'intérieur de la cloche, où l'on pénètre par un trou
d'homme, les aménagements sont relativement commodes; les
explorateurs peuvent avoir sous la main tous les instruments
nécessaires. D'un côté, on remarque une batterie d'accumulateurs électriques, et, d'un autre, le mouvement de transmission aux hélices et le mécanisme de commande du gouvernail.

Le *Travailleur sous-marin* est en rapport avec le monde extérieur par un câble de suspension, servant également d'enveloppe à un faisceau de fils électriques, soit pour la transmission
de la force motrice, soit pour les communications téléphoniques, etc. Toutefois ce câble ne constitue pas précisément
une dépendance. S'il venait à se rompre, la sécurité des
explorateurs ne serait pas compromise, en ce sens que l'appareil peut se mouvoir par sa propre action et qu'il peut
remonter rapidement à la surface par un délestage fort bien
compris.

Le *Travailleur sous-marin* est, en effet, armé de trois hélices,
qui lui permettent de marcher en avant, en arrière, ou de
côté. Ses évolutions peuvent être réglées de façon irréprochable
par le gouvernail. A l'extérieur, deux caisses de lest, à renver-
sement, sont adaptées à l'appareil; on les manœuvre facilement
de l'intérieur.

En somme, l'appareil peut se délester à volonté, ce qui constitue une condition de sécurité des plus importantes.

Les instruments sont de deux sortes : d'observation et d'action. On voit à travers des tubes coniques munis de puissantes lentilles; on peut ainsi explorer toute la région sous-marine où l'on se trouve. Une forte pince, en forme de mâchoire, est disposée de façon à saisir, à détacher, à manœuvrer les matériaux et épaves.

Le *Travailleur sous-marin,* dont il ne faut pas cependant exagérer le rôle, est destiné à remplacer les scaphandres et les cloches à plongeur.

Reste à savoir si l'expérience confirmera les prévisions favorables que fondent sur lui l'inventeur et ses amis.

GÉOGRAPHIE

L'année géographique.

L'année 1897 n'offre pas, comme certaines années précédentes, celles des Livingstone, des Stanley, des Monteil, des Bonvalot, des Mizon, des Nanssen, des Hourst, par exemple, de grands événements géographiques. Cela ne veut pas dire pourtant que « l'étude de la Terre » y ait été négligée. Cette étude y a été consciencieusement et brillamment poursuivie, et a donné de très appréciables résultats, que nous allons résumer ou, pour parler plus exactement, énumérer brièvement, en priant le lecteur désireux de détails de consulter les publications spéciales de la maison Hachette, en particulier le *Tour du Monde*.

L'Asie a été spécialement étudiée par les géographes et les explorateurs.

L'*Asie Russe* surtout. Les travaux géodésiques, opérés en Sibérie et dans le Turkestan, ont abouti à l'établissement d'une carte au 1/420 000 de la partie occidentale de l'Asie Russe, sous la direction du général Bodcheff, et d'une carte au 1/630 000 de la Transbaïkalie, sous la direction du général Koversky.

Les travaux nécessités par la construction du transsibérien ont motivé les intéressantes explorations de M. Strelbitsky, de MM. Anert et Komaroff, et de MM. Bogdanovitch et Slemine.

C'est dans le même but que le capitaine Wiggins a fait l'exploration définitive des cours de l'Obi et de l'Iénisséi.

A signaler dans une autre partie de l'Asie Russe une exploration nouvelle du Caucase, par M. Busch.

L'*Asie Mineure* a été étudiée par les missions allemandes du Dr Oberhummer et de M. Zimmerer; par les missions françaises du capitaine de Contenson et de l'abbé Chabot.

L'*Asis centrale* a été l'objet de curieuses explorations, comme celles de M. Ivanof et de M. Olufsen, officier danois, dans le Pamir ; de MM. Roborovsky et Koslof, à l'ouest du Thibet ; du Suédois Sven Hedin, au nord du Thibet. Ce voyageur a particulièrement exploré les grands déserts, et y a retrouvé les vestiges des grandes villes anciennes que les sables ont recouvertes.

Il convient de signaler maintenant, d'une façon toute spéciale, de très beaux voyages accomplis par nos compatriotes.

C'est ainsi que M. Chaffanjon, accompagné par MM. Gay et Mangini, a traversé l'Asie de l'ouest à l'est, rapportant de ce long parcours de précieuses contributions, non seulement à la géographie, mais à toutes les autres sciences naturelles et à l'histoire. Jusqu'à présent on nous a servi bien des légendes sous le nom d'histoire de l'Asie. Nos voyageurs français contribueront, croyons-nous, pour une très large part, à la réunion des matériaux vrais qui permettront bientôt aux historiens de nous tracer exactement le tableau de l'Asie ancienne.

L'ingénieur Levat a visité le sud-est de la Sibérie ; le baron de Bayes, le pays des Ostiaks ; le baron de Batz, la Baïkalie ; M. Édouard Blanc, le Turkestan ; M. Saint-Yves, enfin, a doublé en sens inverse l'itinéraire Chaffanjon.

En *Extrême-Orient*, ce sont encore des Français qui ont accompli les beaux voyages terminés en 1897.

M. Charles-Eudes Bonnin, résident au Tonkin, parti de cette colonie, a traversé l'ouest de l'Empire Chinois, une partie du Thibet, la Mongolie et la Mandchourie. Son voyage a été des plus importants à tous les points de vue. Mais le vaillant explorateur ne l'a considéré, semblerait-il, que comme un apprentissage, puisqu'il vient de se remettre en route pour les mêmes régions, chargé d'une mission nouvelle, dont les frais sont en partie couverts par l'Académie des sciences morales et politiques.

Un autre voyageur d'Extrême-Orient, bien connu du public par ses lettres au *Temps*, M. Marcel Monnier, n'est pas encore de retour au moment où nous écrivons ces lignes.

Bien qu'elle ait un but économique beaucoup plus que géographique, la mission lyonnaise n'en a pas moins rapporté du Tonkin et de l'ouest chinois de nombreux documents scientifiques de premier ordre. La Chambre de Commerce de Lyon a édité le rapport de M. Brenier, chef de la mission, et publiera cette année le rapport des collaborateurs de M. Brenier.

Notons que l'Allemagne a également envoyé en Chine une mission commerciale, dont les travaux ne sont point encore terminés.

Dans l'*Inde anglaise*, c'est la guerre contre les Afridis qui donne lieu à des reconnaissances nouvelles de frontières.

Dans l'*Indo-Chine française*, l'activité géographique a été grande, pour des raisons d'ordre administratif et industriel. D'un côté, par exemple, l'organisation des nouveaux territoires du Laos, que nous devons à M. Boulloche, résident supérieur; de l'autre, les études de mines, de chemins de fer et de navigation.

Nous avons eu de la sorte les missions hydrographiques au Mékong du lieutenant de vaisseau Hier, accompagné de l'ingénieur Desbos et du lieutenant Morin et de l'enseigne de vaisseau Mazeran.

Les montagnes de l'Annam ont été explorées par le lieutenant Debay.

En *Annam*, il convient de signaler les travaux de MM. de Neufville, Barthélemy, Marc Bel, et d'une vaillante femme française, Mme Isabelle Massieu, qui, pour revenir d'Annam à Paris, a choisi la route de terre.

A *Sumatra*, la mission de M. Raoul, pharmacien inspecteur du service de santé colonial, a fait surtout œuvre botanique.

A *Célèbes*, M. Sarrazin a suivi des itinéraires nouveaux.

En Australie, rien de bien saillant, sinon l'expédition organisée par M. Calvert et conduite dans les déserts du nord par M. Wells.

En Amérique du Nord, la fièvre de l'or nous vaut la connaissance approfondie de l'Alaska et des voies qui conduisent aux nouveaux placers.

En Amérique du Sud, la géographie se complète un peu partout, grâce aux travaux de délimitation de frontières accomplis par les divers États.

Mais c'est surtout en Afrique, au continent qui n'est plus le continent mystérieux, que l'activité géographique a été féconde, principalement pour les intérêts français.

Dans le *Sud algérien*, les études pour le tracé du chemin de fer Biskra-Ouargla de MM. Rolland et Fock ont été définitivement terminées.

D'un autre côté, M. Foureau s'est avancé jusqu'en vue du Touat et a terminé les études du plateau de Tademayt.

Nos officiers des postes avancés, notamment dans les *raids*

conduits par M. Godron, ont levé de nombreux itinéraires saha-
riens.

L'*Abyssinie* a été d'actualité.

M. Bonvalot y a mis en route l'expédition de Bonchamps, qui
à cette heure a probablement atteint le Nil.

Le prince Henri d'Orléans et M. de Léontieff y ont obtenu une
province.

M. Lagarde y a fait un voyage en qualité de représentant officiel de la République française auprès du Négus.

M. Benito Sylvain, un jeune Haïtien que l'empereur Ménélick a
choisi comme aide de camp, a visité le Harrar et le Choa.

Enfin M. Chefneux, l'un des créateurs de l'empire éthiopien, a
terminé les études du chemin de fer qui reliera le Harrar à
Djibouti.

Les explorateurs étrangers se sont plus particulièrement
occupés des pays Somalis et Gallas. Les missions Cecchi et Bot-
tego y ont été massacrées. Les missions Cavendish, Hoby et
Crawford y ont fait d'intéressantes découvertes.

L'étude de la *région des Grands-Lacs* a été poursuivie par
l'Allemand Ramsay, les Belges Lange, Long et Brasseur, et par
l'Anglais Moloney.

Au *Congo belge*, une foule de travaux intéressants, locaux, et
les grandes expéditions Dhanis et Chaltin.

Au *Congo français*, l'expédition Marchand, de l'Oubanghi vers
le Nil, de Gentil et de Behagle-Bonnel de Maizières vers le Tchad.
Ces trois expéditions se sont mises en route en 1897.

Mais c'est en *Afrique occidentale*, dans la boucle du Niger,
que l'effort français le plus considérable, et aussi le plus remarquable, a été accompli.

Nous ne referons point ici le récit des expéditions françaises
qui a été fait dans la chronique hebdomadaire du *Tour du
Monde*. Nous en indiquerons seulement l'importance et les résultats généraux.

Par une suite d'expéditions parties du Soudan nigérien et du
Dahomey, la route vers le nord a été coupée aux Anglais de la
Côte de l'Or et de Lagos, et les établissements du Soudan français ont été définitivement reliés à ceux du Dahomey par une
ligne ininterrompue de postes effectivement occupés.

Ces expéditions, dans lesquelles se sont glorieusement signalés

nos officiers, tels que MM. Voulet et Chanoine, Caudrelier, Baud
et Vermeesch, Bretonnet, etc., etc., ont permis au service géographique du Ministère des Colonies, si intelligemment dirigé
par M. Guy, de dresser une carte nouvelle et très complète de
la boucle du Niger.

A *Madagascar* la géographie progresse « au pas de charge ».
C'est le cas d'employer cette expression, car celui qui veut que
l'on connaisse le plus tôt et le plus exactement possible notre
nouvelle colonie, c'est le général Gallieni, un général qui ne
souffre pas qu'on dorme beaucoup près de lui.

Depuis qu'il a pris le gouvernement de l'île, toutes les reconnaissances, toutes les expéditions, toutes les colonnes nécessi-
tées par l'œuvre de pacification ont été, par ordre, l'occasion
de travaux géographiques incessants. Les itinéraires nouveaux
abondent. Beaucoup comprennent des régions jusqu'à présent
inexplorées. De plus, le général a fait ajouter une nouvelle base
géodésique à celle du R. P. Roblet.

Aussi, sous peu, aurons-nous une carte complète et fidèle de
Madagascar.

Parmi les explorateurs « civils » qui sont allés à Madagascar
en 1897, citons MM. Étienne Grosclaude et Henri Rousson.

Plusieurs Sociétés, telles que la Société des Batignolles, la
Compagnie française de Madagascar, le Syndicat bordelais, etc.,
ont envoyé des missions d'ingénieurs chargés d'étudier des
projets de chemins de fer, de la côte à Tananarive. Le directeur
du génie de la colonie, le commandant Roques, a fait aussi de
nombreuses études sur ce point spécial.

Il est probable que, lorsque l'hydrographie des grands fleuves
de la côte ouest, de la Tsirihina et de ses affluents plus particulièrement, sera terminée, les projets actuels de pénétration
ferrée se modifieront, pour utiliser le fleuve dont la navigabilité offrira le point d'accès le plus rapproché du plateau central.

Une expédition au Pôle Sud.

. Il y a quelques mois, est partie du port d'Anvers, sur le navire belge *Belgica*, se rendant dans les mers australes où elle va poursuivre un voyage d'exploration vers le Pôle Sud, une expédition scientifique, dirigée par M. Adrien de Gerlache.

La *Belgica* est un trois-mâts mixte, portant une formidable cuirasse en bois de fer, pour mieux résister aux atteintes de la glace.

A l'avant se trouve un éperon en lame d'acier. A l'arrière et au milieu, la machine qui actionne le bateau et qui chauffe en même temps les cabines.

Sur chaque côté, les canons qui serviront à la pêche de la baleine.

A l'intérieur, à côté des cabines et des salles de provisions, le laboratoire où se feront toutes les expériences et où seront développées les intéressantes photographies qui pourront être prises pendant le voyage.

Sur le pont, deux baleinières du modèle norvégien. Enfin, au grand mât, le nid de corbeau spécialement aménagé pour permettre de faire des observations scientifiques.

Ce bateau jauge 250 tonneaux et file 7 nœuds. C'est, en outre, un excellent voilier, et on ne se servira de la machine que dans les calmes ou les vents contraires.

L'équipage de la *Belgica* se compose de deux machinistes, un maître d'équipage, un charpentier, deux harponneurs, douze matelots, deux chauffeurs et deux cuisiniers. Il est commandé par deux lieutenants : MM. Lecointe, d'origine belge, et Amundsen, un Norvégien.

Du côté des savants, citons : MM. Racovitza, docteur ès sciences, ancien élève de la Faculté de Paris ; Cook, médecin de l'expédition de Peary au Pôle Nord ; Damo, astronome, et un géologue océanographe.

La *Belgica* s'est rendue directement aux îles Canaries, puis au Brésil et à La Plata, où l'on a procédé au règlement des instruments d'observation et où l'on a complété les approvisionnements.

Le bateau a ensuite repris la mer pour se rendre aux îles Falkland, où il est allé prendre du charbon avant de faire route définitivement pour le sud.

D'après le programme tracé à l'expédition, la *Belgica* a dû se diriger vers le sud-est, en longeant la terre de Graham, et pénétrer dans la mer de Georges IV.

Au printemps 1898, époque de la mauvaise saison dans ces régions, l'expédition doit remonter vers le nord et aller relâcher à Melbourne.

Après un repos de deux mois, elle se dirigera alors vers la terre de Victoria, dans le but d'opérer une nouvelle détermination du pôle magnétique austral, qu'elle s'efforcera d'atteindre en faisant usage de *skies* ou patins de neige de 1 m. 80 centimètres de long.

Une maisonnette sera montée sur le continent antarctique ou sur une île voisine qui servira à l'hivernage. Ce sera la première maison qui aura été élevée dans ces régions désolées et glaciales.

Les cloisons de cette habitation sont composées d'une double paroi de bois, garnie de linoléum à l'intérieur et de feutre asphalté à l'extérieur.

L'habitation complètement installée, le capitaine Lecointe reconduira le navire en Australie. Seuls resteront à terre M. de Gerlache, les savants et les cuisiniers.

Quant au retour, il se fera, à moins d'obstacles imprévus, vers avril 1899, par l'Australie, le détroit de la Sonde, l'océan Indien et le canal de Suez.

Le but de l'expédition de la *Belgica* est essentiellement scientifique. Les explorateurs se proposent d'étudier l'hydrographie, la météorologie, l'électricité atmosphérique, le magnétisme terrestre, dans ces régions encore si peu connues et pourtant en partie aperçues mais délaissées, et où la vie est impossible, où, comme on l'a dit pour le Pôle Nord, règnent seuls le froid et la mort.

L'expédition Andrée.

Dans un précédent volume[1], nous avons enregistré le projet d'un voyage au Pôle Nord au moyen d'un ballon conçu par un savant suédois, M. Andrée.

Celui-ci, en 1896, empêché une première fois, par les vents contraires, de mettre son dessein à exécution, ne s'est point découragé, et le 11 juillet 1897, en compagnie de MM. Fraenkel, Swedenborg et Strindberg, il quittait sur son ballon l'*Arnen* l'îlot des Danois sur la côte nord-ouest du Spitzberg.

Les rares spectateurs qui assistaient à cet émouvant départ ont pu voir l'*Arnen* s'élever majestueusement, puis planer lentement à une hauteur de 200 à 300 mètres, chassant sur ses guides-ropes destinés à le maintenir à cette hauteur, et enfin disparaître poussé par un vent propice dans la direction du nord-nord-ouest.

Depuis, qu'est devenu le ballon l'*Arnen*?

Où sont ses intrépides passagers?

Ni de l'un, ni des autres, il n'est dans le monde civilisé parvenu de nouvelles.

Quelques bruits contradictoires ont couru. On a parlé d'une épave ressemblant à un ballon aperçue sur la mer Blanche, des pigeons lâchés par les aéronautes et portant des indications de la route suivie, de cris perçus dans les parages du Groenland ou du Cap Nord.

En réalité, rien de positif n'a été recueilli, et un bateau parti de Tromsö pour aller explorer les régions où l'on pouvait espérer trouver une trace des aéronautes, a dû rentrer au port après une campagne infructueuse.

En somme, sur le sort actuel d'Andrée et de ses deux compagnons, l'incertitude est complète.

Qui pourrait dire d'ailleurs la route qu'ils ont suivie?

Leur ballon, dès le début, s'est dirigé vers le nord; mais une telle direction du vent est plutôt rare et il est peu probable qu'elle ait duré longtemps.

1. Voir l'*Année scientifique et industrielle*, quarantième année (1896), p. 113.

Cependant, si l'on admet cette constance du vent vers le Nord vrai, l'on voit de suite qu'il a dû falloir peu de temps à l'aérostat pour franchir les 11 degrés séparant l'îlot des Danois du Pôle, et ensuite, poursuivant sa route aérienne, pour traverser les régions polaires, de façon à venir atterrir au voisinage du détroit de Behring, dans l'Alaska ou encore dans la Sibérie orientale.

Un tel voyage pouvait s'accomplir dans des circonstances normales en moins de six jours, et Andrée comptait, dit-on, le faire en dix à quinze jours, avec des arrêts prévus ou imprévus [1].

Mais, s'il escomptait la chance d'une excursion aussi heureuse, M. Andrée prévoyait aussi le cas moins favorable où les circonstances l'obligeraient à descendre sur la banquise et à entreprendre une longue marche au travers des régions glacées pour regagner des contrées fréquentées par l'homme.

En vue de cette hypothèse — trop vraisemblable, hélas ! — les voyageurs emportèrent dans la nacelle de l'*Arnen* des vivres pour quatre mois, deux traîneaux et deux bateaux démontables.

Puissent ces faibles ressources ne pas leur avoir fait défaut à l'heure du danger, et souhaitons que, grâce à elles, nous apprenions un beau jour le retour glorieux des hardis explorateurs !

1. Force est bien de noter, à ce propos, qu'il est inouï qu'un ballon ait pu séjourner plus de vingt-quatre heures en l'air.

VARIÉTÉS

La stabilité de la Tour Eiffel.

La Tour Eiffel est-elle stable?

Cette question, beaucoup plus importante qu'on ne pourrait le penser de prime abord, a, depuis longtemps déjà, préoccupé l'attention des savants, si bien qu'en avril 1896 la Commission de surveillance de l'édifice croyait devoir demander au service géographique de l'armée de faire procéder au repérage du sommet de la tour, et de vérifier, par des observations périodiques, si ce sommet subit quelque déplacement.

Rien de plus judicieux, rien de plus opportun. Étant entièrement construite en matériaux éminemment dilatables, il fallait en effet s'attendre, par suite des dilatations inégales des arêtiers, inégalement exposés aux influences solaires aux différentes heures de la journée, à voir le sommet de l'édifice présenter un mouvement de torsion analogue à celui que l'on a depuis longtemps constaté sur les pylônes en bois servant de signaux géodésiques.

Afin de mesurer l'amplitude de ces oscillations probables, on imagina le procédé suivant, dont nous empruntons la description à M. Bassot :

On a d'abord fondé un repère invariable sur le sol, près du pied de la verticale du paratonnerre, puis on a choisi trois stations extérieures à la tour, desquelles on puisse viser successivement, au moyen de lunettes décrivant un plan vertical, le repère et le paratonnerre. En chaque station, on a installé un cercle méridien portatif, de telle manière que le champ de la lunette comprit le repère et le paratonnerre. Avec des instruments bien réglés, on pouvait ainsi, au moyen de la vis micrométrique de l'oculaire, mesurer avec une haute précision en chaque station l'angle existant entre les deux plans de visée.

Au préalable, pour avoir tous les éléments nécessaires aux calculs de réduction, on a mesuré une petite base, relié les stations au repère à l'aide d'une triangulation, puis les distances zénithales, enfin on a orienté une des directions par l'observation du soleil.

Aux trois stations, les observations étaient simultanées et rythmées ; en chacune d'elles, on pointait, à heures convenues, le paratonnerre, puis le repère, puis le paratonnerre, et ainsi de suite, chaque série comprenant quatre pointés sur le paratonnerre et trois sur le repère ; les séries étaient espacées de demi-heure en demi-heure.

Les mesures ainsi faites ont été traduites sur un schéma à échelle nature et rapportées au repère fixe. L'intersection deux à deux des plans passant par le paratonnerre donne finalement pour chaque série un petit chapeau, dont le centre de gravité fournit la position du paratonnerre au moment de l'observation.

Remarquons en passant que la grandeur du chapeau permet d'évaluer l'erreur d'observation ; il résulte de nos opérations que chaque position du paratonnerre est déterminée avec une erreur moyenne de 3 millimètres seulement. C'est grâce à cette précision que nous avons pu étudier avec certitude le mouvement du sommet de la tour, qui est en réalité très faible, et mettre en évidence son oscillation périodique.

Pour chaque journée d'observation, on a finalement un dessin figuratif donnant de demi-heure en demi-heure le pied de la verticale du paratonnerre, et chaque position du sommet de la tour se trouve définie par sa distance horizontale au repère fixe et par l'azimut vrai de la ligne joignant sa projection au repère.

En réunissant par une courbe les positions successives du paratonnerre, on fait ressortir le mouvement progressif de la tour pendant la durée des observations.

Les expériences furent faites en août 1896, puis en mai et en août 1897. Elles ont conduit à cette constatation que le sommet de la tour Eiffel n'a subi aucun déplacement appréciable entre le mois d'août 1896 et le mois d'août 1897, et que la projection de ce sommet se trouve, le soir, à 9 centimètres environ du repère fixe du sol, dans le quadrant sud-est, sous un azimut moyen de 45 degrés par rapport au sud.

D'après M. Bassot, l'ensemble des observations réalisées a encore permis de reconnaître que la distance entre la projection du paratonnerre et le repère fixe n'a oscillé qu'entre des limites très faibles, de $2^{cm},7$ à 11 centimètres, mais que les variations en azimut de la ligne qui joint ces deux points s'étendent sur plus d'un quadrant. La torsion diurne du sommet de la tour est donc très nettement mise en évidence.

Il en résulte que, si l'on voulait se servir de la tour comme d'un signal géodésique et y faire un tour d'horizon, il serait par suite nécessaire d'adopter, comme sur les pylônes en bois, une méthode particulière d'observation pour éliminer l'erreur provenant de cette torsion.

�֎

Les annonciateurs de stations des Bateaux Parisiens.

De toutes les mésaventures pouvant survenir aux voyageurs, l'une des plus désagréables est assurément de dépasser la station qui forme le point terminus de la route projetée.

En dépit des ennuis qu'elles causent à leurs auteurs, de telles erreurs sont fréquentes, si communes même, que depuis longtemps les compagnies de transports ont dû se préoccuper de rechercher des moyens efficaces propres à les rendre impossibles.

Le problème n'était point sans présenter de sérieuses difficultés.

Grâce à l'ingéniosité de certains électriciens, ces difficultés ont du reste, en ces derniers temps, été surmontées de la façon la plus heureuse, tant et si bien qu'aujourd'hui, sur nombre de voies ferrées, les wagons composant les trains de voyageurs sont tous munis de petits appareils annonciateurs de station fonctionnant à merveille.

Cependant ce n'est point seulement en chemin de fer qu'il est utile de connaître exactement les divers points du trajet accompli. Dans les transports par eau, sur les petites lignes dont les bateaux font un service courant analogue à celui qu'exécutent quotidiennement sur la Seine, dans la traversée de Paris, les vapeurs de la Compagnie des Bateaux Parisiens, la même nécessité se présente de faire connaître simultanément à tous les passagers l'arrivée à chacun des pontons de débarquement.

Or, jusqu'à présent, l'on ne disposait dans ce but d'autre procédé que d'annoncer à haute voix les divers arrêts. Évidemment, pour les personnes se trouvant sur le pont du bateau, un semblable appel est d'ordinaire suffisant; mais, pour les voyageurs descendus dans les cabines, il n'en est pas tout à fait de même. Ici, en effet, les indications transmises à l'aide d'un porte-voix n'arrivent plus toujours parfaitement distinctes, et des erreurs sont commises à chaque instant.

On conçoit donc sans peine que l'installation à bord des bateaux d'un système analogue au système adopté pour les wagons de chemins de fer soit appelé à rendre de réels services.

Aussi ne saurait-on trop féliciter la Compagnie des Bateaux Parisiens d'avoir réalisé cette importante amélioration. C'est aux ingénieurs de la maison Mildé qu'est due la combinaison simple et pratique des nouveaux annonciateurs de station, installés, pour chaque bateau, sur le pont et dans l'intérieur des cabines.

L'appareil, qui est mis en fonction par l'employé receveur du bateau à l'aide d'une poire à air, a pour objet d'annoncer, au départ de chaque ponton, le nom de la station prochaine.

Comme le montre notre illustration, l'ensemble du système se compose d'un cadre en tôle A de quatre-vingts centimètres de hauteur sur quarante de largeur et dix de profondeur. Dans la partie supérieure de ce cadre, au-dessous d'une plaque rectangulaire portant la mention « Prochaine Station », est établi à poste fixe un mouvement de sonnerie H, qui, par l'intermédiaire d'un excentrique, met en action un doigt D auquel est imprimé un mouvement de va-et-vient.

Dans le milieu du cadre A se trouve aménagée une platine de fer B, à laquelle sont fixés : 1° deux étriers E, dans lesquels on enfile les plaques portant les noms des stations; 2° deux tiges de fer S, destinées à supporter les plaques quand elles sont remontées.

La platine B est maintenue en place par deux supports G et deux loquets L, et il suffit de faire tourner à la main ces deux derniers organes pour pouvoir retirer en entier le jeu de plaques et le transporter, suivant les besoins, sur un autre bateau.

Au-dessus de la platine B, en R, se trouve un ressort ayant pour objet de refouler en avant les plaques indicatrices, de façon à les obliger à venir s'appuyer contre le galet du doigt D.

Les choses étant ainsi disposées, on pressent le fonctionnement du système.

Au moment où le bateau quitte une station, le receveur appuie sur la poire pneumatique, et déclenche, au moyen d'un

Installation des annonciateurs de stations à bord des Bateaux Parisiens

petit soufflet à air, dans lequel la pression est amenée pa le tube **T**, le mouvement de sonnerie H, dont le marteau frappe énergiquement sur un timbre et attire l'attention du public durant cinq à six secondes.

En même temps, le doigt D se meut et vient se placer devant une encoche découpée dans la plaque qui porte le nom de l'une des stations, et qui, se trouvant ainsi mise en liberté, cède à la pression du ressort R et retombe en tournant sur

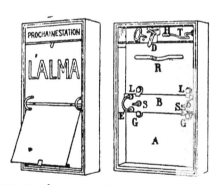

Détail de la construction des annonciateurs.

les étriers E, laissant apercevoir la plaque annonçant la station où l'on va prochainement aborder.

Chaque bateau, comme nous l'avons noté tout à l'heure, est

pourvu de plusieurs de ces annonciateurs de station, un dans chaque cabine, et un au minimum sur le pont, et tous sont mis simultanément en action par le receveur.

Les annonciateurs sont munis d'un double jeu de plaques correspondant à un voyage complet aller et retour, si bien que c'est seulement avant de repartir que le receveur a besoin de remettre les plaques en place, en même temps qu'il remonte le mouvement de sonnerie à l'aide d'une clef.

Rien de plus pratique que ces nouveaux appareils, d'ores et déjà installés par les soins de la Compagnie des Bateaux Parisiens sur tous les petits vapeurs accomplissant journellement la traversée de Paris.

D'un maniement aisé, d'un fonctionnement régulier et sûr, ils seraient d'une commodité extrême pour les voyageurs, si, par un hasard assez peu explicable, les employés des bateaux voulaient bien consentir à en user régulièrement. Malheureusement, il n'en est point ainsi. Les Bateaux Parisiens, mieux aménagés que nos wagons de chemins de fer, possèdent d'excellents annonciateurs de station. Mais ceux-ci, presque toujours, demeurent inemployés.... Il faudrait prendre tout d'abord l'habitude de s'en servir.

Bicyclette utilisant la résistance de l'air.

Tous les bicyclistes savent par expérience combien il est pénible, surtout aux vives allures, de lutter contre le vent. Dans ce cas, en effet, la résistance de l'air est considérable, si bien que, pour échapper à son action, l'on a cherché divers dispositifs permettant au coureur de fendre plus aisément l'espace.

Cependant les appareils coupe-vent imaginés avec plus ou moins d'ingéniosité ne constituent pas le fin du fin ni le dernier cri du genre.

Au lieu d'user d'artifice pour éliminer les forces contraires du vent, ne vaudrait-il pas mieux en vérité les employer à son profit ?

C'est ce qu'ont pensé certains inventeurs, qui ont entrepris avec succès de réaliser des bicyclettes à moteur aérien, si bien qu'à l'heure actuelle plusieurs modèles ont été construits et brevetés tant en Amérique qu'en France.

C'est ainsi que M. Blockhead installe au devant du guidon de sa bicyclette une roue à hélice analogue à celles des moulins à vent à orientation, et qui actionne la roue de devant de la machine par un renvoi de mouvement. De cette façon, l'effort du vent oblique ou debout est utilisé pour la progression, au lieu de la retarder.

Quant aux inventeurs français, M. L. Demange de Commercy (Meuse), et Mme Pichereau, de Méru (Oise), ils ont, paraît-il, l'un et l'autre obtenu à la pratique d'excellents résultats avec leurs dispositifs, notamment Mme Pichereau, qui a fait ses essais, non seulement avec un vent oblique, mais encore avec vent debout.

Le moteur de Mme Pichereau est particulièrement simple. Constitué par un moulinet en mica du poids d'environ 500 grammes, moulinet placé en avant de la machine de manière à servir simultanément au cycliste de coupe-vent et d'écran, il ne gêne la vue en aucune façon : ce qui ne laisse pas de constituer un précieux avantage, ainsi que le fait fort judicieusement remarquer M. Caron : « Le moulinet est formé d'un certain nombre de godets ou entonnoirs dont la pointe est ouverte, afin d'éviter les réactions. Ces entonnoirs sont disposés obliquement et fixés entre des cercles reliés à un axe central par des rayons. Le vent, oblique ou debout, en soufflant dans ces entonnoirs, fait tourner rapidement le propulseur ; les orifices d'évacuation en pointe des entonnoirs s'opposent au recul. »

Il s'ensuit, comme l'on voit, que, grâce à ce dispositif véritablement ingénieux, le cycliste trouve dans le vent debout un auxiliaire nullement négligeable. La chose semble vraiment intéressante, et cela justement parce que ce qui est vrai pour le cycliste ne saurait cesser de l'être pour les autres moteurs se déplaçant dans l'air. D'où il résulte qu'il faut nous attendre, en ce temps où l'automobilisme prend un rapide essor, à voir bientôt adapter aux voitures électriques ou au pétrole, et aussi aux locomotives de nos tramways ou de nos trains de chemins de fer, des propulseurs aériens du même genre. Et qui sait, au surplus, si ce n'est pas à cette judicieuse utilisation des vents contraires que nous devrons un jour prochain de connaître enfin les vitesses extrêmes et de sillonner l'espace autrement que dans un rêve ailé?

✖

Les anciennes poteries du Vénézuela.

Au cours d'une exploration scientifique aux Llanos du Vénézuela, M. F. Geay a eu l'occasion de recueillir de curieux documents sur les anciennes poteries indiennes de ces régions, et il a pu se faire livrer le secret de leur composition.

La terre qui était utilisée par les potiers indiens est une argile d'un bleu noirâtre, facile à observer sur les berges à. pic de certains cours d'eau, où elle se présente sous la forme de bande irrégulière dont l'épaisseur varie de quelques centimètres à un mètre.

Cette argile n'était pas employée à l'état pur; les Indiens y mélangeaient une certaine matière, destinée à donner à la poterie des qualités spéciales, matière qu'ils extrayaient d'un corps particulier pris sur les branches des végétaux qui poussent sur les rives des *cañons*.

Toutes les anciennes poteries des régions des Llanos renferment de cette substance dans leur pâte, et, si l'on en examine des fragments à la loupe, on y distingue un enchevêtrement de petits bâtonnets allongés et entrelacés en tous sens, qui se présentent comme un feutrage à la surface des poteries. Ces bâtonnets sont si abondants, qu'ils forment à eux seuls presque la moitié de la masse.

Si l'on examine les coupes de ces poteries au microscope, on reconnaît leur identité avec les spicules d'une éponge d'eau douce, la *pica-pica*, que l'on recueille dans les rivières des Llanos.

Ces éponges, à spicules siliceux fusiformes, sont voisines des *spongilla* et extrêmement abondantes dans certains *cañons* des savanes, cours d'eau temporaires qui se tarissent à l'époque de la sécheresse et demeurent à sec pendant plusieurs mois de l'année: Pendant la saison chaude, ces éponges restent exposées à l'ardeur d'un soleil torride, et se présentent sous la forme de boules noires, irrégulières et rudes, solidement fixées aux arbrisseaux des rivages; ces masses caverneuses ne sont alors formées que d'un peu de matière organique et d'une grande quantité de silice. Quelques-unes de ces éponges sèches atteignent d'assez fortes dimensions, et l'on en rencontre qui dépassent de beaucoup le volume d'une tête humaine.

C'étaient ces boules noires, calcinées par le soleil, que les potiers indiens récoltaient avec soin sous le nom de *pica-pica*. La cueillette terminée, les éponges étaient incinérées sur place, afin de détruire la matière organique et de rendre libres les spicules, qui étaient alors emmagasinées, sous forme de poudre grisâtre, dans de grandes *taparas*, récipients au moyen desquels ils transportaient la précieuse matière à leurs ateliers primitifs, où elle était incorporée, dans une forte proportion, à l'argile à poterie.

Cette découverte intéressante nous fait connaître l'utilisation d'un produit naturel dans une industrie primitive, et permet de distinguer facilement la poterie indienne de cette région de celle que les métis du nord du Vénézuela préparent en mélangeant de l'argile cuite et pulvérisée à leur terre à poterie.

✳

L'utilisation de la force des marées.

L'idée de mettre à profit l'énergie mécanique recélée dans les eaux marines sans cesse en mouvement n'est point neuve, et, depuis bel âge, d'innombrables ingénieurs se sont préoccupés de combiner des moyens pratiques pour réaliser cette utilisation.

Mais, en dépit de l'élégance et de l'ingéniosité de certaines des solutions jusqu'ici proposées, l'on n'était jamais sorti du domaine de la théorie et l'on n'avait guère franchi la phase des essais.

Quelques entrepreneurs de pêche de Ploumanac'h, dans l'arrondissement de Lannion (Côtes-du-Nord), ont fait mieux : ils sont délibérément entrés dans la voie de la pratique et cette intelligente initiative leur fait à la fois grand honneur et grand profit.

Voici dans quelles conditions a été instituée cette intéressante tentative.

Le petit port de pêche de Ploumanac'h, qui mesure une superficie d'environ 40 hectares complètement à découvert à marée basse, communique avec la mer par un unique chenal de 30 à 40 mètres de largeur.

Tout au fond de ce port, voici déjà pas mal d'années, au moyen de murs de retenue d'une dizaine de mètres de hauteur et d'une centaine de mètres de longueur, ont été aménagés deux vastes réservoirs mesurant chacun de 1 à 2 hectares, réservoirs que la mer remplit à chaque marée, grâce à un jeu de portes s'ouvrant automatiquement à l'arrivée du flot et se fermant à son retrait.

L'eau ainsi recueillie et ensuite abandonnée sur les palettes d'une roue de moulin servait jadis à la mouture du blé.

L'idée de faire travailler l'Océan, non plus que sa mise à exécution, n'est pas nouvelle en Bretagne, comme l'on voit.

Quoi qu'il en soit, ces « moulins de marée », qui ne sont d'ailleurs pas très rares sur nos côtes armoricaines, n'avaient jamais jusqu'ici reçu qu'une installation rudimentaire, et qu'une destination unique.

Grâce à l'initiative avisée de quelques habitants de Ploumanac'h, il n'en est plus ainsi, et la mer asservie fabrique aujourd'hui de la glace, grâce à laquelle les marins du pays peuvent sans risques envoyer tant à Nantes qu'à Paris le produit de leur pêche.

L'énergie disponible que représente l'installation actuelle est du reste loin d'être négligeable.

Le réservoir, qui mesure environ 15 000 mètres carrés, contient en effet 60 000 mètres cubes sous une épaisseur utilisable variant de 7 à 2 mètres et correspondant à une hauteur moyenne de chute de quatre mètres.

On dispose donc, par la seule vidange du bassin, et sans tenir compte de l'énergie perdue lors de son remplissage, d'un total d'environ 500 millions de kilogrammes, soit de 1800 chevaux-heure, pour les deux marées de la journée. Si l'on admet pour les appareils hydrauliques un rendement facile à obtenir de 70 0/0, l'on voit que cette installation, pour modeste qu'elle soit, peut fournir pour une journée de travail de dix heures 120 chevaux de puissance.

A Ploumanac'h, la totalité de cette énergie n'est point utilisée, à beaucoup près, et l'établissement projeté d'une petite station d'électricité est assuré, avec les ressources actuelles, de trouver toute la force motrice, et au delà, qui lui sera nécessaire.

Quoi qu'il en soit, dès maintenant le propriétaire de la station d'énergie établie de la sorte à Ploumanac'h réalise de fort beaux bénéfices.

Pour 10 francs, en effet, salaire des ouvriers, intérêt et amortissement du coût de l'installation compris, il obtient chaque jour 100 kilogrammes de glace, qu'il fallait jadis faire venir de Lannion au prix de 20 francs les 100 kilogrammes.

70 francs, telle est donc par jour l'économie encaissée! Et ce chiffre, si respectable qu'il soit déjà, ne pourra que s'accroître dès l'instant où une industrie nouvelle viendra mettre à profit les forces disponibles aujourd'hui inemployées.

Mais ce qui est vrai pour Ploumanac'h, l'est aussi pour ailleurs.

Partout la mer représente un réservoir comparable de puissance utilisable, et c'est par milliers et milliers de chevaux que l'on peut évaluer celle-ci.

Quand verrons-nous enfin mettre en œuvre cette source quasi intarissable d'énergie jusqu'à présent délaissée?

Évidemment, dans un avenir peu lointain, et il ne faut pas être grand prophète pour prévoir que le siècle prochain saura en tirer très largement parti.

274 kilomètres à l'heure.

Plus vite, toujours plus vite! Telle est aujourd'hui la grande préoccupation de tous, préoccupation que du reste nos savants et nos spécialistes s'efforcent de satisfaire.

Et c'est ainsi que, tout récemment, deux ingénieurs américains, MM. Charles Henry Davis et F. Stuart Williamson, ont émis l'idée, longuement développée avec cartes, plans, cotes, devis financiers, etc., d'un projet de train électrique devant relier New-York à Philadelphie et devant franchir les 85 milles, soit les 136 kilomètres 250 mètres séparant ces deux villes, en 56 minutes exactement.

Et, comme il faudra laisser une marge de 12 minutes pour les ralentissements obligés aux deux extrémités de la ligne, il s'ensuit même que la plus grande partie du trajet, soit 68 milles, devra être exécutée à l'effroyable allure de $273^{kil},600$ à l'heure, 4560 mètres à la minute, 76 mètres à la seconde !

C'est à faire frémir n'importe qui — à l'exception toutefois des promoteurs du projet, qui répondent tranquillement à l'objection du danger probable, que les roues de leurs wagons ayant $2^m,15$ de diamètre ne devront pas fournir, en fin de compte, plus de 680 tours à la minute — ce qui n'aurait, à les entendre, rien d'exorbitant.

C'est égal! Ceux qui prendront ce train vertigineux ne feront pas mal avant de partir de numéroter leurs abatis et de rédiger leur testament. Autant voyager, à la façon des héros de Jules Verne, dans le ventre d'acier d'un obus!

Le plus fort, c'est que MM. Davis et Williamson se proposent de faire partir indéfiniment des trains à une minute et demie d'intervalle des deux extrémités de la ligne. « De cette façon, disent-ils avec leur imperturbable flegme transatlantique, tous ces trains successifs seront toujours séparés les uns des autres par une distance d'au moins 6800 mètres. Or nos trains n'ont besoin pour stopper, à la vitesse maxima, que d'un espace de 3250 mètres, soit moins de la moitié. C'est tout ce qu'il faut — largement — pour prévenir les télescopages! »

Que le bon Dieu entende et bénisse MM. Davis et Williamson !
Ces diables d'hommes ont du reste réponse à tout.

Il est évident qu'à la vitesse de 274 kilomètres à l'heure les
objets doivent filer des deux côtés de la voie dans un tourbillon
kaléidoscopique qui ne doit guère laisser au mécanicien la possibilité de distinguer leurs formes ni leurs couleurs. Or, parmi
ces objets, il en est dont l'importance est capitale : n'est-ce pas
le cas, par exemple, des signaux d'alarme ? Si le mécanicien est
matériellement impuissant à les apercevoir et à les reconnaître,
ces signaux tutélaires, n'y a-t-il pas lieu d'en concevoir un tout
petit peu d'inquiétude ?

« Pas le moins du monde, ripostent nos brûleurs d'étapes.
Les signaux seront automatiques, voilà tout ! La voie sera, pour
cela, divisée en sections, dont chacune comportera deux ou
trois postes munis de guetteurs, qui pourront, à la moindre
alerte, couper d'un geste, non pas l'herbe sous le pied, mais le
courant sous les roues du train. »

Car — est-il besoin de le dire ? — ce train étonnant sera un train
à *trolley*, empruntant sa force motrice, au moyen de sabots de
frottement, à un conducteur distinct, représenté non pas par
un fil aérien, mais par un troisième rail courant à fleur de sol,
entre les deux autres. Si donc un danger est signalé, on n'a
qu'à tourner un commutateur au poste de garde : immédiatement le courant est suspendu, et le train, ne recevant plus
aucune impulsion, va fatalement s'arrêter, après avoir roulé sur
son erre pendant l'espace nécessaire à l'épuisement de la vitesse
acquise, soit pendant 3550 mètres.

C'est égal, en dépit de ces mesures de précaution, nous
savons bon nombre de personnes qui hésiteraient à monter
dans un tel train, le jour de son inauguration !

A quand, du reste, cette cérémonie ?

La valeur alimentaire des pommes de terre.

Quand on examine à l'œil nu et par transparence une
tranche mince de pomme de terre, on constate que le tuber-
cule dont elle provient est constitué de trois couches de composition très différente : une couche corticale, de beaucoup la
plus riche en matière sèche et renfermant la plus forte proportion de fécule, mais moins riche en matière azotée que les
couches centrales ; une couche médullaire interne, riche en
azote, pauvre en fécule et renfermant plus d'eau qu'aucune
autre ; une couche médullaire externe, incluse entre les deux
autres, et présentant des qualités intermédiaires à celles-ci.

Or, ayant soumis un grand nombre de variétés de pommes de
terre — exactement trente-quatre — à l'analyse et à la dégustation, MM. Coudon et Bussard constatèrent que « la valeur culi-
naire de la pomme de terre est directement proportionnelle à sa
teneur en matière azotée et inversement proportionnelle à sa
richesse en fécule ». Il s'ensuit de cette observation que le rapport existant et décelé par l'analyse entre la matière azotée et
la fécule dans une pomme de terre d'une variété quelconque
permet d'apprécier avec certitude et sans dégustation la qualité
des tubercules examinés.

Cette intéressante particularité n'est point cependant la
seule dont il convienne dans l'espèce tenir compte. En dehors
de la saveur, une bonne pomme de terre de table doit encore
posséder une résistance convenable à la cuisson, se ramollis-
sant simplement en conservant sa forme primitive, au lieu de se
désagréger, de se boursoufler et d'éclater en certains points,
comme c'est le cas pour diverses variétés de tubercules.

Or des recherches de MM. Coudon et Bussard il ressort que
ce sont spécialement les matières albuminoïdes qu'elles renferment qui s'opposent, au cours de la cuisson de la pomme de
terre, à l'éclatement des tubercules, dont les grains de fécule se
trouvent alors emprisonnés dans lesdites matières albuminoïdes
coagulées. Il s'ensuit que le délitement des pommes de terre à
la cuisson est d'autant plus grand que la proportion de fécule
est plus considérable.

On le voit, dans le choix des pommes de terre pour la table, l'on devra donc s'adresser aux variétés présentant des couches médullaires relativement étendues ; au contraire, si les tubercules sont destinés à des usages industriels, notamment pour la préparation de la fécule, on devra rechercher de préférence des sortes à couche corticale la plus épaisse possible.

C'est-à-dire que, dans toutes les maisons qui se respectent, la cuisinière devra être désormais munie d'un microscope — avec la manière de s'en servir.

※

L'emploi du permanganate de potasse en pisciculture.

Toutes les personnes qui se sont occupées de pisciculture savent que souvent les poissons sont attaqués par divers parasites, notamment par des sortes de moisissures, des champignons de la classe des Saprolégniées, qui se développent d'ordinaire sur les branchies.

En vain jusqu'ici l'on avait cherché un moyen pratique d'éviter l'infection des animaux par ces funestes cryptogames. Les produits antiseptiques susceptibles d'arrêter leur développement avaient tous un inconvénient capital, celui de tuer les poissons au lieu de les guérir.

Ce fâcheux état de choses va, Dieu merci, changer bientôt. M. le Dr Oltramare, professeur à l'Université de Genève, a en effet reconnu, en ces derniers temps, qu'il était facile de protéger les poissons, et cela sans les faire mourir, contre le développement des dangereux champignons. Il suffit simplement d'ajouter à l'eau des bassins dans lesquels vivent les animaux atteints, une quantité convenable de permanganate de potasse.

L'action de ce corps est des plus efficaces contre les végétations cryptogamiques, ce qui ne l'empêche pas d'être absolument inoffensive vis-à-vis des poissons, à condition que la dose ne soit pas trop forte.

C'est là une découverte précieuse, puisque, grâce à elle, les pisciculteurs vont pouvoir éviter de graves mécomptes à peu de frais. Il est à noter, en effet, qu'avec 1 kilogramme de permanganate, valant environ 1ᶠʳ,50, il est possible de désinfecter plusieurs centaines de mètres cubes d'eau.

Dans ces conditions, la recette est applicable non seulement dans des bassins de peu d'étendue, mais même, le cas échéant, dans des cours d'eau ou des étangs dont la population est décimée par des affections épidémiques qu'il importe de combattre et d'arrêter.

✵

L'art de falsifier les écritures.

On s'est beaucoup occupé en ces derniers mois de savoir si la falsification d'une écriture et la falsification de faux documents présentant toutes les apparences de l'authenticité étaient choses possibles.

Les uns disaient oui, les autres non. La cause eût pu ainsi demeurer longtemps pendante, si l'auteur de ce livre ne s'était avisé, à l'intention des lecteurs de son journal *la Science française*, de vouloir tirer la chose au clair, et n'avait, dans ce but, eu recours à la méthode expérimentale.

Pour prouver le mouvement, certain philosophe ne trouva rien de mieux que de marcher.

A cet exemple, pour savoir si des documents écrits étaient aisément « tripatouillables », nous avons songé à rechercher comment on pouvait s'y prendre pour les « tripatouiller ».

Voici comment nous avons procédé :

J'écrivis à l'un de nos collaborateurs, M. T. Obalski, secrétaire de la rédaction de *la Science française*, la lettre suivante :

19 novembre.

Mon cher Obalski,

On parle beaucoup en ce moment de documents photographiés qu'il serait possible, à ce qu'il paraît, de maquiller, de décalquer, de

« tripatouiller », en un mot, de toutes les façons, le plus aisément du monde. Il peut s'ensuivre, m'assure-t-on, des illusions telles, que les plus malins s'y laisseraient prendre. Vous qui êtes en relations constantes avec des photographes subtils, tâchez donc d'avoir des renseignements précis sur cette sorcellerie. Ce serait du plus haut intérêt pour nos lecteurs.

Bien à vous,

ÉMILE GAUTIER.

Trois jours après, exactement, je recevais, en guise de réponse, la carte-lettre dont je donne ci-contre le fac-similé, et qui était revêtue, de notre plus belle et notre plus authentique écriture, du texte ci-dessous :

19 novembre.

Mon cher Monsieur,

Vous êtes autorisé à dire partout que je suis le dernier des imbéciles. Après ce qui vient de se passer, j'en suis réduit à ce triste aveu.

Votre repentant

ÉMILE GAUTIER.

Comment avait été réalisé un « truquage » d'une exécution si parfaite ?

Mon Dieu ! d'une façon fort simple.

Au reçu de ma lettre, écrite sur du papier de *la Science française*, M. Obalski et deux autres de nos collaborateurs, MM. Moret et Lucien Daniel, pour lesquels l'art photographique n'a plus de secrets, découpèrent dans les feuillets manuscrits des lettres, des syllabes, des mots, que, sans plus de façon, ils transposèrent photographiquement sur une feuille de papier du *Figaro*.

Il fallut plus de douze heures d'un travail subtil pour obtenir ce résultat, véritablement étourdissant, il faut en convenir, et bien fait pour dérouter tous les experts. Justement, dans l'espèce, l'œuvre se compliquait de difficultés exceptionnelles. La lettre adressée à M. Obalski ne contenait en effet ni un *J* ni un *A* majuscule : il fallut y suppléer au moyen de l'*I* majuscule du mot *Il*, et du mot *y*, dont on fit des *j*, et du *t* du mot *photographié*, dont on fit, au moyen de certains maquillages, l'*A* majuscule du mot *Après*.

19 novembre

Mon cher Mounioux

Vous êtes autorisé à dire partout ... les imbéciles ... en ... de ce qu'en a en vous de ... à ce trente ... sans ... à ...

Votre ...

Émile Gautier

15 novembre

Mon Cher Monsieur.

Vous êtes autorisé à dire partout que je suis le dernier des imbéciles.

Après ce qui vient de se passer, j'en suis réduit à ce triste aveu.

Votre repentant Emile Gautier

La fausse lettre.

Quant aux artifices nécessaires pour réaliser aussi parfaitement cette prestigieuse opération, nous ne saurions mieux faire que d'en emprunter à ses principaux artisans, MM. Moret et Lucien Daniel, la description précise, telle qu'ils l'ont publiée dans *la Science française* :

⸜Un document écrit est donné. On en fait immédiatement plusieurs épreuves photographiques que l'on tire sur un papier sensible quelconque [1].

C'est sur l'une de ces épreuves que se fera le travail préliminaire.

Le texte du faux à établir étant écrit sur du papier ordinaire, et cela avec l'aspect général que l'on désire obtenir, on recherche sur les épreuves photographiques les mots, les syllabes, les lettres, chiffres, signes, etc., dont on a besoin: on assemble et l'on ajuste avec soin toutes ces petites découpures, jusqu'à ce qu'on soit arrivé à composer une missive rappelant exactement la physionomie générale de l'original.

Ce premier travail est extrêmement délicat; il exige une légèreté de main, une patience et une virtuosité infinies.

Mais il y a plus difficile encore !

On rephotographie la lettre originale, afin d'en avoir une épreuve pelliculaire. Puis on reprend le faux rudimentaire précédemment obtenu, et l'on place dessus une lame en verre de façon à pouvoir le voir par transparence.

On découpe alors la pellicule, à l'aide d'aiguilles et d'un scalpel très fin, comme on avait fait tout à l'heure pour les épreuves photographiques sur papier. Puis, avec une pince et un pinceau, on reporte chaque pièce sur la lame de verre préalablement gommée, et l'on calque, pour ainsi dire, le faux, au moyen des parcelles écrites de l'épreuve pelliculaire, mais en ayant soin de se servir d'une grille (quadrillé transparent), de telle sorte que l'inclinaison de l'écriture, l'espacement des lignes et des mots, les liaisons, tout ce qui fait en un mot le caractère, l'allure, la physionomie de l'original, soient scrupuleusement respectés. C'est là une besogne terriblement ardue, délicate et subtile.

On a donc le document faux *sur verre*. Il ne reste plus, avec un fin pinceau trempé dans la gouache jaune, qu'à recouvrir la pellicule partout, excepté sur l'écriture.

La chose faite, on photographie, et l'on tire une épreuve sur papier sensible qui simule un document original, *mais qui n'est en réalité que de la photographie.*

Vous avez là un *faux photographique.*

1. La lettre originale ne subit aucune altération.

Pour aller plus loin, on obtient d'une bonne épreuve photographique falsifiée, par le moyen de la photogravure ou de la phototypie, une gravure qui reproduit identiquement l'original en relief sur la plaque de métal (zinc ou cuivre), puis on tire des épreuves typographiques, et cela, comme pour un dessin ordinaire, sur n'importe quel papier.

Mais, pour que le maquillage soit complet, il faut pouvoir tirer des épreuves, non seulement sur un papier quelconque, avec en-tête officiel ou non, mais encore *avec de l'encre ordinaire.*

Nous venons d'exposer le moyen d'obtenir un autographe imprimé, chose très difficile, et de plus d'un travail fort pénible, car le rendu doit être tout d'une venue comme un original écrit. Aussi, pour se livrer à ce travail étourdissant, faut-il avoir une trempe solide, car on ne doit pas quitter l'ouvrage entrepris, mais le poursuivre et le parfaire d'emblée sur place, sans broncher : durerait-il vingt-quatre heures, il faut s'identifier à son œuvre.

Maintenant, l'objection transcendante est l'écriture ordinaire de l'auteur (de sa propre main?) avec une encre quelconque.

Voici la manœuvre.

Nous en étions restés au cliché en relief donné par la gravure. Vous examinez à la loupe votre cliché, vous le comparez avec soin à l'original, et vous enlevez, avec l'échoppe du graveur, toutes choses faisant tache, en soignant surtout les liaisons, la fin des mots, et en éliminant toutes surcharges, pour éviter les bavures.

Puis, avec un pinceau enduit d'eau contenant de la potasse, vous dégraissez complètement les caractères, que vous séchez avec du blanc pulvérisé. On brosse ensuite pour enlever toute poussière.

Ayant une glace « doucie », sur laquelle vous avez mis de la potée d'émeri avec un peu d'eau pour former cambouis, vous frottez dessus, vous usez légèrement votre cliché, mais dans le sens exact de l'inclinaison de l'écriture, et cela pour que l'encre que vous allez mettre tout à l'heure sur la plaque suive la ligne donnée par le courant de la plume.

Vous reprenez votre cliché ainsi préparé, et vous le comparez encore à l'original, et, travail subtil, avec un pinceau trempé dans l'eau acidulée, vous touchez dextrement les endroits des lettres où le plein se fait sentir : le mordant ronge et creuse légèrement, car il ne faut pas obtenir comme épreuve définitive un à-plat simulant un tirage banal.

Toutes ces subtilités, qui semblent enfantines, sont nécessaires.

Au tirage maintenant.

Ayant une encre quelconque, on lui donne du corps, de l'épaisseur, par un produit inerte (magnésie, poudre impalpable de noir d'ivoire, talc. etc.), en ajoutant un peu de glycérine pour éviter le séchage trop rapide, et, avec un rouleau de caoutchouc dur et bien lisse, on enduit légèrement le cliché.

Votre papier, sur lequel le faux va bientôt se détacher en épreuve véritable, est passé sur de la vapeur pour l'humecter, afin que l'encre pénètre dans son étoffe.

Vous avez le cliché et le papier : vous posez le papier sur la gravure légèrement inclinée en bas pour qu'il y ait coulage d'encre ; vous placez dessus une feuille de papier buvard, vous appuyez légèrement, et, avec une carte, vous frottez habilement sur les caractères ; enfin vous enlevez rapidement.

Avant que cette épreuve sèche, vous regardez par transparence l'original, et vous reproduisez avec une plume fine non humectée ou une aiguille à dissection les faibles du papier où l'auteur a l'habitude de faire gratter sa plume, les montées, le bas des lettres pleines, la pointure des *i* ou des accents, etc.

Vous séchez et cylindrez, entre deux feuilles de papier du même grain, et, si le papier est glacé, vous le laminez entre deux feuilles de zinc.

Exécutez ce travail de patience, et tout un chacun sera confondu[1]. Ce n'est plus un faux, c'est un document réel (?).

L'invention, comme l'on voit, est vraiment diabolique et bien propre à nous mettre désormais en défiance.

N'écrivez jamais, diront à présent les gens prudents.

Il n'était pas si mal inspiré, le conseiller Laubardemont, qui demandait seulement, il y a quelque deux siècles, trois lignes de l'écriture d'un homme pour le faire pendre. Et pourtant, il ne soupçonnait même pas les artifices des photographes !...

Les dangers des projections lumineuses.

La catastrophe du Bazar de la Charité a appelé l'attention sur les dangers que peuvent présenter les projections lumineuses.

Pour n'être pas toujours très considérables, ces dangers ne laissent pas cependant d'être réels, et, cela étant, par ces temps où le cinématographe sévit partout, il ne saurait être inutile

---

1. L'usure du papier se donne par l'humidité et par le frottement, la teinte de rouille par des vapeurs chimiques, etc.

de signaler et de décrire les dispositions combinées par MM. Lumière pour pouvoir éviter des accidents et parfois des catastrophes.

Les projections animées exigent, on le sait, une source de lumière puissante, qui est en même temps une source de chaleur, si bien que seules les lumières électrique, oxhydrique ou oxy-éthérique peuvent être utilisées. Mais, comme on est obligé d'employer du celluloïd en guise de support de la couche

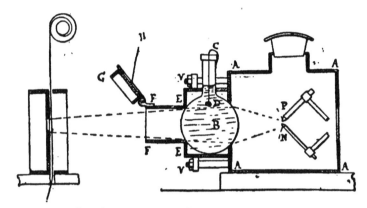

Dispositif de sûreté du cinématographe Lumière.

PN, Arc électrique contenu dans la lanterne A A A A.—B, Ballon condensateur disposé dans la caisse V A, V A. — G, Cadre muni d'un verre dépoli qu'on peut rabattre sur l'ouverture F F de la lanterne.

sensible pour les pellicules portant l'image, comme le celluloïd est un corps très inflammable, et que les appareils concentrant la lumière sur l'image à projeter y concentrent aussi la chaleur, il faut à tout prix éviter un échauffement, si l'on tient à se mettre tout à fait à l'abri de tout risque.

Entre le cinématographe proprement dit et l'appareil de projection, MM. Lumière interposent un verre dépoli pendant la mise en place de la pellicule ; diffusant les radiations calorifiques, cette plaqué de verre empêche l'échauffement de la bande pelliculaire ; on a soin de ne l'enlever qu'au moment de la projection. La pellicule est pressée contre les bords de la fenêtre de l'appareil par une glace de 5 à 6 millimètres d'épaisseur que traversent les rayons calorifiques, qui sont absorbés en partie.

En outre, un dispositif très simple prévient les maladresses ou les imprudences de l'opérateur. Dans la plupart des cinématographes et appareils analogues, on interpose entre le condensateur et la pellicule une cuve de verre à faces parallèles, pleine d'eau, qui absorbe toute la chaleur. Mais ce moyen est mauvais : pour une cause ou une autre (fuite, oubli ou évaporation, etc.), l'eau peut manquer totalement ou partiellement; l'opérateur, comptant sur elle, laisse la pellicule immobile, la croyant en sûreté. MM. Lumière ont eu l'heureuse idée de remplacer le condensateur par un ballon de verre B rempli d'eau. Les rayons lumineux sont aussi bien concentrés qu'avec n'importe quel autre système; l'eau absorbe les rayons calorifiques, ce qui la fait entrer en ébullition au bout d'une heure de fonctionnement environ, mais sans qu'il en résulte le moindre inconvénient. La température de la pellicule reste à peu près constante et peu élevée; la lumière est même plus blanche qu'avec les condensateurs ordinaires, dont la teinte verte des lentilles la colore légèrement. Enfin, si l'eau du ballon vient à disparaître par rupture, évaporation ou toute autre cause, il n'y a plus de condensateur, partant ni concentration de lumière ni concentration de chaleur. L'opérateur est donc averti, et, de plus, aucun danger n'est à redouter. Il faut seulement prendre soin de se servir d'eau distillée, ou, du moins, d'eau acidulée, pour éviter une précipitation de carbonate de chaux qui la troublerait; il est aussi utile d'y introduire un morceau de coke D, suspendu par un fil C, pour éviter une ébullition tumultueuse.

Malgré cette ingénieuse précaution, il peut encore arriver des accidents, si, comme le font à tort certains opérateurs, on reçoit la pellicule en vrac dans une corbeille placée sous l'appareil; il faut, ou l'enrouler dès son fonctionnement, ou, comme le proposait M. Gaumont à la Société française de Photographie, la recevoir dans une boîte métallique fermée, munie d'une simple fente sur le couvercle pour son passage.

❈

L'horloge de l'Hôtel de Ville.

L'Hôtel de Ville de Paris possède depuis quelques mois une véritable œuvre d'art en horlogerie.

Cette superbe pièce, qui avait figuré à l'Exposition de 1867, à l'état embryonnaire, et, terminée, à l'Exposition de 1889, est accompagnée d'une plaque de cuivre gravée où l'on peut lire :

« Cette horloge, commencée par Henry Lepaute père et terminée par ses fils, a été offerte par eux à la Ville de Paris pour être placée à l'Hôtel de Ville réédifié.

« Elle a été acceptée par le Conseil municipal le 26 juillet 1882, sur le rapport présenté par la commission scientifique des horloges de Paris, composée de MM. l'amiral Mouchez, membre de l'Institut, directeur de l'Observatoire de Paris, président ; Claudius Saunier, rapporteur ; Bourdon père ; Bréguet père, membre de l'Institut ; le colonel Laussedat, directeur du Conservatoire des Arts et Métiers ».

Placé dans l'étage supérieur du bâtiment, le mouvement actionne les aiguilles du cadran, placées à près de 25 mètres au-dessus, par l'intermédiaire de deux arbres à engrenages.

Le mouvement, qui possède des volants modérateurs d'un genre spécial, un double balancier et un réglage électrique, est surmonté d'une mappemonde qui donne l'heure sur tous les points du globe.

Il a été remonté pour la première fois au cours des premiers jours de septembre ; ses trois poids, pesant chacun 200 kilos, sont suspendus à des cordes d'acier.

L'horloge fonctionne depuis ce moment avec ses cloches, qui sonnent les quarts, les demies et les heures.

Vêtements insubmersibles.

Dans un précédent volume[1], l'*Année scientifique* a enregistré l'invention par M. Robert, économe du lycée de Lorient, de

vêtements insubmersibles obtenus en logeant entre deux étoffes du liège pulvérisé et enduit de noir de fumée de façon à l'empêcher d'être jamais mouillé par l'eau.

Depuis l'an passé, cette invention utile a été perfectionnée, si bien que l'on est arrivé à réaliser des ceintures et des gilets de sauvetage pesant au maximum, liège, toile et attaches comprises, 1 kilogramme, et dont le port est incapable de gêner aucun des mouvements habituels, ce qui les rend d'un usage particulièrement précieux pour toutes les personnes vivant à la mer, marins, yachtmen, passagers, etc.

Frappées de ces avantages, plusieurs Compagnies de navigation ont adopté les appareils Robert : citons notamment les Compagnies des che-

Gilet de yachtman, système Robert.

mins de fer de l'Ouest et du Nord, qui s'en servent sur leurs paquebots de la Manche, pour les traversées de Dieppe-Newhaven, Calais-Douvres, Boulogne-Folkestone.

Des expériences qui ont duré plusieurs mois ont été faites dans les ports de Brest, Lorient et Toulon par les soins de la

1. Voir l'*Année scientifique et industrielle*, quarantième année (1896), p. 473.

marine de l'État : elles ont conclu à la supériorité des appareils Robert sur tous les types existants.

Aussi ont-ils été adoptés pour les torpilleurs, garde-côtes et
cuirassés.

Les bateaux de sauvetage ont suivi le mouvement commencé
par la Société des Hospitaliers sauveteurs bretons, si bien que,
dans peu de temps, la presque totalité des bateaux de secours
des Sociétés françaises vont être munis de ces ingénieux
appareils Robert dont nous avions, dès l'an passé, signalé la très
heureuse invention.

⁂

Le projecteur lumineux portatif du docteur Mareschal.

On sait depuis longtemps que le platine au préalable porté à
à la température du rouge se maintient facilement en incandescence sous l'action du gaz hydrocarboné.

Cette propriété curieuse, déjà mise à profit dans le thermocautère, a reçu récemment une nouvelle application pratique
fort ingénieuse.

M. le Dr Mareschal s'est avisé de songer que, s'il concentrait
sur une petite sphère de platine, préalablement rougie et placée
au foyer, les radiations d'un miroir argenté parabolique, cette
sphère se trouverait portée à la température du blanc éblouissant, et émettrait par suite des rayons lumineux en abondance,
rayons que le réflecteur se chargerait de renvoyer au loin dans
toutes les directions.

Ces prévisions se vérifièrent si bien qu'avec l'appareil réalisé,
appareil se composant, en dehors du miroir et de la sphère de
platine, d'un petit générateur d'air très léger destiné à diriger
sous pression convenable l'air carburé sur le platine incandescent, l'on obtient un faisceau lumineux intense s'étendant
à 200 mètres de distance, sur un champ de 20 mètres en
largeur.

Par le moyen des réservoirs à air, réservoirs dont le poids ne

dépasse jamais 15 kilogrammes et les dimensions un diamètre
de 30 centimètres, on réalise donc des résultats d'éclairage
surprenants, et qui sont susceptibles de recevoir des utilisations très nombreuses et très intéressantes.

La manœuvre de l'appareil se fait à l'aide d'une petite pompe
analogue à celle qui sert à gonfler les bandages pneumatiques
des bicyclettes. La pression qu'elles doivent exercer dans le
réservoir est du reste très faible — de 200 à 300 grammes
environ.

Les foyers lumineux proprement dits sont constitués par des

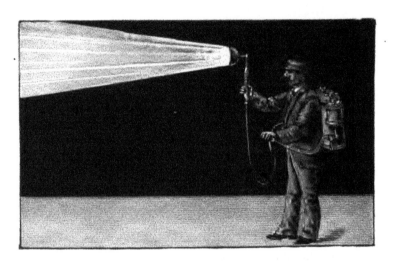

Emploi du projecteur lumineux portatif du docteur Mareschal.

fils de platine enchevêtrés les uns dans les autres, de façon à
laisser aux gaz propulsés les échappements nécessaires à l'incandescence lumineuse. Ces foyers ont la forme d'une petite
sphère complète, d'un diamètre de 10 millimètres et plus. Leur
construction permet de les charger impunément des plus
grandes pressions d'air et de gaz sans aucun risque de les voir
tomber en fusion.

En raison de son petit diamètre, le foyer peut sans difficulté
se placer bien au centre.

Cette condition, qui ne peut être obtenue par les foyers électriques volumineux, a permis d'utiliser toute la puissance lumi-

neuse qu'est susceptible de fournir un miroir parabolique. Cette parabole profonde a le double avantage de produire un jet lumineux d'une longue portée, et de permettre aussi d'allonger le réflecteur pour étendre en largeur les dits rayons, sans qu'il soit nécessaire d'avoir recours à des pavillons de grandes dimensions, car les plus grands, portant la lumière à plus de 200 mètres, ne dépassent pas 25 centimètres d'ouverture.

La mise en fonction se fait à l'aide d'une simple allumette, en enflammant directement l'air carburé sortant du réservoir, la flamme ainsi obtenue se chargeant d'échauffer à la température convenable les fils de platine. En moins d'une demi-minute, le résultat est obtenu, et il n'y a plus alors qu'à diriger les gaz sur les fils de platine rougis pour les transformer en un foyer incandescent.

Ce système ingénieux est sans doute appelé à rendre d'importants services, en raison surtout de cette particularité, infiniment avantageuse dans l'espèce, que ni le vent ni la pluie ne sont susceptibles d'interrompre sa fonction.

NÉCROLOGIE

Georges Ville.

Parlant de Pasteur, le savant anglais Huxley a dit autrefois que les premiers travaux sur les ferments, les vins, les bières et les vers à soie, abstraction faite même de la culture des microbes, de l'atténuation des virus, de la vaccine du charbon et de la rage et de l'antisepsie, auraient amplement suffi à payer la rançon des cinq milliards de l'année terrible.

Qu'aurait-il donc pu dire de l'œuvre de Georges Ville, qui a consisté — oh! bien simplement — à arracher l'agriculture, la nourricière de l'humanité, à un empirisme stérile, pour lui apprendre à fabriquer de toutes pièces, méthodiquement, toutes les plantes utiles, à en régler d'avance le rendement en quantité et en qualité, à faire, en un mot, du chanvre ou du froment, des betteraves ou du colza, des pommes de terre ou des roses, des haricots ou du raisin, absolument comme on fait du savon, du verre, des tuiles, du vitriol ou du fromage de gruyère? Qu'aurait-il dit d'une œuvre dont la conclusion suprême s'annonce comme devant être, par la multiplication des pains, des biftecks et des chopines, l'institution de la vie plantureuse à bon marché et la clôture des discordes sociales?

La théorie des engrais chimiques, qui permet de nourrir la terre, au fur et à mesure qu'elle s'épuise, et à lui restituer, sous forme d'éléments (ou d'aliments) assimilables, la fertilité que la végétation lui a enlevée, la théorie des engrais chimiques, dis-je, n'est rien moins que tout cela, et telles sont bien effectivement les mirifiques espérances qu'elle porte dans ses flancs.

Or, Georges Ville, c'est l'incarnation de la théorie des engrais chimiques, qu'il a fini, au prix d'un demi-siècle de luttes, par faire prévaloir, par faire entrer dans les programmes classiques et dans la pratique courante, et dont personne ne conteste plus aujourd'hui l'idée mère. C'est pour elle, pour sa défense et pour son triomphe, que, trente années durant, cet apôtre, dont l'âme orgueilleuse, atrabilaire et combattive a dû cruellement en souffrir, se laissa traiter, sur tous les tons et sur tous les toits, d'utopiste et de visionnaire, voire même de farceur et de charlatan.

Sans doute il avait eu, dans cette voie, d'illustres précurseurs, tels Saussure et Dumas, Liebig et Boussingault; sans doute il serait aisé de relever dans son œuvre touffue — de même, du reste, que dans l'œuvre de Pasteur — bien des lacunes, bien des incohérences, bien des illusions même, ou des erreurs. Il n'empêche que c'est lui qui le premier a synthétisé la doctrine, lui a donné un corps, une vie, une force contagieuse et dominatrice; il n'empêche surtout que c'est lui qui le premier a donné le branle, et, comme je l'ai écrit ailleurs, si la France en ar-rive un jour à nourrir cent millions d'habitants, comme il croyait et comme je crois qu'elle en est capable, le plus gros de l'honneur de cette révolution prodigieuse devra, de toute justice, lui appartenir.

Georges Ville.
Cliché P. Petit.

Déjà, dès aujourd'hui, si chacun de ceux que ses en-seignements ont sauvés de la ruine ou conduits à la fortune souscrivait seule-ment vingt sous pour lui élever une statue d'or, ce monument du souvenir re-connaissant ne le céderait probablement guère en di-mensions à la géante *Li-berté* de Bartholdi, dont le flambeau éclaire le monde au seuil du port de New-York.

Ce fut, en vérité, une bien singulière figure que ce Georges Ville, qui, fils de ses œuvres, le type complet du *self-made man*, ayant conquis sa place et sa renommée à la force du poignet, avait, à trente ans, sans titres ni parchemins officiels, pas même le diplôme de bachelier en poche, violé les portes, si jalousement closes aux intrus, des tabernacles universitaires, enlevé de haute lutte une chaire au Muséum, empli l'univers du bruit de son nom, obligé les plus récal-citrants' à s'émouvoir de la subtilité de ses raisonnements et de l'in-géniosité de sa technique. Une sorte de héros de roman doublé d'un magicien et d'un alchimiste — mais d'un alchimiste modernisé, déchi-rant à pleines mains le voile d'Isis, conviant les foules à regarder au fond de ses cornues enchantées et criant ses secrets au coin des bornes — mais d'un magicien inédit, opérant par $a + b$ et n'arrachant la pierre philosophale aux entrailles du sol domestiqué qu'en conformité des exigences les plus rigoureuses de la science positive et démontrable.

Né en 1824, à Pont-Saint-Esprit (Gard), sur les bords du Rhône, Georges Ville avait, dès l'âge de quatorze ans, quitté son pays natal, où sa famille le destinait à l'humble métier d'horloger, pour entrer, en qualité de préparateur, dans une grande pharmacie de Lyon. Il était écrit que, à l'exemple de Liebig, il devait débuter comme manœuvre — car le préparateur d'une officine d'apothicaire n'est autre chose qu'un manœuvre — dans la science qu'il était appelé à illustrer plus tard. De Lyon, au surplus, il passe bientôt à Paris, où il est reçu le premier au concours de l'internat en pharmacie.

Devenu l'élève favori de Regnault au Collège de France, il crée son premier laboratoire de chimie rue de Vaugirard, dans cette salle du couvent des Carmes qui avait servi de prison aux Girondins, et dont les murs étaient encore couverts des inscriptions — sorte de testament *in extremis* — qu'ils y avaient gravées avant de monter à l'échafaud. C'est là qu'il détermine le dosage de l'ammoniaque de l'air et qu'il démontre pour la première fois l'absorption directe de l'azote atmosphérique par certaines espèces végétales, et, en particulier, par les Légumineuses. Il transporte ensuite le siège de ses études et de ses travaux à Grenelle, où ses fabuleuses cultures sur le sable calciné et le verre pilé lui eurent tôt valu une popularité bruyante, non seulement auprès des hommes les plus considérables, mais encore des plus jolies mondaines du Tout-Paris de ce temps-là.

Georges Ville personnifie, en effet, mieux que personne, cette époque galante où la science, non plus que l'art et la politique, ne dédaignaient pas de mettre le beau sexe dans leur jeu. Histoire de gagner plus sûrement la partie, ou de ne la perdre qu'en aimable et consolante compagnie. Solide, portant beau, l'œil vif et le verbe haut, soucieux de la mise en scène et d'humeur entreprenante, il se montra, jusqu'à ses derniers jours, empressé auprès des dames, lesquelles, à en croire une indiscrète légende, lui furent en général assez peu cruelles.

La cause des engrais chimiques n'y perdit rien. Au contraire!

Il ne fallut rien moins à Georges Ville que la faveur de « l'éternel féminin » et la partialité éclairée du chef de l'État pour contre-balancer l'hostilité flagrante des mandarins de l'orthodoxie officielle, rapidement effarouchés par les succès de ce rival inattendu. Comment! cet apprenti « potard », cette « espèce d'horloger », qui aurait pu — et dû — ne faire jamais que des pilules ou des montres, parce que, de bric et de broc, il avait appris la chimie, se permettait, non seulement de voler de ses propres ailes, mais encore d'en remontrer aux pontifes...! Il ne parlait de rien moins que de faire résoudre par la science l'irritante question sociale, en organisant la vie large à bon marché!... N'était-ce pas scandaleux, intolérable?... On le lui fit bien voir, et, presque toute sa vie, il eut à batailler non seulement contre la torpeur, le scepticisme, l'aveuglement et l'indifférence des foules profanes, mais encore contre la jalousie mal dissimulée d'une bilieuse élite d'initiés.

Il faut bien avouer qu'il prêtait aisément le flanc à la critique, moins encore par la témérité hallucinée avec laquelle il allait souvent, sans souci des corrections exigées par la réalité des faits, jusqu'aux plus excessives conséquences des principes posés, que par la brutalité de ses allures, l'intransigeance de son caractère, le gongorisme de son éloquence, et l'outrance théâtrale du décor, vaguement suspecte d'un brin de cabotinage, dont il affectait de s'entourer.

Par exemple, il avait bec et ongles, et savait se défendre. On n'a pas oublié sa polémique légendaire contre Boussingault — un redoutable adversaire, qui, marchant droit au but, avait tout de suite porté le débat sur le terrain expérimental — à propos de sa théorie de l'assimilation de l'azote par les Légumineuses. Cette polémique, dont le retentissement fut immense, devait finalement tourner à l'avantage de Georges Ville, après une scrupuleuse vérification de ses expériences par une Commission nommée tout exprès par l'Académie des Sciences, et dont « le père Chevreul » fut le rapporteur[1].

Ce fut à la suite de cette bataille que la chaire de physique végétale qu'on venait de créer au Jardin des Plantes fut confiée à Georges Ville, qui devait y mourir, après quarante ans d'apostolat.

Mais son tempérament d'homme de propagande et d'action s'accommodait mal du cadre étroit des laboratoires clos et couverts où l'avaient, à ses débuts, confiné les dures nécessités du *struggle for life*.

La vaste organisation qu'il avait créée à Grenelle, de toutes pièces et à grands frais, dépassait déjà tout ce qu'on avait pu voir auparavant de plus parfait en matière de chimie appliquée et d'agriculture expérimentale. Mais cela ne suffisait pas encore aux ambitions de l'audacieux novateur. Il lui fallait les vastes horizons, le plein vent et la pleine terre. Le champ d'expériences de Vincennes — où, chaque été, il retournait obstinément prêcher la bonne nouvelle à des centaines de disciples venus tout exprès pour l'entendre des quatre coins du monde — allait enfin lui procurer tout cela.

1. On sait que c'est sur cette théorie que Georges Ville basa la précieuse pratique de la *sidération*, qui consiste à donner au sol, sous les espèces et apparences d'engrais enfouis en vert, l'azote atmosphérique fixé par les Légumineuses, le trèfle, etc.

Ce fut en 1860 que le champ d'expériences de Vincennes fut institué aux frais de la cassette particulière de l'empereur Napoléon III, dans le but exclusif de donner *urbi et orbi* la consécration expérimentale aux séduisantes affirmations et aux curieuses tentatives de Georges Ville.

Dès lors celui-ci ne se contenta plus d'affirmer : il prouva — parfois trop, parfois pas assez, parfois de travers. Mais qu'importe ? Le ferment était dans la pâte, qui finira bien par lever tôt ou tard. *Res* **ET** *verba*. On pouvait voir, toucher, mesurer, compter.

Je suis de ceux qui pensent que l'agriculture est appelée à devenir la plus lucrative des industries, parce que, de toutes les industries, elle est la seule effectivement créatrice. Ce sera la plus formidable révolution, en même temps que la plus féconde, qu'aura jamais enfantée le génie humain. Le jour où elle sera définitivement réalisée, nos petits-enfants, s'ils savent l'histoire et s'ils ne pratiquent pas cyniquement l'indépendance du cœur, devront rendre un hommage solennel à la mémoire de Georges Ville, car ce grand remueur d'idées, qui avait à un si haut degré les qualités de ses défauts, y aura été pour la plus large part.

Le docteur Bourgoin.

En février dernier, le Dr Bourgoin, député des Ardennes, membre de l'Académie de médecine, officier de la Légion d'honneur, succombait à Paris à l'âge de soixante et un ans, en son appartement du quai de la Tournelle. Il était né à Saint-Cyr-des-Colons, dans l'Yonne, le 26 mai 1836.

Docteur ès sciences physiques et docteur en médecine, il a été successivement, au cours de son existence laborieuse, professeur agrégé à la Faculté de médecine (1866) et à l'École supérieure de pharmacie (1869), président de la Société de pharmacie de Paris, membre de l'Académie de médecine (1879), pharmacien en chef des hôpitaux et hospices civils de Paris (1881) et directeur de la Pharmacie centrale des Hôpitaux (1884).

Il était l'auteur de nombreux travaux relatifs à la thérapeutique, à la chimie et aux matières médicales.

M. Edme-Alfred Bourgoin était un savant distingué, dont les travaux relatifs à la thérapeutique et à la chimie médicale sont particulièrement estimés. Il fut l'un des principaux collaborateurs de l'*Encyclopédie chimique* de Frémy, et il est l'auteur de deux traités devenus classiques, l'un sur la *Pharmacie galénique*, l'autre sur les *Principes de la classification des substances organiques.*

Il s'était signalé par son opposition aux idées pastoriennes et par l'hostilité qu'il manifesta naguère contre l'introduction des travaux pratiques de laboratoire dans l'enseignement des hautes études. On peut résumer sa psychologie en disant que, malgré sa science réelle, il avait l'horreur de toutes les innovations ingénieuses et hardies.

Antoine d'Abbadie

Au mois de mars dernier a succombé à Paris, dans sa quatre-vingt-septiéme année, M. d'Abbadie, membre de l'Académie des Sciences pour la section de géographie et de navigation.

M. Antoine Thomson d'Abbadie, qui était encore membre du Bureau des Longitudes, naquit à Dublin, le 3 janvier 1810, d'une famille des Basses-Pyrénées, établie momentanément en Irlande, et qui rentra en France au commencement de 1813.

De bonne heure il était entré dans la carrière scientifique. En 1835, en effet, l'Académie des Sciences lui confiait une mission d'exploration au Brésil.

Un peu plus tard, vers la fin de 1836, M. d'Abbadie, très épris des voyages scientifiques, retrouvait son frère à Alexandrie et entreprenait avec lui une exploration en Abyssinie.

Durant onze ans, les deux voyageurs ne devaient point quitter leurs travaux, poursuivis de 1837 à 1845 en Abyssinie, et de 1845 à 1848 dans le pays des Gallas.

Les observations de MM. Antoine et Armand d'Abbadie relativement aux sources du Nil, à l'ethnographie et à la linguistique, présentent un haut intérêt. Les plus importantes ont été tirées du *Bulletin de la Société de Géographie* et publiées en 1849 avec ce titre : *Notes sur le haut fleuve Blanc.*

Antoine d'Abbadie fut fait chevalier de la Légion d'honneur le même jour que son frère Armand (27 septembre 1850).

Il fut élu par l'Académie des Sciences le 22 avril 1867 et nommé membre du Bureau des Longitudes le 9 août 1878.

C'est lui qui fut chargé d'aller observer à Saint-Domingue le passage de Vénus sur le Soleil le 15 octobre 1882, et, malgré son grand
âge, il réussit pleinement dans cette entreprise, qui fut particulièrement difficile et dangereuse.

Ses principaux ouvrages sont : *Géodésie d'une partie de la Haute
Éthiopie*, *Observations relatives à la physique du globe au Brésil et
en Éthiopie*, et un *Dictionnaire de la langue amharrina* (l'Amhara
est une province d'Abyssinie).

Aux termes d'une donation entre vifs, en date du mois de janvier 1896, à la mort de Mme d'Abbadie, l'Académie des Sciences
entrera en possession de la fortune des deux époux — la propriété
d'Abbadia, qui est située près d'Hendaye, et un capital produisant une
rente de 40 000 francs — à la condition de confectionner en cinquante
ans un catalogue de 500 000 étoiles.

Gustave Rousseau.

Tout au début du mois d'avril dernier, succombait à Paris, M. Gustave
Rousseau, sous-directeur du laboratoire de chimie à la Sorbonne.

Né à Mézières en 1848, Gustave Rousseau eut son enfance attristée
par l'exil : son père avait dû se réfugier à Londres après le
coup d'État.

Revenu en France à l'âge de dix ans, il fit de brillantes études au
lycée Louis-le-Grand et étudia ensuite la chimie. Pris dans la grande
tourmente de 1871, il fut déporté à la Nouvelle-Calédonie ; sa jeunesse
fut ainsi mûrie par cette rude épreuve ; après l'amnistie, il revint à
ses études scientifiques.

Reçu docteur en 1882, il fut nommé sous-directeur du laboratoire
de chimie de la Sorbonne.

Son œuvre scientifique est considérable, et s'était cantonnée surtout
dans l'étude des divers oxydes métalliques. C'est à lui qu'on doit ce
qu'on sait sur les manganites, qui jouent un rôle dans la fabrication
du chlore par le procédé Welden.

Esprit philosophique élevé, ce n'est pourtant que de l'expérience, et
de l'expérience seule, qu'il tirait des conclusions.

On lui doit un travail remarquable sur les corps hydratés obtenus à
haute température.

C'est lui qui a montré que le carbone peut se transformer successivement en plusieurs variétés, et que le diamant n'est qu'une forme transitoire instable.

Il poursuivait l'étude des acides composés de l'acide azotique, dont il avait déjà isolé un terme, l'acide azotosilicique.

Il a écrit quatre volumes de l'*Encyclopédie chimique*, tout empreints de sa science et de son esprit.

Gustave Rousseau était un savant modeste, d'un talent original et indépendant. La Sorbonne perd en lui l'un de ses maîtres les plus appréciés.

※

Le docteur Magitot.

Après des études approfondies de médecine et d'anatomie, M. Magitot, une fois reçu docteur en 1857, se consacra spécialement à l'odontologie, et on peut dire qu'il fut en France le véritable initiateur de cette branche de la pathologie.

M. Magitot laisse de nombreux et intéressants travaux, parmi lesquels il convient de mentionner ses recherches sur le système dentaire, sur la plupart des maladies qui affectent la bouche, et, en particulier, ses mémoires sur la carie dentaire, les tumeurs des kystes dentaires, les abcès des mâchoires, etc.

Mais ces travaux et ces recherches ne l'occupèrent point uniquement.

Doué d'une grande activité d'esprit, les questions

Docteur Magitot.
Cliché P. Petit.

de science pure l'avaient encore attiré de bonne heure, et il fut, avec Broca et Charles Robin, qui l'honoraient d'une estime particulière, l'un des fondateurs de la Société d'Anthropologie, dont il devint le président il y a quelques années.

A ses mérites de savant et d'opérateur, le docteur Magitot joignait des sentiments de philanthropie active. L'hygiène des logements des ouvriers et des ateliers a été sa préoccupation constante. On n'a pas oublié la campagne qu'il fit contre les conditions désastreuses dans lesquelles travaillent les allumettiers.

M. Magitot était membre de l'Académie de médecine et de la Société de chirurgie. Sa mort, survenue à Paris le 22 avril dernier, laisse dans le monde savant de sincères regrets.

※

Le docteur Morvan.

Depuis une quinzaine d'années a pris place, parmi les types cliniques les mieux dessinés de la pathologie nerveuse, une affection connue sous le nom de « maladie de Morvan », du nom du praticien qui la découvrit et l'étudia le premier. Cette maladie, caractérisée par l'apparition successive de panaris multiples et indolores au point de pouvoir être opérés sans provoquer de souffrance, panaris entraînant, avec la nécrose des phalanges, des déformations définitives des extrémités digitales et s'accompagnant d'atrophie musculaire de la main et du membre supérieur ainsi que de troubles de la sensibilité tactile et thermique, a été reconnue, en ces dernières années, comme devant être une forme de la syringomyélie (Jeoffroy et Achard) et peut-être aussi de la lèpre nerveuse (Zambaco, Pitres).

Ces dernières constatations n'enlèvent rien, du reste, au mérite du Dr Morvan et ne sauraient faire que son nom — le Dr Morvan, qui exerçait à Lannilis, dans le département du Finistère, a succombé dans le courant du mois d'avril dernier — ne demeure dans la science.

※

Le docteur Maisonneuve.

Le Dr Jacques-Gilles Maisonneuve, qui a succombé à l'âge de quatre-vingt-sept ans, était né à Nantes en 1810. A dix-huit ans, il commença, à l'école secondaire de Nantes, ses études de médecine, qu'il vint compléter à Paris en 1820. Interne en 1830, il obtint en 1833 le prix de l'internat et de l'école pratique, et en 1835 fut reçu docteur.

La même année il devint prosecteur à Clamart et ouvrit un cours de médecine opératoire.

Il passa brillamment le concours pour devenir chirurgien des hôpitaux en 1850, et fut immédiatement nommé en cette qualité ; peu après, il devenait membre de la Société de chirurgie.

Depuis lors, le Dʳ Maisonneuve a successivement été chirurgien à Cochin, à la Pitié et, en dernier lieu, à l'Hôtel-Dieu.

Il a laissé le souvenir d'un chirurgien audacieux, servi par une prodigieuse habileté de main. Il appliqua avec succès, dans des opérations mémorables, les vues physiologiques de Flourens sur la reproduction de l'os par le périoste.

Il fut un des premiers à utiliser et à propager les pansements phéniqués, préconisés avant Lister par le Dʳ Déclat.

Il laisse de très nombreux mémoires et ouvrages sur des questions très importantes de médecine opératoire.

Le docteur Tholozan.

Le 31 juillet dernier a succombé en Perse, à Téhéran, où il était fixé depuis de longues années en qualité de médecin du Shah, M. le Dʳ Tholozan, associé national de l'Académie de médecine, médecin principal de l'armée et professeur agrégé au Val-de-Grâce.

On doit au Dʳ Tholozan de nombreux mémoires de médecine, qui tous se recommandent par leur précision et leur exactitude. Parmi ceux-ci, il convient, tout particulièrement, de mentionner ses recherches sur la mortalité dans l'armée, sur les hémorragies pulmonaires, sur les origines du choléra.

Le Dʳ Tholozan a encore publié en langue persane d'importants ouvrages, notamment un traité sur le quinquina et les fièvres à quinquina, et surtout

Docteur Tholozan.
Cliché Nadar.

un traité élémentaire de médecine. Ce dernier ouvrage est d'une haute importance. C'est à lui, en effet, que les médecins persans doivent d'être initiés aujourd'hui aux méthodes usitées en médecine dans notre pays.

✸

Schützenberger.

C'était vraiment une figure populaire parmi les étudiants que celle du professeur Schützenberger, qui succombait dans les derniers jours du mois de juin, à l'âge de soixante-sept ans, après avoir si brillamment marqué sa trace dans l'enseignement de la chimie en général, et de la chimie organique en particulier.

Schützenberger.
Cliché Gerschel.

Les travaux de Schützenberger sur le chimisme médical, sur les fermentations, les matières colorantes, lui avaient valu une légitime autorité dans le monde savant ; mais ses auditeurs du Collège de France, où il occupait depuis 1876 la chaire illustrée avant lui par Balard, appréciaient surtout, avec l'éloquence si simple et la clarté si suggestive de ses leçons, sa légendaire bienveillance et l'aménité de son caractère.

A la différence de certains savants, férus d'abstractions transcendantes et trop enclins à s'enfermer dans la tour d'ivoire de la théorie pure, Schützenberger se montra toujours particulièrement préoccupé du côté pratique de la science. Préparateur au laboratoire de chimie du Conservatoire des Arts et Métiers, professeur à l'École supérieure de Mulhouse, directeur adjoint du laboratoire de la Faculté des sciences de Paris, il apporta toujours dans l'exercice de ces hautes fonctions cette obsession de la réalité que l'âpreté croissante de la bataille pour la vie rend de plus en plus indispensable aux peuples désireux de garder leur rang.

Mais ce fut surtout à la direction de l'admirable École municipale de physique et de chimie de la Ville de Paris qu'il fut véritablement *the right man in the right place*. On peut dire que si l'industrie chimique française, si mal en point qu'elle puisse être, défend encore à peu près l'honneur du drapeau contre l'envahissante et redoutable concurrence allemande, c'est beaucoup grâce à Schützenberger et aux élèves formés à son école.

D'une largeur d'esprit malheureusement rare parmi les mandarins, Schützenberger avait pour les jeunes et les audacieux des trésors d'indulgence et de sympathie : on sait, par exemple, que c'est beaucoup grâce à ses encouragements que le chimiste dijonnais Alfred Pouteaux, à qui les allumettiers devront les premières allumettes inoffensives sans phosphore, a réussi à triompher (pas encore, malheureusement, d'une façon définitive) des résistances et des préjugés de la routine administrative.

Tous les patriotes qui ont à cœur le souci du prestige scientifique et de la fortune industrielle de la France devront un respectueux salut au cercueil de ce laborieux savant doublé d'un homme de bien, qui sera difficilement remplacé.

※

Charles de Comberousse.

A sa sortie de l'École Centrale en 1850, Charles de Comberousse fut attaché comme ingénieur aux chemins de fer de Saint-Germain et à la Compagnie de l'Est.

Il s'adonna ensuite à l'enseignement des mathématiques et fut jusqu'en 1886 professeur de mathématiques spéciales au collège Chaptal, où son enseignement aussi clair que savant, son talent d'exposition, lui acquirent bientôt une brillante réputation. Président de la Société des Ingénieurs civils de France, membre du Conseil supérieur de l'Enseignement technique, Comberousse occupa jusqu'à sa mort les chaires de mécanique appliquée à l'École Centrale et de Génie rural au Conservatoire des Arts et Métiers. Il était chevalier de la Légion d'honneur.

Il a écrit un grand nombre d'ouvrages très estimés : *Étude des résistances du mouvement des trains sur les chemins de fer* (1853) ; *Cours complet de mathématiques* (1860-1862, 3 vol.), d'une haute valeur ; *Cours de cinématique* (1865) ; *Histoire de l'École centrale des Arts et Manufactures* (1879) ; *Jean-Baptiste Dumas* (1884), etc.

Il a écrit un *Traité d'arithmétique* (1882) avec Serret, et un *Traité de géométrie* (1865) avec Rouché ; cet ouvrage, qui a eu plusieurs éditions successives, est l'un des plus complets en la matière et sans doute le plus répandu dans nos écoles.

Né à Paris le 31 juillet 1826, Ch. de Comberousse est mort dans cette ville le 19 août 1897.

✖

J.-B. Salleron.

J.-B. Salleron s'était acquis un véritable renom par les nombreux appareils qu'il imagina pour l'analyse des vins, et dont l'un notamment est resté classique. C'est seulement en 1879 qu'il dirigea ses recherches et ses efforts vers ces travaux très spéciaux, et qu'il se consacra à l'étude des vins mousseux. Les fabricants de vins de Champagne ont tous adopté aujourd'hui les méthodes rationnelles de vinification qu'il avait inaugurées.

La première partie de sa vie fut consacrée à l'étude et à la réalisation d'instruments d'ordre tout différent, et il avait dès 1858 doté la météorologie d'un baromètre étalon donnant une approximation de $\frac{1}{1000}$ de millimètre. Il construisit également la plupart des enregistreurs, baromètres, thermomètres, anémomètres, etc., nécessaires à l'Observatoire de Montsouris lors de la création de cet établissement par Marié-Davy.

Il laisse un volume, très goûté du public compétent, qui résume ses études sur les vins mousseux.

✖

Le docteur Luys.

Le 22 août dernier est mort, à Divonne-les-Bains (Ain), M. le Dʳ Luys, médecin aliéniste, membre de l'Académie de médecine.

Jules-Bernard Luys était né à Paris en 1828. Reçu médecin des hôpitaux en 1862, il fut successivement attaché à l'hospice de la Salpêtrière et à la maison de santé d'Ivry.

Ses nombreux travaux sur la physiologie et la pathologie du système nerveux cérébro-spinal chez l'homme lui ont conquis la célébrité.

Plusieurs de ses ouvrages et mémoires ont été couronnés par l'Académie des Sciences. Son enseignement sur la structure et les maladies des centres nerveux fut toujours suivi par de nombreux élèves, aussi bien à la Salpêtrière qu'à l'hôpital de la Charité, où il le continua.

Il s'était, dans ces dernières années, adonné à l'étude des phénomènes hypnotiques, et avait publié, en 1888 et en 1889, sur ce sujet, les *Émotions chez les hypnotiques* et les *Leçons cliniques sur les principaux phénomènes de l'hypnotisme.*

Le Dʳ Luys était une figure originale, et dont il convient de noter le principal mérite, qui fut de ne pas, en vieillissant, devenir l'ennemi acharné des sciences nouvelles. Au contraire, il les étudia avec une ardeur juvénile.

Docteur Luys.
Cliché E. Pirou, rue Royale.

Ses travaux sur le cerveau, sur les maladies nerveuses, sur les manifestations singulières de l'hystérie et de la névrose l'avaient amené à constater des phénomènes absolument en dehors de l'enseignement officiel : il ne fit point mystère de ces étrangetés, et se mit à chercher à résoudre les problèmes les plus ardus de physiologie psychologique.

On a souvent reproché au Dʳ Luys d'être allé un peu vite en besogne et d'avoir souvent été victime de simulations et de supercheries; on ne lui doit pas moins d'avoir contribué à éclaircir ces subtils et obscurs phénomènes où la pensée trop souvent s'égare.

J.-A. Schlumberger.

Il y a quelques mois, succombait, à l'âge de soixante-deux ans, M. Jules Albert Schlumberger, un habile chimiste, dont les travaux sur différents composés organiques, et notamment sur l'acide salicylique, sont bien connus des spécialistes.

Mais ce n'est pas seulement dans les laboratoires que M. Schlumberger, au cours de sa carrière scientifique, eut le privilège d'attirer l'attention.

J.-A. Schlumberger.

Il y a quelques années, en effet, à la suite de recherches patientes et longuement poursuivies, il eut l'occasion d'exciter au plus haut point la curiosité générale.

C'était au lendemain de la découverte d'une émission faite par des faussaires habiles d'une quantité importante de billets de banque de 500 francs. Dans l'espérance de rendre dans l'avenir une telle fraude impossible et de rendre au public la confiance dans son papier, la Banque de France modifia les types de ses billets, qui furent dès lors imprimés en bleu et rose au lieu de l'être en bleu seulement.

Or M. Schlumberger donna la démonstration sans réplique —c'est-à-dire en reproduisant des imitations parfaites des types adoptés — que la précaution était illusoire.

En dépit de cette preuve, la Banque de France, qui avait été tenue au courant des travaux du savant chimiste, à qui elle avait même prêté un concours momentané, se refusa à mettre en œuvre ses procédés, malgré leur excellence.

L'administration des postes et télégraphes, celle du Crédit foncier, diverses banques étrangères, etc., etc., en revanche, les adoptèrent immédiatement.

En ces dernières années, M. Schlumberger vivait dans la retraite, occupé seulement à ses recherches de laboratoire. Il a succombé chez lui, à Montreuil-sous-Bois, après une courte maladie.

Legrand des Cloizeaux.

M. Legrand des Cloizeaux, membre de l'Académie des Sciences pour la section de minéralogie, professeur au Muséum, dont la mort est survenue dans les premiers jours de mai dernier, était né à Beauvais le 17 octobre 1817; il descendait d'une famille de magistrats.

En raison de cette origine, on eût pu croire que l'étude du droit devait l'attirer spécialement. Il n'en fut point ainsi.

De bonne heure, il se passionna pour les sciences exactes, et spécialement pour la minéralogie, dont il reçut les premiers éléments de A. Lévy, son professeur de mathématiques spéciales au collège Charlemagne.

Dans cette branche de la science, M. des Cloizeaux ne devait du reste pas tarder à prendre le premier rang. Aussi était-il en correspondance suivie avec les principaux savants du monde entier, et successivement se vit-il appelé à faire partie des Académies et des grandes Associations étrangères, qui lui décernèrent de hautes distinctions pour ses travaux.

C'est ainsi qu'en 1870 il a reçu de la Société Royale de Londres la médaille de Rumford pour ses travaux sur l'optique, et en 1886 la Société géologique de Londres lui a attribué la médaille de Wollaston.

M. des Cloizeaux, qui était depuis 1869 membre de l'Académie des Sciences, dont il fut le président en 1889, a publié de très nombreux mémoires sur des questions de cristallographie et de minéralogie.

Parmi ceux-ci citons spécialement son travail : *De l'emploi des propriétés optiques biréfringentes pour la distinction et la classification des minéraux cristallisés*; son mémoire relatif au pouvoir rotatoire du cinabre et du sulfate de strychnine; celui concernant les modifications que l'action de la chaleur apporte à l'écartement des axes du feldspath orthose; son superbe travail sur la constitution et les propriétés optiques des feldspaths tricliniques; son *Manuel de Minéralogie*, etc., etc.

Fondateur principal de la Société Minéralogique de France et l'un de ses membres les plus actifs, il a su y réunir un groupe de collaborateurs zélés.

Professeur distingué entre tous, M. des Cloizeaux a successivement enseigné la minéralogie à l'École Centrale, à l'École Normale, à la Sorbonne, au Muséum. Il laisse de nombreux élèves, dont plusieurs aujourd'hui tiennent dans la science une place de premier rang.

※

Charles Cornevin.

M. Cornevin, professeur d'hygiène et de zootechnie à l'École vétérinaire de Lyon, qui a succombé, dans cette ville, aux atteintes de la
fièvre typhoïde, le 24 novembre dernier, laisse de très importants
travaux, sur la zootechnie notamment, et aussi sur certaines parties
de l'hygiène des animaux, travaux auxquels il devait une haute situation dans le monde scientifique, et surtout peut-être dans le monde
agricole.

Né à Montigny, près Langres, M. Cornevin, après avoir fait d'excellentes études de médecine vétérinaire, vint s'établir à Langres.

La guerre devait pour quelques mois l'arracher à son labeur pro-
fessionnel. Pendant l'année terrible, en effet, il remplit les fonctions
de secrétaire général auprès du préfet de la Haute-Marne.

Cependant, la guerre terminée, M. Cornevin avait repris l'exercice
de sa clientèle, et il ne tardait pas à fonder, en collaboration avec
l'un de ses confrères de Langres, M. Darbot, une revue profession-
nelle, *les Annales de Zootechnie et de Médecine vétérinaire*.

Peu de temps après, une chaire étant devenue vacante à l'École de
Lyon, M Cornevin subit avec succès les épreuves du concours et
fut nommé professeur dans cet établissement. A partir de ce jour,
il se livre, sans trève ni repos, à un travail scientifique considérable.

On doit à M. Cornevin un nombre considérable de publications
scientifiques, notes et mémoires des plus intéressants, parmi lesquels
il convient de mentionner de façon toute spéciale son *Traité de Zootechnie*, l'un des livres les plus remarquables que l'on ait publiés sur
la matière.

En dehors de ces publications, M. Cornevin, qui était membre correspondant national de l'Académie de médecine, est l'auteur, en collaboration avec MM. Arloing et Thomas, des recherches sur l'affection
appelée charbon symptomatique, recherches qui ont amené ces observateurs à atténuer le virus et à tracer la pratique de la vaccination
charbonneuse.

On lui doit encore, en collaboration avec M. le Dr Morand, un travail
intéressant sur la transmission de la syphilis au porc, duquel il
résulte que le porc paraît réfractaire à la syphilis, et de remarquables études sur les plantes vénéneuses et les empoisonnements
qu'elles déterminent.

M. Charles Cornevin était chevalier de la Légion d'honneur, officier
du Mérite agricole et officier de l'Instruction publique.

Le docteur Tarnier.

Le professeur Tarnier, qui a succombé à Paris dans les derniers jours de novembre dernier, à l'âge de soixante-dix ans, dans l'apogée de sa réputation et dans la pleine possession de son talent, n'a pas été seulement un accoucheur hors ligne, dont quarante années de pratique magistrale avaient fait le savant le plus expérimenté du monde médical. A la Maternité, où il professa si longtemps dans l'obscurité voulue d'un service fermé, il sut dresser à son école une foule d'élèves dont plusieurs sont devenus des maîtres, et il parvint à donner aux sages-femmes une certaine instruction pratique qu'elles ne possédaient pas autrefois. Mais ce qui lui valut sa grande popularité, c'est d'avoir contribué puissamment aux mesures de prophylaxie qui ont chassé des maternités hospitalières ces deux fléaux qui faisaient, avant lui, tant de victimes : la fièvre puerpérale des mères et l'ophtalmie purulente des enfants. Par cela, pour avoir des premiers compris l'importance de l'antisepsie, il restera comme un des bienfaiteurs de l'humanité.

Docteur Tarnier.
Cliché Mertens.

On lui doit encore l'invention d'un appareil auquel il avait donné le nom de *couveuse*, et qui rend de très utiles services pour assurer la vie des enfants nés avant terme.

M. Stéphane Tarnier était né à Aiseray, dans la Côte-d'Or, le 20 avril 1828. Étudiant à la Faculté de Paris, interne des hôpitaux en 1852, docteur en médecine en 1857, agrégé en 1860, chirurgien des hôpitaux en 1865, chirurgien en chef de la Maternité, il avait été nommé en 1872 membre de l'Académie de médecine, en 1884 professeur de clinique obstétricale à la Faculté, et en 1886 commandeur de la Légion d'honneur.

Le D⟨r⟩ Tarnier laisse de nombreux ouvrages sur toutes les questions qui se rapportent à cet art de l'accouchement qu'il pratiqua avec tant de distinction. On lui doit, entre autres, la publication du *Traité d'Accouchement* de Cazeaux.

✻

Léon Jaubert.

Parmi les hommes de science disparus dans l'année, M. Léon Jaubert, directeur fondateur de l'Institut populaire du Trocadéro, qui a succombé en décembre dernier, aura été une figure intéressante.

Doué d'un tempérament d'apôtre, passionné pour l'étude de la physique, de l'astronomie et de la météorologie, M. Jaubert avait réussi à force de démarches à obtenir l'autorisation d'installer une sorte d'Observatoire sur la tour Est du Trocadéro, où, durant plusieurs années, il professa des cours populaires fort suivis.

On doit à M. Jaubert de nombreux perfectionnements d'instruments de physique et d'astronomie, notamment des combinaisons nouvelles de baromètres, de thermomètres, de lunettes astronomiques, d'horloges astronomiques et sidérales, de télescopes, etc., etc.

M. Léon Jaubert est mort pauvre, ne laissant pas même de quoi payer les frais de son enterrement.

✻

A. Joly.

M. Alexandre Joly, professeur adjoint à la Faculté des sciences de Paris et directeur du laboratoire de chimie à l'École Normale supérieure, s'est éteint à Paris dans les premiers jours de décembre dernier, à l'âge de cinquante et un ans.

Né à Fontenay-sous-Bois en 1846, M. Joly était entré à l'École Normale supérieure en 1866. A sa sortie il avait été nommé agrégé préparateur au laboratoire de Sainte-Claire Deville et avait enseigné la physique au lycée Henri IV, jusqu'au moment où il était devenu, sous Debray, sous-directeur du laboratoire de l'École Normale, qu'il devait diriger plus tard.

Nommé ensuite maitre de conférences de chimie à la Sorbonne, il s'était vu, peu après, conférer une chaire de professeur adjoint à la Faculté des sciences de Paris.

Ses travaux — qui lui avaient valu le prix Lacaze, de l'Institut — ont porté sur la chimie des métaux rares; il avait adopté la tradition inaugurée par Deville et suivie par Debray.

Sir Thomas Spencer Wells.

Une des gloires de la chirurgie moderne, sir Th. Spencer Wells, créé baronnet héréditaire, il y a dix ans, par la reine d'Angleterre,a succombé à Antibes dans les premiers jours du mois de février.

Il faut se reporter. à trente-cinq ans en arrière pour se rendre compte de l'influence que ce chirurgien a exercée sur les progrès de la chirurgie moderne.

Le premier, par le perfectionnement de ses procédés opératoires, par les soins minutieux de propreté, anticipant sur l'antisepsie, il a mis en honneur les grandes opérations abdominales qui depuis lors ont sauvé tant d'existences. Il a été le maître de l'ovariotomie et le chef d'une école nouvelle.

Sir Thomas Spencer Wells.
Cliché Elliott et Fry, à Londres.

La publication scrupuleuse de sa statistique opératoire, où il a enregistré les revers aussi bien que les succès (il a fait plus de 2000 ovariotomies de 1860 à 1890), a montré l'accroissement successif des guérisons. Pour les 300 derniers cas, elles ont atteint le chiffre de 95 0/0. Aussi cette publication lui a-t-elle valu la confiance des chirurgiens du monde entier, qui s'inclinaient devant son autorité.

L'œuvre naissante de sir Th. Spencer Wells, appréciée par Nélaton surtout vers 1860, a déterminé un revirement dans l'esprit des chirurgiens français, qui jusque-là répudiaient l'ovariotomie comme une opération injustifiable.

A partir de cette époque, tous les jeunes chirurgiens français, les maîtres d'aujourd'hui, sont allés tour à tour à Londres chez sir Th. Spencer Wells pour s'initier à sa méthode et ont trouvé l'accueil le plus libéral dans son service d'hôpital.

Sir Th. Spencer Wells aimait beaucoup la France et ses confrères français. Fort âgé déjà et souffrant, il avait tenu à venir assister à Paris en 1892 au jubilé de Pasteur.

La France l'avait nommé associé étranger de l'Académie de médecine et de la Société de chirurgie.

※

M. Weierstrass.

Le 19 de février, s'est éteint à Berlin M. Weierstrass, membre de notre Académie des Sciences à titre d'associé étranger, et qui fut l'un des mathématiciens les plus puissants de ce siècle, partageant avec Riemann et Cauchy la gloire d'avoir découvert les principes fondamentaux qui ont engagé l'analyse dans des voies nouvelles et sont devenus l'origine des grands progrès de cette science à notre époque.

M. Weierstrass.
Cliché Schaarwächter, à Berlin.

Les travaux de l'illustre géomètre, qui professa durant de longues années à l'Université de Berlin, portèrent spécialement sur le calcul des variations, sur la théorie des équations différentielles, sur la théorie des fonctions abéliennes; on lui doit une théorie complète, définitive, et maintenant classique des fonctions uniformes, et c'est encore à lui que l'on doit de connaitre la véritable nature des intégrales eulériennes, qui était demeurée inconnue après les grands travaux de Legendre. Enfin, la découverte de la solution générale de la théorie des fonctions elliptiques, l'une des plus belles et des plus importantes qui aient jamais été faites en analyse, lui appartient en entier.

Ces magnifiques travaux avaient valu à Weierstrass une grande renommée dans le monde savant, où son caractère droit et bon était non moins apprécié que son ardeur pour la science à laquelle sa vie entière fut consacrée.

James Joseph Sylvester.

Le 16 mars dernier, disparaissait, après une courte maladie, M. James Joseph Sylvester, l'un des mathématiciens les plus éminents dont l'Angleterre ait eu occasion de s'honorer au cours de ce siècle.

Né à Londres en 1814, Sylvester fut d'abord professeur à l'University College de Londres, qu'il quittait bientôt pour aller professer aux États-Unis, à l'Université de Virginie.

Ce premier séjour en Amérique fut court.

De retour en Europe en 1849, Sylvester entra dans une Compagnie d'assurances en qualité d'actuaire, et conserva cette situation jusqu'en 1855, époque où il fut nommé professeur à l'Académie royale militaire de Woolwich. Son enseignement dans cette chaire fut poursuivi durant quinze ans.

Après un repos de cinq années, Sylvester se rendit une seconde fois en Amérique, à Baltimore, où il était appelé pour occuper une chaire à l'Université John Hopkins. Il en revenait en 1883, ayant été nommé professeur à l'Université d'Oxford, qu'il ne devait plus quitter qu'à sa mort.

En dépit de sa vie errante, M. Sylvester a su accomplir de nombreux et admirables travaux qui lui valent l'un des premiers rangs parmi les mathématiciens de son temps. Son nom, en particulier. reste lié à la théorie des invariants, dont la nomenclature lui est à peu près due entièrement, et ses travaux ont spécialement porté sur l'algèbre et sur la théorie des nombres.

Doué d'un esprit original et inventif, Sylvester ne se contenta pas d'être un mathématicien de génie ; il était encore un poète habile et il excellait dans le vers anglais ou latin. On doit à son goût pour la poésie un petit livre sur les lois de la versification.

M. de Stephan.

Dans les premiers jours d'avril, succombait à Berlin, à l'âge de soixante-six ans, M. de Stephan, directeur de l'office des postes et télégraphes de l'empire.

Il était fils d'un simple ouvrier de Stolp. De grade en grade, il avait parcouru toute la hiérarchie administrative, quand, en 1870, il fut mis à la tête du service des postes de la Confédération de l'Allemagne du Nord. Il acheva l'organisation de ce service, devenu impérial, et le porta à un haut point de ponctualité, de rapidité et de commodité pour le public. M. de Stephan eut lui-même ou sut appliquer beaucoup d'idées, dont les décisions des congrès postaux ont fait ensuite bénéficier toutes les administrations postales d'Europe. Ses innovations les plus connues sont la carte postale et la carte-télégramme pneumatique. La création de l'Union postale internationale est due également à son initiative.

M. de Stephan.
Cliché Hanfstaengl, à Munich.

En récompense de ses services, l'empereur Guillaume l'avait anobli en 1895 et lui avait reconnu le rang de ministre.

✳

Alfred Marth.

Né à Calberg (Poméranie), le 25 mai 1828, Alfred Marth fit ses premières études en Allemagne, puis se fixa en Angleterre. Il y assista

Lassell dans ses observations sur les nébuleuses, et fut ensuite attaché aux Observatoires de Regent's Park et de Durham. Le 1ᵉʳ mars 1854, il découvrit la 29ᵉ petite planète, qu'il baptisa du nom d'*Amphitrite*. On lui doit également de nombreuses recherches sur les éphémérides des satellites des planètes et sur la constitution physique de Mars et de Jupiter. Depuis 1890, il dirigeait l'Observatoire du colonel Cooper, à Marktree Castle, où il est mort au mois d'août dernier.

�֍

L'abbé Kneipp.

Sauf le général Boulanger, personne en Europe, sans doute, depuis vingt-cinq ans, n'aura joui d'une popularité comparable à celle de cet humble curé de campagne, l'abbé Sébastien Kneipp, qui est mort en mai dernier à Wœrishofen (Allemagne).

Raspail lui-même, dont le souvenir survit encore dans la vénération populaire, n'aura jamais eu en France pareil prestige.

C'est par millions que se chiffrent les malades de toute classe et de tout rang qui ont fait le pèlerinage de Wœrishofen, où l'abbé Kneipp exerçait son double sacerdoce de pasteur des âmes et de guérisseur des corps. Souvent la place manqua dans la petite bourgade bavaroise, mal outillée pour héberger une aussi formidable affluence, et l'on vit des banquiers richissimes, des princes et des princesses, de hauts dignitaires de l'Église et de l'armée, coucher dans des wagons ou même camper en plein champ, côte à côte avec de pauvres paysans, dont ils partageaient les espérances et la foi dans le pouvoir presque surnaturel de l'homme que l'Allemagne entière n'était pas loin de considérer comme un thaumaturge.

Il n'y avait pourtant rien de miraculeux, rien de sorcier même, dans la méthode que l'abbé Kneipp n'a pas créée, mais dont il a fait la notoriété, le succès et la gloire. Le traitement par l'eau froide, dont les vertus galvanisatrices (à la condition qu'il soit judicieusement appliqué) ne sont pas niables, est de tous les temps et de tous les pays. L'abbé Kneipp ne fit que l'entourer d'une mise en scène de nature à en accroître le sortilège : car il est probable que l'originalité paradoxale de l'obligation qu'il imposait à sa clientèle de marcher pieds nus dans la rosée contribuait pour une large part, auprès des esprits crédules et hypnotisables, à augmenter l'efficacité des douches.

Joignez à cela un régime sévère, le changement d'atmosphère —

qui, si nous en croyons le docteur anglais Robinson, suffirait souvent à lui seul à triompher de la neurasthénie — l'exercice au grand air, et un peu de cette toute-puissante suggestion qui occupe une si grande place dans toutes les « thérapies » généralement quelconques : et vous vous expliquerez la multiplicité des cures positivement extraordinaires réalisées à Wœrishofen, et qui stupéfiaient les médecins officiels, quand elles n'exaspéraient pas leur jalousie.

Précisément, l'abbé Kneipp avait tout ce qu'il fallait pour tenir le rôle. C'était en même temps un apôtre et un magnétiseur. Ce « voyant » avait, par un privilège de nature, le don du diagnostic, auquel aucune éducation ne saurait suppléer, la médecine étant toujours un art au moins autant qu'une science. Il avait surtout le précieux pouvoir d'inspirer confiance au malade et de lui inoculer, par la magie secrète du regard et de la voix, la volonté de guérir. *Natura medicatrix* faisait le reste.

Au demeurant, l'abbé Kneipp possédait la grande force de la sincérité. Il croyait fermement à l'excellence de sa méthode, dont il avait été le premier à tenter l'expérience sur sa propre personne. Il s'était dans sa jeunesse guéri de cette façon d'une phtisie commençante, et il en avait conclu logiquement que l'eau froide était l'universelle panacée, le remède spécifique à tous maux.

C'était peut-être aller un peu loin. Mais les résultats relativement heureux obtenus pendant de longues années, non pas contre la science orthodoxe, mais à côté d'elle, à Wœrishofen et dans nombre d'établissements similaires installés sur le même modèle en Allemagne, en Autriche, en Suisse, en France, etc., n'en classent pas moins l'abbé Kneipp parmi les bienfaiteurs de l'ægrotante humanité.

Il n'importe guère, en effet, comment on s'y prend pour guérir les malades, pourvu que, en fin de compte, ils soient effectivement guéris !

Carl Fresenius.

L'illustre chimiste allemand qui s'est éteint à Wiesbaden, le 10 juin 1897, était né le 28 décembre 1818, à Francfort-sur-le-Mein. D'abord élève pharmacien dans sa ville natale, il alla compléter à Bonn, en 1841, ses études de chimie et d'histoire naturelle. A Giessen, il fut le préparateur de Liebig, et passa en 1843 les examens d'aptitude à l'enseignement de la chimie. Il était depuis trois ans professeur de chimie, de physique et de technologie à l'Institut agronomique de Wiesbaden, quand il fonda dans cette ville, en 1848, un laboratoire de chimie, que des agrandis-sements successifs et l'ad-jonction d'une station de chimie agricole ont placè au rang des plus célèbres laboratoires d'outre-Rhin : une centaine de personnes y travaillent, professeurs ou étudiants. Les recher-ches de Carl Fresenius ont porté sur toutes les bran-ches de la chimie, mais principalement sur la chi-mie appliquée à l'indus-trie. Ses œuvres capitales, *Anleitung zur qualita-tiven chemischen Analyse* (Bonn, 1841), et *Anleitung zur quantitativen chemi-schen Analyse* (Brunswick, 1846), ont eu, la première 15 éditions, la seconde 7,

Carl Fresenius.
Cliché Mondel et Jacob, à Wiesbaden.

et ont été traduites dans toutes les langues. En France, on cite comme traductions celle du Dr Sacc (1845 et 1847) et celle de Fort-homme (1865 et 1875). Le Dr L. Gautier a traduit en 1885 la 15e édi-tion de l'*Analyse qualitative*.

Outre une série de monographies sur des eaux minérales et plus de 200 mémoires insérés dans diverses revues scientifiques[1], Fresenius a encore publié : *Neue Verfahrungsweisen zur Prüfung der Pottasche und Soda, des Braunsteins*, etc,... en collaboration avec Will (1843); *Fortsmänner und Kameralisten* (1847); *Geschichte der chemischen Laboratorium zu Wiesbaden* (1873), etc.

Son fils aîné, Heinrich, né à Wiesbaden le 14 novembre 1847, dirige depuis 1881 le laboratoire et la station de chimie agricole de Wiesbaden ; il a écrit de nombreux articles dans les revues scientifiques sur l'ana-lyse des sources minérales.

1. *Annalen der Chemie und Pharmacie*, de Liebig ; *Journal für raktische Chemie* d'Edmann ; *Zeitschrift für analytische Chemie*, ndée en 1862 par Fresenius lui-même, etc.

Victor Meyer.

L'un des premiers chimistes modernes, l'allemand Victor Meyer, est mort cette année, le 8 août, à Heidelberg, à l'âge de quarante-neuf ans. Après avoir fait ses premières études au gymnase de Werder, puis à l'Université de Berlin, il fut l'assistant de Bünsen à Heidelberg, puis de von Bayer à Berlin, enfin de Fehling à Stuttgart. En 1872, il professa la chimie générale comme successeur de Wislicenus à l'École Polytechnique de Zurich, où il resta douze années. Il quitta ce poste en 1885 pour professer à Gœttingen, et remplaça en 1889 à l'École supérieure d'Heidelberg son ancien maître Bünsen. Ses travaux sur les densités des vapeurs lui ont assigné l'un des premiers rangs parmi les chimistes de notre époque; on trouve consignés dans les *Travaux pyrochimiques de Victor Meyer et Langer* les résultats des expériences multiples qu'il fit par application de sa méthode féconde du *déplacement de l'air*. Dans l'ordre de la chimie pure, nous citerons la découverte des nitrodérivés aliphatiques et celle des aldoximes; le premier il démontra la présence du thiophène dans le benzène. Outre de nombreux mémoires sur ses recherches personnelles, on lui doit *Nature et Science* (Heidelberg, 1891) et *Le printemps aux Canaries*. Il a donné, en collaboration avec Jacobson, un *Traité de Chimie organique*.

Rudolf Heidenhain.

Rudolf Heidenhain, professeur de physiologie et d'histologie à l'Université de Breslau, qui a succombé le 13 octobre dernier aux suites d'une affection intestinale, naquit à Marienwerder le 29 janvier 1834. Fils de médecin, il fit lui-même ses études de médecine, suivant à Berlin les cours de Du Bois-Reymond, à Halle ceux de Volkmann.

Bientôt, cependant, il se passionnait pour la physiologie, et entreprenait dans cette science des recherches personnelles, qui lui valurent, en 1859, cinq ans après avoir reçu à Berlin le titre de docteur, la chaire qu'il occupa à Breslau jusqu'à sa mort.

Les travaux de Heidenhain sont nombreux et importants, non seulement par leur objet, mais encore et surtout par la méthode qui présida à leur élaboration. Heidenhain, en effet, possédait un esprit aux tendances généralisatrices, si bien que, pour lui, l'étude d'une question ne devait point seulement se borner à l'observation du seul phénomène physiologique, mais devait aussi comprendre le côté histologique et le côté chimique. Grâce à cette tendance de sa méthode, son enseignement contribua d'une façon toute spéciale au développement de la science.

Parmi les importants travaux publiés par Heidenhain, il convient de rappeler ses mémoires sur : l'influence du système nerveux sur la température ; l'arythmie du cœur ; le métabolisme dans le muscle ; l'action des poisons (atropine, noix de Calabar, nicotine, digitaline) sur les nerfs de la glande submaxillaire — en collaboration avec Neisser ; la sécrétion de l'urine ; la structure du pancréas — en collaboration avec Grutzner ; l'action de l'excitation des nerfs sensitifs sur la pression du sang ; l'innervation des vaisseaux sanguins, etc., etc.

Rudolf Heidenhain.
Cliché N. Raschkow, à Breslau.

Mais le travail capital de Heidenhain fut son ouvrage, devenu classique, sur « la physiologie des phénomènes de la sécrétion », ouvrage dans lequel, pour la première fois, il mit nettement en évidence ce fait fondamental que toute sécrétion glandulaire s'accompagne d'une modification dans la structure des glandes.

Dans ces dernières années, Heidenhain, qui un instant s'occupa de la question du magnétisme animal, sur laquelle, en 1880, il publia un livre traduit plus tard en anglais par Romanes, s'occupa plus spécialement de la question de la formation de la lymphe.

✹

Friedrich Winnecke.

Le 3 décembre dernier, a succombé à Bonn un astronome des plus distingués, M. Friedrich Winnecke, que la maladie depuis longtemps

déjà avait éloigné de ses travaux. Winnecke, qui de bonne heure
montra un goût très vif pour l'astronomie, fit ses premières études à
Bonn, sous la direction d'Argelander. Après avoir poursuivi durant
plusieurs années d'importantes recherches dans cette ville, il se
rendit en 1858 à Poulkova, où furent faites ses études sur les
comètes, puis à Carlsruhe, où il demeura jusqu'au moment où il fut
appelé au nouvel Observatoire de Strasbourg, à l'installation duquel il
présida.

On doit à M. Winnecke, entre autres travaux, la triangulation complète des étoiles du groupe de Præsepe, un grand nombre de déterminations géodésiques, et surtout d'avoir montré le premier que les
observations de la planète Mars pouvaient être d'une importance considérable dans la solution du problème de la distance du Soleil.

Zintgraff.

L'explorateur Zintgraff, dont la fin prématurée est survenue à
Ténériffe le 5 décembre
1897, était né à Dusseldorf
en 1858.

Zintgraff.
Cliché W. Hoffert, à Berlin.

Après avoir étudié le
droit et s'être fait recevoir docteur à l'Université
de Heidelberg, M. Zintgraff,
renonçant à ses premières
études, s'adonna tout en-
tier aux études géogra-
phiques. Sa carrière d'explorateur commença en
1884, comme membre de
l'expédition Chavanne au
Congo.

Quelques années plus
tard, en 1887, il com-
mençait à explorer le Ca-
meroun, qu'il devait par-
courir en tous sens durant
plusieurs années.

Zintgraff aura eu ce mérite rare de n'être pas seulement un voyageur, mais encore un organisateur. Dans ses séjours prolongés en

Afrique, il s'efforça en effet activement de mettre en valeur cette colonie, dont il avait étudié soigneusement toutes les ressources. C'est à cette tâche, que la mort ne lui permit pas de mener à bonne fin, que furent consacrées ses dernières années, avant que sa santé délabrée l'eût forcé à venir s'établir à Ténériffe, dans l'espoir de se remettre.

✻

Francesco Brioschi.

Le 12 décembre dernier succombait à Rome, presque subitement, M. Francesco Brioschi, sénateur du royaume, président de l'Académie des *Regii Lincei*, la plus considérable des sociétés savantes d'Italie, et correspondant étranger de notre Académie des sciences.

Né à Milan le 22 novembre 1825, M. Brioschi fut reçu docteur en mathématiques à Pavie en 1843, et, ses grades une fois conquis, il se livra tout entier à des travaux du plus haut intérêt pour la science, travaux embrassant les diverses branches de l'analyse, la géométrie supérieure, l'algèbre, la théorie des équations différentielles, des fonctions elliptiques et abéliennes, la mécanique et la physique mathématique.

M. Brioschi, à qui l'on doit de nombreux et importants ouvrages, parmi lesquels il convient de citer : *Sur la théorie des covariantes ; Sur les équations aux dérivées ordinaires et linéaires; Sur quelques questions de la géométrie de position ; Sur un théorème de la théorie des formes carrées ; Sur le développement d'un déterminant*, etc., etc., fut le collaborateur de Sylvester et de Cayley dans la longue élaboration de la théorie des formes à deux ou à un nombre quelconque d'indéterminées, théorie dont l'établissement aura été l'une des œuvres mathématiques principales de notre temps.

Mais, son œuvre capitale fut la suite de recherches qui lui permit de trouver le secret de la résolution de l'équation du cinquième degré, et enfin sa découverte de la résolution de l'équation du sixième degré.

Comme sous-secrétaire d'État et sénateur du royaume, M. Brioschi, qui fut l'organisateur des chemins de fer de la péninsule, prit une part active aux affaires de son pays, qu'il représenta officiellement à Paris à la Commission internationale du mètre.

FIN

TABLE DES MATIÈRES

CHIMIE

HISTOIRE NATURELLE

SCIENCES BIOLOGIQUES

AGRICULTURE

ARTS INDUSTRIELS

TRAVAUX PUBLICS

ARMÉE ET MARINE

GÉOGRAPHIE

VARIÉTÉS

NÉCROLOGIE

TABLE DES GRAVURES